Kliniktaschenbücher

H. Sauer

Diabetestherapie

Mit einem Beitrag von G. Kurow

Mit 25 Abbildungen und 89 Tabellen

Springer-Verlag
Berlin Heidelberg New York Tokyo 1984

Autor:
Prof. Dr. med. Heinrich Sauer

Diabetesklinik, Postfach 100525,
4970 Bad Oeynhausen 1

Mitarbeiter:
Dr. med. Günther Kurow

Thomasiusstraße 1
1000 Berlin 21

ISBN 3-540-10537-9 Springer-Verlag Berlin Heidelberg New York Tokyo
ISBN 0-387-10537-9 Springer-Verlag New York Heidelberg Berlin Tokyo

CIP-Kurztitelaufnahme der Deutschen Bibliothek. Sauer, Heinrich:
Diabetestherapie / H. Sauer. – Berlin; Heidelberg; New York; Tokyo:
Springer, 1983. (Kliniktaschenbücher)
ISBN 3-540-10537-9 (Berlin, Heidelberg, New York, Tokyo)
ISBN 0-387-10537-9 (New York, Heidelberg, Berlin, Tokyo)

Satz und Druck: Appl, Wemding, Bindearbeiten: aprinta, Wemding
2121/3140-543210

Vorwort

Im vorliegenden Taschenbuch wird versucht, den derzeitigen Stand der Diabetestherapie, und zwar unter Berücksichtigung der ambulanten Praxis wie auch der Klinikbehandlung wiederzugeben.
Vieles befindet sich auf dem therapeutischen wie auch auf dem gesamten Gebiet der Diabetologie in Bewegung. Im Zentrum steht jedoch nach wie vor die Prävention der vaskulären und nervalen Komplikationen durch eine möglichst weitgehende Normalisierung des gestörten Stoffwechsels. Die Bemühungen konzentrieren sich auf die Intensivierung der Insulinbehandlung besonders bei Diabetikern in jüngerem Lebensalter unter Einsatz der Insulininfusionsgeräte und im experimentellen Bereich auf die Pankreas- oder Inseltransplantation. Gleichzeitig erlebt die bereits früher praktizierte Therapie mit mehrfach täglichen Altinsulininjektionen eine Renaissance. Sie war früher in erster Linie Notbehelf wegen des Fehlens geeigneter Verzögerungsinsuline, hat sich aber inzwischen als effektives und flexibles Regime erwiesen.
Die Mehrzahl aller Diabetiker leidet jedoch am Erwachsenendiabetes. Für sie bleibt die knappe Ernährung und Gewichtsabnahme wichtigstes Ziel.
Um die heutigen Möglichkeiten der Diabetestherapie auszunutzen, ist eine engagierte Mitarbeit des Patienten unverzichtbar. Aufgabe des Arztes ist es, hierfür die notwendigen Voraussetzungen zu schaffen. Es wurde deshalb besonderer Wert darauf gelegt, in diesem Buch, auf die hiermit im Zusammenhang stehenden Fragen näher einzugehen.
Auf die Darstellung nicht direkt therapiebezogener Gebiete wie etwa der Labormethoden wurde ganz verzichtet, andere wurden kursorisch nur soweit behandelt, wie es für das Verständnis der therapeuti-

schen Maßnahmen notwendig schien. Dies gilt auch für die einleitenden Abschnitte über die Ätiopathogenese des Diabetes, die Typen- und Stadieneinteilung und diagnostische Maßnahmen. Ferner wurde davon abgesehen, Nährwert- und Austauschtabellen in das Diätkapitel aufzunehmen, da sie in den am Schluß zitierten Beratungsbüchern für Diabetiker in ausreichender Zahl vorhanden sind.
Spezielle therapeutische Maßnahmen wie etwa auf dem ophthalmologischen und dem dermatologischen Sektor wurden nicht besprochen, da sie den Zuständigkeitsbereich des Internisten überschreiten.
Das Literaturverzeichnis am Ende jedes Kapitels soll es dem Leser in erster Linie erleichtern, speziellere und weiterführende Darstellungen aufzufinden. Zu diesem Zweck wurde auch eine Auswahl von Monographien über den Diabetes mellitus angefügt. Aus Platzgründen wurde darauf verzichtet, im Text die therapeutischen Methoden, ihre Nebenwirkungen und ihre Resultate im einzelnen mit Zitaten zu belegen.
Ganz besonderen Dank möchte der Autor den Mitarbeitern des Springer-Verlags für ihre Geduld, ihr Verständnis und ihre Hilfe zum Ausdruck bringen.
Zu großem Dank ist der Autor ferner Herrn Dr. med. G. Kurow verpflichtet, der sich bereiterklärt hat, seine langjährigen und umfangreichen Erfahrungen auf dem sozialmedizinischen Gebiet, besonders im Bereich des Diabetes, in einem entsprechenden Kapitel des Buches niederzulegen.

Bad Oeynhausen, Herbst 83 H. Sauer

Inhaltsverzeichnis

1 Einleitung

1.1 Pathogenetische Aspekte

Dem Diabetes mellitus liegt eine chronische Störung des Kohlenhydrat-, jedoch auch des Fett- und Eiweißstoffwechsels, zugrunde. Ursache ist ein absoluter oder relativer Mangel an Insulin, bei vielen übergewichtigen Patienten außerdem eine herabgesetzte Insulinempfindlichkeit der Gewebe, so daß die blutzuckersenkende Wirkung des Hormons vermindert ist.
Die zentrale Bedeutung der Bauchspeicheldrüse bzw. des Insulinmangels für die Zuckerkrankheit wurde deutlich, nachdem Mering und Minkowski bei Hunden durch Pankreatektomie einen Diabetes erzeugten und später Banting und Best die blutzuckersenkende Wirkung von insulinhaltigen Pankreasextrakten an pankreatektomierten Hunden und beim menschlichen Diabetes nachweisen konnten.
Die wichtigsten Zielorgane der Stoffwechselwirkung des Insulins sind Leber-, Muskel- und Fettzellen: Insulin führt zu einer raschen Aktivierung des Transports von Glucose, Aminosäuren, nukleotidartigen Substanzen und auch von Ionen durch die Zellmembran, ferner zu einer langsamer einsetzenden Induktion bestimmter Enzyme. Insulin ist das einzige blutzuckersenkende und das wichtigste anabole Hormon. Neben seinem direkten anabolen Effekt hemmt es die katabolen Stoffwechselprozesse, welche durch Katecholamine, Glukagon und Kortisol stimuliert werden (Abb. 1).
Die anabolen Wirkungen bestehen hauptsächlich in einer Förderung der Synthese von Glykogen, Lipiden, Proteinen sowie in einer Steigerung der Glukoseutilisation. Darüber hinaus hemmt Insulin katabole Prozesse wie die Glukoneogenese, die Glykogenolyse in

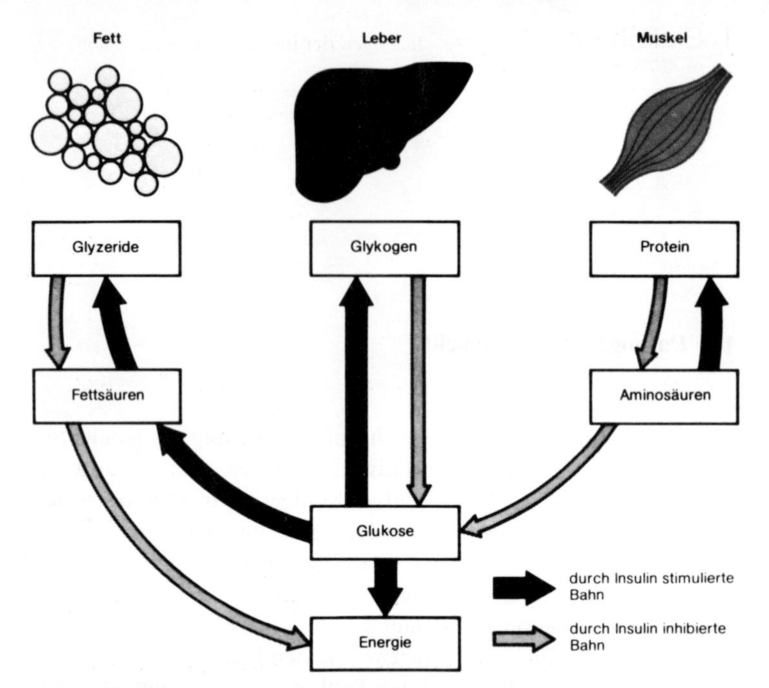

Abb. 1. Überblick über die Insulinwirkung. Insulin stimuliert einige Stoffwechselwege und hemmt andere. Nahrungsaufnahme erhöht den Plasmainsulinspiegel, wodurch anabole Stoffwechselwege und die Nährstoffverwertung stimuliert werden: Umwandlung von Aminosäuren in Proteine, von Fetten in Glyzeride, von Glukose in Energie, Glykogen und Fett. Zwischen den Mahlzeiten ermöglichen die Basalkonzentrationen an Insulin, daß katabole Reaktionen langsam und mit kontrollierter Geschwindigkeit ablaufen: Protein → Aminosäuren → Glukose; Glykogen → Glukose; Glyzeride → Fettsäuren →Energie (mit frdl. Genehmigung der Sandoz AG, Sandorama 4 (1981), S. 25).

der Leber sowie die Lipolyse und Ketogenese, ferner die Proteolyse. Die Blutzucker(BZ)-Senkung kommt sowohl durch anabole als auch durch katabole Effekte zustande:

- In der „Peripherie" Steigerung des transmembranalen Glukosetransports, der Glukoseutilisation, der Glykogen- und Lipidsynthese in Muskel- und Fettzelle,

Tabelle 1. Wichtige Stoffwechselwirkungen der insulinantagonistischen Hormone (*FFS* freie Fettsäuren)

	Direkte metabolische Wirkung	Beeinflussung der Insulinsekretion (IS) und der -empfindlichkeit (IE)	Folge
Glukagon	↑ Glykogenolyse Lipolyse	↑ IS	↑ BZ FFS
Noradrenalin, Norarterenol	↑ Glykogenolyse Lipolyse	↓ IS	↑ BZ FFS
Kortisol	↑ Glukoneogenese	↓ IE (durch Rezeptorbindung?)	↑ BZ
Wachstumshormon (STH)		↓ IS IE	↑ BZ

- Zunahme der hepatischen Glykogensynthese durch Enzymaktivierung (Glukokinase),
- Hemmung der Glykogenolyse und der Glukoneogenese und somit der hepatischen Glukosegabe,
- Hemmung der Proteolyse in der Muskulatur und dadurch geringerer Anfall glukoplastischer Aminosäuren.

Ein entscheidender Faktor, der die Glukosehomöostase sowohl unter Ruhe- wie unter Belastungsbedingungen (körperliche Aktivität, „Streß") aufrecht erhält, ist die Balance zwischen Insulin und den insulinantagonistischen Hormonen. Da diese tendenziell zum Blutzuckeranstieg führen, werden sie als diabetogene Hormone bezeichnet. Der Insulinantagonismus dieser Wirkstoffe führt mittels verschiedener, in Tabelle 1 aufgeführter Mechanismen zur BZ-Steigerung oder zu verminderter Glukosetoleranz. Eine Hyperglykämie entwickelt sich jedoch erst dann, wenn ein relativer oder absoluter Insulinmangel vorliegt. Cortisol, Glukagon und Katecholamine sind außerdem die entscheidenden Hormone, die eine Hypoglykämie während der Nahrungskarenz verhindern oder den BZ-Wiederanstieg nach einer insulin- oder sulfonylharnstoffbedingten Hypoglykämie begünstigen.

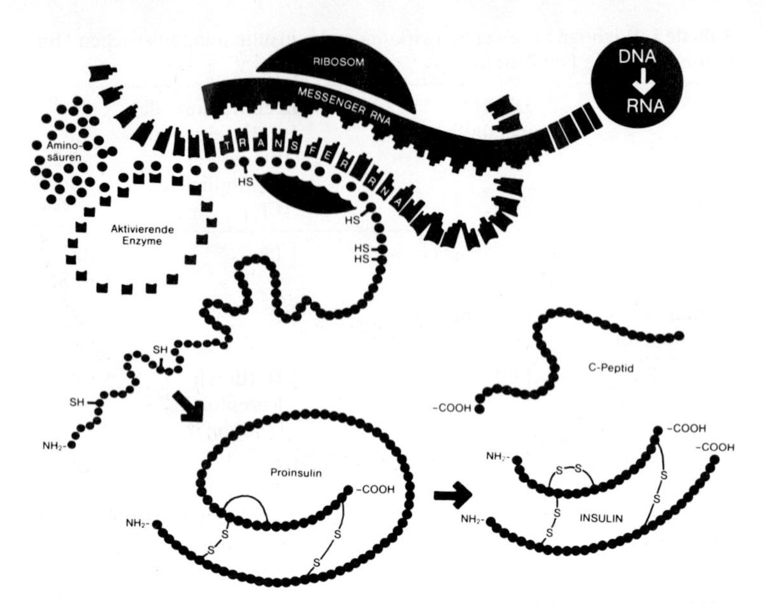

Abb. 2. Synthese des Insulinmoleküls. (Aus: Neukombinierte DNA und biosynthetisches Humaninsulin, S. 10 (1982). Mit freundlicher Genehmigung der Eli Lilly and Company, Forschungsabteilung

1.1.1 Insulinsynthese und Insulinsekretion

Die Synthese in der B-Zelle beginnt mit dem Aufbau einer langen Aminosäurekette bis zum Präproinsulin, aus dem im endoplasmatischen Retikulum durch Abspaltung von 23 Aminosäuren Proinsulin, ein einkettiges Molekül aus 86 Aminosäuren, entsteht. Auf der Wanderung in den Golgi-Apparat und von dort in die B-Zell-Granula arrangiert sich das einkettige Proinsulinmolekül so, daß sich zwischen den beiden freien Partien 2 Disulfidbrücken bilden können. Erst dann erfolgt die Spaltung in das zweikettige (A- und B-Kette), durch Disulfidbrücken verbundene Insulinmolekül (Molekulargewicht 5 800) und das einkettige, übriggebliebene Verbindungsstück, das sogenannte C-Peptid („connecting peptide") (s. Abb. 2, 3).
In den Langerhans-Inseln wird außerdem in den A-Zellen das blutzuckersteigernde Glukagon, ein Proteohormon mit einem Molekulargewicht von 6 000, gebildet, ferner in den D-Zellen Somatostatin, das keine direkten metabolischen Wirkungen entfaltet, jedoch zu einer starken Hemmung der Sekretion bestimmter Hormone, wie Insulin, gastrointestinaler Hormone (z. B. Gastrin) und Wachstumshormon, führt.

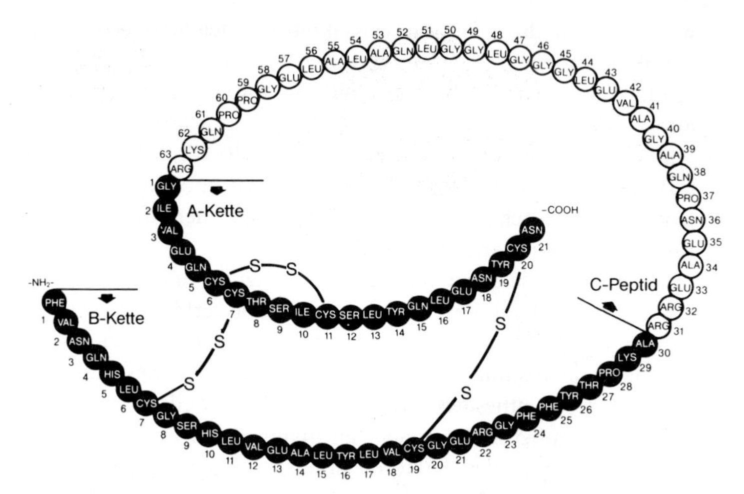

Abb. 3. Molekularstruktur (Aminosäuresequenz) des Schweineinsulins. (Aus: Neukombinierte DNA und biosynthetisches Humaninsulin (1982), S. 34). Mit freundlicher Genehmigung der Eli Lilly and Company, Forschungsabteilung

Die menschliche Bauchspeicheldrüse enthält etwa 80 Einheiten Insulin. In 24 h werden ungefähr 50 E Insulin sezerniert, jedoch ½ bereits während der Leberpassage abgebaut. Die Plasmainsulinkonzentration liegt bei gesunden Patienten im Nüchternzustand unter 20 μE/ml und steigt nach kohlenhydrathaltigen Mahlzeiten bis auf etwa 60–100 μE/ml an.

Als erste Reaktion auf die Nahrungsaufnahme werden verschiedene gastrointestinale Hormone sezerniert, die frühzeitig zu einer Insulinfreisetzung aus der B-Zelle führen und diese für Glukose und Aminosäuren sensibilisieren. Der im Laufe der Digestion erfolgende Anstieg der Blutglukose und der Aminosäuren stimuliert die B-Zelle zu weiterer Insulinabgabe, jedoch nur für etwa 60–90 min.

Die Insulinsekretion unterliegt insgesamt einem komplexen Steuerungsmechanismus, der verhindert, daß

- es nach der Nahrungsaufnahme zu einer stärkeren Hyperglykämie kommt;
- die Blutglukose im postabsorptiven und Fastenzustand stark absinkt und dadurch die Glukoseversorgung des Gehirns gefährdet

wird; eine niedrige Insulinbasissekretion erleichtert die Glykogenolyse und Glukoneogenese und erhöht damit die hepatische Glukoseabgabe, so daß trotz Nahrungskarenz keine Hypoglykämie eintritt;
- während eines erhöhten Energiebedarfs (z. B. körperliche Aktivität) die Muskulatur nicht allein auf Glukose zurückgreifen muß, sondern daß durch gesteigerte Lipolyse ausreichend freie Fettsäuren zur Verfügung stehen.

Wichtigstes Stimulans für die Insulinfreisetzung und -synthese ist der Anstieg der Blutglukose. Die Insulinabgabe verläuft in 2 Phasen: In den ersten 10–15 min wird bereits präformiertes und daher sofort mobilisierbares Insulin freigesetzt. *Später* erfolgt die Sekretion entsprechend der Syntheserate. Die Menge des jeweils abgegebenen Insulins wird außerdem von der Sensitivität der B-Zelle gegenüber bestimmten hormonalen Faktoren und nervalen Einflüssen mitbestimmt. Auch der BZ-Anstieg führt seinerseits zu einer Konditionierung der B-Zelle gegenüber anderen Substanzen, die die Insulinsekretion stimulieren.

Aus dem Pankreas gelangt das Insulin – im Gegensatz zur therapeutischen Insulinapplikation – direkt in die Leber, fördert dort die Glykogensynthese und hemmt die Glykogenolyse, so daß die Glukosenettoaufnahme der Leber positiv wird und die postprandiale Hyperglykämie in Grenzen bleibt.

Unterschreitet der Blutzucker 60 mg/dl, erfolgt nur noch eine minimale Basissekretion mit einer Plasmakonzentration von höchstens 0,2–0,3 μE/ml, unter 30 mg/dl Blutglukose hört die Insulinabgabe praktisch auf.

1.1.2 Insulinwirkung am „Zielorgan“

Peptidhormone wie Insulin sind in minimalen Mengen in der Körperflüssigkeit vorhanden, um bestimmte Informationen auf bestimmte Gewebe oder Zellen zu übertragen. Die Regionen auf der Zellmembran, welche das Hormon „erkennen“, werden Rezeptor genannt. Andere Gewebe, welche nicht mit einem für das betreffende Hormon passenden Rezeptor ausgestattet sind, zeigen dementsprechend keine Reaktion.

Wenn sich das Insulinmolekül mit dem an der Zelloberfläche liegenden Rezeptor verbindet, ändern sich die Eigenschaften der Membran. Sie wird durchlässig für Glukose, Aminosäuren, Fettsäuren und Elektrolyte, wodurch die entscheidende Voraussetzung für die intrazelluläre Synthese von Glykogen und Fett aus Glukose geschaffen wird. Insulin muß daher nicht selbst in die Zelle eindringen.

Der Rezeptor ist ein Glykoproteinkomplex an der Oberfläche der Zellmembran. Die Bindung ist spezifisch, da der betreffende Rezeptor nur Insulin zu binden vermag. Die Affinität ist allerdings nicht auf humanes Insulin beschränkt, sondern betrifft beispielsweise auch Insulin vom Schwein, vom Rind, von bestimmten Fischen und Vogelarten. Ohne diese „Unspezifität" des Rezeptors würde die Therapie mit Insulinen von Tierspezies, wie Rinder- oder Schweinepräparaten, nicht möglich sein. Bestimmte Tiere wie Meerschweinchen produzieren ein Insulin von stärker abweichender Struktur, daher verminderter Rezeptorbindung und infolgedessen geringerer biologischer Aktivität.

Die biologische Aktivität des Insulins ist offensichtlich weitgehend von der Rezeptorbindung, d.h. von deren Zahl und Affinität, abhängig. Die meisten Rezeptoren bleiben normalerweise unbesetzt, so daß für einen ungestörten Ablauf der Stoffwechselprozesse nur ein

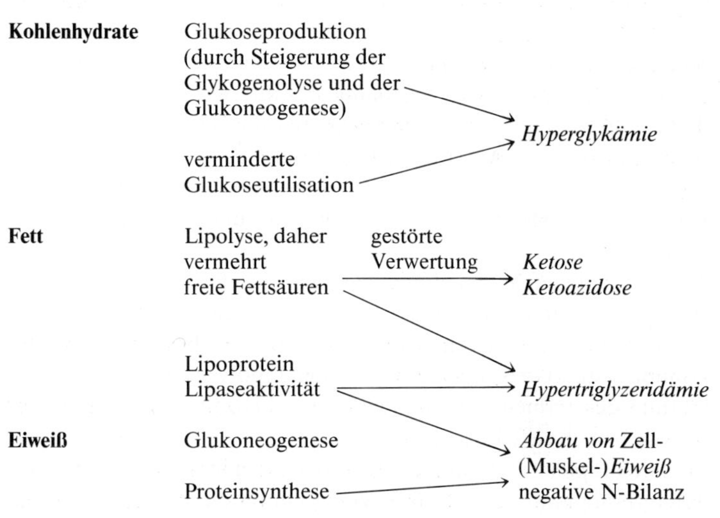

Abb. 4. Stoffwechselveränderungen durch Insulinmangel

kleiner Teil zur Verfügung stehen muß. So ist eine maximale Lipidsynthese bzw. Lipolysehemmung bereits durch geringe Plasmainsulinkonzentrationen gewährleistet.

1.1.3 Stoffwechselsituation beim Diabetes mellitus

Absoluter Insulinmangel führt zu einem Überwiegen wichtiger kataboler Stoffwechselprozesse. Gesteigerte Glukoneogenese und Glykogenolyse gehen mit Glukoseüberproduktion einher, erhöhte Lipogenese und Ketogenese mit Ketose bzw. Ketoazidose. Gleichzeitig ist die Glukoseutilisation vermindert. Der BZ-Anstieg ist demnach sowohl Folge einer Überproduktion wie auch einer Minderverwertung von Glukose. Quantitativ steht die vermehrte Glukosebildung im Vordergrund (s. Abb. 4).
Einem *relativen* Insulindefizit liegt eine lediglich verminderte, jedoch noch erhaltene Eigeninsulinproduktion zugrunde. Gleichzeitig ist besonders bei übergewichtigen Diabetikern die Insulinempfindlichkeit der Zielorgane, der Leber, der Muskulatur sowie des Fettgewebes, herabgesetzt. Diese Insulinresistenz ist der entscheidende Grund dafür, daß sich trotz des noch vorhandenen Insulins eine Hyperglykämie entwickelt.
Solange sich das Insulindefizit in Grenzen hält, steigt der Blutzucker nur nach Zufuhr kohlenhydrathaltiger Nahrungsmittel an, bleibt jedoch während der Karenz weitgehend im Normalbereich. Das Plasmainsulin reicht aus, um die Glukoneogenese und den lipolysestimulierenden Effekt der katabolen Hormone zu bremsen, so daß sich keine ausgeprägte Nüchternhyperglykämie und keine Ketose entwickeln kann.
Mit zunehmendem Insulinmangel zeigt sich auch eine Nüchternhyperglykämie, da die Hemmung der Glukoneogenese durch Insulin entfällt und die hepatische Glukoseabgabe ansteigt. Später kommt es zu massiver Stimulierung der Lipolyse, zur Verwertungsstörung der vermehrt anfallenden freien Fettsäuren und damit zur Ketose bzw. Ketoazidose.
Was den Lipidstoffwechsel betrifft, so werden in der Leber vermehrt Triglyzeride synthetisiert. Gleichzeitig nimmt die Lipoprotein-Lipase-Aktivität des Fettgewebes ab. Die daraus resultierende Steigerung

der Synthese und der verminderte „Kläreffekt“ sind für die häufig beim dekompensierten Diabetes anzutreffende Vermehrung der VLDL- bzw. der β-Lipoproteine und damit die Hypertriglyzeridämie verantwortlich.

Wenn auch die insulinantagonistischen Hormone für die Entwicklung des genuinen Diabetes keine wesentliche Bedeutung haben, so spielen sie unter bestimmten Umständen als diabetogene Faktoren eine wichtige Rolle: Streßsituationen (Traumen, operative Eingriffe, Infektionen, Myokardinfarkt, Kreislaufschock) und eine schwere Stoffwechseldekompensation wie im Extrem das hyperglykämische Koma gehen mit einer erheblichen Steigerung der Sekretion von Katecholaminen, Glukokortikoiden und von Glukagon einher, die zu massiver Glukoseüberproduktion, Lipolyse und zur Ketogenese führen.
Die Glukagonsekretion in den A-Zellen kann für die Ausprägung bestimmter Formen der diabetischen Stoffwechselstörung zu einem bedeutenden Faktor werden, so daß der Diabetes sogar als „bihormonale“ Erkrankung konzipiert wurde (Unger, 1981). Zahlreiche Diabetiker zeigen tatsächlich pathologische Glukagonsekretionsverhältnisse. So steigt die Konzentration nach der Nahrungsaufnahme trotz erhöhten Blutzuckers stark an, wodurch die hepatische Glykogenolyse und damit die postprandiale Hyperglykämie intensiviert werden. Darüber hinaus ist aber die Beeinflussung der Glukagonsekretion durch Insulin, durch Somatostatin, durch Impulse von seiten des autonomen Nervensystems und demnach das gesamte Problem der intrainsulinären Regulation hinsichtlich ihrer Bedeutung für die Stoffwechselsituation noch nicht im einzelnen geklärt.

Die BZ-senkende Wirkung des noch vorhandenen endogenen wie auch des exogen injizierten Insulins kann im Organismus, d.h. in vivo, unter bestimmten Umständen verändert sein.

- Es wird ein „falsches“, d.h. pathologisch strukturiertes Insulin von geringerer biologischer Aktivität sezerniert, was bisher nur als Rarität beobachtet wurde.
- Die Insulinempfindlichkeit der Zielorgane, die in erster Linie durch die Zahl und Affinität der Insulinrezeptoren bestimmt wird, kann „global“ vermindert sein wie bei Adipositas, gesteigert wie bei Magerkeit oder intensiver körperlicher Aktivität. Bei vielen Personen unterliegt sie außerdem einem bestimmten zirkadianen, d.h. 24-h-Rhythmus.
- Veränderungen des Elektrolytmilieus und des Stoffwechsels im Postrezeptorbereich, d.h. intrazellulär.
- Injiziertes Insulin kann im Plasma durch neutralisierende Antikörper gebunden werden (s. Kap. 6).

Die wichtigsten, über den Rezeptormechanismus wirkenden Faktoren, die die Wirksamkeit des Insulins beeinträchtigen, sind Überernährung und Fettsucht. Ist die endogene Insulinsekretion normal wie beim Stoffwechselgesunden oder eben ausreichend wie bei den meisten übergewichtigen Typ-II-Diabetikern, reagiert die B-Zelle adaptiv mit erhöhter Sekretion. Ein absoluter Hyperinsulinismus beim Stoffwechselgesunden und eine relative Hyperinsulinämie beim Diabetiker sind die Folge. Ein BZ-Anstieg wird durch die Fähigkeit zur kompensatorischen Insulinmehrsekretion verhindert. Ist die Insulinbildung jedoch ungenügend und wird wegen der peripheren Insulinunempfindlichkeit mehr Insulin benötigt, entwickelt sich eine Hyperglykämie.

Die Rezeptoren und damit auch die Insulinempfindlichkeit werden außerdem durch die Plasmainsulinkonzentration selbst im Sinne eines Feed-back-Mechanismus beeinflußt. Eine Zunahme führt zur Verminderung der Rezeptorenzahl und -bindung und umgekehrt. Eine derartige „down-regulation" kann auch durch hochdosierte Insulintherapie bei übergewichtigen, wenig insulinempfindlichen Diabetikern hervorgerufen und dadurch die Ansprechbarkeit auf Insulin noch verschlechtert werden. Die Rezeptorbindung wird als First-messenger-Effekt bezeichnet und die danach in der Zelle ablaufenden Stoffwechselprozesse als Second-messenger-Effekt. Eine Vermehrung der Rezeptorenzahl und eine Zunahme ihrer Affinität erhöht die Insulinempfindlichkeit des Organismus und umgekehrt. Insulin wirkt jedoch offensichtlich nicht allein über eine Bindung an den Rezeptor, sondern beeinflußt den Zellstoffwechsel auch direkt nach Durchtritt durch die Zellmembran, z.T. auf dem Wege über eine Enzyminduktion.

Literatur (zu 1.1)

Eaton RP, Galagan R, Kaufman E, Allen RC, Russel L, Miller F (1981) Receptor depletion in diabetes mellitus: correction with therapy. Diabetes Care 4: 299–304

Editorial: Type II diabetes: Toward improved understanding and rational therapy. Diabetes Care 5: 447–450

Hepp KD (1984) Einführung in die Biochemie und Pathophysiologie des Stoffwechsels. In: Mehnert H, Schöffling K (Hrsg) Diabetologie in Klinik und Praxis, 2. Aufl., Thieme Stuttgart (im Druck)

Hepp KD (1974) Einführung in die Biochemie und Physiologie des Stoffwechsels. In: Mehnert H, Schöffling K (Hrsg) Diabetologie in Klinik und Praxis. Thieme, Stuttgart, S. 15–26

Luft R, Wajngot A, Efendic S (1981) On the pathogenesis of maturity-onset diabetes. Diabetes Care 4: 58–63

Olefsky JM (1981) Insulin resistance and insulin action: an in vitro and in vivo perspective. Diabetes 30: 148–162
Reaven GM, Bernstein R, Davis B, Olefsky JM (1976) Non-ketonic diabetes mellitus: insulin defiency or insulin resistance? Amer J Med 60: 80–88
Roth J (1981) Insulin binding to its receptor: is the receptor more important than the hormone? Diabetes Care 4: 27–32
Scarlett JA, Gray RS, Griffin J, Olefsky JM, Kolterman OG (1982) Insulin treatment reserves the insulin resistance of type II diabetes mellitus. Diabetes Care 5: 353–363
Unger RH (1981) The milieu interior and the islets of Langerhans. Diabetologia 20: 1–11

1.2 Verschiedene Formen des Diabetes, Heredität, genetische Fragen

Frühzeitig wurde zwischen dem genuinen (idiopathischen) Diabetes unterschieden, dem ein genetischer Defekt zugrunde liegen sollte, und den sekundären Formen als Folge einer Schädigung der B-Zelle durch andere Erkrankungen. Das klassische Beispiel hierfür ist der Pankreatektomiediabetes. Die Vermutung, daß der sekundäre Diabetes nicht genetisch bedingt ist, ließ sich jedoch in dieser Verallgemeinerung nicht mehr aufrecht erhalten, wie das Beispiel des Hämochromatose-Diabetes zeigt.
Die Klassifizierung der verschiedenen Formen wurde neuerdings modifiziert und der frühere „sekundäre" Diabetes unter „besondere Formen" subsummiert (Tabelle 2).

1.2.1 Genuiner Diabetes

Diese weitaus häufigste Form des Diabetes wurde bereits früher ätiopathogenetisch nicht als einheitliche Störung aufgefaßt. Dem Insulinmangeldiabetes im Wachstumsalter wurde der sog. Gegenregulations- oder Überfunktionsdiabetes des älteren Menschen gegenübergestellt. Die Vermutung, daß dem jugendlichen Diabetes ein absolutes oder weitgehendes, dem Erwachsenendiabetes dagegen nur ein relatives Insulindefizit zugrunde liegen, konnte später durch Untersuchungen des Plasmainsulins bestätigt werden. Frühzeitig wußte

Tabelle 2. Klassifikation des Diabetes mellitus

Diabetesform	Ätiologie
A. Genuiner Diabetes	
Typ-I-Diabetes (insulinabhängig)	Genetische und Milieufaktoren, HLA-Assoziation, Autoimmunprozess
Typ-II-Diabetes (insulinunabhängig)	Ausgeprägte genetische Disposition, wichtiger Manifestationsfaktor Überernährung und Fettsucht
Spezielle Variante: MODY („maturity onset diabetes in young people“)	
B. Besondere Formen des Diabetes	
Pankreaserkrankungen	Zustand nach Pankreatektomie, Pankreaskarzinom, chronische Pankreatitis, Hämochromatose
Endokrine Störungen	Morbus Cushing, Akromegalie, Phäochromozytose, Glukagonom
Pharmaka induziert	Glukokortikoide, Thiazide usw.
Insulin-Rezeptor-Störungen	Acanthosis nigricans
Genetische Syndrome, die mit manifestem Diabetes oder pathologischer Glukosetoleranz assoziiert sind (s. Tab. 89)	

man jedoch, daß ein ausgeprägter Insulinmangel auch im Erwachsenenalter auftreten kann. Umgekehrt fand man auch bei jüngeren Erwachsenen, selten auch im jugendlichen Alter, das klinische Bild, wie es vom älteren Erwachsenen her geläufig war. Um nicht für eine Typeneinteilung fälschlicherweise das Manifestationsalter als ein verbindliches Kriterium zu postulieren, wurden die Bezeichnungen „Typ des juvenilen Diabetes“ und „Typ des Erwachsenendiabetes“ gewählt. 1978 wurde als neutrale Bezeichnung „Typ I“ für den juvenilen Typ und „Typ II“ für den Erwachsenentyp vorgeschlagen. Eine Übersicht über die bisher verwendeten Synonyma gibt Tabelle 3.

Heutige Typeneinteilung des genuinen Diabetes (s. Tabelle 4)
Es besteht heute kein Zweifel, daß der zur Schädigung oder bis zum Untergang der B-Zelle führende Prozeß bei Typ-I- und Typ-II-Diabetes unterschiedlicher Natur ist.

Tabelle 3. Bisherige Bezeichnungen und Synonyma

Typ-I-Diabetes	Typ-II-Diabetes	Bemerkungen
Insulinmangeldiabetes	Gegenregulations-, Überfunktionsdiabetes	„historische" Klassifizierung
Diabetes mit Ketose-neigung „ketosis prone"	Nicht ketotischer Diabetes	
Jugendlicher Diabetes	Erwachsenendiabetes	Kriterium: Manifestationsalter
JOD/*J*uvenile *O*nset *D*iabetes)	MOD (*M*aturity *O*nset *D*iabetes)	Hinweis auf die oft fehlende Altersgebundenheit
Typ des juvenilen Diabetes	Typ des Erwachsenendiabetes	
IDDM*	NIDDM** a) mit Übergewicht b) ohne Übergewicht	IDDM: vitale Indikation für Insulin, NIDDM: trotz Insulinbedürftigkeit, besonders nach längerer Diabetesdauer, quo ad vitam weniger insulinabhängig

* IDDM = Insulin Dependent Diabetes Mellitus
** NIDDM = Non Insulin Dependent Diabetes Mellitus

Typ-I-Diabetes. Die Entwicklung bis zum weitgehenden Insulindefizit oder sogar bis zum totalen Diabetes dauert meist 1–3 Jahre. Bei nicht wenigen Patienten bleibt die endogene Insulinsekretion lebenslang, wenn auch in erheblich reduziertem Ausmaß, erhalten. Dieser Diabetestyp entsteht jenseits des 40. Lebensjahrs wesentlich seltener, kann sich jedoch auch noch in höherem Alter manifestieren. Die erheblichen regionalen Morbiditätsunterschiede (s. 1.5) lassen sich bisher nicht erklären.

Der B-Zelldestruktion liegen wahrscheinlich Autoimmunprozesse zugrunde, die durch virale Infekte, Toxine (?) und andere exogene Faktoren ausgelöst werden (Abb. 5). Andere Manifestationsfaktoren wie die des Typ-II-Diabetes scheinen keine oder nur eine geringe Rolle zu spielen.

Für einen Autoimmunprozeß sprechen immunologische Befunde sowie die Assoziation zu bestimmten HLA-Konstellationen.

Tabelle 4. Klinische Befunde und spezielle Untersuchungsmethoden beim Typ-I- und beim Typ-II-Diabetes

	Typ I	Typ II
Prävalenz	< 0,5%	2%
Bevorzugtes Manifestationsalter	Wachstumsalter, seltener Erwachsenenalter	Erwachsenenalter ab 40 Jahre
Manifestationsgipfel	12–14 Jahre	< 50 Jahre
Gewicht bei oder vor Manifestation	Meist normal	Häufig adipös
Insulinempfindlichkeit	Meist normal	Oft herabgesetzt
Insulindefizit	Ausgeprägt bis total	Gering bis mäßig
Ketoseneigung	Ausgeprägt	Gering bis fehlend
Instabilität	Häufig	Fehlt
Beginn der Stoffwechselstörung	Rasch, jedoch häufiger als früher vermutet Allmählich	Schleichend
Spezielle Diagnostik		
B-Zellmasse	Frühzeitig und weitgehend reduziert (unter 10%)	Nur allmähliche und mäßige Reduzierung
Endogenes Insulin (C-Peptid)	0 bis (+) nach 1–3 Jahren	(+) bis +
Initial Insulitis	Häufig	Fehlt
Inselzellantikörper	+	Ø
Assoziation zu spezieller HLA-Konstellation	+	Ø

Eine bestimmte Gengruppierung auf dem Chromosom 6 ist für die Ausprägung von Autoimmunreaktionen auch im Bereich der B-Zelle mitverantwortlich.

Eine stark positive Assoziation besteht zu den Antigenen DR 3 und DR 4. Sie wurden bei 98% der Typ I-Diabetiker gefunden. Das relative Risiko beträgt für DR 3 5,0%, für DR 4 6,8% und für beide Antigene 14,3% (Wolf et al.). Die höchste Assoziation auch im Vergleich zur Homozygotie ergab sich zum heterozygoten Status DR 3/DR 4, was nach Wolf et al. dafür spricht, daß zwei Gene getrennt in einem Locus auf dem Chromosomen 6 operieren, der mit dem DR-Antigen in enger räumlicher Verbindung steht.

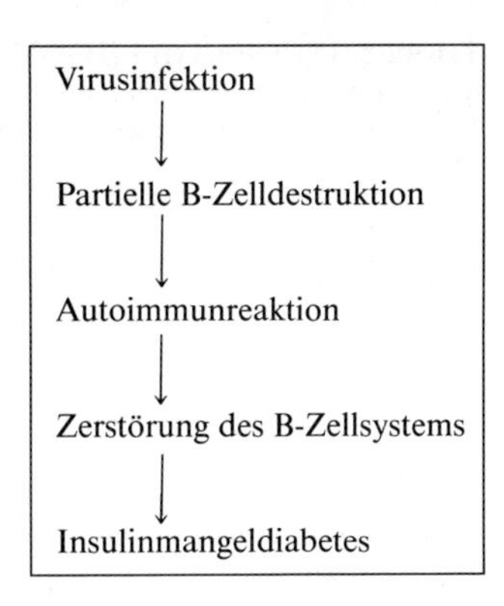

Abb. 5. Pathogenetisches Modell für Diabetesentstehung durch Autoimmunprozesse

Umgekehrt ist die Erkrankungswahrscheinlichkeit für Personen mit dem als „protektiv" anzusehenden DR 7 und DR 2 eindeutig negativ (relatives Risiko jeweils 0,1%).

Die außerdem festgestellten positiven Assoziationen (A_1, A_2, B_8, B_{15}, B_{40}) und die negativen (A_{11} und B_7) sind wahrscheinlich sekundärer Natur und lassen sich als Folge der ausgeprägten genetischen Kopplung mit den primär assoziierten DR-Allelen erklären (Bertrams et al.).

Der Typ-I-Diabetes stellt offensichtlich keine in sich genetisch homogene Entität dar. Darüber hinaus läßt sich vom klassischen juvenilen Diabetes, in diesem Zusammenhang als Typ I a deklariert, als spezielle Form der Ty I b abgrenzen (s. Tabelle 5).

Weitere Hinweise auf die Autoimmungenese des Typ-I-Diabetes:

- Experimenteller Diabetes nach Insulitis bei genetisch disponierten Tieren.
- Insulitis im Frühstadium des humanen Typ-I-Diabetes.
- Organspezifische Inselzellantikörper (ICA) bereits vor Diabetesmanifestation und während der ersten 6–24 Monate bei etwa 65–85% der Patienten, nach 3 Jahren noch bei 20% im Gegensatz zu $<1\%$ bei Typ-II-Diabetes und der Normalpopulation.
- Wahrscheinliche Häufung von Diabeteserkrankungen nach Virusinfektion auf dem Hintergrund einer genetisch bedingten besonderen Immunreaktion auf virale oder andere Infekte mit der Entwicklung eines Autoimmunprozesses im Bereich der B-Zelle, die zum Zelluntergang führt.
- Jahreszeitliche Häufung des Typ-I-Diabetes in zeitlichem Zusammenhang mit der Häufung von Virusinfektionen (?).
- Überzufällig häufiges Vorkommen von anderen organspezifischen Antikörpern und den entsprechenden Erkrankungen, wie Hypothyreose, Hyperthyreose, idiopathischer M. Addison, perniziöse Anämie mit insulinbedürftigem Diabetes: Typ I b (Tabelle 5).

Tabelle 5. Diabetes Typ I (IDDM) (aus Keller U, Berger W (1982) Pathogenetische Grundlagen einer neuen Einteilung des Diabetes mellitus (WHO-Nomenklatur), Schweiz Rundsch Med 71, nach Cudworth u. Bottazzo)

	Typ I a	Typ I b
Auftreten:	Kindesalter	Jedes Alter (Maximum um 35 Jahre)
Geschlecht:	♂ = ♀	♀ > ♂
Beginn:	akut	schleichend
Inselzellantikörper:	nur passager	persistierend
HLA:	S_2 : B_{15}, DRW_4	S_1 : B_8, DRW_3
Virusätiologie:	wahrscheinlich	unwahrscheinlich
Zelluläre Immunität gegen Pankreas:	ja (evtl. nur passager)	ja
Andere Autoimmunkrankheiten:	nein	ja

Typ-II-Diabetes. Zu Beginn der Diabetesentwicklung steht eine Störung der Insulinfreisetzung, eine „Starre" der Insulinsekretion mit verzögertem und vermindertem Plasmainsulinanstieg. Die Ursache der im weiteren Verlauf auftretenden, offensichtlich genetisch fixierten Degeneration der B-Zelle ist unklar. Die Reduzierung der Zellmasse entwickelt sich meist langsam und erreicht auch nach Jahren nicht das Ausmaß wie beim Typ-I-Diabetes. Autoimmunmechanismen spielen offensichtlich keine Rolle.
Die Patienten sind deshalb trotz längerer Diabetesdauer nicht so in dem Maße insulinabhängig und zeigen häufig nur einen geringen bis mäßigen Insulinbedarf ohne Instabilität. Auch dieser Diabetestyp ist nicht streng altersgebunden. Er kann sich auch im jüngeren, sogar im Wachstumsalter entwickeln.
Unter den Manifestations- bzw. Realisationsfaktoren steht das Übergewicht im Vordergrund.

Übergewicht. Seit langer Zeit ist bekannt, daß Überernährung und Adipositas die Manifestation begünstigen und auch einen bereits bestehenden Diabetes verschlimmern können. Umgekehrt kann es unter Reduktionskost und Gewichtsverlust zu einer Besserung bis zur Remission kommen.

Familienuntersuchungen haben gezeigt, daß mit Zunahme des Körpergewichts auch die Zahl der pathologischen Glukosetoleranztests (GTT) wächst (Köbberling 1975). Verwandte 1. Grades von erwachsenen Diabetikern hatten bei einem Übergewicht von 20% bereits eine signifikante Häufung pathologischer Testergebnisse. Bei einem Übergewicht von 60% fand sich sogar bei mehr als der Hälfte der Probanden eine Toleranzstörung oder ein manifester Diabetes.

Im Tierexperiment führte überkalorische Ernährung und Bewegungsarmut bei bestimmten Nagern zum Auftreten eines Diabetes; ein Modell für die hohe Diabetesmorbidität, wie sie bei bestimmten Populationen, wie den Pima-Indianern, Bewohnern bestimmter Pazifikinseln oder den Indern in Südafrika festgestellt wurde. Ebenso fand sich bei den früher praktisch diabetesfreien Eskimos in letzter Zeit eine Zunahme pathologischer GTT.

Milieufaktoren spielen demnach mit Sicherheit eine entscheidende Rolle für die Morbidität und für die Schwere des Diabetes. Besonders gravierend ist ihr Einfluß, wenn sich in bestimmten Bevölkerungsgruppen einschneidende Änderungen der Lebensweise innerhalb weniger Dekaden vollziehen.
Die *Schwangerschaft* steht zwar als „diabetogener" Faktor außer Frage, wie das Vorkommen des Gestationsdiabetes und die Intensivierung der Stoffwechselstörung bei bereits bestehendem Diabetes zeigen (s. Kap. 13). Ob die Gravidität auch zur vorzeitigen Diabetesmanifestation führt oder auch nach Jahren noch die Entstehung eines permanenten Diabetes begünstigt, wird heute unterschiedlich und meistens zurückhaltend beurteilt.
Weitere diabetogene Faktoren können, v. a. bei entsprechender genetischer Disposition, zu einem manifesten Diabetes führen. Oft erweist sich eine derartige Phase als passager. Bleibt trotz Beseitigung der „Streßfaktoren" eine manifeste Störung bestehen, ist die Wahrscheinlichkeit groß, daß der betreffenden Person ohnehin eine Diabeteserkrankung bevorstand.

MODY-Typ (maturity onset diabetes in young people). Dieser Diabetestyp zeichnet sich durch eine über viele Jahre erhaltene Eigeninsulinproduktion, gutartigen Verlauf und ausgesprochene familiäre Belastung aus und nimmt damit eine konträre Position zum juvenilen Typ im Wachstumsalter ein. Nach Fajans (1978) gehören dazu ein Manifestationsalter unter 25 Jahre und fehlende Insulinbedürftigkeit in den ersten beiden Jahren.

Die Bezeichnung MODY ist jedoch weniger ätiopathogenetischer als deskriptiver Natur, da es sich entgegen früheren Vermutungen um verschiedene, und zwar genetisch heterogene Formen eines bestimmten Diabetesphänotyps handelt. Auch der klinische Verlauf ist uneinheitlicher als zunächst angenommen. Meist wird zwar über einen langen Zeitraum von u. U. 10 Jahren und mehr kein Insulin benötigt, was jedoch andererseits frühzeitige Insulinbedürftigkeit nicht ausschließt. Ausgeprägter Insulinmangel sowie Instabilität wurden nicht beobachtet, wohl aber schwere Retinopathien nach anhaltender unbefriedigender Einstellung (eigene Beobachtungen).

Genetische Fragen

Obgleich kein Zweifel an der Heredität des genuinen Diabetes mellitus besteht, lassen die heute vorliegenden Daten noch keine eindeutige Aussage über den Vererbungsmodus zu. Erschwert wird die Situation dadurch, daß die Penetranz der Erbanlage weit unter 100% liegt und nur ein Teil der genetisch belasteten Personen tatsächlich zuckerkrank wird. Sehr wahrscheinlich handelt es sich um einen multifaktoriellen Erbmodus, der durch additive Effekte *mehrerer* Gene und durch die Einwirkungen verschiedener, meist exogener Realisations- oder Manifestationsfaktoren charakterisiert ist. Ein autosomal-rezessiver oder auch autosomal-dominanter Modus gelten zumindest für den Typ-I- und -II-Diabetes als widerlegt.
Wichtige Hinweise auf die inzwischen unumstrittene Heterogenie der verschiedenen Diabetestypen ergeben sich aufgrund der Analyse der familiären Diabeteshäufigkeit.

Eineiige Zwillinge mit Diabetesmanifestation nach dem 40. Lebensjahr, d. h. überwiegend Typ-II-Patienten, zeichnen sich durch eine hohe Konkordanz von 90–95% aus. Bei jüngeren Patienten (Typ I) liegt sie dagegen nur bei 50%. Konkordanz bedeutet hier Diabetesmanifestation innerhalb von 2–3 Jahren bei beiden Zwillingen.
Für das Kind eines Typ-II-Elternteils liegt die Diabeteserwartung auf das 80. Lebensjahr hochgerechnet bei über 65%. Bei einem Typ-I-Elternteil beträgt sie bis zum 20. Lebensjahr des Kindes lediglich 2–3%. Typ-II-Diabetiker zeigen demnach eine wesentlich höhere genetische Penetranz.
Dementsprechend finden sich bei 50% der Verwandten von Typ-II-Patienten Diabetes, und zwar ebenfalls vom Typ II.
Eltern von Typ-I-Diabetikern erkranken nicht häufiger an Typ-II-Diabetes als Eltern von Gesunden; ebenfalls ein Hinweis auf einen voneinander unab-

hängigen Erbgang. Umgekehrt findet sich bei Kindern von Typ-II-Eltern zu 0,3% ein Typ-I-Diabetes, dagegen zu 33,4% ebenfalls ein Typ-II-Diabetes. Nur Typ-I-Diabetiker zeigen eine eindeutige Assoziation zwischen der Diabeteshäufigkeit unter den Geschwistern und einer bestimmten HLA-Konstellation.

Aufgrund dieser und anderer Beobachtungen und der Studien an eineiigen Zwillingen ergibt sich, daß der Typ-I-Diabetes eine wesentlich schwächere genetische Komponente aufweist als früher vermutet, der Typ-II-Diabetes dagegen genetisch entscheidend determiniert ist. Dieser Umstand ist für die eugenische Beratung (s. Kap. 14.1) insofern von Bedeutung, als die Diabeteserwartung unter den Kindern von Typ-I-Diabetikern nur relativ gering ist.

1.2.2 Besondere Formen des Diabetes

Bestimmte Faktoren führen bei genetisch disponierten Personen zu einer pathologischen Glukosetoleranz oder zu manifestem Diabetes. Dazu gehört u.a. die Überproduktion insulinantagonistischer Hormone:
Eine pathologische Glukosetoleranz bzw. ein manifester Diabetes finden sich beim M. Cushing (bis 50%), bei der Akromegalie (bis 60%), ferner beim Phäochromozytom, beim Glukagonom, einem glukagonproduzierenden Tumor sowie selten (3–6%) bei der Hyperthyreose bzw. beim toxischen Adenom. Beim Conn-Syndrom liegt die Häufigkeit der pathologischen Glukosetoleranz zwar über 50%, während die manifeste Stoffwechselstörung seltener anzutreffen ist. Ein sog. Steroiddiabetes kann sich ebenfalls, besonders bei genetisch disponierten Personen, als Folge einer Glukokortikoid- bzw. ACTH-Therapie entwickeln.
Zu u.U. erheblichen Hyperglykämien führen mitunter Traumen, Operationen, Kreislaufschock, Herzinfarkt, also Streßsituationen, sowie Infektionen. Im allgemeinen sind diese Toleranzstörungen passager, solange der auslösende diabetogene Faktor ebenfalls nur vorübergehend wirksam ist.
Weitere diabetische Stoffwechselstörungen, die in diese Gruppe gehören, werden in Kap. 16 behandelt, die zahlreichen genetischen Syndrome sind in Tabelle 89 zusammengefaßt (Anderson et al. 1981).

Literatur (zu 1.2)

Anderson CE, Rotter JI, Rimoin DL (1981) Genetics of diabetes mellitus. In: Rifkin H, Raskin P (Hrsg) Diabetes mellitus, vol V. American Diabetes Association, New York

Bertrams J, Sodomann P, Gries FA, Sachsse B, Jahnke K (1981) Die HLA-Assoziation des insulinpflichtigen Diabetes mellitus, Typ I. Dtsch Med Wochenschr 29/30: 927–932

Creutzfeldt W, Köbberling J, Neel V (eds) (1976) The genetics of diabetes mellitus. Springer, New York Berlin Heidelberg

Fajans SS, Cloutier MC, Crowther RL, Arbor A (1978) Clinical and etiological heterogeneity of idiopathic diabetes mellitus. Diabetes 27: 1112–1125

Irvine WJ, McCallum CJ, Gray RS, Campbell CJ, Duncan LJP, Farquhar JW, Vaighan H, Morris PJ (1977) Pancreatic islet-cell antibodies in diabetes mellitus correlated with the duration and type of diabetes, coexistent autoimmune disease, and HLA-Type. Diabetes 26: 138–147

Köbberling J, Kattermann R, Arnold A (1975) Follow-Up of „non-diabetic" relatives of diabetics by re-testing oral glucose tolerance after 5 years. Diabetologia 11: 451–456

Köbberling J (1976) Genetic heterogeneities within idiopathic diabetes. In: Creutzfeldt W, Köbberling J, Neel V (eds) The genetics of diabetes mellitus, Springer, New York Berlin Heidelberg

Köbberling J, Appels A, Köbberling G Creutzfeldt W (1969) Glucosebelastungstests bei 727 Verwandten 1. Grades von Altersdiabetikern. Dtsch Med Wochenschr 95: 416

Köbberling J, Tattersall R (1982) The Genetics of Diabetes mellitus. Serono Symposia Vol 47. Academic Press Inc. London

Pfeiffer EF (1982) Wohin tendiert die Diabetologie? Deutsches Ärzteblatt 15: 42–69

Schöffling K (1984) Klassifikation, Ätiologie, Pathogenese, Epidemiologie. Verlauf und Prognose des Diabetes mellitus. In: Mehnert H, Schöffling K (Hrsg) Diabetologie in Klinik und Praxis, 2. Aufl. Thieme, Stuttgart (im Druck)

Wolf E, Spencer KM, Cudworth AG (1983) The Genetic Susceptibility to Type I (Insulin-Dependent) Diabetes: Analysis of the HLA-DR Association. Diabetologia 24: 224–230

1.3 Inzidenz

Die Diabetesmorbidität liegt in Europa und Nordamerika bei etwa 1,5–2% und ist höher als in verschiedenen Ländern Ostasiens und Afrikas, aber etwa gleich hoch wie in einigen Entwicklungsländern wie Haiti. Hinzu kommt noch ein beträchtlicher Prozentsatz an unerkannten Diabeteserkrankungen, der auf 1–2% geschätzt wird. Der seit 1950 zu beobachtende Anstieg der Diabetesmorbidität ist zu einem erheblichen Teil scheinbar, da seit dieser Zeit an verschiedenen Stellen ein systematisches Diabetesscreening durchgeführt wurde. Einige Angaben über höhere Prävalenzen basieren auf Massenuntersuchungen unter Einbeziehung des subklinischen Diabetes, der heute als Diabetesfrühstadium nicht mehr allgemein akzeptiert wird.

Bestimmte Bevölkerungsgruppen weisen abweichende Morbiditätszahlen auf. So kommt der Diabetes bei Eskimos – jedenfalls bisher – praktisch nicht vor. Extrem häufig ist er dagegen auf einigen Pazifikinseln und in einigen Indianerreservaten, nachdem sich die Lebensverhältnisse der Bevölkerung in wenigen Jahrzehnten vom Urzustand bis zum sog. westlichen Standard verändert haben. Offenbar ist diese Umstellung von größerer Bedeutung als eine besondere genetische Disposition.

Über 80% aller Diabetiker erkranken jenseits des 40. Lebensjahres. Der Anteil der Kinder und Jugendlichen beträgt etwa 10%. Entgegen früheren Annahmen zeigt die Diabeteshäufigkeit im Erwachsenenalter, also beim Typ-I-Diabetes, erhebliche regionale Unterschiede. Die Inzidenz nimmt offenbar sowohl in Europa als auch in Amerika von Norden nach Süden ab. Für Skandinavien beträgt sie etwa 20–25, für Mitteleuropa 10–20/100000, für Italien ist sie noch niedriger. Die wichtigste Ursache für die unterschiedliche Prävalenz sind wahrscheinlich die genetische Disposition, Exposition gegenüber viralen und anderen Infektionen sowie möglicherweise noch andere, unbekannte Umwelteinflüsse.

1.4 Diabetesstadien

Die Versuche, die diabetische Stoffwechselstörung entsprechend ihrer Intensität in verschiedene Stadien einzuteilen, sind über 50 Jahre alt. Früher unterschied man nur den manifesten Diabetes mit Hyperglykämie und Glukosurie und sozusagen als Vorstadium den subklinischen Diabetes, der sich durch eine pathologische Glukosetole-

ranz, d.h. durch erhöhte Blutzucker nach Glukoseapplikation, auszeichnete, jedoch nicht durch Hyperglykämien unter den üblichen Lebensverhältnissen (s. Tabelle 6).
Anfang der 50er Jahre wurde der Begriff Prädiabetes konzipiert. Die Diagnose betraf Patienten mit normalem BZ und normaler Glukosetoleranz, bei denen aufgrund bestimmter Indizien damit zu rechnen ist, daß sich früher oder später ein Diabetes entwickelt. In erster Linie sind es Geschwister eines eineiigen, bereits diabetischen Zwillings sowie Frauen mit mehrfacher Geburt übergroßer Kinder und familiärer Belastung (s. Kap. 13).
Unter diesen Umständen ist grundsätzlich keine Gewißheit zu erzielen, ob und wann sich ein manifester Diabetes entwickeln wird. Dieses Stadium wurde daher auch als potentieller Diabetes deklariert und der subklinische Diabetes auch als Frühstadium oder Protodiabetes bezeichnet (s. Ziegler u. Pfeiffer in Pfeiffer 1971).
In den letzten Jahren ist die bisherige Klassifikation revidiert worden. Anstelle der Bezeichnung „subklinischer Diabetes" soll nur noch die deskriptive Diagnose „pathologische (oder gestörte) Glukosetoleranz" verwendet werden.

Dafür sprechen folgende Gründe:
- Die Variabilität der Glukosetoleranz ist erheblich, wie seit langem bekannt ist. Normale oder pathologische Tests können abwechseln.
- Nur bei 25–30% aller Probanden mit pathologischer Glukosetoleranz kommt es innerhalb von 10 Jahren zu einem manifesten Diabetes.
- Infolgedessen sind häufiger Personen mit der Diagnose subklinischer Diabetes behaftet, obgleich sich die Glukosetoleranz inzwischen normalisiert hat oder sich trotz bleibender pathologischer Toleranz kein manifester Diabetes entwickelt.
- Schließlich zeigte sich in einer 10-Jahres-Studie (Jarrett u. Keen 1975), daß sich nur bei Personen mit einem manifesten Diabetes (2-h-BZ nach oralem GTT über 200 mg/dl und/oder erhöhter Nüchtern-BZ) eine klinisch relevante Retinopathie als Hinweis auf Mikroangiopathie entwickelt. Probanden mit einem 2-h-BZ unter 200 mg/dl und normalem Nüchtern-BZ wiesen nur sehr selten minimale Veränderungen am Augenhintergrund auf (wenige Mikroaneurysmen). Dies galt als Indiz, daß eine pathologische Glukosetoleranz nicht zur spezifischen diabetischen Mikroangiopathie führt und auch aus diesem Grunde wegen ihrer Unspezifität nicht als Diabetesstadium deklariert werden soll.

Diese Einteilung der Stadien wird nicht von allen Autoren akzeptiert (Mehnert 1980). Umstritten ist u.a. die Frage, wie weit die Diagnose

Tabelle 6. Bisherige Einteilung der Diabetesstadien (*NBZ* Nüchternblutzucker)

Stadium (nach WHO 1964)	Kriterien	Bemerkungen	Stadium (nach WHO 1980)
Potentieller Diabetes	Erhebliche Wahrscheinlichkeit späterer Diabeteserkrankung	Diabetes bei mehr als 2 Verwandten 1. Grades, eineiiger bereits diabetischem Zwilling, frühere pathologische Graviditäten	Potentiell gestörte Glukosetolerenz (potentiell abnormality of glucose tolerance)*
Prädiabetes	Nur retrospektiv zu diagnostizieren (s. im übrigen potentieller Diabetes)		
Latenter Diabetes	Pathologische Glukosetoleranz	Während besonderer Situationen (Infekt, Adipositas) mit Normalisierung nach Beseitigung dieser Faktoren	Frühere pathologische Glukosetoleranz (previous abnormality of glucose tolerance)*
Subklinischer bzw. chemischer Diabetes, auch „latenter Diabetes"	Pathologischer Glukosetoleranztest	Kriterien siehe Abb. 7	Pathologische Glukosetoleranz
Manifester Diabetes	Hyperglykämie nüchtern bzw. postprandial, meistens mit Glukosurie	NBZ (mehrfach) >120 mg/dl, postprandiale Werte (2 h) 150–170 mg/dl (unsicheres Kriterium)	Manifester Diabetes

* „Statistische" Risikoklassen (Personen mit normaler GT, aber eindeutig erhöhtem Diabetesrisiko)

„subklinischer Diabetes“ für den Patienten eine psychische Belastung oder ein berufliches Hindernis darstellt. Es wird ferner eingewandt, daß die Diabetesdiagnose zu einer besseren Motivation des Patienten führt, die notwendigen therapeutischen Maßnahmen zu akzeptieren, eine Auffassung, die jedoch von anderen, auch vom Verfasser, nicht geteilt wird.

1.5 Diagnostik

Die Diagnose Diabetes wird aufgrund der BZ-Bestimmung, oft nach einem vorangehenden positiven Harnzuckertest, gestellt. Häufig erfolgt die Entdeckung zufällig. Subjektive klinische Symptome und mit der Zuckerkrankheit assoziierte andere Erkrankungen wie Hyperlipoproteinämie, Adipositas und Hypertonie erlauben eine Wahrscheinlichkeits- bzw. Verdachtsdiagnose, eine bereits bestehende Retinopathie kann als Beweis für das Vorliegen eines Diabetes gelten.

Klinische Symptome

Direkte Folge der Stoffwechselstörung

Polyurie, Polydipsie, Wadenkrämpfe, Gewichtsabnahme, Leistungsminderung, Hungergefühl sowie als Extremsituation Symptome des hyperglykämischen Komas.

„Sekundärsymptome“

Prurigo, Pruritus vulvae, Balanitis, Infektionen der Haut und Schleimhäute (Mykosen, vorzugsweise im Genitalbereich, Furunkulose, Pyodermie).
Schwere Parodontopathie.
Harnwegsinfekte bei älteren Frauen (?).
Sehstörungen.

Bereits eingetretene Komplikationen

Retinopathia diabetica,
anderweitig nicht erklärbare Neuropathie.

Schließlich kann eine ausgeprägte periphere oder koronare arterielle Verschlußkrankheit zur Verdachtsdiagnose Diabetes führen.

Labordiagnostik (unter Verzicht auf spezielle Methoden)

Bewertung des Blutzuckers. Blutzuckerbestimmungen sind in jedem Fall notwendig, auch wenn bereits eine eindeutige Glykosurie nachgewiesen wurde. Ein – manifester – Diabetes liegt nach den WHO-Empfehlungen (1981) vor, wenn folgende BZ-Werte gemessen werden:
Nüchtern:
über 120 mg/dl (7,0 mmol/l) – Kapillarblut oder venöses Vollblut
über 140 mg/dl (8,0 mmol/l) – venöses Plasma
Blutzucker im Lauf des Tages:
über 200 mg/dl (11,0 mmol/l) – Kapillarblut oder venöses Plasma
über 180 mg/dl (10,0 mmol/l) – venöses Vollblut
Eine einmalige Bestimmung ist unzureichend, wenn nicht weitere eindeutige Zeichen eines dekompensierten Diabetes wie Glykosurie, Ketonurie und typische Symptome vorliegen.
Die Kriterien für den postprandialen BZ sind im Gegensatz zum Nüchternblutzucker (NBZ) weniger eindeutig. Werte über 200 mg/dl rechtfertigen die Diagnose Diabetes, unter 200 mg/dl schließen sie jedoch eine manifeste Stoffwechselstörung nicht aus. Ausnahmsweise wird die 200-mg/dl-Grenze beim Nichtdiabetiker erreicht oder überschritten, so nach reichlicher Einnahme konzentrierter Kohlenhydrate (KH) oder bei Vorliegen einer Hyperthyreose oder nach Magenresektion. Derartige unklare Situationen wie auch hohe Postprandialwerte trotz niedriger NBZ-Werte sind eine Indikation für einen Glukosetoleranztest.

Oraler Glukosetoleranztest (oGTT). Von den verschiedenen Funktionstests zur Prüfung der Insulinsekretion wird hier nur der oGTT besprochen. Er simuliert die physiologischen Insulinsekretionsverhältnisse noch am ehesten, da die B-Zelle nicht nur durch den Anstieg der Blutglukosekonzentration, sondern auch – im Gegensatz zum intravenösen Glukosetest – über die „enteroinsuläre" Achse stimuliert wird.

Der i.v. Test ist in der Praxis nur bei unklaren enteralen Resorptionsverhältnissen indiziert und wird von einigen Autoren in der Gravidität empfohlen. Der Tolbutamidtest ist praktisch weitgehend aus dem Repertoire verschwunden.

Die bisherigen Testdosen liegen für Erwachsene bei 50, 75, 100 g oder 1 g/kg KG (Dosen für Kinder s. Hürter 1982). Zur Vereinheitlichung und wegen der besseren Verträglichkeit der 75-g-Dosis gegenüber der 100-g-Dosis wurden von der WHO 75 g als Testdosis vorgeschlagen. Die BZ-Kurven zeigten nur sehr geringe Unterschiede zur 100-g-Dosis, die in der Praxis vernachlässigt werden können.

In Deutschland hatte sich in den letzten beiden Jahrzehnten die 100-g-Glukosedosis (bzw. 100 g Oligosaccharide) weitgehend durchgesetzt; sie führt im Vergleich zu niedrigeren Dosen zu einer maximalen Insulinsekretion (s. Mehnert 1981). Die Kriterien nach WHO-Vorschlag für 75-g-oGTT sind in Tabelle 7 (s. auch Abb. 6) aufgeführt.

Die Bestimmung des Plasmainsulins während eines oGTT oder eines kombinierten i.v. GTT und Tolbutamidtests ist für die praktische Diagnostik wenig hilfreich. Einer der wesentlichen Gründe ist die Tatsache, daß die Plasmainsulinkonzentration nicht allein durch die Insulinsekretion, sondern auch durch die Insulinempfindlichkeit der Gewebe bestimmt wird.

Tabelle 7. Diagnostische Kriterien des oralen Glukosetoleranztests unter Standardbedingungen (75 g Glukose für Erwachsene, 1,75 g Glukose/kg KG für Kinder)

Blutzucker	Venös (Gesamtblut)	Kapillar (Gesamtblut)	Venös (Plasma)
Manifester Diabetes			
Nüchtern	120 mg/dl (< 7,0 mmol/l)	120 mg/dl (< 7,0 mmol/l)	140 mg/dl (< 8,0 mmol/l)
2 h	180 mg/dl (<10,0 mmol/l)	200 mg/dl (<11,0 mmol/l)	200 mg/dl (<11,0 mmol/l)
Pathologische Glukosetoleranz (IGT)			
Nüchtern	120 mg/dl (>7,0 mmol/l)	120 mg/dl (>7,0 mmol/l)	140 mg/dl (>8,0 mmol/l)
2 h	120–180 mg/dl (7– 10 mmol/l)	140–200 mg/dl (8– 11 mmol/l)	140–200 mg/dl (8– 11 mmol/l)

Bewertung. Eine pathologische Glukosetoleranz soll nicht a priori als diabetische Stoffwechselstörung deklariert werden, da sich häufig auch nach langer Beobachtung kein manifester Diabetes entwikkelt. Die Manifestationsrate beträgt für einen Beobachtungszeitraum von 5 Jahren nur 5–30%. Innerhalb dieser Gesamtquote steigt sie mit höheren 2-h-Werten signifikant an.
Ob die Entwicklung zum manifesten Diabetes durch Überernährung und Übergewicht ungünstig beeinflußt wird, ist umstritten. Eine Vorhersage über den der Störung evtl. zugrunde liegenden Diabetestyp ist aufgrund des oGTT nicht möglich. Mehrfache GTTs lassen eine erhebliche intraindividuelle Variabilität erkennen, so daß ein Einzelbefund nicht überbewertet werden soll.
Eine pathologische Glukosetoleranz ist entgegen früheren Vermutungen wahrscheinlich kein Risikofaktor per se, aber insofern von großer praktischer Bedeutung, als er mit Hyperlipoproteinämie, Hypertonie und arterieller Verschlußkrankheit, nicht dagegen mit der diabetischen Mikroangiopathie assoziiert ist.

Indikationen. Unangebracht ist ein oGTT bei eindeutigen Befunden im Sinne eines manifesten Diabetes wie mehrmals NBZ über 120 mg/dl und BZ im Lauf des Tages über 200 mg/dl.
Unnötig ist der Test ferner, wenn unter üblicher Ernährung der NBZ unter 100–110 mg/dl und die postprandialen Werte unter 180 mg/dl liegen. Dies gilt besonders für ältere Personen.
Im Wachstumsalter und wahrscheinlich im jugendlichen Erwachsenenalter sowie während der Schwangerschaft ist der Test bei entsprechenden Verdachtsmomenten jedoch unentbehrlich.
Unter knapper Ernährung und auch bei diätetisch behandelten Diabetikern, findet sich häufig trotz normalem NBZ ein 2-h-Wert über 200 mg/dl.
Folgende Umstände können zu einer pathologischen Glukosetoleranz oder eindeutigen Hyperglykämien führen:

- endokrine Störungen mit vermehrter Sekretion insulinantagonistischer Hormone (M. Cushing, Akromegalie, Hyperthyreose),
- Verbrennung,
- weitere Traumen, Anästhesie, postoperative Phase,
- hypoxämische Zustände, Myokardinfarkt,

- Niereninsuffizienz,
- Hämodialyse und Bypass,
- akute zerebrale Erkrankungen.

Im täglichen Routinebetrieb muß damit gerechnet werden, daß falsch-positive Tests nach längerdauernder Immobilisation sowie während der Einnahme diabetogener Pharmaka (s. Kap. 9) auftreten können. Falsch-negative Tests sind möglich bei Patienten, die sich kurz vor oder auch während des Toleranztests intensiv körperlich bewegt haben.

Falls sich unter den genannten Situationen eine Hyperglykämie oder Glukosetoleranzstörung findet, ist die Beachtung der folgenden Fragestellungen notwendig:

- Handelt es sich um eine bereits präexistente pathologische Glukosetoleranz (bzw. subklinischer Diabetes)?
- Handelt es sich vielleicht sogar um einen präexistenten, nicht bekannten Diabetes?
- Normalisiert sich die Störung nach Besserung des Zustands?
- Liegt eine mit anderen Krankheiten assoziierte pathologische Glukosetoleranz vor?

Derartige Hyperglykämien oder Toleranzstörungen können daher *nicht ohne weiteres* im Sinne eines manifesten Diabetes interpretiert werden. Trotzdem muß bei entsprechender Situation, besonders wenn eine ausgeprägte Hyperglykämie vorliegt, im Einzelfall antidiabetisch behandelt werden.

Literatur (zu 1.3–1.5)

Ehrlich RM, Walsh LJ, Falk JA, Middleton PJ, Simpson NE (1982) The incidence of type I (insulin-dependent) diabetes in Toronto. Diabetologia 22: 289–291

Gries FA, Toeller M, Grüneklee D, Koschinsky Th (1980) Prognostische Bedeutung des oralen Glukosetoleranztests. Therapiewoche 30: 8358–8368

Gutsche H (1980) Die Epidemiologie des Diabetes mellitus. Pharmakotherapie 3: 78

Haupt E, Petzoldt R, Probst S, Schöffling K (1981) Oraler Glukosetoleranztest – mit oder ohne Seruminsulinbestimmung? Dtsch Med Wochenschr 106: 798–803

Jarrett RJ, Keen H, Fuller JH, McCartney M (1979) Worsening to diabetes in man with impaired glucose tolerance (borderline-diabetes). Diabetologia 16: 25–30

Köbberling J (1980) Wertigkeit des oralen Glukosetoleranztests. Internist 21: 213–19

Köbberling J, Berninger D (1980) Natural history of glucose tolerance in relatives of diabetic patients. Low prognostic value of the oral glucose tolerance test. Diabetes Care 3: 21–26

Köbberling J, Kerlin A, Creutzfeldt W (1980) The reproducibility of the oral glucose tolerance test over long (5 years) and short periods (1 week). Klin Wochenschr 58: 527–530

Knussmann R (1971) Zur Diabetiker-Mortalität in der Bundesrepublik Deutschland während der beiden letzten Dezennien. Öff Gesundh Wes 45: 681

Mehnert H, Haslbeck M, Förster H (1972) Zur Prüfung der oralen Glukosetoleranz. Dtsch Med Wochenschr 97: 1763–1766

National Diabetes Data Group (1979) Classification and diagnosis of diabetes mellitus and other categories of glucose intolerance. Diabetes 28: 1039–1057

O'Sullivan JB, Mahan CM (1968) Prospective study of 352 young patients with chemical diabetes. New Engl J Med 278: 1038–1041

Schliack V, Honigmann G (1978) Epidemiologie des Diabetes, Prognose und Prophylaxe. In: Bibergeil H (Hrsg): Diabetes mellitus. VEB G. Fischer, Jena, S 79–96

Zusammenfassende Darstellungen

Gutsche H, Holler HD (1975) Diabetes Epidemiology in Europe. Thieme, Stuttgart

Haslbeck M, Mehnert H (1984) Diagnose und Differentialdiagnose. In: Mehnert H, Schöffling K (Hrsg) Diabetologie in Klinik und Praxis. Thieme Stuttgart (im Druck)

Jarrett RJ, Keen H (1975) Die Epidemiologie des Diabetes. In: Oberdisse K (Hrsg) Diabetes mellitus, Springer, Berlin Heidelberg New York (Handbuch der inneren Medizin, Bd 7, 2 A, S 679–694)

Mehnert H (1980) Diabetes mellitus 1980. Bericht eines Komitees der WHO. Dtsch Med Wochenschr 48: 1665–1667

World Health Organization (WHO) (1964) Diabetes mellitus. Genf (Technical Report Series No. 310)

World Health Organization (WHO) (1980) Second Report, Diabetes mellitus. Genf (Technical Report Series No. 646)

Ziegler R, Pfeiffer EF (1971) Einteilung, Klinik und Prognose des Diabetes mellitus. In: Pfeiffer EF (Hrsg) Handbuch des Diabetes mellitus. Lehmanns München: 419–441

2. Grundlagen der Therapie

Es gibt gemeinsame, für alle Diabetiker gültige Ziele, wie die Senkung des Blutzuckers, wenn möglich bis zur Normalisierung, die Reduzierung des Körpergewichts und beispielsweise die Beseitigung einer Hyperlipoproteinämie. Die therapeutischen Schwerpunkte sind jedoch entsprechend der klinischen Situation bei beiden Diabetestypen unterschiedlich.
Jugendliches Alter, ausgeprägte Insulinabhängigkeit, rasche Progredienz sowie eine über kurz oder lang auftretende Instabilität sprechen für einen Typ-I-Diabetes, ein Lebensalter über 40 Jahre, fehlende Insulinbedürftigkeit und langsame oder fehlende Progredienz für Typ II. Nicht selten bereitet die Differenzierung Schwierigkeiten, besonders bei jüngeren Erwachsenen mit geringem Insulinbedarf und ohne Progredienz der Stoffwechselstörung.
Die therapeutischen Richtlinien basieren auf den inzwischen gewonnenen Erkenntnissen über die Störung der Insulinsekretion bzw. über den pathologischen Prozeß am B-Zell-System einerseits und über die Insulinempfindlichkeit der Gewebe, der „Zielorgane", andererseits:

2.1 Typ-I-Diabetes

Entscheidender Faktor ist die Destruktion der B-Zelle, d.h. das Insulindefizit; die Insulinempfindlichkeit spielt allenfalls eine untergeordnete Rolle.
Die typischen Verlaufstendenzen bei diesem Diabetestyp sind in Abb. 6 zusammengefaßt.

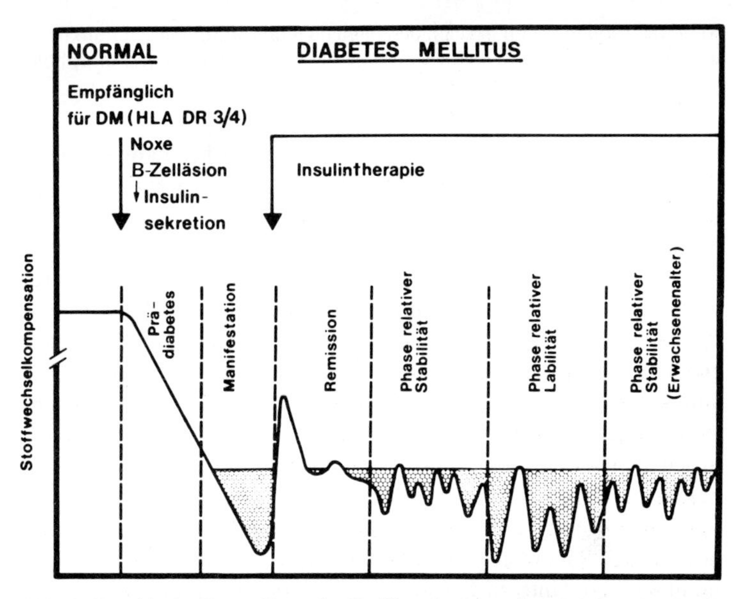

Abb. 6. Graphische Darstellung der Stoffwechselsituation (Meßgröße: Stoffwechselkompensation) während verschiedener Phasen des insulinabhängigen Diabetes mellitus bei Kindern und Jugendlichen. *Schraffiert:* Wechselndes Ausmaß der Glukosurie, *horizontale Linie:* metabolisches Gleichgewicht, bei dem unter normalen Umständen keine Glukosurie mehr auftritt, obwohl der Stoffwechsel keineswegs normal ist. (Nach Weber 1982, mit freundlicher Genehmigung des Autors)

Initiale Dekompensation. Sie etabliert sich meist im Laufe weniger Wochen, selten langsamer, u. U. aber auch in wenigen Tagen bis zum ketoazidotischen Koma, dem sog. Initialkoma.
Das erste therapeutische Ziel ist eine möglichst rasche Normalisierung des Blutzuckers innerhalb weniger Tage, besonders bei massiver Hyperglykämie.

Damit hofft man, die im weiteren Verlauf des Diabetes zu erwartende Progredienz der B-Zellinsuffizienz und damit die Intensität des Diabetes günstig zu beeinflussen und auf diese Weise die Einstellungsmöglichkeiten besonders in den ersten Diabetesjahren zu verbessern. Ob sich tatsächlich durch eine Frühinsulinisierung und Normoglykämie eine weitere B-Zellschädigung verhindern und damit eine Restsekretion von Insulin erhalten läßt, ist bis heute nicht gesichert.

Außerdem sollen die im Bereich der kleinen Gefäße auftretenden Funktionsstörungen behoben werden, die wahrscheinlich Vorläufer späterer morphologischer Veränderungen und der Mikroangiopathie sind.

Entwicklung nach der initialen Dekompensation bei Patienten ohne Remissionsphase. Der Insulinbedarf bleibt bei nicht wenigen Patienten zunächst für einige oder auch mehrere Jahre konstant bei etwa 0,5–0,7 IE/kg KG, ohne daß eine Tendenz zu stärkeren BZ-Schwankungen registriert wird. Häufig zeigt sich jedoch nach 1–2 Jahren Diabetesdauer, gelegentlich unter Zunahme des Insulinbedarfs, eine deutliche Instabilität und eine Neigung zu postprandialer Hyperglykämie. Solange der Stoffwechsel stabil ist, kann eine normoglykämische Einstellung als realistisches Ziel der Stoffwechselführung angesehen werden. Häufige und schwere Unterzuckerungen müssen in jedem Fall vermieden werden, weshalb bei Labilität zumindest passagere Hyperglykämien und Glukosurien toleriert werden müssen. Die Hyperglykämie soll zwar mit allen zur Verfügung stehenden und für den Patienten geeigneten Mitteln reduziert werden, schwere und häufigere Unterzuckerungen sind jedoch zu vermeiden.

Postinitiale Remissionsphase. Nach erfolgreicher Therapie kommt es bei etwa 30–40% der Patienten, besonders im Wachstumsalter selten jedoch bei Kleinkindern, zur postinitialen Remission, die mit einer „Erholung" des B-Zellsystems und einer Zunahme der Insulinsekretion einhergeht, so daß der Bedarf an exogenem Insulin zurückgeht.

Unter den verschiedenen Kriterien für die Remission erscheint folgendes brauchbar: Eine totale Remission bedeutet Normoglykämie unter alleiniger Diätbehandlung, eine partielle wird angenommen, wenn unter einer Insulindosis von weniger als 0,3–0,5 IE/kg KG der BZ 160–180 mg/dl nicht überschreitet.

Die Remissionsphase kann bereits nach einigen Wochen beendet sein, meistens dauert sie 1–3 Monate, selten 1 Jahr und länger. Während dieser Zeit soll der Diabetes unter Fortführung einer evtl. niedrigdosierten Insulintherapie normoglykämisch eingestellt sein.

Dabei ist zu berücksichtigen, daß sich der Patient bzw. die Familie nach Absetzen des Insulins zunächst Hoffnung auf „Heilung" des Diabetes machen würden, jedoch über kurz oder lang wieder mit der unausweichlichen Notwendigkeit der Insulintherapie konfrontiert werden.

Die Entwicklung zur Remission und die spätere Progredienz des Diabetes lassen sich aufgrund der Bestimmung des C-Peptids, des Spaltprodukts der in der B-Zelle stattfindenden Insulinsynthese, verfolgen: Während der initialen Dekompensation ist es etwa bei der Hälfte der Patienten nicht nachweisbar, erscheint während der Remission, um später wieder weitgehend oder gänzlich zu verschwinden, als Hinweis für eine unzureichende oder fehlende Eigeninsulinproduktion bzw. die „natürliche" Progredienz des Diabetes.
Wenn sich das Ende der Remissionsphase mit Hyperglykämie und Glukosurie oder sogar Instabilität ankündigt, darf mit den notwendigen Konsequenzen nicht gezögert werden. Zunächst ist jedoch zu klären, ob tatsächlich eine Progredienz des Diabetes oder Diätfehler und andere Umstände für die Verschlechterung verantwortlich sind. Ist dies nicht der Fall, muß mit einer Abnahme der Eigeninsulinproduktion mit zunehmendem Insulinbedarf gerechnet werden.
Von einer sorgfältigen Stoffwechselführung während der ersten Jahre erhofft man sich spätere günstige Auswirkungen auf die Entwicklung der Mikroangiopathie und Neuropathie. Während dieser Zeit besteht eine reale Chance, den Zeitpunkt der Manifestation und den Schweregrad eventueller späterer Komplikationen günstig zu beeinflussen. Bedauerlicherweise erfolgt eine sorgfältige Einstellung des Diabetes häufig erst dann, wenn es, wie bei manifester Nephropathie oder ausgeprägter proliferativer Retinopathie bzw. autonomer Neuropathie, offensichtlich zu spät ist.

2.2 Typ-II-Diabetes

Zugrunde liegt nicht nur eine gestörte B-Zellfunktion, sondern oft, besonders bei übergewichtigen Patienten, eine Insulinunempfindlichkeit, eine relative Insulinresistenz (Abb. 7).
Der ungenügenden Insulinsekretion liegen mindestens 3 verschiedene Störungen der B-Zelle zugrunde.

1. Fehlen der Initialphase der Insulinsekretion und daher verzögerter Anstieg des Plasmainsulins nach den Mahlzeiten, jedoch ausreichende Konzentration präprandial und nüchtern: „Starre der Insulinsekretion".
2. Verminderte Sensibilität der B-Zelle gegenüber Glukose, d.h. erhöhte Glu-

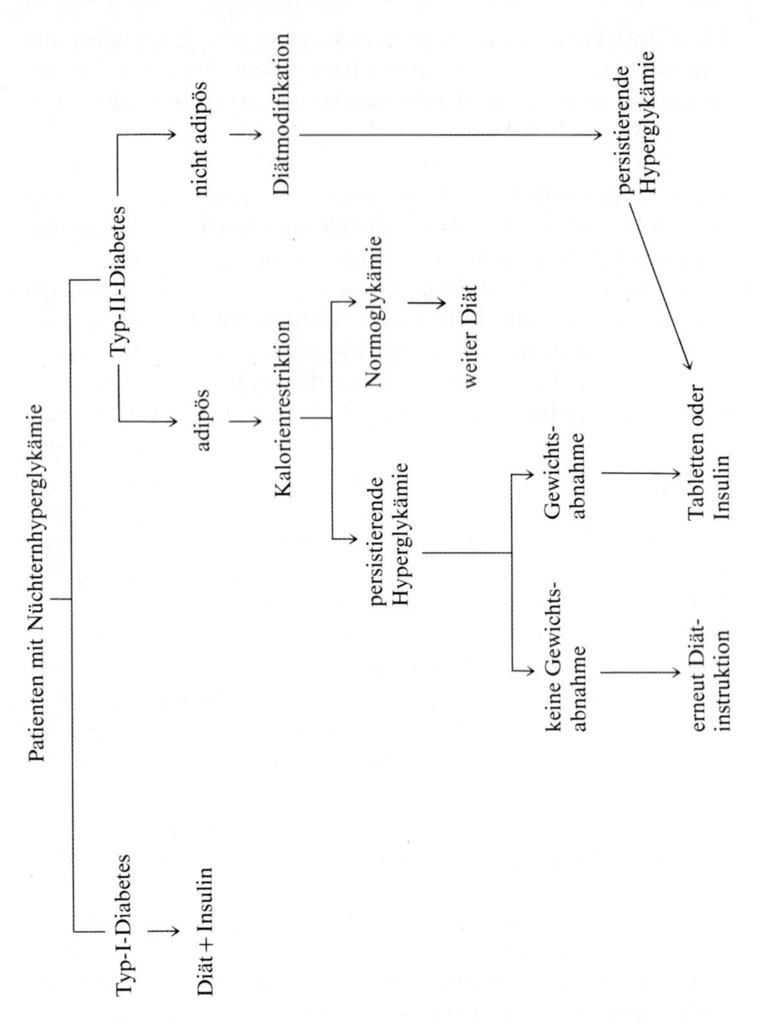

Abb. 7. Behandlungsschema unter besonderer Berücksichtigung des Typ II-Diabetes. Schwierigkeiten hinsichtlich der Einstellung sind in erster Linie Folge einer ungenügenden Diätinstruktion bzw. Diäteinhaltung und damit des zu hohen Körpergewichts. Eine ausreichende BZ-Senkung oder gar eine -Normalisierung ist bei adipösen insulinunempfindlichen Diabetikern ohne Kalorienrestriktion oft unmöglich. (Aus Whitehouse 1982, mit freundlicher Genehmigung des Autors)

koseschwelle bzw. „relative Blindheit" (Editorial 1982) gegenüber der Hyperglykämie.

3. Abnahme der Insulinsekretionskapazität, meist nach längerer Diabetesdauer, mit Tendenz zur Verschlechterung, ohne daß es zum „totalen Diabetes" kommt.

Für die ungenügende Insulinempfindlichkeit sind häufig als Folge von Überernährung und Adipositas eine Verminderung der Rezeptorenzahl und damit der Bindung des Insulins an die Zellmembran verantwortlich wie auch sog. Postrezeptordefekte. Eine intrazellulär bedingte Insulinresistenz ist offensichtlich Auswirkung des Insulindefizits und entwickelt sich bei ausgeprägter Diabetesdekompensation, besonders bei NBZ-Werten über 200 mg/dl.

Es handelt sich beim Typ II-Diabetes nicht um eine „milde" Diabeteserkrankung. Nach 5–10 Jahren werden viele Patienten insulinbedürftig, allerdings weniger *insulinabhängig* als beim Typ-I-Diabetes. Es entwickelt sich demnach nicht das Stadium des „totalen Diabetes". Entsprechend ist auch die Neigung zur Ketose und zur Instabilität gering. Die Prognose wird in erster Linie durch die Komplikationen der arteriellen Verschlußkrankheit, besonders im koronaren und peripheren Bereich bestimmt, gleichzeitig – jedoch weniger ausgeprägt – durch die diabetische Mikroangiopathie.

Eine etwa erforderliche Insulintherapie kann bei adipösen Patienten problematisch werden, wenn hohe Dosen für eine ausreichende BZ-Senkung notwendig sind und dadurch die gewünschte Gewichtsabnahme eher erschwert wird.

Was die Intensität der Stoffwechselstörung bzw. deren Progredienz anlangt, so muß mit folgenden Situationen gerechnet werden (s. Abb. 8):

- „Lebenslang" nur Diät oder allenfalls niedrig dosierte Sulfonylharnstoff (SH)-Therapie, was jedoch nur relativ selten vorkommt.
- Allmähliche Zunahme des Tablettenbedarfs bis zur Maximaldosis oder zu einer SH-Biguanid-Kombination, später, nach mehr als 5–10 Jahren, „Tablettensekundärversagen" und Insulinbedürftigkeit.
- Relativ frühzeitige Progredienz, so daß gleich nach Diabetesdiagnose eine SH-Therapie erforderlich ist.
- Unter Umständen von Anfang an bestehende Insulinbedürftigkeit.

	Stationär	Progredienz (häufiger Verlauf)	Remission (besonders nach Reduktionsdiät)
Initialtherapie	*Diät* SH selten Insulin	Diät SH	SH Insulin SH
Weiterer Verlauf	Kein Regimewechsel Keine wesentliche Dosissteigerung	↓ SH ↓ Dosis ↑ ↓ evtl. Biguanide ↓ Insulin	Diät ↓ (später evtl. Progredienz)

Abb. 8. Verlaufstendenzen des Typ-II-Diabetes unter therapeutischen Aspekten

Nicht selten kann es auch nach mehrjähriger Dauer und trotz ungenügender Eigeninsulinproduktion unter knapper Kost wieder zu einer wesentlichen *Besserung* der Stoffwechselsituation kommen.

Obgleich die abnehmende Eigeninsulinproduktion der wesentliche Faktor für die im Laufe der Jahre zu beobachtende Progredienz ist, hat die Bestimmung des Plasmainsulins nur beschränkte Aussagekraft. Sie erlaubt zwar bei adipösen Patienten, eine relative Hyperinsulinämie zu erfassen, und kann, falls sich hohe Werte (über 40–50 μE/ml) postprandial ergeben, ein weiteres Argument für die Notwendigkeit einer Reduktionskost sein.
Knappe Ernährung und Gewichtsreduktion führen *scheinbar* paradoxerweise sowohl zum Rückgang des Plasmainsulins wie auch der Hyperglykämie, da sich die Insulinempfindlichkeit bessert.
Niedrige Plasmainsulinwerte bei übergewichtigen und hyperglykämischen Diabetikern lassen auf eine unzureichende Eigeninsulinproduktion schließen und können besonders nach längerer Diabetesdauer ein Hinweis auf Insulinbedürftigkeit sein.

Bei normal- oder sogar untergewichtigen Patienten ist häufiger bereits nach der Diabetesdiagnose bzw. bereits nach wenigen Wochen oder Monaten eine SH-Therapie, ggf. auch eine Insulintherapie, erforderlich. Die Insulinempfindlichkeit ist i. allg. ausreichend, so daß auch eine etwa notwendige Insulintherapie keine Schwierigkeiten bereitet.

Das wichtigste therapeutische Ziel ist wegen des bei 80% der Patienten zu findenden Übergewichtes knappe Kost und Gewichtsreduktion. Beide haben Einfluß sowohl auf die Einstellbarkeit des

Tabelle 8. Übersicht über die Umstände, die zu einer Änderung der Stoffwechsellage führen

Stoffwechselbeeinflussende Faktoren	Verschlechterung	Besserung, evtl. Hypoglykämietendenz
Spontaner, „natürlicher" Verlauf des Diabetes	Progredienz, meist rascher bei Typ-I-, allmählich bei Typ-II-Diabetes	Remission bei Typ I, besonders nach rigoroser Insulintherapie, seltener bei Erwachsenen
Kalorienzufuhr	Zu viel	Unterkalorische Kost
Gewicht	Zunahme	Abnahme
Änderung der körperlichen Betätigung	Immobilisierung	Intensive Muskeltätigkeit
Therapiebedingt	Insulinneutralisierende Antikörper	
Komplikationen bzw. Begleiterkrankungen	Infekte, „Streß", Myokardinfarkt, Trauma, chronische Lebererkrankungen, Hämochromatose	Fortgeschrittene diabetische Nephropathie, evtl. dramatisch nach Infektbeseitigung (Abszeßinzision)
Pharmaka-Interaktionen	Diabetogene Pharmaka	s. Kap. 9
Hormonale Einflüsse	Prämenstruell, Gravidität, M. Cushing, Akromegalie, Thyreotoxikose, Glukokortikoide, Antikonzeptiva	M. Addison, HVL-Insuffizienz
Emotionen Psychische Situation	Angst, Spannung, Erregung, „Streß"	Entspannung

Diabetes wie auch auf die Gefährdung durch Gefäßkomplikationen. Eine gleichzeitig vorliegende Hyperlipoproteinämie und Hypertonie werden auf diese Weise ebenfalls günstig beeinflußt.
Mittels ausschließlicher Diätbehandlung läßt sich bei zahlreichen Patienten zumindest in den ersten Jahren, oft auch nach längerer Dauer des Diabetes eine befriedigende Einstellung erzielen. Unter der Reduktionskost wird die Insulinempfindlichkeit besser, so daß die noch vorhandene Eigeninsulinproduktion ausreicht. Die zeitliche Regelung der Nahrungszufuhr ist nicht erforderlich, solange keine Sulfonylharnstoffe oder Insulin verabfolgt werden.

2.3 Stoffwechselbeeinflussende Faktoren

Die Änderungen der Stoffwechselsituation, mit denen während der Diabeteserkrankung gerechnet werden muß, sind in Tabelle 8 zusammengestellt. Zum Teil sind sie Folge des spontanen, „natürlichen" Verlaufs und deshalb irreversibel und bisher nicht kausal zu beeinflussen. Andere, meist exogene Faktoren führen dagegen nur zu einer vorübergehender Verschlechterung oder auch Besserung und sind häufig therapeutisch zugänglich (s. entsprechende Kapitel). – Die frühzeitige Erkennung derartiger Situationen durch regelmäßige Stoffwechselkontrolle – einschließlich der Selbstkontrolle – und die Ermittlung der Ursachen ermöglichen eine rechtzeitige Anpassung der Therapie.

Literatur (zu 2)

Editorial (1982) Type II diabetes: Toward improved understanding and rational therapy. Diabetes Care 5: 447–450

Jahnke K (1975) Klinik des Diabetes mellitus. In: Oberdisse K (Hrsg) Diabetes mellitus, Springer, Berlin Heidelberg New York (Handbuch der inneren Medizin, 5. Aufl., Bd. 7/2 A, S 773–809)

Sauer H (1981) Insulintherapie. In: Robbers H, Sauer H, Willms B (Hrsg) Praktische Diabetologie, 2. Aufl. Banaschewski, München-Gräfelfing, S 92–119

Weber B (1982) Kriterien guter Diabeteseinstellung bei Kindern und Jugendlichen. Monatsschr Kinderheilkd 130: 193–199

Whitehouse F (1982) Update on oral hypoglycemic agents. Pract Diabetology: 1–5

3. Stoffwechselführung und -kontrolle

Stoffwechselführung heißt rationelle und effektive Anwendung aller Maßnahmen, die einer möglichst weitgehenden Normalisierung des beim Diabetes gestörten Stoffwechselmilieus dienen: Diät, Insulin oder Tabletten, Anpassung des therapeutischen Regimes an Veränderungen des Diabetes, an die Alltagsverhältnisse und auf besondere Umstände wie Krankheit oder vermehrte körperliche Aktivität. Die im folgenden aufgeführten Ziele lassen sich zwar nicht bei jedem Diabetiker erreichen und sollen beispielsweise bei älteren Patienten nicht um jeden Preis angestrebt werden. Sie sind aber für viele durchaus zu realisieren und gelten daher als allgemein verbindliche therapeutische Richtschnur:

- Die Hyperglykämie beseitigen bzw. den Blutzucker so weit wie möglich dem normoglykämischen Bereich annähern, ohne daß es bei insulinbehandelten Diabetikern zu häufigen und schweren Hypoglykämien kommt.
- Eine akute Stoffwechseldekompensation rechtzeitig erkennen und behandeln und insbesondere das Auftreten eines hyperglykämischen Komas vermeiden.
- Das Körpergewicht normalisieren oder wenigstens versuchen, eine Gewichtsabnahme zu erreichen.
- Erhöhte Blutfette senken.
- Den vaskulären und nervalen Komplikationen des Diabetes durch Beachtung der oben genannten Punkte vorbeugen.
- Trotz der mit diesen Maßnahmen verbundenen Restriktionen die Lebenssituation besonders für den jugendlichen Patienten so akzeptabel wie möglich gestalten.
- In höherem Alter keine unnötigen Einschränkungen verlangen.

Im vorliegenden Kapitel werden in erster Linie die Blutzucker- und Harnzuckerkontrollen besprochen. Mit ihrer Hilfe versuchen Arzt und Patient, eine ausreichende Orientierung über die jeweils vorliegende Diabetessituation zu gewinnen und damit die Voraussetzung für eine effektive Stoffwechselführung zu schaffen. Die Kontrollmaßnahmen insgesamt dürfen sich jedoch nicht auf Blutzucker und Harnzucker (HZ) beschränken. Das Körpergewicht, die Blutfette, der Blutdruck beispielsweise stehen in so enger Beziehung zur BZ-Höhe oder sind als Risikofaktoren so bedeutsam, daß eine Überprüfung entsprechend dem folgenden Programm notwendig ist:

Stoffwechselkontrolle durch den Arzt
- BZ-Kontrolle und HZ-Kontrolle (24-h- bzw. 2mal 12-h-Urin)
- HbA_1-(Glykohämoglobin-)Bestimmung, bei Typ I-Diabetes etwa alle 3–4 Monate
- Lipidstatus, etwa 1mal jährlich
- Gewichtskontrolle
- Kreatinin, Harnsäure im Serum; Elektrophorese nach längerer Diabetesdauer und bei Nephropathieverdacht etwa 1mal im Jahr, bei manifester Nephropathie häufiger
- Urinstatus
- Körperliche, insbesondere neurologische und angiologische Untersuchung, Fußinspektion; im jährlichen Abstand bei über 35jährigen Patienten und bei Langzeitdiabetes
- EKG ab 35 Jahren etwa alle 1–2 Jahre
- Röntgenthorax, in Abständen entsprechend der jeweiligen Situation
- Andere Parameter wie bei Nichtdiabetikern gleichen Alters und in gleicher Situation, v.a. im Hinblick auf die kardiovaskuläre Gefährdung
- Mindestens jährliche ophthalmologische Kontrolle, nach einer Diabetesdauer von mehr als 5 Jahren alle 6 Monate, ggf. häufiger (bereits bestehender Retinaprozeß, Gravidität)

Stoffwechselführung von seiten des Patienten
- HZ-Selbstkontrolle
- Evtl. BZ-Selbstkontrolle
- Gewichtskontrolle

- Anpassung von Diät bzw. Insulindosierung an Alltagsverhältnisse, körperliche Aktivität, interkurrente Erkrankungen, spezielle Umstände wie Urlaub usw.

Unter welchen Gesichtspunkten soll die Beurteilung der Stoffwechsellage erfolgen und was kann hinsichtlich der Einstellung erreicht werden?

Die Empfehlungen für die Häufigkeit und den Zeitpunkt der BZ- und HZ-Kontrollen, werden durch den Typ des Diabetes, das therapeutische Regime, die Persönlichkeit, das Alter, die Lebensverhältnisse sowie durch die Mitarbeit des Patienten bestimmt. Es kann daher keine allgemeinverbindlichen Regeln geben. Die Untersuchungen sollen unter Berücksichtigung der genannten Umstände so durchgeführt werden, daß sie effektiv und ökonomisch sind und den Patienten nicht unnötig belästigen.

Wenn Qualitätsmerkmale für die Diabeteseinstellung verwendet werden, so ist zwischen der *Stoffwechselführung,* d.h. zwischen dem Bemühen um eine befriedigende Einstellung und dem, was erreicht wurde, der *Stoffwechsellage,* zu unterscheiden.

Für die Beurteilung der Stoffwechsellage, d.h. der Qualität der Einstellung, werden folgende Abstufungen verwendet: sehr gut - gut - befriedigend - akzeptabel - ungenügend - unbefriedigend - schlecht.

Andere Bezeichnungen sollen die Stoffwechselführung charakterisieren: straff - streng - leger - lässig - nachlässig - verwilderter Diabetes. Die negativen Adjektiva gelten dabei allerdings in erster Linie für das Verhalten des Patienten.

Zur Erläuterung sei der „leichte" Diabetes genannt. Er läßt sich oft ohne große Bemühungen sehr gut einstellen. Trotzdem kann die Stoffwechselführung u. U. sogar nur leger sein. Umgekehrt ist trotz erheblichen Aufwands beim labilen Diabetes eine befriedigende Stoffwechsellage meist nicht zu erreichen. Die Situation ist demnach das Resultat aus der Einstellbarkeit des Diabetes, die vorwiegend durch Stabilität und Insulinbedürftigkeit bestimmt ist, sowie den Bemühungen und Erfahrungen des Arztes und des Patienten.

Im übrigen hat sich die frühere Einteilung des Diabetes nach Schweregraden entsprechend dem Insulinbedarf nicht bewährt. Bei stabilem Stoffwechsel sind Schwierigkeiten hinsichtlich der Einstellung trotz hoher Insulindosis von beispielsweise 60-70 IE gelegentlich ge-

ringer als bei Insulindosen unter 25–30 IE, jedoch gleichzeitig bestehender Instabilität. Wenn die Bezeichnung „schwerer Diabetes" benutzt wird, so kann damit allenfalls eine Situation charakterisiert werden, die sowohl durch Probleme der Stoffwechselführung als auch durch das Vorhandensein kardiovaskulärer und nervaler Komplikationen bestimmt ist.
Die Labilität des Stoffwechsels ist wahrscheinlich das wichtigste Hindernis für eine befriedigende Diabeteseinstellung (s. Kap. 7). Stabil ist der Diabetes dagegen, wenn der Blutzucker nur wenig schwankt und die BZ-Profile an verschiedenen Tagen die gleiche Tendenz aufweisen. Eine Stabilität findet sich beim Typ-II-Diabetes, jedoch auch, trotz längerer Diabetesdauer, bei vielen Typ-I-Patienten. Echte Labilität ist dagegen auf den Typ-I-Diabetes beschränkt.

3.1 Blutzucker

BZ- und HZ-Tests werden getrennt besprochen, um die Verfahren im einzelnen zu erläutern, die Stoffwechselkontrolle soll jedoch so praktiziert werden, daß beide sich gegenseitig ergänzen. Die Akzente werden durch den Diabetestyp bestimmt, durch die Stoffwechsellage (stabil – labil), das therapeutische Regime sowie durch die Situation des Patienten. Die Bestimmungsmöglichkeiten für den BZ sind in Tabelle 9 zusammengefaßt.

Besonders bei Insulinpatienten muß die Blutentnahme in der Praxis dem Tagesablauf angepaßt sein. Eine „verspätete" Entnahme beispielsweise des Nüchtern-BZ (NBZ) kann zu unrealistischen Werten und Fehlbeurteilungen führen, ebenso wie eine veränderte körperliche Tätigkeit am Tag des Praxisbesuchs. Die Stoffwechsellage wird daher bei den meisten insulinbedürftigen Diabetikern im jüngeren und mittleren Lebensalter am besten erfaßt, wenn der Patient BZ und HZ selbst kontrolliert oder selbst Blut entnimmt.

Der BZ wird entweder als Einzelwert zu bestimmten Tageszeiten untersucht, oder mehrere Kontrollen werden als Tagesprofil zusammengefaßt. Die Entnahmezeiten sollen nicht primär durch den Ablauf des Praxisbetriebs bestimmt, sondern so gewählt werden, daß sie zusammen mit den HZ-Tests eine einigermaßen zuverlässige

Tabelle 9. Möglichkeiten der BZ-Bestimmung im Labor und durch den Patienten

Ort der Blutentnahme	Ort der Bestimmung	Bestimmungsmethode
Praxis	Labor	Hexokinase bzw. Glukoseoxydase Teststreifen bzw. Reflektometer
„Selbstentnahme" mittels End-zu-End-Kapillaren	Labor (dorthin versandt oder Ablieferung)	Glukoseoxydase, Hexokinase (z. B. Glucoquant-Set)
Selbstkontrolle (zu Hause, im Alltag, unterwegs)		Teststreifen, Reflektometer

Beurteilung des BZ-Verlaufs ermöglichen und Anhaltspunkte für therapeutische Maßnahmen geben (s. Tabelle 11 für Insulintherapie).
Eine Zusammenstellung der BZ-Bestimmungszeiten und der Normalbereiche findet sich in Tabelle 10.
Der NBZ gilt bei den meisten Patienten als Ausgangspunkt für das Tagesprofil. Seine Höhe hängt davon ab, wieviel endogenes oder exogenes, injiziertes Insulin während der Nacht zur Verfügung steht. Ausgeprägte Nüchternhyperglykämien werden verhindert, solange das endogene Insulin ausreicht. Bei Typ-I-Diabetes mit ausgeprägtem Insulindefizit entwickeln sich dagegen bei unzureichendem exogenen Insulinangebot massive Nüchternhyperglykämien.

Tabelle 10. BZ-Bestimmungszeiten und -Normalbereiche

Blutzucker	Bestimmungszeit	Normalbereich [mg/dl]
Nüchtern	Nach nächtlicher Nahrungskarenz	60–100, maximal 120
Postabsorptiv	Vor den Hauptmahlzeiten	60–120
Postprandial	1 bzw. 2 h nach Hauptmahlzeiten	110–140, Einzelwerte höher, selten über 160–180

Der *postabsorptive Blutzucker* vor den Hauptmahlzeiten wird im wesentlichen durch das Angebot von endogenem oder injiziertem Insulin bestimmt. Bei Insulindefizit und übermäßiger Kalorien- bzw. KH-Zufuhr resultieren hohe postabsorptive Werte.
Die *postprandiale Hyperglykämie* hängt von der zugeführten KH-Menge, der Tabletten- oder Insulinwirkung sowie der individuellen Tendenz zum BZ-Anstieg nach den Mahlzeiten ab. Ein entscheidender Faktor für die BZ-Höhe – nicht für den Anstieg – ist der NBZ. Liegt bereits eine ausgeprägte Nüchternhyperglykämie vor, ist auch mit einem hohen postprandialen Wert zu rechnen.
Die Neigung zu postprandialen Hyperglykämien ist unterschiedlich, zeigt jedoch häufig gewisse, teilweise vom Insulinangebot unabhängige Gemeinsamkeiten, die sich in einem bestimmten Zirkadianrhythmus manifestieren, der besonders beim Typ-II-Diabetes deutlich wird (s. S. 81 ff.): BZ-Maximum nach dem 1. Frühstück, weniger ausgeprägt nach dem Abendessen, jedoch nur geringe postprandiale Hyperglykämien mittags.

3.2 Harnzucker

Der *Harnzucker* wird untersucht, um einerseits die Einstellung des Diabetes „global" beurteilen zu können, andererseits aber Hinweise für den BZ-Verlauf zu gewinnen.

Die im Plasma gelöste Glukose wird zunächst glomerulär filtriert und dann im proximalen Tubulusabschnitt rückresorbiert, so daß der Harn normalerweise praktisch glukosefrei (zuckerfrei) ist.
Mit ansteigendem BZ wird im Bereich von 160–180 mg/dl die tubuläre Reabsorptionskapazität überschritten, so daß Glukose im Endharn erscheint: die sog. Nierenschwelle für Glukose.

Mit zunehmender Hyperglykämie steigt entsprechend die Zuckerausscheidung im Harn an. Massive Glukosurien führen zur osmotischen Diurese und sind für Durst, Polyurie und andere typische Diabetessymptome verantwortlich. Die Glukosurie läßt daher Rückschlüsse auf das ungefähre Ausmaß einer Stoffwechseldekompensation zu.

Eine *abnorme Nierenschwelle* kann zu erheblichen Fehlbeurteilungen führen:

Eine *erhöhte Nierenschwelle*, u. U. bis über 300 mg/dl, maskiert z. T. erhebliche Hyperglykämien, so daß eine fehlende oder geringe Zuckerausscheidung BZ-Werte unter 160–180 mg/dl vortäuscht.
Vorkommen: Diabetes im Alter, Langzeitdiabetes, diabetische Nephropathie, oft jedoch ohne klinisch manifeste Nierenerkrankung.
Umgekehrt werden bei *niedriger Nierenschwelle* Glukosurien, beispielsweise zwischen 2 und 5% gefunden, obgleich nur geringe Hyperglykämien bestehen.
Vorkommen: Besonders bei Typ-I-Diabetes in jüngerem Lebensalter, oft jedoch auch in späteren Jahren, während der Gravidität, bei komplizierenden anderen Nierenerkrankungen (chronische Pyelonephritis, Zystenniere), schließlich bei gleichzeitigem Vorliegen einer hereditären renalen Glukosurie.

Methoden der Harnzuckerkontrolle

Es werden heute fast nur Teststreifen oder – noch – Tabletten verwendet, selten polarimetrische oder quantitative enzymatische Methoden.

„Sammelurin". Der während einer 24-h-Periode gelassene Harn kann auf folgende Weise gesammelt werden:

- In einer Portion (24-h-Urin),
- in 2 Portionen (2mal-12-h-Urin),
- in 3 Portionen (7–12, 12–19, 19–7 Uhr).

Die Höhe der Glukosurie wird aus einer Probe des 24-h- oder des 2mal- 12-h-Harns nach der Formel

$$\frac{\%\ \text{Harnglukose mal Harnvolumen}}{100}\ \text{berechnet.}$$

Eine Zuckerausscheidung innerhalb einer 24-h-Periode läßt nicht erkennen, wann während dieser Zeit Hyperglykämien aufgetreten sind. Die Fraktionierung erhöht die Aussagekraft nur wenig. Bei stärkeren BZ-Schwankungen lassen sich Fehlbeurteilungen nicht verhindern. So kann eine Glukosurie in der 7–12-h-Fraktion von einer Nüchternhyperglykämie, von einer postprandialen Vormittagshyperglykämie oder auch von beiden herrühren.

Bedauerlicherweise wird die Bestimmung der 24-h-Glukosurie wegen organisatorischer Schwierigkeiten nur noch selten durchgeführt. Die Rationalisie-

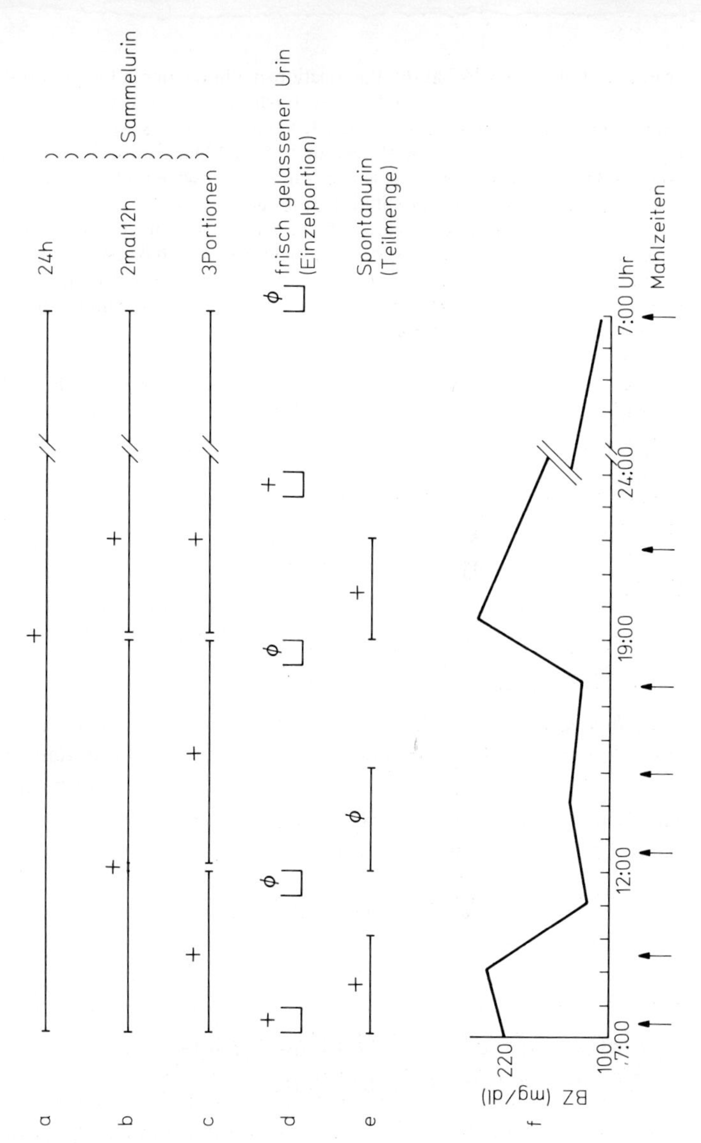

Abb. 9 a–f. Harnzuckertests und ihre Aussagekraft in bezug auf den Blutzuckerverlauf. **a–c** Sammelurin. **d** Frisch gelassener Urin (Einzelportion). **e** Spontanurin (Teilmenge). **f** BZ-Verlauf. Nur HZ-Tests im frisch gelassenen Urin (**d**) geben Hinweise auf den BZ-*Verlauf*

rung des Laborbetriebs hat die Polarisationsmethode, deren Genauigkeit für die ambulante Stoffwechselkontrolle ausreicht, weitgehend verdrängt. Quantitative, enzymatische Methoden werden nur selten angewandt. Die semiquantitativen Tests wie Clinitest, Diabur 5000 und Diastix lassen sich bei größerem Anfall von Harnproben schwer rationell einsetzen. Die meisten Teststreifen liefern jedoch nur qualitative Resultate.
Darüber hinaus muß mit Fehlern beim Harnsammeln gerechnet werden (Mengenbestimmung, Aufbewahrung). Viele Patienten haben außerdem eine verständliche Abneigung, zumal das Harnsammeln im beruflichen Alltag, während der Schul- oder Ausbildungszeit, schwierig oder unmöglich sein kann.

Spontanurin. Dieser Harn entstammt meist einem Zeitabschnitt von 3–4 h, der tagsüber i. allg. durch die Miktionsfrequenz bestimmt wird. Ein positiver Test zeigt an, daß der BZ während der Verweildauer des Harns in der Blase oberhalb der Nierenschwelle gelegen hat.
Bewertung: Die Untersuchung des Spontanurins bei Typ-II-Diabetes ermöglicht, besonders durch die Testung des um 10 Uhr gelassenen Harns, eine nach dem 1. Frühstück auftretende Hyperglykämie zu erfassen. In entsprechender Weise wird nach dem Abendessen vorgegangen (s. Abb. 9).

Frisch gelassener Urin. Voraussetzung für die Gewinnung einer „Einzelportion" ist eine vorangehende Entleerung der Blase, damit das Ergebnis nicht durch eine längere Verweildauer des Harns in der Blase verfälscht wird. Getestet wird der etwa 30–45 min später gelassene Urin. Diese Methode ist die Basis für die HZ-Selbstkontrolle bei Insulinpatienten (außer im höheren Lebensalter). Eine 3- bis 4malige tägliche Kontrolle vermittelt ein ungefähres Bild über den BZ-Verlauf (s. Abb. 11, 12, S. 61–66).

3.3 Blut- und Harnzuckerbestimmung bei Insulin-, Diät- und Tablettenbehandlung

Insulin

In Tabelle 11 sind die Richtlinien für die Zeiten der BZ-Bestimmung zusammengestellt. Die Dosierung des Insulins basiert in der Klinik

Tabelle 11. Zeitpunkt und Zweck der HZ- und BZ-Kontrollen unter Insulintherapie, besonders bei Typ-I-Diabetes

Untersuchungszeiten	Kontrolle	Was soll beurteilt werden?
Nüchtern	BZ („rechtzeitige" Bestimmung s. Text) Meist HZ (Einzelportion)	Insulindosis vom Vortag, BZ-Ausgangslage
1–2 h postprandial	Meist HZ (BZ)	Initialeffekt des Insulins
Vor dem Mittagessen	BZ, meist HZ (Einzelportion)	Morgendosis ausreichend?
Vor dem Abendessen	BZ, meist HZ (Einzelportion)	Morgendosis ausreichend? (bei 3maliger Injektion Höhe der Normalinsulinmittagsdosis)
Nach dem Abendessen, vor dem Zubettgehen	HZ (BZ in der Klinik)	Ausreichende Abenddosis bzw. Initialeffekt?
24–4 Uhr	BZ, evtl. BZ-Selbstkontrolle	Nächtliche Hypoglykämien?

zunächst auf der Kenntnis des NBZ und besonders der postabsorptiven bzw. der präprandialen Werte (12–13 und 17–18 Uhr). Anstelle der Bestimmung im Labor genügen, v.a. für die laufende Stoffwechselkontrolle, bei den meisten Patienten semiquantitative HZ-Tests oder auch BZ-Teststreifen, die jedoch durch Harnuntersuchungen ergänzt werden sollen (s. 3.5).

Die postprandialen BZ-Werte zeigen an, ob der Initialeffekt des Insulins, besonders nach dem 1. Frühstück und nach dem Abendessen, ausreichend ist. Erhöhte Werte werden nur dann richtig beurteilt, wenn die BZ-Konzentration vor der Mahlzeit und besonders nüchtern bekannt ist. Ein Einzelwert, beispielsweise um 10 Uhr, ist wenig aussagekräftig ohne Kenntnis des BZ-Verlaufs, insbesondere der Werte vorher und nachher, v.a. wenn eine Hyperglykämie besteht.

Für die Klinikbehandlung empfehlen sich folgende BZ-Bestimmungszeiten: nüchtern, 10, 12, 17 Uhr, insbesondere bei juvenilem und instabilem Diabetes gelegentliche Kontrolle des 24- und 2–4-

Uhr-Werts. Bei Neueinstellungen ist im übrigen eine ständige Wiederholung des gesamten Tagesprofils nicht notwendig. Wichtige Informationen erhält man auch durch gezielte BZ-Bestimmungen zu bestimmten Tageszeiten.
Wenn auch der Schwerpunkt der HZ-Bestimmungen sowohl in der Klinik wie während der ambulanten Behandlung auf der Selbstkontrolle liegt, so ist die Ermittlung der 24-h-Glukosurie (evtl. fraktioniert) wertvoll, wenn das Ausmaß der Stoffwechseldekompensation beurteilt werden soll. Erhebliche Schwankungen von Tag zu Tag, ohne daß exogene Faktoren, wie Diätunregelmäßigkeiten, wechselnde körperliche Betätigung, vorliegen, sprechen für eine Instabilität des Diabetes.

Diät und Tabletten
Die 24-h- bzw. 2mal 12-h-Glykosurie soll bei Hinweisen auf eine Dekompensation des Diabetes bestimmt werden. Eine Untersuchung lediglich des Nachturins ist ungenügend, da besonders beim Typ-II-Diabetes der BZ und damit auch die HZ-Ausscheidung tagsüber oft höher sind als nachts (s. Tabelle 12).
Das BZ-Profil ist durch ein Maximum, besonders nach dem 1. Frühstück und dem Abendessen charakterisiert. Gegen eine postprandiale Hyperglykämie über 160–180 mg/dl und damit für eine günstige Diabeteseinstellung spricht daher ein negativer HZ-Test 1–2 h nach dem 1. Frühstück, der meistens im Rahmen der Selbstkontrolle ermittelt wird.
Wenn der postprandiale Vormittagswert unter 160–170 mg/dl liegt, kann auf eine Bestimmung des NBZ verzichtet werden. Besonders unter Behandlung mit potenten Sulfonylharnstoffen empfiehlt sich außerdem eine Kontrolle um 15–17 Uhr (s. im übrigen Kap. 5.1).

3.4 Glykohämoglobin (HbA_{1c})

Die Bestimmung des HbA_{1c} als Langzeitparameter läßt Rückschlüsse auf die durchschnittliche BZ-Konzentration während der vorangegangenen 6–10 Wochen zu. Konkrete Zahlen für die Blutglukose

Tabelle 12. BZ- und HZ-Werte des Patienten I.S. (Gewicht 62,7 kg, Größe 169 cm, 68 Jahre, Diabetesdauer 12 Jahre). Wegen ungenügender und irreführender Kontrolldaten Vortäuschung einer befriedigenden Sulfonylharnstoffeinstellung: Trotz günstiger NBZ und geringer Nachtglukosurie beträchtliche Hyperglykämie und Glukosurie im Tagesverlauf (Beobachtung vor Einführung der HbA_1-Bestimmung)

Kliniktag	2.	3.	4.	5.	12./13.	19.	20.
BZ [mg/dl]							
Nüchtern	162	136	122	106	108	116	134
9–9.30 Uhr	324	324	306	288	90	245	175
12 Uhr		278					
17 Uhr	326	246	246	232	108	126	
20 Uhr		302					
24 Uhr			166				
Glukosurie [% = g]					Glukosurie (24 h)		
Tag		4,1 = 45	2,6 = 23	2,9 = 21			
Nacht		0,6 = 9	1,9 = 19	0,7 = 7	0,1 = 1		Ø
Cholesterin [mg/dl]	336			303	240	153	
Triglyzeride [mg/dl]	1480			345	154	136	
Diät: 1 500 kcal							
Therapie	15 mg Glibenclamid				26 IE---- 28 IE Insulin Mixtard		

können zwar nicht gegeben werden, wohl aber konkrete Hinweise für die Einstellungsqualität.

Nach Einstrom der Erythrozyten in die Blutbahn kommt es zu einer postsynthetischen Anlagerung von Glukose an die Hämoglobinfraktion A_{1c} in Form einer sehr stabilen und irreversiblen Ketonaminbildung. Als Zwischenstufe bildet sich zuvor ein überwiegend reversibles, instabiles Aldimin, das mit modernen Routinemethoden nicht mehr miterfaßt wird.
Bei Zunahme der Blutglukose steigt auch der Glukosegehalt des HbA_{1c} über seinen Normalwert von 4–5% an. Aus labortechnischen Gründen wird i. allg. das gesamte HbA_1 bestimmt. Da die Fraktionen HbA_{1a} und HbA_{1b} durch die BZ-Höhe nicht beeinflußt werden, muß beim Diabetiker ein Anstieg des gesamten HbA_1 auf eine Zunahme des HbA_{1c} zurückgeführt werden.

Die Eignung des HbA_{1c} bzw. des HbA_1 als Langzeitparameter basiert auf der Lebensdauer der Erythrozyten von 120 Tagen.

Für die Beurteilung der Diabeteseinstellung gelten für das HbA_1, folgende Kriterien:

5– 8%	Sehr günstige, meist normoglykämische Einstellung
< 9%	Noch gute Diabeteseinstellung
9–11%	Nur mäßige Einstellung des Diabetes
>11%	Unzureichende Diabeteseinstellung
>13%	Erhebliche Dekompensation des Diabetes

Die Bestimmung des HbA_1 gilt heute als notwendiger Bestandteil der Stoffwechselkontrolle, v. a. für Diabetiker vom juvenilen Typ, jedoch auch für Typ-II-Patienten, die nur unzureichend durch Labortests oder HZ-Selbstkontrolle überwacht werden können. Obligat ist die HbA_1- bzw. HbA_{1c}-Bestimmung in der Schwangerschaft sowie beim Einsatz von Insulininfusionsgeräten.

Folgende besondere Umstände sind zu berücksichtigen:
Aufschlußreich ist die HbA_1-Bestimmung bei Typ-II-Diabetikern, die einige Tage vor der Kontrolle in der Praxis knapp essen, um den Arzt und auch sich selbst mit niedrigen BZ-Werten zu erfreuen. Die scheinbare Diskrepanz zwischen hohem HbA_1 und günstigem BZ und HZ läßt den wahren Sachverhalt erkennen.
Wenn der Diabetes nach länger anhaltender unbefriedigender Einstellung rekompensiert worden ist, dauert es einige Wochen, bis ein niedriger HbA_1-Wert wieder erreicht wird.
Eine kurz vorhergegangene Stoffwechseldekompensation wird oft in ihrem tatsächlichen Ausmaß nicht erfaßt, auch wenn sie am Untersuchungstag noch anhält. Das HbA_1 sollte daher nicht isoliert, sondern in Verbindung mit BZ und HZ bestimmt werden.

3.5 Selbstkontrolle

In den letzten Jahren hat sich die Auffassung durchgesetzt, daß eine erfolgreiche Behandlung besonders der insulinbedürftigen Diabetiker vom juvenilen Typ, aber auch vieler Tabletten- und Diätpatienten ohne Selbstkontrolle, d. h. ohne aktive Mitwirkung des Patienten bei der Ermittlung von BZ bzw. HZ nicht möglich ist.
Die bereits seit langem praktizierte HZ-Selbstkontrolle ist inzwischen durch die BZ-Selbstkontrolle ergänzt worden, wodurch die Effektivität der Stoffwechselführung verbessert werden konnte. Die

Kombination von BZ- und HZ-Tests ist heute eine der entscheidenden Voraussetzungen für eine normoglykämische Einstellung, wie sie inzwischen trotz Insulinbedürftigkeit häufig angestrebt wird.
Im Gegensatz zur Selbstkontrolle vermitteln weder BZ- noch HZ-Kontrollen des Praxislabors eine ausreichende Orientierung über die Stoffwechselsituation. Sie gestatten lediglich eine Art Momentaufnahme und können sogar zu Fehlbeurteilungen und Fehlentscheidungen führen.

Tabelle 13. Anwendung semiquantitativer und qualitativer HZ-Tests

	Clinitest/Diabur 5000/Diastix	qualitative Teststreifen (Glukotest, Clinistix)
Personenkreis	Vorzugsweise insulinbedürftige Diabetiker, v. a. in jüngerem und mittlerem Lebensalter	Überwiegend nicht insulinbedürftige Diabetiker, Patienten mit stabilem Diabetes, meistens in höherem Alter
Welche Harnprobe	Einzelportionen, evtl. Sammelurin	Teilmenge, selten Sammelurin
Wann	Einzelportionen, besonders vor den Hauptmahlzeiten und spät	Nüchtern, vormittags, nachmittags, abends
An welchen Tagen	Täglich, besonders bei Typ-I-Diabetes; bei stabilem Diabetes und in der 2. Lebenshälfte evtl. an 2–3 Tagen der Woche	Täglich, evtl. an 2–3 Tagen der Woche
Wie oft täglich	Typ I 3–4mal, sonst 2–3mal	2–3mal
Besondere Umstände	Mehrfache tägliche Kontrollen in Kombination mit dem Ketontest sind obligat bei Infektionen, anderen interkurrenten Erkrankungen, ausgeprägten Diabetessymptomen (Durst, Polyurie usw.)	

Harnzuckerselbstkontrolle

Es stehen semiquantitative und qualitative Methoden zur Verfügung. Die semiquantitativen Tests (Clinitest, Diabur 5000 und auch Diastix) werden entsprechend der Übersicht in Tabelle 13 außer im Alter in erster Linie von Insulinpatienten benutzt, die qualitativen Streifentests dagegen von Diabetikern, die mit Diät oder Tabletten behandelt werden.

Diabur 5000 bzw. Clinitest. Wegen der bequemeren Handhabung werden statt Tabletten zunehmend die semiquantitativen Streifentests bevorzugt. In Anlehnung an die BZ-Bestimmungszeit (s. Tabelle 11) ergeben sich für die Untersuchung der „Einzelportion" folgende Kontrollzeiten:

- *Vor dem 1. Frühstück* zur Orientierung über den NBZ,
- *nach dem 2. Frühstück* zur Erfassung etwaiger postprandialer Hyperglykämien (meist nur sporadische Tests indiziert),
- *vor dem Mittagessen* zur Orientierung über eine ausreichende Insulinwirkung im Laufe des Vormittags (morgendliche Insulindosis),
- *vor dem Abendessen* wiederum zur Orientierung über die morgendliche Insulindosis (oder ggf. über die Mittagsdosis von Normalinsulin),
- *vor dem Zubettgehen* (Spättest).
- Zusätzlich muß, beispielsweise in der Gravidität oder anderen Situationen, die eine normoglykämische Einstellung erforderlich machen, der Harn zu anderen Zeiten, besonders postprandial, getestet werden.

Die Urinkontrollen lassen sich unter bestimmten Umständen bei stabilem Stoffwechsel vereinfachen, indem lediglich qualitative Teststreifen wie Clinistix und Glukotest benutzt werden, die für den Patienten den Vorteil der rascheren Reaktionszeit aufweisen. Dies ist unter folgenden Voraussetzungen möglich:
- Alle Harnproben bleiben auch bei längerer regelmäßiger Kontrolle zuckerfrei.
- Der Nüchternurin, d.h. der Nachturin, ist regelmäßig aglukosurisch. In diesem Fall wird i. allg. auch die anschließend „frisch gelassene" Harnprobe keinen Zucker enthalten. Zeigt sich im

Nachtharn erneut Zucker, wird wieder die 2. Portion (Einzelportion) getestet.
- In gleicher Weise lassen sich, falls die Tests vor dem Mittagessen oder vor dem Abendessen negativ sind, die jeweiligen Harnproben mit einem qualitativen Streifentest untersuchen.

Der Patient ist jedoch nachdrücklich darauf hinzuweisen, daß bei Stoffwechselverschlechterung oder während besonderer Ereignisse wie eines Infekts auf das Standardverfahren übergegangen werden muß.

Bei Kindern werden die semiquantitativen Methoden auch zur Untersuchung des in 3–4 Portionen fraktionierten Sammelurins benutzt (s. Hürter 1982). Die Gewinnung einer Einzelportion ist in diesem Lebensalter schwierig. Außerdem ergibt die im Sammelharn ermittelte Glukosurie einen globalen Hinweis auf die Qualität der Einstellung, jedoch nur einen vagen Anhalt für den BZ-Verlauf.

Ketonkörpertests erfassen Acetessigsäure und Aceton, nicht dagegen β-Hydroxybuttersäure. Die Streifentests, wie Ketostix, Ketur oder die Acetesttablette, werden zur rechtzeitigen Erkennung einer Stoffwechseldekompensation benutzt. Sie sind erforderlich bei anhaltender Glukosurie (mehrfach 2% und höher), interkurrenten Erkrankungen wie Infekten, schlechtem Befinden und klinischen Diabetessymptomen wie Durst, Polyurie.

Tabelle 14 zeigt, welche Konsequenzen Constam und Berger aufgrund der HZ- und Ketontests für die Insulindosierung anläßlich einer infektbedingten Stoffwechselverschlechterung ziehen.

Vielen Patienten ist nicht bekannt, daß auch bei protrahierter Hypoglykämie geringe bis mäßige Ketonurien auftreten können.

Gelegentlich findet sich bei insulinbedürftigen Diabetikern anläßlich von Routinekontrollen ein schwach positiver Ketontest, durch den die Patienten jedoch unnötig beunruhigt werden.

Selbstverständlich ist unter restriktiven Diäten mit weniger als 1000 kcal wegen des meist niedrigen KH-Gehalts mit einer Ketonurie zu rechnen und der Patient darauf aufmerksam zu machen.

Blutzuckerselbstkontrolle

Die BZ-Selbstkontrolle ist in den letzten Jahren für viele Diabetiker und Ärzte zu einem wesentlichen Bestandteil der Stoffwechselkontrolle geworden. Es handelt sich um eine semiquantitative Methode. Die Genauigkeit der beiden am häufigsten verwendeten Streifen (Haemoglucotest 20–800, Visidex) zeigt hinsichtlich der verschiedenen Bereiche keine wesentlichen Unterschiede. Der Patient nimmt

Tabelle 14. Modifiziertes Constam-Schema: Selbstkontrolle und Insulindosierung anläßlich Stoffwechselverschlechterung bei Akutsituation, z. B. bei Infekten

Clinitest bzw. Diabur 5000	BZ-Selbstkontrolle	Ketontest		Wann soll der Test wiederholt werden?
		negativ	positiv	
[%]	[mg/dl]	Normalinsulin [E]		[h]
0	> 150–180	0	0	4–5
0,25–0,5	180–200	0– 4	4	4–5
1	> 200	4– 6	8	3–4
2	> 250	6– 8	10–16	3–4
5	> 300	8–10	12	2

Tabelle 15. Reflexionsphotometer (Reflektometer) zur BZ-Bestimmung

Name	Streifen	Bereich	Preis**
Glucometer	Dextrostix	10–400	818,–
Dextrometer	Dextrostix	10–400	898,35
Hypocount II A	Dextrostix	36–395	630,–
Petita A	Dextrostix	10–400	680,–
Reflo-Lux	HGT 20–800 R	40–400	567,–
Reflocheck	Reflocheck-Glucose	20–450	880,–
Reflomat	Reflotest-Glucose bzw. Hypoglycemie	20–150 (180) 50–350	900,–
Hypocount II B	HGT*	36–395	630,–
Hypocount B Audio	HGT*	in 6 Stufen von 0–540	650,–
Petita B	HGT*	10–400	680,–

* HGT = Hämoglucotest
** Änderungen möglich

den Bluttropfen mittels Lanzette oder Injektionsnadel selbst ab und bringt diesen auf die Reaktionszone des Teststreifens. Die Ablesung erfolgt direkt, d.h. visuell durch Vergleich der Teststreifenfärbung mit einer Farbskala, oder indirekt mit Hilfe eines Reflektometers. Da sich auf dem Gerätesektor im raschen Tempo Neuentwicklungen vollziehen, wird lediglich eine tabellarische Übersicht ohne Anspruch auf Vollständigkeit gegeben (Tabelle 15).

Nicht alle Personen sind in der Lage, die Teststreifen richtig abzulesen. Wie zu erwarten, kommt es zu erheblichen Fehlern bei stark eingeschränktem Visus. Die wichtigste Ursache sind jedoch Schwierigkeiten beim Vergleich der Farbqualitäten, mit denen bei etwa 25% aller Probanden und demnach auch beim medizinischen Personal gerechnet werden muß. Dieses verminderte Farbdifferenzierungsvermögen kann durch Training nicht verbessert werden.

Wer BZ-Teststreifen benutzen und visuell, d.h. ohne Reflektometer, ablesen will, soll eine Vorperiode von etwa 10–15 Bestimmungen absolvieren. Ergeben sich zu große Fehler in bezug zu einer Labor-Referenzmethode, ist eines der Reflektometer, für die z.T. spezielle Teststreifen zur Verfügung stehen, erforderlich.
Diese Teststreifen haben sich auch in den Händen des Arztes bewährt. Nicht nur in Notfallsituationen (drohendes hyperglykämisches Koma, Hypoglykämie, operativer Eingriff, Traumen), sondern auch anläßlich der laufenden Stoffwechselkontrollen ermöglichen sie eine ungefähre Orientierung. Gegebenenfalls muß jedoch, z.B. bei schwerer Hypoglykämie, gleichzeitig Blut für die Laborbestimmung entnommen werden.
Eine BZ-Selbstkontrolle ist unter folgenden Umständen obligat bzw. erwünscht:

- Gravidität,
- Insulininfusionsgeräte,
- normoglykämische Einstellung aus anderen Gründen mit Mehrfachinsulininjektion,
- neuentdeckter Typ-I-Diabetes,
- abnorme (erhöhte oder erniedrigte) Nierenschwelle für Glukose,
- begrenzte Verwertbarkeit der Harnzuckertests.

BZ-Selbstkontrolle wünschenswert:

- Ergänzung für HZ-Selbstkontrolle (etwa 1 Profil in 1–2 Wochen und gelegentlich zu anderen Zeiten),

- bei Vorliegen atypischer Hypoglykämien, evtl. Bestimmung durch Angehörige (s. Kap. 8).

BZ-Selbstkontrolle problematisch bzw. überflüssig:

- Unsystematische Tests während Hypoglykämien, obgleich die Symptome eindeutig sind,
- bei Instabilität gelegentliche Tests je nach Befinden,
- Arzt oder Patient ziehen aus den Resultaten der BZ-Selbstkontrolle keine Konsequenzen.

Die Ablesegenauigkeit während einer Hypoglykämie ist dadurch eingeschränkt, daß die Patienten in einem hypoglykämischen Zustand weniger genau ablesen können, ferner dadurch, daß die Ablesegenauigkeit bei den meisten Teststreifen im kritischen Grenzbereich etwa zwischen 45 und 65 mg/dl nicht ausreichend ist.

Trotz der oben erwähnten Vorteile der BZ-Selbstkontrolle soll die Indikation für jeden einzelnen Patienten individuell und kritisch gestellt werden. So ist sie für viele ältere Diabetiker – trotz des häufigeren Vorkommens einer erhöhten Glukoseschwelle – eine unnötige Belastung. Gelegentliche und planlose Tests sind überflüssig und kostspielig. Leider verleitet die BZ-Selbstkontrolle dazu, einzelne Resultate überzubewerten und die HZ-Tests zu vernachlässigen. Als Residuum bleiben u. U. nur gelegentliche und wenig verwertbare BZ-Kontrollen.

Ferner kommt die BZ-Selbstkontrolle bei rasch verlaufenden Hypoglykämien oft zu spät. Der Patient wird sich darauf beschränken müssen, während eines tendenziellen BZ-Abfalls zu untersuchen, wie nach körperlicher Aktivität oder beispielsweise in der 2. Vormittagshälfte.

Für die Durchführung benötigt der Patient konkrete und leicht verständliche Empfehlungen. Folgende Fragen sind zu beantworten:

- Zu welchen Tageszeiten soll der BZ im Rahmen eines Profils bestimmt werden?
- Wie oft ist ein Tagesprofil notwendig?
- Wann soll der BZ außerdem als Einzelwert bestimmt werden (Tageszeiten) und unter welchen Umständen (Hypoglykämie, positiver HZ, interkurrente Erkrankungen)?

Als Beispiel sei ein Testplan in einer Form skizziert, die auch zur Instruktion für den Patienten geeignet ist (Abb. 10). Für andere Situationen genügen Tagesprofile zunächst wöchentlich, später in größe-

Diabetesklinik Jahr

Bad Oeynhausen Woche

Patientename Datum

Tag	7:00	9:00	12:00	15:00	18:00	22:00	24:00	3:00
Mo	░	░	░	░	░	░	░	░
Di	░	░						
Mi	░		░					
Do	░			░				
Fr	░				░			
Sa	░					░		
So	░						░	

Abb. 10. Schema zur BZ-Selbstkontrolle. Konkrete Hinweise entsprechend einem derartigen Schema, eventuell auch mit häufigeren BZ-Kontrollen, sind für die meisten Patienten erforderlich. *Schraffiert:* Bestimmungszeiten

ren Abständen, u. U. sind jedoch wie bei der Behandlung mit Insulininfusionsgeräten häufigere, meist tägliche Bestimmungen erforderlich. In der Routinebehandlung des Typ-I-Diabetes dient die BZ-Selbstkontrolle grundsätzlich als *Ergänzung* zur HZ-Selbstkontrolle. Ausschließliche Bestimmungen des BZ kommen nur in Betracht, wenn die Harntests nicht verwertbar sind.

Die Geräte und Folgekosten sind erheblich. Der Preis für ein Reflektometer liegt zwischen 500 und 900 DM, für einen Teststreifen bei 1,70 DM. Auch aus diesem Grunde muß gewährleistet sein, daß systematisch getestet wird und aus den Resultaten entsprechende Konsequenzen gezogen werden. Entweder ist der Patient in der Lage, die erforderlichen Änderungen der Insulindosis und der Diät nach den ihm vom Arzt gegebenen Richtlinien selbst vorzunehmen, oder aber der Arzt muß evtl. telefonisch über die Resultate informiert werden und dem Patienten die notwendigen Ratschläge erteilen. Andernfalls ist die BZ-Selbstkontrolle ein kostspieliges, zugleich nutzloses und frustrierendes Unternehmen.

Es ist im übrigen bisher nicht gelungen, einen Vorteil der zusätzlichen BZ-Selbstkontrolle im Vergleich zur HZ-Selbstkontrolle eindeutig nachzuweisen, außer es liegen besondere Umstände, wie z. B. eine Gravidität, vor. Besonders die Studie von Worth et al. (1982) spricht dafür, daß erhöhte Aufmerksamkeit und Sorgfalt und nicht die Kenntnis der BZ-Werte für eine bessere Diabeteseinstellung die entscheidenden Faktoren sind.

Protokollheft

Die Ergebnisse der HZ- und auch der BZ-Tests werden in ein geeignetes Heft (z. B. Clinilog der Firma Ames) oder eine Kladde eingetragen, die als Kontrollheft oder auch als „Diabetestagebuch" deklariert werden kann (Abb. 11 a–c, 12 a–c).
Die Durchsicht des Protokolls erlaubt dem Patienten und dem Arzt eine ausreichende Beurteilung der Stoffwechsellage. Es sollen nicht nur die Testbefunde, sondern auch besondere Ereignisse wie ungewöhnliche körperliche Aktivität, interkurrente Erkrankungen, Urlaub und evtl. Menstruationsdaten mit entsprechenden Vermerken eingetragen werden. Der Einfluß auf HZ und BZ kann retrospektiv nur geklärt werden, wenn der zeitliche Zusammenhang mit den Resultaten aus dem Protokoll eindeutig zu erkennen ist. Patienten, die kein Protokollheft führen, können sich nicht im Detail an Testergebnisse der vorhergehenden Wochen und Monate erinnern, was ein Unsicherheitsfaktor ist, der zu Fehlbeurteilungen führen kann.

Die Übersichtlichkeit wird durch eine farbige Dokumentation erleichtert. Als „glücklicher Zufall" chemischer Natur kann beim Clinitest angesehen werden, daß höhere HZ-Konzentrationen durch die Warnfarbe rot und Aglukosurie bzw. minimale Zuckerausscheidung durch blau bzw. grün angezeigt werden. Dagegen bedeutet blau beim Diabur 5000 massive Glukosurie. – Im Wachstumsalter sollte die farbige Dokumentation bevorzugt werden. Erwachsene Diabetiker können selbst entscheiden, ob sie die Farbdokumentation oder Prozentangaben vorziehen. Farben sind deswegen den Prozentangaben gegenüber vorteilhaft, da letztere eine höhere Genauigkeit vortäuschen, als sie dem Test zukommt. Eine Eintragung mit + bis + + + + sollte wegen fehlender Standardisierung und Vieldeutigkeit unterbleiben.

Empfehlungen für die Selbstkontrolle

- Frühzeitiger Beginn, sowohl während der stationären wie auch der ambulanten Behandlung.
- Der Aufwand muß in einem vernünftigen Verhältnis zu dem zu erwartenden Nutzen stehen. Bei stabilem Diabetes, besonders in höherem Lebensalter, genügt die HZ-Kontrolle durch qualitative Tests.

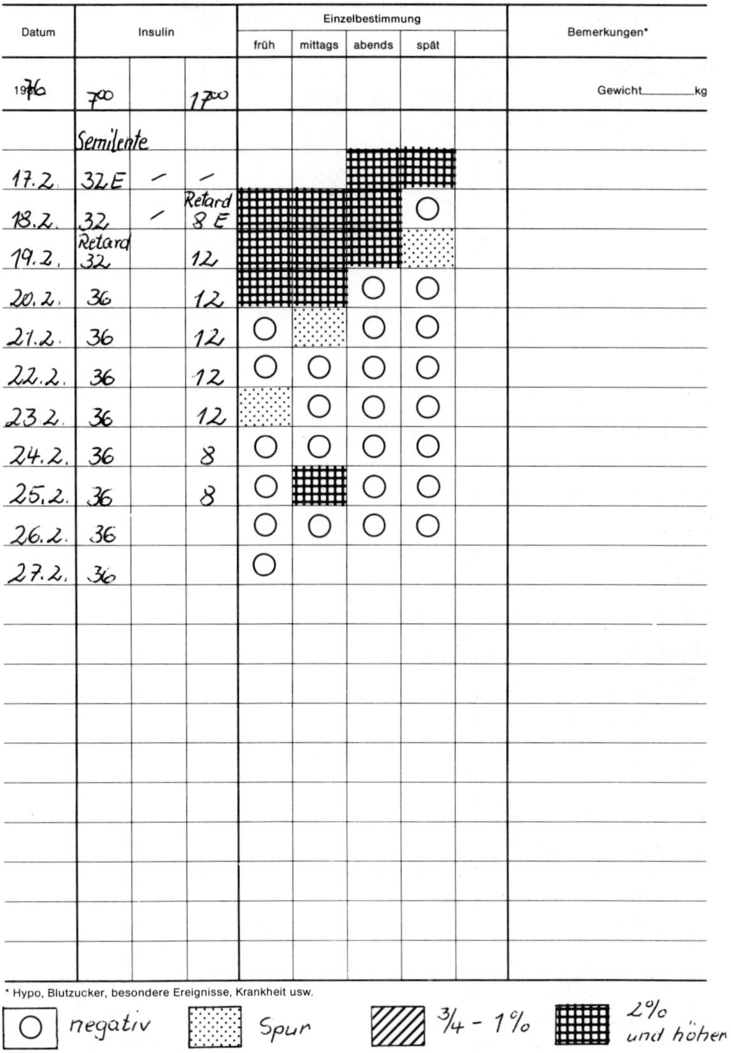

Datum	Insulin			Einzelbestimmung					Bemerkungen*
				früh	mittags	abends	spät		
1976	7^{00}		17^{00}						Gewicht ______ kg
	Semilente								
17.2.	32E	–	–			▦	▦		
18.2.	32	–	Retard 8E	▦	▦	▦	○		
19.2.	Retard 32		12	▦	▦	▦	░		
20.2.	36		12	▦	▦	○	○		
21.2.	36		12	○	░	○	○		
22.2.	36		12	○	○	○	○		
23.2.	36		12	░	○	○	○		
24.2.	36		8	○	○	○	○		
25.2.	36		8	○	▦	○	○		
26.2.	36			○	○	○	○		
27.2.	36			○					

* Hypo, Blutzucker, besondere Ereignisse, Krankheit usw.

○ negativ ░ Spur ▨ ¾ - 1% ▦ 2% und höher

Abb. 11 a–c. Die Wiedergabe der Testresultate in den Abbildungen 11 a–11 c ist schematisiert entsprechend den – unterschiedlichen – Farbwerten der verschiedenen semiquantitativen Methoden: Diabur 5000- bzw. Diastix-Teststreifen und Clinitest-Tablette. Eine Farbprotokollierung wird besonders von jüngeren Patienten bevorzugt. **a** Besserung eines dekompensierten Diabetes

Datum	Insulin			Einzelbestimmung					Bemerkungen*
				früh	mittags	abends	spät		
	7^{30}		17^{30}	7^{00}	12^{00}	18^{00}			Gewicht 67 kg
4.1.	Mixtard 32		Insulatard 18	○	○	○			
5.1.	"		"	○	○	¾ - 1%			
6.1.	"		"	○	○	2% und höher			Antritt Rückreise
7.1.	"		"	○		2% und höher			Fortsetzung Rückreise
8.1.	"		"	○	○	○			
9.1.	"		"	○	2% und höher	○			mittags 8 E Velasulin
10.1.	"		"	○	○	○			
11.1.	"		"	○	2% und höher	¾ - 1%			mittags 10 E Velasulin keine Nachmittags-BE
12.1.	"		"	○	2% und höher	○			— " —
13.1.	"		"	Spur	Spur	○			mittags 8 E Velosulin
14.1.	"		"	○	○	2% und höher			
15.1.	"		"	○	○	Spur			
16.1.	"		"	○	○	2% und höher			
17.1.	"		"	2% und höher	○	○			
18.1.	"		"	○	○	○			
19.1.	"		"	○	○	○			
20.1.	"		"	○	○	2% und höher			
21.1.	"		"	○	○	○			
22.1.	"		"	2% und höher	○	2% und höher		15^{00} ○	nach 15^{00} forscher Marsch von 10 km abends zusätzl. 6 E Velasul.
23.1.	"		"	○	Spur	○			keine Nachmittags-BE
24.1.	"		"	2% und höher	○	○	○		
25.1.	"		"	○	Spur	○			mittags 8 E Velosulin

* Hypo, Blutzucker, besondere Ereignisse, Krankheit usw.

○ negativ · Spur · ¾ - 1% · 2% und höher

nach Erhöhung der Insulindosis. **b** Insgesamt befriedigende Einstellung, außer sporadischen BZ-Schwankungen. **c** Unzureichend eingestellter Diabetes. Nüchternblutzucker zwar akzeptabel, jedoch erhebliche Glukosurie im Laufe des Tages

11 c

Datum	Insulin			Einzelbestimmung früh	mittags	abends	spät		Bemerkungen*
1977/78	Depot		Komb	6^{00}	13^{00}	18^{00}	20^{15}		Gewicht ____ kg
27.12.	16		14	○	2 % und höher	2 % und höher	2 % und höher		
28.12.	"		"	Spur	2 % und höher	2 % und höher	Spur		
29.12.	18		14	○	¾–1 %	2 % und höher	2 % und höher		300 56
30.12.	"		"	Spur	2 % und höher	2 % und höher	2 % und höher		Erkältung
31.12.	"		"	○	2 % und höher	2 % und höher	2 % und höher		
1.1.	"		"	○	2 % und höher	2 % und höher	2 % und höher		
2.1.	"		"	○	2 % und höher	2 % und höher	2 % und höher		
3.1.	"		"	○	○	2 % und höher	○		221
4.1.	"		"	○	2 % und höher	2 % und höher	2 % und höher		190 11
5.1.	"		"	○	2 % und höher	2 % und höher	2 % und höher		
6.1.	"		"	○	2 % und höher	2 % und höher	2 % und höher		
7.1.	"		"	○	2 % und höher	2 % und höher	2 % und höher		
8.1.	"		"	○	2 % und höher	2 % und höher	2 % und höher		
9.1.	16		14	○	○	2 % und höher	2 % und höher	T.	164 5,6
10.1.	"		"	○	¾–1 %	2 % und höher	○		
11.1.	"		"	○	○	2 % und höher	2 % und höher	Sch.	
12.1.	"		"	○	2 % und höher	2 % und höher	○		
13.1.	"		"	○	2 % und höher	2 % und höher	2 % und höher		
14.1.	"		"	¾–1 %	Spur	2 % und höher	¾–1 %		
15.1.	"		"	○	2 % und höher	2 % und höher	2 % und höher		
16.1.	"		"	○	2 % und höher	¾–1 %	○	T.	
17.1.	18		14	○	¾–1 %	2 % und höher	2 % und höher		250 47

* Hypo, Blutzucker, besondere Ereignisse, Krankheit usw.

○ negativ — Spur — ¾–1 % — 2 % und höher

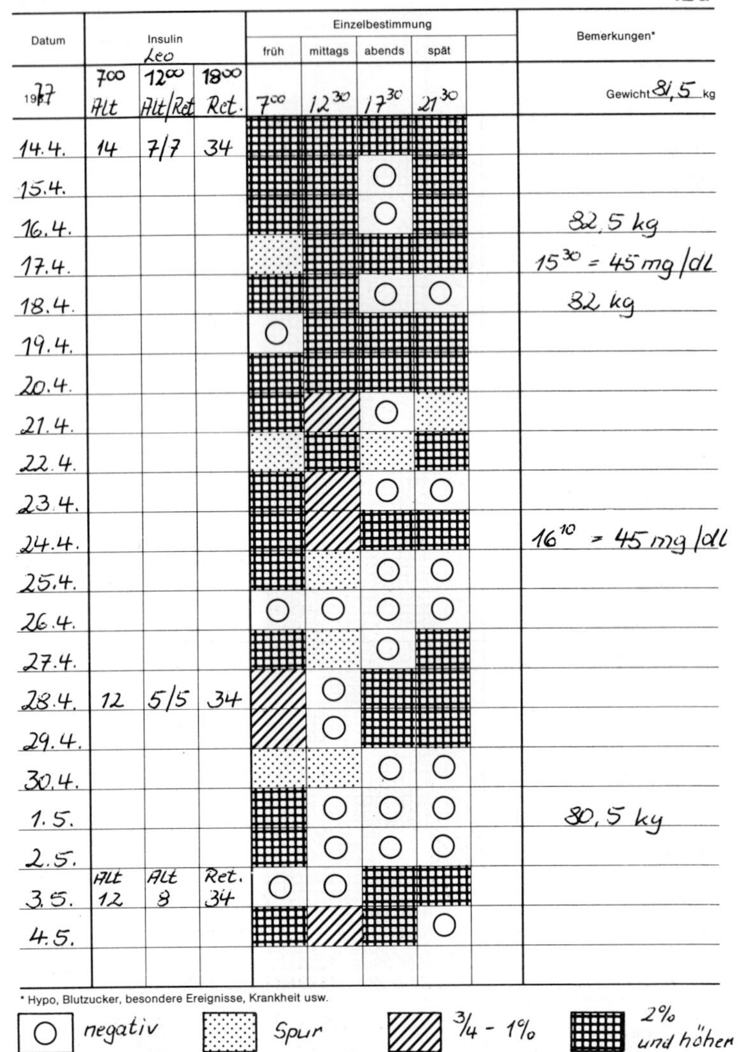

Abb. 12 a–c. HZ-Protokolle. **a** Erheblich dekompensierter Diabetes mit überwiegend höherer Glukosurie. **b** Dekompensation eines gut eingestellten Diabetes als Folge eines Infekts. Eine Steigerung der Insulindosis durch den Pa-

12 b

Datum	Insulin			Einzelbestimmung früh	mittags	abends	spät		Bemerkungen*
1978	6^{45}		17^{15}	7^{00}	13^{00}	18^{00}	20^{30}		Gewicht 47 kg
23.6.	Mixtard 32		Mixtard 14	O	O	O	O		
24.6.	"		"	O	O	O	O		
25.6.	"		"	Spur	O	O			
26.6.	"		"	O	O	O	O		
27.6.	"		"	O	O	O	O		
28.6.	"		"	Spur	O	O	O		
29.6.	"		"	O	O	O	O		
30.6.	"		"	O	Spur	O	O		
1.7.	"		"	O	O	O	O		Gewicht 47 kg
2.7.	"		"	O	O		O		
3.7.	"		"	O		2% und höher	2% und höher		
4.7.	"		"	2% und höher	2% und höher	2% und höher	2% und höher		97, 289, 446 mg/dl Schnupfen
5.7.	"		"		Spur	3/4 - 1%	2% und höher		– " –
6.7.	"		"	2% und höher	2% und höher	2% und höher	2% und höher		– " –
7.7.	"		"	2% und höher	2% und höher	2% und höher			
8.7.	"		"	Spur	3/4 - 1%		3/4 - 1%		
9.7.	"		"	Spur		3/4 - 1%	2% und höher		
10.7.	"		"	2% und höher	2% und höher	2% und höher	2% und höher		
11.7.	"		"	2% und höher	O	O	O		278, 90, 172 mg/dl
12.7.	"		"	O	O	O	O		
13.7.	"		"	O	O	O	O		

* Hypo, Blutzucker, besondere Ereignisse, Krankheit usw.

O negativ — [gepunktet] Spur — [schraffiert] ¾ - 1% — [kariert] 2% und höher

tienten erfolgte jedoch nicht. **c** Beseitigung einer ausgeprägten Nachmittagsglukosurie (und Hyperglykämie) durch zusätzliche Normalinsulininjektion vor dem Mittagessen

12c

Datum	Insulin			Einzelbestimmung früh	mittags	abends	spät		Bemerkungen*
198___	7^{15}		18^{00}	7^{30}	12^{00}	18^{00}			Gewicht 62 kg
4.9.	Komb 16		Komb 14	○	○	○			
5.9.	"		"	○	○	▦			
6.9.	20		16	○	○	○			
7.9.	20		16	○	○	▦			
8.9.	"		"	○	○	▦			
9.9.	"		"	○	○	○			
10.9.	"		"	○	○	○			
11.9.	"		"	○	○	░			
12.9.	"		"	○	○	○			
	Depot 4^{45}		Komb 19^{00}	4^{45}	13^{00}	18^{30}	22^{30}		
13.9.	20		16	○	○	▦			8^{00} Schock
14.9.	18		16	○	○	▦			8^{00} Schock
15.9.	16		16	░	○	▦			12^{00} Schock
16.9.	16		16	▨	○	▦	▦		13^{00} Schock
	morg. Depot	mittags Alt	abends Depot						
17.9.	16	6	16	▦	○	○	▦		
18.9.	16	4	20	▦	○	○	▦		
19.9.	16	4	20	○	○	○	○		19^{00} Schock
20.9.	16	4	20	○	○	○	░		8^{00} + 13^{00} Schock
21.9.	14	4	20	░	○	○	○		9^{45} + 22^{00} Schock
22.9.	14	4	20	○	▦	░	○		
23.9.	14			○					

* Hypo, Blutzucker, besondere Ereignisse, Krankheit usw.

○ negativ ░ Spur ▨ ¾ - 1% ▦ 2% und höher

(Erläuterung s. S.65)

- Der Patient, besonders auch Kinder und ihre Eltern, sollten nicht auf permanent negative Ergebnisse fixiert werden, wenn auch eine möglichst weitgehende Kompensation des Diabetes erwünscht ist. Dies gilt v.a. bei Vorliegen einer Instabilität. Zuviel Belobigung und gar Belohnung oder auch Tadel sind tunlichst zu vermeiden.
- Der Diabetiker soll wissen, wie ein Protokoll in seinem speziellen Fall und auch im allgemeinen zu bewerten ist. Die Bedeutung einzelner positiver Testergebnisse soll nicht überschätzt werden. Bei Instabilität dürfen die Erwartungen nicht zu hoch gespannt, also keine weitgehende Aglukosurie erwartet werden, die umgekehrt bei stabilem Diabetes als durchaus realistisches Ziel anzusehen ist.
- Anläßlich der Sprechstundenbesuche ist darauf zu achten, ob die Selbstkontrolle regelmäßig durchgeführt wird. Gelegentlich ist die Richtigkeit der Durchführung zu überprüfen.
  Bei sorgfältiger Beobachtung wird sich bald herausstellen, ob eine erhöhte oder erniedrigte Nierenschwelle für Glukose den Wert der HZ-Selbstkontrolle beeinträchtigt.
- Das Testprotokoll muß regelmäßig besprochen und dabei überlegt werden, welche Konsequenzen zu ziehen sind. Der Patient soll auch von sich aus den Arzt aufsuchen, wenn er auffällige Resultate festgestellt hat, so daß die Therapie bei etwa auftretenden Änderungen der Stoffwechselsituation rechtzeitig modifiziert werden kann.
- Viele insulinbedürftige Patienten, besonders im jugendlichen Alter, können und sollen auf der Basis der Selbstkontrolle die KH-Zufuhr und die Insulindosis in Grenzen variieren.

Vorteile der Selbstkontrolle

- Rechtzeitige Erkennung einer akuten oder allmählich einsetzenden Stoffwechselverschlechterung und rechtzeitige Arztkonsultation.
- Zuverlässigere Basis als einzelne BZ-Bestimmungen, sowohl für den Arzt wie für den Patienten.
- Zusammenhänge zwischen körperlicher Aktivität, Insulin- und KH-Bedarf werden erfaßt und kontrollierbare Erfahrungen hinsichtlich der Anpassungsmaßnahmen gesammelt.
- Häufigkeit und Dauer der Klinikaufenthalte werden geringer, mit entsprechend niedrigeren Kosten, seltenerem Fernbleiben vom Arbeitsplatz, geringerem Beschäftigungsrisiko.
- Der Patient wird unabhängiger, fühlt sich sicherer, besonders auf Reisen, im Urlaub, bei interkurrenten Erkrankungen und gewinnt an Selbstvertrauen.

Voraussetzungen für effektive Selbstkontrolle, die durchgehalten werden soll:
- Aufklärung über die Notwendigkeit und die Vorteile,
- Illustration der Situation anhand typischer Protokolle,
- regelmäßige Diskussion des Protokolls bzw. des Diabetikertagebuchs,
- Bestätigung, daß der Patient sich richtig verhalten hat,
- verständige und geduldige Korrektur von Fehlern.

Nachteile der Selbstkontrolle

Immer noch taucht das Schlagwort „Neurotisierung" auf. Zweifellos gibt es Diabetiker, die unnötigerweise jede Harnprobe untersuchen, ängstlich auf negative Ergebnisse fixiert sind, oder andere mit labilem Stoffwechsel, die ständig eine Hypoglykämie befürchten, wenn der Harn zuckerfrei ist. Mit der gesamten Testprozedur hält sich der Patient nicht nur selbst, sondern oft auch seine Familie in Atem. Die gleiche Situation ist auch bei Müttern diabetischer Kinder anzutreffen.

Der Arzt muß sich fragen, ob er nicht selbst eine solche Entwicklung begünstigt hat. Dazu gehören eine ungeeignete Aufklärung, Überinterpretation von HZ-Tests, aber auch ein unzureichender Kontakt, insbesondere das Fehlen von beruhigenden Gesprächen und von seiten des Patienten das Gefühl, allein gelassen und allein verantwortlich zu sein.

In eine frustrierende Situation können engagierte Patienten geraten, bei denen eine befriedigende Einstellung nicht gelingt oder bei denen sich trotz unermüdlicher Selbstkontrolle und korrektem Verhalten Komplikationen entwickelt haben.

Trotzdem muß aufgrund vielfältiger Erfahrungen und auch psychologischer Untersuchungen festgestellt werden, daß eine frühzeitige und regelmäßige Selbstkontrolle in Zusammenarbeit mit dem behandelnden Arzt ein Gefühl der Sicherheit vermittelt, die Selbständigkeit fördert, und zwar auch bei den Patienten, die primär ängstlich gewesen sind. Darüber hinaus kommt es zu einer gewissen Disziplinierung, die durchaus erwünscht ist, da sie dem Patienten die Stoffwechsel- und Lebensführung erleichtern kann.

Mit der „Fälschung" von Testergebnissen muß nicht nur bei Kindern, sondern auch bei Erwachsenen gerechnet werden. Kinder wol-

len ihre Eltern oder den Arzt, Erwachsene den Arzt zufriedenstellen, um ein freundliches Wort und Lob zu hören. Ein solches Verhalten ist besonders dann verständlich, wenn der Patient das Gefühl hat, auf Aglukosurie gedrillt zu werden, obgleich eine zuckerfreie Einstellung unrealistisch ist oder im Grunde von ihm selbst nicht akzeptiert wurde, z. B. aus Furcht vor Hypoglykämien oder Abneigung gegen die unvermeidlichen Reglementierungen. Das Vorkommen von „Täuschungsmanövern" ist einer der Gründe, weshalb bei Besprechungen des Testprotokolls Tadel oder Drohung fehl am Platze sind, ebenso wie eine Belohnung oder eine mehr als zurückhaltende Belobigung. Die von uns verwendeten Bezeichnungen „Fälschung" und „Täuschung" sind daher in Parenthese gesetzt worden. Sie würden in des Wortes eigentlicher Bedeutung eine moralische Disqualifizierung beinhalten, die besonders im Kinder- und Jugendlichenalter, aber auch bei vielen Erwachsenen unangebracht ist.
Schließlich darf die Selbstkontrolle nicht zum Ritual werden, obgleich eine gewisse Schematisierung hinsichtlich Testhäufigkeit und -zeiten nicht zu vermeiden ist. Verständnis und häufige Erläuterung der Befunde tragen dazu bei, zwanghafte Bestrebungen und Fixierungen auf bestimmte therapeutische Ziele zu vermeiden. Empfehlungen für das Vorgehen bei der Selbstkontrolle im einzelnen müssen dem Vermögen des Patienten, seinen Lebensverhältnissen und dem Diabetestyp angepaßt sein. Bei anfänglicher Ablehnung der Selbstkontrolle soll der Arzt nicht zu rasch resignieren und zu einem späteren Zeitpunkt versuchen, den Patienten von ihrer Zweckmäßigkeit zu überzeugen.

3.6 Stationäre Diabeteseinstellung

Grundsätzlich liegt der Schwerpunkt der Diabetestherapie im ambulanten Bereich. Dies gilt fast ausnahmslos für den Typ-II-Diabetes mit nur geringer oder mäßiger Stoffwechseldekompensation und Aussicht auf alleinige Diät- oder zusätzliche Tablettenbehandlung, sofern keine gravierenden Komplikationen vorliegen. Insbesondere sind bei adipösen Patienten eine kalorienarme Diät und die dafür erforderliche Instruktion kein Grund für eine Klinikaufnahme. Wirksamer sind, besonders auf lange Sicht, meist ambulante Beratungen, zunächst noch in kürzeren, später in längeren Abständen. Vielfältige Erfahrungen haben bestätigt, daß die unkomplizierte und nicht allzu aufwendige Diätinstruktion nicht nur bei Behandlungsbeginn, sondern auch im späteren Verlauf bei Typ-II-Diabetikern immer wieder zu einer eindrucksvollen Besserung der Stoffwechsellage führten und eine zunächst scheinbar indizierte Einweisung überflüssig macht.

Eine stationäre Behandlung ist jedoch unter folgenden Umständen notwendig (s. auch Kurow und Sauer):

- Hyperglykämisches Koma bzw. Vorstadien, schlechter Allgemeinzustand;
- grundsätzlich Typ-I-Diabetes, besonders im Wachstums- und jugendlichen Alter; unerwünscht sind längere Klinikaufenthalte;
- insulinbedürftiger Typ-II-Diabetes in höherem Lebensalter, v.a. wegen der Hypoglykämiegefährdung während der Ersteinstellung;
- „präkonzeptionell" und unmittelbar nach Feststellung einer Gravidität sowie später in bestimmten Abständen;
- labiler bzw. Brittle-Diabetes, wenn sich die Situation ambulant nicht klären läßt;
- schwere Hypoglykämien durch Sulfonylharnstoffe;
- ambulant nicht abzuklärende und zu beseitigende nächtliche Hypoglykämien;
- allergische Sofortreaktionen auf Insulin, besonders in generalisierter Form;
- Insulinresistenz;
- schwere Infektionen, v.a. mit Erbrechen, Schwierigkeiten bei der Nahrungsaufnahme, Diarrhöen bzw. kardiovaskulärer Gefährdung,
- progrediente Nephropathie, massive Retinopathie bei Stoffwechselentgleisung, therapieresistente Hypertonie;
- akute periphere Verschlüsse, Nekrose, Gangrän, therapieresistente Ulzera, große subkoriale Blasen;
- Traumata mit Schock.

Wenn der Patient hospitalisiert wird, so muß gewährleistet sein, daß er während des Aufenthalts die notwendigen Instruktionen erhält und seine Kenntnisse und Techniken (Selbstkontrolle, Insulininjektion) überprüft werden. Die in der Klinik eingeleitete und nach der Entlassung fortgeführte Selbstkontrolle hilft, den Übergang in den Alltag möglichst reibungslos zu gestalten (s. Kap. 17).

Literatur (zu 3)

Bachmann W, Haslbeck M, Zaune U, Mehnert H (1978) Harnzuckerselbstkontrolle bei Diabetikern. Dtsch Med Wochenschr 103: 1395–1400

Berger W, Sonnenberg GE (1980) Blutzuckertagesprofile und Hämoglobin A_1 bzw. A_{1c} zur Überwachung der Diabetesbehandlung. Schweiz Med Wochenschr 110: 485–491

Bottermann P, Gain TH (1982) Glykosylierte Hämoglobine und Diabeteskontrolle. Med Welt 33: 329–333

Farquar IW, Campell ML (1980) Care of the diabetic child in the community. Br Med J 281: 1534

Henrichs HR, Sötemann W, Lemke C, Setiakusuma I (1981) HbA_1-Bestimmung verbessert Diagnostik und Verlaufskontrolle des Diabetes mellitus. Med Klin 76/17: 71–475

Kattermann R, Frey HO, Ballies U et al. (1982) Diabur-Test 5000 – ein neuer Teststreifen zur Harnzuckerkontrolle des Diabetikers. Dtsch Med Wochenschr 107: 97–100

Kerner W, Rosak C, Navascues I et al. (1982) Ein neuer Teststreifen für die Blutzuckerkontrolle. Dtsch Med Wochenschr 107: 1350–1352

Koschinsky T, Gries FA, Grüneklee D, Toeller M (1980) Stoffwechselselbstkontrolle: Techniken und Konsequenzen. Therapiewoche 30: 8402–8409

Kurow G, Sauer H (1981) Stoffwechselführung in Klinik und Praxis. In: Robbers H, Sauer H, Willms B (Hrsg) Praktische Diabetologie. Werk-Verlag Banaschewski, München-Gräfelfing, S. 55–71

Molnar GD, Marien GJ, Hunter AN, Harnley CH (1979) Methods of assessing diabetic control. Diabetologia 17: 5–16

Schernthaner G (1982) Glykohämoglobin (HbA_1): Ein wertvoller Parameter zur Beurteilung der Diabetes-Langzeitkontrolle. Dtsch Med Wochenschr 107: 1099–1101

Schöffling K, Bachmann W, Drost H et al. (1982) Wie zuverlässig sind ambulante Blutzucker-Kontrollmethoden in der Hand des Patienten? Dtsch Med Wochenschr 107: 605–609

Weber B (1982) Kriterien guter Diabeteseinstellung bei Kindern und Jugendlichen. Monatsschr Kinderheilkd 130: 193–199

Worth R, Home PD, Johnston DG et al. (1982) Intensive attention improves glycaemic control in insulin-dependent diabetes without further advantage from home blood glucose monitoring: results of a controlled trial. Br Med J 285: 1233–1240

4. Diät

Trotz erheblicher Fortschritte auf dem Gebiet der blutzuckersenkenden Pharmaka ist die Diät die Grundlage der Diabetestherapie geblieben. Die Schwerpunkte sind entsprechend dem Diabetestyp unterschiedlich:

- Bei schlanken Typ-I-Patienten stehen die Konstanz der Nahrungsaufnahme und die Anpassung an unterschiedliche Lebensbedingungen im Vordergrund.
- Bei adipösen Diabetikern dagegen die Gewichtsreduktion.

Die wichtigsten Maßnahmen sind demzufolge die Vermeidung konzentrierter Kohlenhydrate (KH), die Einschränkung von Nahrungsmitteln, die rasch resorbierbare KH enthalten, eine der individuellen Stoffwechselsituation angepaßte KH-Verteilung – ferner die Reduzierung des Übergewichts und nicht zuletzt auch die Vermeidung eines unerwünschten Gewichtsanstiegs bei bisher schlanken Patienten. Trotz dieser Einschränkungen kann die Diabetesdiät als modifizierte Normalkost gelten, wenn man von den heutigen Empfehlungen für eine vernünftige Ernährungsweise der Allgemeinbevölkerung ausgeht.

Bis zur Einführung des Insulins konnte der Diabetes nur diätetisch behandelt werden. Mit Extremdiäten wie der von Allen inaugurierten Hungerkur ließ sich in der Vor-Insulinära oft ein bescheidener Erfolg erzielen, häufig aber um den Preis einer Hungerkachexie. Die durch das tödliche diabetische Koma bedrohte Lebenserwartung insulinabhängiger, vor allem jugendlicher Patienten konnte jedoch kaum beeinflußt werden.

Frühere Diätempfehlungen lassen den Kontrast zur heutigen Situation deutlich werden:

Diätplan

1796 verordnete Rollo für Kapitän Meredith eine Diät, die prinzipiell aus tierischen Nahrungsmitteln bestand:

Frühstück:	¾ l Milch, dazu Brot und etwas Butter.
Vormittags:	Puddings, die ausschließlich aus Blut und Talg hergestellt wurden.
Mittagessen:	Wild oder altes Fleisch, das lange aufbewahrt worden war, und, soweit der Magen es vertragen konnte, ranziges und fettes Fleisch, wie Schweinefleisch.
Abendessen:	Das gleiche wie vormittags.

4.1 Ziele der Diätbehandlung

- Normalisierung oder Reduzierung der Hyperglykämie.
- Vermeidung von Hypoglykämien bei insulin- oder sulfonylharnstoffbehandelten Diabetikern.
- Beseitigung oder Reduzierung eines etwa vorhandenen Übergewichts.
- Normalisierung pathologischer Blutfettwerte.
- Vorbeugung der vaskulären, neuralen und anderen Komplikationen.
- Normales Wachstum.

Blutzuckersenkung, Normalisierung des Gewichts und der Blutfette sind die entscheidenden Faktoren zur Verbesserung der Diabetesprognose.

Für die Diätverordnung bedeutet dies im einzelnen:

- Restriktion und zweckmäßige Verteilung der KH, um ein möglichst „normales" und gleichmäßiges BZ-Profil zu erzielen.
- Energiearme Kost und Gewichtsabnahme bei Übergewicht und damit Abbau der häufigen relativen Insulinunempfindlichkeit.
- Verhinderung einer unerwünschten Gewichtszunahme besonders nach Beseitigung einer längeren Diabetesdekompensation, vor allem nach Erstbehandlung (s. unten).
- Höhere Energie- und Eiweißzufuhr im Wachstumsalter und während der Gravidität.
- Geringe Zufuhr an gesättigten Fettsäuren wegen des Risikos der arteriellen Verschlußkrankheit.
- Orientierung über Eßgewohnheiten, Lebensumstände sowie den „sozioökonomischen Status" des Patienten und Berücksichtigung dieser Umstände für die diätetische Empfehlung.

4.2 Energiebedarf und -berechnung

Die durch die Nahrung zugeführte Energie dient der Aufrechterhaltung des Grundumsatzes und der Muskeltätigkeit. Der Energiebedarf ist bei Diabetikern grundsätzlich der gleiche wie bei Stoffwechselgesunden, abgesehen von dem „Kalorienverlust" als Folge der Glukosurie bei dekompensiertem Diabetes.

Die Kalorienbilanz ergibt sich demnach aus der Gegenüberstellung von:

- Energiezufuhr durch Nahrung,
- Energieverbrauch unter Ruhebedingungen und bei körperlicher Aktivität,
- zusätzlich – je nach Situation – Glukose- bzw. Kalorienverlust im Harn.

Der Energiebedarf wird geschätzt unter Berücksichtigung von:

- Körpergröße,
- Körpergewicht,
- Lebensalter,
- Geschlecht,
- Intensität der Muskeltätigkeit.

Merksätze

Der Energiebedarf ist gesteigert während des Wachstums und in der Gravidität.

Bei Frauen wird ein etwa 10% niedrigerer Bedarf zugrunde gelegt.

Ab 35.–40. Lebensjahr werden mit zunehmendem Alter etwa 5% Kalorien weniger pro Dekade benötigt.

Eine „lockere" Überwachung der Energiezufuhr ist auch bei jüngeren Patienten notwendig, da Übergewicht in diesem Lebensabschnitt selbst bei Jugendlichen häufiger geworden ist. Besonders gilt dies für gut eingestellte Diabetiker ohne Glukoseverlust im Harn mit geringer körperlicher Aktivität.

Entsprechend der körperlichen Aktivität werden zusätzliche Kalorien angesetzt (Tabelle 16). Das Ausmaß der Muskeltätigkeit und damit der Extraenergiebedarf lassen sich nur ungefähr schätzen, wobei sowohl berufliche als auch Freizeitaktivitäten berücksichtigt werden

Tabelle 16. Kalorienbedarf zusätzlich zum Energiebedarf in Ruhe *(Grundumsatzkalorien)* entsprechend der körperlichen Aktivität

	% Grundumsatzkalorien	kcal/kg KG
Leichte Aktivität	30	28–32
Mittelschwere Aktivität	50– 75	35–40
Schwere Arbeit	70–100	40–50

müssen. Ältere Tabellen für verschiedene berufliche Tätigkeiten sind wegen Änderung der Arbeitsbedingungen durch Mechanisierung und kürzere Arbeitszeit z. T. unbrauchbar.
Beispiele für die Berechnung des Energiebedarfs:

1. 30jähriger Diabetiker, 178 cm, 75 kg, Büroarbeit, geringe Freizeitaktivitäten.
   Das Idealgewicht, das als Berechnungsbasis für den Kalorienbedarf dient, beträgt 70 kg (Broca-Index minus 10%).
   Energiebedarf in Ruhe (Grundumsatzkalorien) etwa:
   70 × 25 kcal = 1 750, aufgerundet 1 800 kcal.
   Zusätzlich kommen in Anschlag für geringe körperliche Aktivität:
   30% = 500 kcal.
   Energiebedarf insgesamt etwa 2 300 kcal.
2. Der gleiche Patient mit mittelschwerer Arbeit bzw. häufigeren und intensiveren Freizeitaktivitäten:
   Zuschlag 50% = 900 kcal, Energiebedarf insgesamt 2 700 kcal.

Da der Energiebedarf der meisten Diabetiker der Kategorie „leichte körperliche Aktivität" entspricht, läßt sich die Berechnung vereinfachen:
Idealgewicht × 35 kcal = Kaloriengehalt der Kost.

Weitere Hinweise. Wegen des häufigen Vorkommens von Übergewicht im Erwachsenenalter und auch bei nicht wenigen jugendlichen Diabetikern müssen sich die meisten Patienten knapp ernähren. Normalgewichtige sollen ihr Gewicht konstant halten und nur eindeutig Untergewichtige bis zur Erreichung des Idealgewichts zunehmen.
Bei normalgewichtigen Typ-II-Diabetikern wird zunächst eine „Basisdiät" mit etwa 1 800–2 000 kcal, bei älteren Patienten mit etwa 1 200–1 600 kcal verabfolgt. Auch bei jüngeren Typ-I-Diabetikern

wird die Behandlung oft zunächst mit einer Kost eingeleitet, deren Kaloriengehalt noch nicht dem Energiebedarf entspricht. Auf diese Weise gelingt es, die Kompensation des Diabetes zu beschleunigen. Andererseits kann man, soweit das Körpergewicht dem nicht entgegensteht, ohne weiteres auf Patientenwünsche eingehen, wenn auf eine reichhaltigere, dem Kalorienbedarf entsprechende Kost besonderer Wert gelegt wird.

Zusammensetzung der Kost (sog. KH : Eiweiß : Fett-Relation). Dem Kaloriengehalt entsprechend müssen die Anteile an KH, Eiweiß und Fett festgelegt werden. Das entsprechende prozentuale Verhältnis der 3 Grundnährstoffe an der Gesamtenergiezufuhr wird als Nährstoffrelation bezeichnet.
Eine Relation von 40:20:40 bedeutet, daß der Energiegehalt der oben erwähnten Kost mit 2000 kcal täglich folgendermaßen gedeckt wird:

40% aus KH = 200 g
20% aus Eiweiß = 100 g
40% aus Fett = 90 g

Für eine Relation von 50:15:35 ergibt sich (abgerundet):

50% aus KH = 250 g
15% aus Eiweiß = 70 g
35% aus Fett = 70 g

Die Ansichten darüber, welche Relationen für die Diabetesdiät besonders zweckmäßig sind, haben seit etwa 50 Jahren zu unterschiedlichen und z. T. obsoleten Diätvarianten geführt.
Die heutigen Empfehlungen liegen auf einer mittleren Linie. Die folgenden Relationen haben sich für die meisten Patienten als praktikabel erwiesen:

KH : Eiweiß : Fett = 40–45 : 15–20 : 35–40.

Aufgrund dieser Verhältniszahlen ergibt sich ein ausreichender Spielraum zur Anpassung an individuelle Eßgewohnheiten.
In den folgenden Ausführungen wird auf die Wiedergabe von Nährstoff- und KH-Austauschtabellen verzichtet und auf die zahlreichen Bücher für die Diabetikerberatung und die von der Deutschen Diabetes-Gesellschaft herausgegebene KH-Austauschtabelle verwiesen.

4.3 Grundnährstoffe, Alkohol

4.3.1 Kohlenhydrate (einschließlich der sog. Zuckerersatzstoffe)

Kohlenhydrate sind als diverse Zuckersorten und Stärke in zahlreichen Nahrungsmitteln von vornherein enthalten. Häufig werden sie Speisen und Getränken auch erst bei der Herstellung oder Zubereitung zugesetzt und schließlich als Reinsubstanz, z. B. Rohrzucker, konsumiert. 1 g KH hat einen Brennwert von 4,1 kcal.
Eine Übersicht über die praktisch wichtigen Mono-, Di- und Polysaccharide (Glykogen, Stärke, Zellulose) findet sich in Tabelle 17.
Monosaccharide werden direkt, Di- und Polysaccharide nach hydrolytischer Spaltung resorbiert. Die verschiedenen Zuckersorten und Zuckeralkohole ordnet man hinsichtlich der Resorptionsgeschwindigkeit. Es ergibt sich folgende Reihenfolge: Am langsamsten

Tabelle 17. Überblick über die Kohlenhydrate in der Diabetesdiät und ihre Zusammensetzung

KH-Gruppe	KH	Vor Resorption Spaltung in	Wichtige für Diabetiker geeignete KH-haltige Nahrungsmittel
Monosaccharide	Glukose Fruktose		Obst- und -produkte
Disaccharide	Saccharose	Glukose und Fruktose	Obst
	Laktose	Glukose und Galaktose	Milch
	Maltose	Glukose und Glukose	
Oligosaccharide		Glukose	
Polysaccharide	Stärke	Glukose	Zerealien, Kartoffeln
	Glykogen	Glukose	Leber,
	Zellulose	Keine Spaltung	Gemüse, Obst
Zuckeraustauschstoffe	Sorbit Xylit		

wird Xylit resorbiert, gefolgt von Sorbit, Fruktose, Galaktose und Glukose. Der BZ-Anstieg nach der Nahrungsaufnahme wird jedoch nicht nur durch Menge und Art der KH, sondern auch durch Zubereitung oder „Verpackung“ beeinflußt. Faserreiche Kost und reichlicher Fettverzehr verlangsamen die Resorption, Zuckerlösungen werden dagegen rasch resorbiert.
Nahrungsmittel, die größere Mengen Zucker enthalten, führen beim Diabetiker, besonders bei ausgeprägtem Insulindefizit, zu raschem BZ-Anstieg. Da dieser sich trotz blutzuckersenkender Pharmaka nicht verhindern läßt, haben Zucker und stark zuckerhaltige Nahrungsmittel in der Diättherapie keinen Platz.
Ein weiterer Faktor ist die unterschiedliche Metabolisierung der verschiedenen Monosaccharide. Fruktose und Zuckeralkohole werden nicht sogleich in Glukose umgewandelt und führen deshalb nur zu geringem Anstieg der Blutglukose. Auch die Eigeninsulinproduktion sowie bei einigen Patienten die Glukagonsekretion beeinflussen das Ausmaß der postprandialen Hyperglykämie, die zudem bei vielen Diabetikern einem Zirkadianrhythmus mit einem Vormittagsmaximum unterliegt.
Schließlich wird der BZ-Anstieg durch die BZ-senkenden Pharmaka beeinflußt.
Im Rahmen der Diabeteskost werden meist 150–200, selten über 300 g KH verzehrt, bei kalorienarmer Kost 50–150 g nicht überschritten. Der Anteil an den Gesamtkalorien beläuft sich durchschnittlich auf 40–50%, kann jedoch bis 60%, bei Reduktionsdiäten oft nur 35–40% betragen (s. 4.4).

Kohlenhydrataustausch. Um die Diabetesdiät abwechslungsreicher zu gestalten, ist ein Austausch der verschiedenen KH-haltigen Nahrungsmittel erwünscht; so können z. B. abends statt Brot Kartoffeln verzehrt werden. Zur Vereinfachung der mit dem Austausch verbundenen Berechnungen wurde die „Broteinheit“ bzw. der „Wert“ (Schweiz) oder „portion“ (USA, England) konzipiert. Eine Broteinheit (BE) entspricht der Menge eines Nahrungsmittels, die 12 g KH enthält. Besser wäre die Bezeichnung „Berechnungseinheit“.
KH-haltige Nahrungsmittel können jedoch nicht beliebig ausgetauscht und mit anderen Nahrungsmitteln kombiniert werden. Es wurden 5 Gruppen gebildet:

1. Brot, Getreideprodukte,
2. Obst,
3. Milch,
4. Zuckeraustauschstoffe,
5. Gemüse.

Die Empfehlung, den Austausch möglichst nur innerhalb *einer Gruppe* vorzunehmen, soll dazu beitragen, den Kaloriengehalt und die BZ-steigernde Potenz der einzelnen Mahlzeit einigermaßen konstant zu halten, was besonders für den insulinbedürftigen Diabetiker von Bedeutung ist. Dies ist z. B. gewährleistet, wenn statt 1 BE Orangen 1 BE Äpfel verzehrt wird, nicht dagegen im Fall eines Austauschs von 1 BE Orangen durch 1 BE Brot. Die Zusammensetzung der Mahlzeit, der Energiegehalt sowie die Resorptionsgeschwindigkeit der KH weichen voneinander ab. Hinzu kommt der Einfluß des Brotbelags auf die Resorption der KH im Brot selbst.

Diese Empfehlungen haben sich jedoch insofern als fragwürdig erwiesen, da die KH-Resorption und der postprandiale BZ-Anstieg innerhalb einer Gruppe stärkere Unterschiede aufweisen können, als zwischen Nahrungsmitteln verschiedener Gruppen, wie dies aus den Studien von Otto et al. (1973) hervorgeht. Es wurden die Flächenareale für den postprandialen BZ-Anstieg nach Verzehr verschiedener KH-haltiger Nahrungsmittel berechnet und die sog. biologische Äquivalenz ermittelt, die der Hyperglykämiepotenz besser entsprechen soll als der KH-Gehalt selbst. Unter Berücksichtigung dieser Ergebnisse wurde ein spezielles Diätsystem entwickelt.
Ob jedoch diese bei nicht insulinbedürftigen Diabetikern gewonnenen Befunde auf Insulinpatienten übertragen werden können und wie weit sie außerdem für andere Tageszeiten als den Vormittag Gültigkeit haben, ist bisher ungeklärt (s. aber Jenkins et al.).

Zuckeraustauschstoffe und Süßstoffe

Aufgrund der 4. Änderungsverordnung vom 14.4. 1975 zur Verordnung über diätetische Lebensmittel werden Fruktose sowie als Austauschzucker die Polyole Sorbit und Xylit in die Berechnung einbezogen. Die Broteinheit (BE) wird infolgedessen wie folgt definiert: „Eine Menge von insgesamt 12 g Monosacchariden, verdaulichen Oligosacchariden sowie Sorbit und Xylit." Die Zuckeraustauschstoffe wurden früher wegen ihres begrenzten oder fehlenden blutzuckersteigernden Effekts nicht bei der Festsetzung des KH-Gehalts der Diabetesdiät berücksichtigt, abgesehen von der im Obst enthaltenen Fruktose. Durch eine Berechnung wird jedoch verhindert, daß Extrakalorien unberechnet und unkontrolliert zugeführt werden, was besonders bei übergewichtigen Diabetikern vermieden werden muß (Intoleranzen s. S. 311).

In praxi hat es sich bewährt, die übliche Portion von 25 g Diabetikermarmelade mit einem Sorbit- oder Fruktosegehalt von ca. 12 g (1 BE) den übrigen Nahrungs-KH, z. B. zum 1. Frühstück oder zur Vesper, hinzuzurechnen. Süßstoffe wie Cyclamat und Saccharin können in den üblichen Mengen von Diabetikern eingenommen werden, nachdem sich frühere Befürchtungen über Toxizität nicht als begründet erwiesen haben. Es empfiehlt sich jedoch ein sparsamer Gebrauch, um die Patienten nicht an „süßen Geschmack" zu gewöhnen.

Die *KH-Verteilung* wird unter Berücksichtigung der folgenden Umstände vorgenommen (s. Abb. 13):
- Wirkungsweise des Insulinpräparats,
- spezielle Stoffwechselsituation (Tendenz zu postprandialer Hyperglykämie, zu Hypoglykämien),
- körperliche Aktivität,
- Eßgewohnheiten, soweit dies aus medizinischen Gründen vertretbar ist.

Eine Übersicht über den KH- sowie Eiweiß- und Fettgehalt der Einzelmahlzeiten gibt Tabelle 18.

Tabelle 18. Übersicht über KH-(BE-), Eiweiß- und Fettgehalt der einzelnen Mahlzeiten. *F* Frühstück, *ME* Mittagessen, *K* Kaffee, *AE* Abendessen, *SMZ* Spätmahlzeit

kcal	KH [g]	KH-Verteilung [g (BE)]						Eiweiß [g]	Fett [g]
1. Nährstoffrelation 40:20:40									
		1. F.	*2. F*	*ME*	*K*	*AE*	*SMZ*		
1000	100	24 (2)	12 (1)	24 (2)	12 (1)	12 (1)	12 (1)	50	45
1500	150	24 (2)	24 (2)	36 (3)	24 (2)	24 (2)	12 (1)	75	65
1800	180	36 (3)	24 (2)	36 (3)	24 (2)	36 (3)	24 (2)	85	80
2000	200	36 (3)	24 (2)	48 (4)	24 (2)	36 (3)	24 (2)	95	85
2500	250	48 (4)	36 (3)	60 (5)	36 (3)	48 (4)	24 (2)	120	110
3000	300	48 (4)	48 + 24 (4 + 2)	60 (5)	36 (3)	48 (4)	36 (3)	145	130
2. Nährstoffrelation 50:15:35									
		1. F	*2. F*	*ME*	*K*	*AE*	*SMZ*		
1000	120	24 (2)	24 (2)	24 (2)	12 (1)	24 (2)	12 (1)	40	40
1500	180	36 (3)	24 (2)	36 (3)	24 (2)	36 (3)	24 (2)	60	60
1800	220	48 (4)	36 (3)	36 (3)	24 (2)	48 (4)	24 (2)	70	70
2000	240	48 (4)	36 (3)	48 (4)	36 (3)	48 (4)	24 (2)	70	75
2500	300	60 (5)	48 (4)	60 (5)	48 (4)	60 (5)	24 (2)	90	90
3000	360	60 (5)	60 (5)	72 (6)	60 (5)	72 (6)	36 (3)	110	110

Kohlenhydratgehalt der einzelnen Mahlzeiten

Durch die Aufteilung der KH auf 5–7 Mahlzeiten (3 Haupt- und 3–4 Zwischenmahlzeiten) soll das BZ-Profil so weit wie möglich nivelliert werden, wozu auch die Vermeidung von Hypoglykämien gehört. Die Differenz des KH-Gehalts der Hauptmahlzeiten (1. Frühstück, Mittagessen, Abendessen) im Vergleich zu den Zwischenmahlzeiten ist i. allg. nicht größer als 12–25 g (1–2 BE). Andere Verteilungsmodi kommen aus folgenden Gründen in Betracht:

- Der Patient kann sich mit der KH-Verteilung „nach Schema" nicht anfreunden. So ist ihm vielleicht das 1. Frühstück zu KH-arm, die Nachmittagsmahlzeit zu knapp oder ein 2. Frühstück von z. B. 3 BE zu reichlich.
- Es wird kein Wert auf Zwischenmahlzeiten gelegt. Wenn der Patient älter oder übergewichtig und nicht insulinbedürftig ist, können besonders bei kalorienarmer Kost eine oder mehrere Zwischenmahlzeiten wegfallen.
- Das KH-Verteilungsschema paßt nicht zur Stoffwechsellage. Trotz gleicher Tabletten- oder Insulindosis und trotz der gleichen KH-Zufuhr kann die postprandiale Hyperglykämie individuell unterschiedlich ausgeprägt sein, so daß die Verteilung der jeweiligen Situation angepaßt werden muß.

Häufig findet sich ein Zirkadianrhythmus des BZ-Profils, der sich durch folgende Tendenzen auszeichnet:
Maximale postprandiale Hyperglykämie nach dem 1. Frühstück, 2. Gipfel nach dem Abendessen, jedoch nur geringer BZ-Anstieg nach dem Mittagessen.
Die KH des 1. Frühstücks und des Abendessens werden demnach offensichtlich weniger gut, die KH des Mittagessens besser toleriert.

Die Mahlzeiten und ihr KH-Gehalt im einzelnen

1. Frühstück. Der KH-Gehalt soll niedrig sein, wenn eine erhebliche postprandiale Hyperglykämie besteht, weiterhin bei Verwendung von Insulinsorten mit geringem Initialeffekt. Nicht selten bleibt jedoch trotzdem der postprandiale Blutzuckeranstieg praktisch unbeeinflußt. Besonders von jüngeren Patienten wird im übrigen ein KH-armes Frühstück oft nicht akzeptiert. Bei ihnen kann evtl. durch Zusatz von Normalinsulin eine höhere KH-Zufuhr kompensiert werden.

Ein höherer KH-Anteil ist angezeigt, sofern nicht die Notwendigkeit einer Reduktionskost besteht, bei anschließender intensiver Muskeltätigkeit oder bei Insulinpräparaten mit Normalinsulinzusatz.

2. Frühstück. Wegen der ausgeprägten Wirkung vieler Insuline in der 2. Vormittagshälfte und im Falle körperlicher Bewegung ist eine höhere KH-Menge notwendig. Im eigenen Krankengut enthielt das 2. Frühstück bei Insulinpatienten sogar 27% mehr KH als das 1. Frühstück.
Ein weiteres *„3. Frühstück"* mit 12–25 g KH (= 1–2 BE) wird für die Zeit zwischen 11^h und 11^h30 besonders für Kinder mit langer Schulzeit, Sport in der letzten Schulstunde, aber auch für Erwachsene mit längerem Intervall z. B. zwischen Morgeninjektion und Mittagessen empfohlen. Insbesondere gilt dies, wenn gegen Mittag eine Tendenz zu niedrigen Blutzuckerwerten festgestellt wird. Eine bessere Bezeichnung für diese „Mahlzeit" wäre Imbiß (oder Snack?).

Mittagessen. Die Glukosetoleranz ist um die Mittagszeit häufig günstig, die Wirkung der meisten Insuline oder SH ausgeprägt, so daß größere Mengen toleriert und gestattet werden können, sofern es der Energiebedarf zuläßt.

Kaffee. Der KH-Gehalt soll nicht zu knapp sein, wenn der Blutzucker nachmittags etwa unter protrahierten Verzögerungsinsulinen und potenten Sulfonylharnstoffen (SH) niedrig liegt. Einem Blutzuckeranstieg im Laufe des Nachmittags kann mit einer Reduzierung und Fortlassen der Nachmittags-KH begegnet werden (s. Kap. 6). Der Verzicht fällt jedoch vielen Patienten schwer und ist nur bei einem Teil erfolgversprechend.

Abendessen. Die postprandiale Hyperglykämie ist nicht selten ausgeprägt, so daß eine KH-Beschränkung zweckmäßig ist, vor allem bei Diabetikern mit Einmalinjektion. Unter Umständen empfiehlt es sich deshalb, die KH gleichmäßig auf Abendessen und Spätmahlzeit zu verteilen.

Spätmahlzeit. Sie ermöglicht nicht nur die Aufteilung der Abend-KH auf 2 Mahlzeiten, sondern hilft bei Patienten mit Abendinjektion, Hypoglykämien in der ersten Nachthälfte zu verhindern. Wegen des 4–7 h nach der Injektion einsetzenden Wirkungsmaximums der meisten Insuline treten Hypoglykämien bei Zweimalinjektion häufig um Mitternacht auf. Die Spätmahlzeit mit 25–30 g KH (2–3 BE) sollte daher erst vor dem Zubettgehen eingenommen werden. In der 2. Nachthälfte auftretende Hypoglykämien sind dagegen durch Spätmahlzeiten im allgemeinen nicht zu beeinflussen. Im Rahmen einer Reduktionskost kann die Spätmahlzeit, sofern dies der Wunsch des Patienten ist, dann fortfallen, wenn abends kein Insulin injiziert wird.

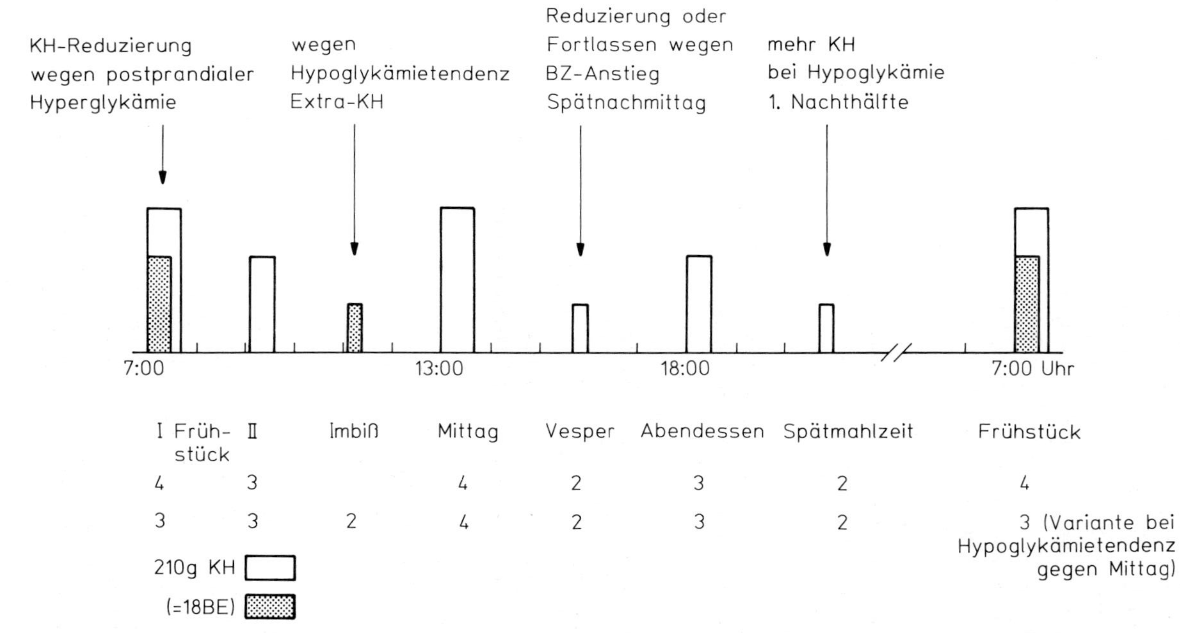

Abb. 13. Anpassung der KH-Verteilung (210 KH = 18 BE) an den BZ-Verlauf. *Schraffiert:* Diätvariante bei Hypoglykämietendenz gegen Mittag

Zusätzliche Kohlenhydrate zu den 5–6 „Routinemahlzeiten" (s. Abb. 13)

- Bei Instabilität zur Vermeidung unerwarteter und rasch einsetzender Hypoglykämien, v.a. in der 2. Vormittagshälfte, aber auch nachmittags. – Die Aufteilung der Gesamt-KH auf beispielsweise 7 und mehr Mahlzeiten trägt ferner dazu bei, den KH-Gehalt der Nahrungsaufnahme niedrig zu halten.
- Bei ausgeprägter Insulinempfindlichkeit auch ohne Instabilität, wiederum vorzugsweise zwischen 11 und 13 Uhr, während einer Periode höherer Insulinempfindlichkeit und der Maximalwirkung vieler Insulinpräparate. Die KH-Verteilung auf mehrere kleinere Mahlzeiten und damit auf kürzere Abstände empfiehlt sich bei ausgesprochener Insulinempfindlichkeit und auch bei symptomarmen Hypoglykämien (s. Kap. 8). Da u. U. ebenfalls eine geringe körperliche Betätigung zu einem raschen BZ-Abfall führen kann, sind Extra-KH in derartigen Situationen unentbehrlich. Die damit verbundene höhere Kalorienzufuhr, besonders bei gleichzeitigem Verzehr von Fett und Eiweiß, darf v.a. bei Neigung zu Übergewicht nicht vernachlässigt werden.

Kohlenhydrat- und faser- bez. ballaststoffreiche Kost

In den letzten Jahren wird erneut eine relativ *KH-reiche und fettarme Diät* propagiert, wobei KH-reich ein relativer Begriff ist und

Tabelle 19. Kalorienstufen bei KH-reicher Kost (55% KH, 15% Eiweiß, 30% Fett)

Stufe	kcal	KH [g (BE)]	Eiweiß [g]	Fett [g]
1	1000	135 (11)	35	30
2	1200	160 (13)	45	40
3	1500	200 (17)	55	50
4	1800	240 (20)	65	60
5	2000	270 (22)	70	65
6	2200	295 (25)	80	70
7	2500	335 (28)	90	80
8	2800	375 (31)	100	90
9	3000	400 (33)	110	95

sich auf den prozentualen Anteil der KH am Energiegehalt der Kost bezieht. Eine sog. KH-reiche Reduktionskost von beispielsweise 1200–1500 kcal enthält trotzdem absolut gesehen nur eine geringe KH-Menge (s. im einzelnen Tabelle 19).

Bereits in den 30er Jahren wurde bei Insulinpatienten nachgewiesen, daß sich die Diabeteseinstellung trotz eines relativ hohen KH-Angebotes von über 60% des Kaloriengehalts nicht verschlechterte, solange die Kost isokalorisch, d.h. hinsichtlich des Energiegehalts konstant blieb.

Die amerikanische Diabetesgesellschaft sah sich aufgrund der seinerzeit vorliegenden Studien veranlaßt, die generelle Forderung nach stärkerer KH-Restriktion (40%) aufzugeben und eine Relation bis zu etwa 50–60:15:30–35 für unbedenklich oder sogar für vorteilhaft zu halten.
Eine zusammenfassende Betrachtung der bisherigen Befunde ergibt zudem, daß eine KH-reiche Diät zu den – allerdings nicht obligaten – in Tabelle 20 angeführten Stoffwechselwirkungen führen kann.
Eindeutiger als die Wirkung auf den Insulinbedarf und das Blutzuckerprofil ist der günstige Effekt dieser gleichzeitig fettarmen Diät auf den Lipidstatus, der auch für jüngere Patienten wegen der späteren Gefährdung durch arterielle Verschlußkrankheit von Vorteil ist. Wie weit im übrigen die oft nur geringgradig ausgeprägte Besserung des KH-Stoffwechsels klinisch relevant ist, muß in weiteren Studien geklärt werden, ebenso wie die 2 folgenden noch offenen Fragen:
1. Wie wirkt sich eine KH-reiche Kost bei dekompensiertem oder labilem Diabetes vor allem auf die postprandiale Hyperglykämie

Tabelle 20. Stoffwechselwirkungen der KH- und faserreichen Diät

KH-reich, fettarm	Faserreich
↓ BZ postabsorptiv	↓ BZ postabsorptiv und postprandial
↓ Insulinbedarf	↓ Insulinbedarf
↓ Triglyzeride	↓ Triglyzeride
↓ Cholesterin	↓ Cholesterin
(↓ LDL-Cholesterin)	(↓ LDL-Cholesterin)

aus? U.E. muß bei vielen Patienten mit ungenügender Diabeteseinstellung und Stoffwechsellabilität gerechnet werden.
2. Wird eine derartige Kost akzeptiert und führt beispielsweise der reichlichere Verzehr vor allem von Brot zu höherer Fett- und damit unerwünschter Energiezufuhr?

Auch der *faser- bzw. schlackenreichen Kost* wurde ebenso wie der KH-reichen Diät erneut besondere Aufmerksamkeit gewidmet. Sie kann, wie Tabelle 20 zeigt, verschiedene Stoffwechselparameter günstig beeinflussen. Auch diese Effekte sind keineswegs obligat und betreffen in erster Linie die postprandiale Hyperglykämie sowie auch den Nüchternblutzucker und häufig den Insulinbedarf. Im Vordergrund stehen offensichtlich der Rückgang der Triglyzeride sowie des LDL-Cholesterins bei gleichzeitigem Anstieg des HDL-Cholesterins.

Als Ursache für den günstigen BZ-Effekt werden verzögerte Magenentleerung, verlangsamte Absorption der KH sowie langsamere Mund-Zökum-Passage genannt. Die Fasern haben die Fähigkeit zur Wasserabsorption und Quellfähigkeit und verlangsamen deshalb die Resorption der KH, führen jedoch nicht zu einer Malassimilation. Auch systemische, z.T. Langzeiteffekte wurden registriert, die möglicherweise als Folge einer Verkürzung der Dünndarmzotten zur Verlangsamung der Glukoseresorption führen.

Möglichkeiten der Darreichung:
- Natürliche, schlackenreiche Nahrungsmittel werden meistens bevorzugt, ferner rohe statt gekochte Nahrungsmittel.
- Inkorporation in geeignete KH-reiche Nahrungsmittel wie Brot und Marmelade.
- Gereinigte Präparationen wie Guar oder Pektin müssen einer KH-reichen Mahlzeit zugesetzt werden. Ferner ist gleichzeitig reichlich Flüssigkeit zu trinken, wenn ein günstiger Effekt besonders auf die postprandiale Hyperglykämie erreicht werden soll.

Nebenwirkungen: Blähungen, Völlegefühl und selten Diarrhöen erschweren bei vielen Patienten die Durchführung einer derartigen Kost. Auch die bisher bekannten übrigen Faktoren wie geschmackliche Zubereitung, die Kosten und die notwendige Änderung der Ernährungsgewohnheiten setzen dieser Diätform gewisse Grenzen. Daß bei längerer Verabfolgung von Faserzusätzen mit einer nennenswerten verminderten Resorption von Mineralien, Vitaminen

oder einer beeinträchtigten Bioverfügbarkeit von Arzneimitteln gerechnet werden muß, ist unwahrscheinlich (s. Huth et al. 1980).
Verschiedene Autoren sind der Ansicht, daß eine faserreiche Kost am besten toleriert wird, wenn sie sich aus geeigneten natürlichen Nahrungsmitteln zusammensetzt. Dazu scheinen v.a. Hülsenfrüchte, insbesondere Bohnensorten, zu gehören, die auch den Vorteil eines höheren KH-Gehalts haben, aber andererseits nicht von allen Patienten in großen Mengen vertragen werden.

Gemüse sind seit jeher ein wichtiger Bestandteil der Diabetesdiät:
- geringer Gehalt an verwertbaren KH (Ausnahmen s. Nahrungsmitteltabellen),
- hoher Zellulose- bzw. Faseranteil (s. oben),
- Resorptionsverzögerung für Glukose, die aus den KH-haltigen Nahrungsmitteln frei wird,
- wahrscheinlich auch Verlangsamung der Glukoseresorption wegen erheblicher Volumenvermehrung des Speisebreis,
- Sättigungsgefühl ohne höhere KH- und Energiezufuhr.

Hinsichtlich der Zugehörigkeit der verschiedenen Gemüsearten zu den einzelnen Gruppen und der Notwendigkeit, bestimmte Sorten auf den KH-Gehalt der Kost anzurechnen, wird auf die einschlägigen Nahrungsmitteltabellen verwiesen.

4.3.2 Eiweiß

Der Eiweißgehalt der Kost entspricht den für Stoffwechselgesunde geltenden Regeln:
0,8–1 g/kg Normalkörpergewicht (1 g Eiweiß liefert 4,1 kcal).
Der Anteil an tierischem Eiweiß liegt bei etwa 70%. Diabetiker haben weder einen höheren Eiweißbedarf noch lassen sich durch reichliche Zufuhr die Stoffwechsellage oder die Angiopathiegefährdung günstig beeinflussen.
Eine höhere Eiweißzufuhr von 1,2–1,5 (bis 2,0) g/kg KG ist erforderlich:

- im Wachstumsalter,
- in der Gravidität,
- nach anhaltender schwerer Diabetesdekompensation, die zu Untergewicht geführt hat,

- nach konsumierenden Erkrankungen und Eiweißmangelzuständen entsprechend dem Vorgehen bei Nicht-Diabetikern.

Die Indikationen für eine Eiweißrestriktion sind die gleichen wie bei Nicht-Diabetikern, auch hinsichtlich der durch eine diabetische Nephropathie bedingten Niereninsuffizienz (s. 11.3).
Bei der Festlegung des Eiweißgehalts soll nicht nur die Gewohnheit des Patienten, sondern auch die „Praktikabilität" der Diät berücksichtigt werden.
Energiereichere Diäten mit beispielsweise 3000 kcal ermöglichen zwar eine höhere Eiweißzufuhr. Zu vermeiden sind dann jedoch eiweißhaltige Nahrungsmittel mit hohem Fettgehalt (meist tierischer Herkunft). Sie würden zu einem unerwünschten Verzehr von gesättigten Fetten führen.

4.3.3 Fett

Fettgehalt und Fettarten. Die Empfehlungen für die tägliche Fettzufuhr bei Diabetikern haben sich im Lauf der letzten Jahrzehnte erheblich gewandelt. Früher wurden vielerorts fettreiche Diäten mit über 60% des Kalorienanteils empfohlen, bereits in den 30er Jahren jedoch fettärmere und kohlenhydratreichere Diäten von einigen Autoren bevorzugt.
Fett hat unter allen Nährstoffen den höchsten Brennwert: 1 g = 9,3 kcal.
Im allgemeinen stehen hinsichtlich der Nährstoffrelationen die Fett- und KH-Anteile (in % der Energiezufuhr) in einem reziproken Verhältnis, da die Eiweißzufuhr in praxi relativ konstant ist:

	KH	: Eiweiß	: Fett
Relativ hoher KH- und geringer Fettanteil	60	: 20	: 30
Mittlerer Fett- und KH-Anteil	40	: 20	: 40
Geringer KH- und relativ hoher Fettanteil	35	: 15	: 50

Die Vorteile einer Fettbeschränkung betreffen die Stoffwechselstörung selbst und auch die arterielle Verschlußkrankheit: Eine fettarme Kost ist i. allg. energiearm, verhindert Übergewicht, begünstigt

die Gewichtsabnahme, bessert den Diabetes und vor allem die Insulinempfindlichkeit und damit die „Einstellbarkeit".
Die Frage, wieviel Fett und welche Fettsorten zugeführt werden sollen, verdient außerdem wegen des Arterioskleroserisikos besondere Beachtung. Es geht dabei um den Gehalt der Kost an sog. gesättigten, meist tierischen Fetten, an hochungesättigten Polyensäurefetten pflanzlicher Herkunft sowie an Cholesterin.
Eine Restriktion der gesättigten Fette und des Cholesterins führt zu einer Senkung der Serumtriglyzeride und des -LDL-Cholesterins (Tabelle 21). Andererseits steigt das HDL-Cholesterin an, das als Schutzfaktor im Hinblick auf das Arterioskleroserisiko angesehen wird. Eine sog. antiatherogene Kost ist wahrscheinlich auch für Diabetiker mit einer frühzeitigen Manifestation zwischen dem 10. und 20. Lebensjahr nützlich, da diese Patienten, wenn sie das 35.–40. Lebensjahr überschritten haben, in erster Linie an den Folgen der arteriellen Verschlußkrankheit und nicht der Mikroangiopathie sterben. Ein Antiarterioskleroseeffekt der Polyenfette ist nach wie vor unbe-

Tabelle 21. Auswirkungen der Fettzusammensetzung der Nahrung. (*TG* Triglyzeride)

Fettzufuhr	Biochemische und klinische Effekte
Reduzierung der gesättigten Fette und des Cholesterins	Senkung des LDL-Cholesterins (Prä-β-Lipoprotein) und der TG im Serum, HDL-Anstieg
Fettarme, relativ KH-reiche Kost	Außerdem Zunahme der Insulinempfindlichkeit, evtl. niedriger Blutzuckerbedarf, Blutzuckersenkung
Reduzierung der Energiezufuhr	Gewichtsabnahme, Diabetesbesserung, TG- und Cholesterinsenkung, Blutdrucksenkung
Zusätzlich ungesättigte Fette P/S-Quotient $>1{,}0$	LDL-Cholesterinsenkung (fraglich) HDL-Anstieg (fraglich) In erster Linie als Substitution für gesättigte Fette, Deckung des Energiebedarfs. Arterioskleroseprophylaxe durch Polyenfettsäuren nicht bewiesen

wiesen. Vielen Diabetikern fällt es jedoch aus geschmacklichen und auch aus finanziellen Gründen schwer, eine Kost mit einem geringen Gehalt an tierischen Fetten einzuhalten. Polyenfette können besonders bei kalorienreicher Kost, sozusagen als Substitution für tierische Fette verwendet werden.

Zusammensetzung des täglich verzehrten Fettes

Streichfett. Der Fettgehalt von Butter und Margarine liegt bei 75–80%, d.h. 7–8 kcal/g. Lediglich sog. Halbfettmargarinen mit 40–45% Fett (etwa 4 kcal/g) haben einen geringeren Brennwert und bestehen außerdem überwiegend aus polyensäurereichen Fetten. Sie sind allerdings nur als Streichfett zu verwenden.

Fett zur Zubereitung der Speisen (v.a. sog. Koch- und Bratfett). Als Ersatz für tierische Fette (Butter, Schmalz) können pflanzliche Öle, die jedoch den gleichen Kaloriengehalt haben, benutzt werden.

„Versteckte" Fette. Es handelt sich um die in den tierischen und pflanzlichen Nahrungsmitteln bzw. Produkten enthaltenen, nicht immer „sichtbaren" Fette. Der Ausdruck „versteckt" ist für viele der betroffenen Nahrungsmittel irreführend, da ihr Fettanteil wie in vielen Fleisch- und Wurstsorten für jeden Diabetiker, der sehen will, gut erkennbar ist. Eine hohe Eiweißzufuhr ist oft mit reichlichem Fettverzehr verbunden, wenn der Patient nicht entsprechend unterrichtet wurde.
Die Einhaltung fettarmer Diäten bereitet vielen Diabetikern Schwierigkeiten aus Unkenntnis über die Zusammensetzung der Nahrungsmittel und auch aufgrund bewußter Nichtbeachtung der Verordnung, zumal Fett den Wohlgeschmack und das Sättigungsgefühl erhöht.
Um die tägliche Aufnahme an gesättigten Fetten niedrig zu halten, ist folgendes zu empfehlen:
Entweder kein Streichfett oder zumindest Streichfett in Form von speziellen Margarinesorten (mit hohem Polyensäuregehalt), evtl. Halbmargarinen, gleichzeitig möglichst fettarme, eiweißhaltige Nahrungsmittel tierischer Herkunft, da diese ausschließlich gesättigte Fette enthalten.

4.3.4 Alkohol

Der Abbau des Äthylalkohols erfolgt primär in der Leber zu den Endprodukten Wasser und Kohlendioxyd. Die Verbrennung von 1 g Alkohol setzt 7 kcal frei, was dem Energiegehalt von 1 g Butter oder 1 g Margarine entspricht. Der Gehalt an Alkohol wird in Vol.-% und nicht in g/dl angegeben. Für eine Weinsorte von 12 Vol.-% ergibt sich demnach 12% · 0,85 (spezifisches Gewicht) = etwa 10 g Alkohol/dl = 70 kcal in 100 ml.

In praxi ergeben sich folgende Zahlen:
1 Glas Rotwein oder Weißwein (⅛ l): ca. 80 kcal,
1 Glas Apfelwein (¼ l): ca. 125 kcal,
1 Glas klarer Schnaps, Weinbrand, Cognac, Rum (2 cl): ca. 40–50 kcal,
1 Glas Whisky (4 cl): ca. 100 kcal.

Alkohol bei Diabetikern. Obgleich die Metabolisierung ohne Insulin abläuft, können unter Alkohol Störungen besonders des KH-Stoffwechsels auftreten:
- Reichlicher Konsum zu den Mahlzeiten führt u. U. zu erheblichen postprandialen Hyperglykämien, ein exzessiver Genuß gelegentlich bis zur Ketoazidose.
- In der postabsorptiven Phase, d. h. nach längerer Nahrungskarenz (einige Stunden), können bei insulin- und sulfonylharnstoffbehandelten Patienten Hypoglykämien ausgelöst oder intensiviert werden, und zwar als Folge einer Hemmung der Glukoneogenese. Adipöse Diabetiker sind weniger anfällig.
- Zu einer Induzierung oder Verstärkung einer Prä-β-Hyperlipoproteinämie (Vermehrung der VLDL) kommt es bei entsprechend disponierten Personen, wie bei Nichtdiabetikern gezeigt wurde.
- Mäßiger Alkoholgenuß von etwa 20 g täglich bewirkt einen Abfall des LDL und einen Anstieg des HDL-Cholesterins, woraus möglicherweise ein gewisser Arterioskleroseschutz resultiert.
- Antabusreaktionen kommen bei gleichzeitiger Einnahme eines SH, von Chlorpropamid und Carbutamid vor, kaum dagegen bei Tolbutamid und den Milligrammpräparaten (s. Kap. 9).
- Ein Alkoholflush tritt bei chlorpropamidbehandelten Diabetikern auf, ohne daß dieses Phänomen als Hinweis auf den Typ-II-Diabetes gelten kann, wie zunächst vermutet wurde.

Ratschläge für den Patienten hinsichtlich des Alkoholkonsums
- Die Resorption ist grundsätzlich rascher bei leerem Magen.
- Generell werden konzentrierte Alkoholika schneller resorbiert.

- Zurückhaltung bei Übergewicht wegen zusätzlicher Energiezufuhr.
- Eventuell Stoffwechselverschlechterung bei größeren Alkoholquantitäten zu den Mahlzeiten.
- Möglichkeit einer alkoholinduzierten Hypoglykämie bei SH- und Insulinpatienten (s. Kap. 8).
- Aufklärung über forensische Komplikationen:

Eine Hypoglykämie kann als Alkoholintoxikation gedeutet werden, vor allem wenn der Patient keinen Diabetikerausweis bei sich trägt.
Umgekehrt kann eine Alkoholintoxikation als Hypoglykämie gedeutet werden.
Besondere Probleme ergeben sich, wenn alkoholisierte Diabetiker zusätzlich hypoglykämisch werden (besonders am Steuer eines Kraftfahrzeugs, Führerscheinentzug!).
Unangenehme Folgen können sich auch bei Insulinpatienten zeigen, die mit Psychopharmaka behandelt werden und zusätzlich alkoholisiert sind.

Alkohol ist bei Diabetikern kontraindiziert bei:
- Lebererkrankungen wie Zirrhose, Hepatitis,
- Pankreatitis,
- alkoholinduzierte Hyperlipoproteinämien.
- Bei biguanidbehandelten Diabetikern kann auch mäßiger Alkoholkonsum wegen des synergistischen Effekts auf den Blutlaktatspiegel die seltene, prognostisch ungünstige Laktazidose provozieren (s. Kap. 5.2.3).

Ob ein geringes tägliches Alkoholquantum evtl. über eine Vermehrung des HDL-Cholesterins einen arterioskleroseprotektiven oder -hemmenden Einfluß hat, wie er bei Stoffwechselgesunden vermutet wird, ist für den Diabetiker völlig ungewiß.
Eine Orientierung über den Glukose- und Fruktosegehalt alkoholischer Getränke, vor allem von Wein, ist durch Verwendung von Clinitesttabletten möglich. Rohrzucker wird nicht erfaßt, ist in den meisten Weinsorten jedoch ohnehin nicht oder nur in geringen Mengen enthalten. Schwierig ist das Ablesen der Farbreaktionen verständlicherweise bei Rotwein. Teststreifen wie Glukotest, Clinistix sind zu empfindlich und erfassen Fruktose nicht.

4.4 Reduktionsdiät

Bei übergewichtigen Typ-II-Diabetikern ist die Gewichtsabnahme das zentrale therapeutische Anliegen. Sie führt zu:

- Besserung des Diabetes, u. U. Remission vom manifesten Stadium bis zu pathologischer oder sogar normaler Glukosetoleranz;
- rückläufigem Bedarf an oralen Antidiabetika oder Insulin. U. U. ist Absetzen der Präparate erforderlich, selten dagegen Übergang von Insulin auf SH oder Biguanide möglich;
- Rückbildung von Hyperlipoproteinämien, dadurch Arterioskleroseprophylaxe;
- Blutdrucksenkung bei Hypertonikern.

Diese Effekte treten oft erst nach Wochen oder Monaten ein, so daß eine Anpassung der Pharmakotherapie an die veränderte Stoffwechselsituation noch nach längerer Zeit notwendig sein kann. Derartige „Langzeitwirkungen" lassen sich mit der Zunahme der Insulinrezeptorenzahl und damit der Insulinempfindlichkeit erklären.
Eine knappe Kost konsequent für lange Zeit einzuhalten bereitet auch Diabetikern Schwierigkeiten. Die Erfolgsquoten sind bescheiden (nach 5 Jahren etwa 20–30%).
Wie bei der Diabetesdiät überhaupt gibt es auch bei der Verordnung einer Reduktionskost einen nicht zu unterschätzenden Spielraum, so daß die individuelle Situation und einige Wünsche des Patienten berücksichtigt werden können. Das gilt für den Kaloriengehalt wie auch für die Zusammensetzung der Kost. Die Diät kann bei Frauen zwischen 800 und 1200, maximal 1500 kcal enthalten, bei jüngeren Männern mit ausreichender körperlicher Aktivität maximal 1500–2000 kcal. Bei geringer Körpergröße und bei alten Patienten muß der Kaloriengehalt niedrig angesetzt werden (meist 800–1200 kcal), wenn eine Gewichtsabnahme erreicht werden soll. Sie befinden sich u. U. mit 1500 kcal bereits im Energiegleichgewicht.
Die generelle Forderung nach dem sog. Idealgewicht als therapeutisches Ziel war von jeher für die Mehrzahl von übergewichtigen Patienten und auch für den kritischen Therapeuten unrealistisch. Viele Diabetiker akzeptieren offenbar eher ein „bescheideneres" Zielgewicht, über das man sich mit ihnen nach Möglichkeit einigen sollte.

Abgelehnt wird häufig eine rigorose Gewichtsabnahme von Frauen im mittleren und höheren Lebensalter aus ästhetischen Gründen und aufgrund von Befürchtungen, wie die mit dem niedrigeren Gewicht einhergehenden Veränderungen vom Ehemann toleriert werden. Auch Männer fürchten älteres Aussehen und Nachlassen der Vitalität.
Der Arzt soll sich daher über folgende Punkte klar werden:

- Welches Zielgewicht hält er selbst für wünschenswert (Idealgewicht?)?
- Will der Patient überhaupt abnehmen?
- Welche Vorstellungen hat der Patient über das Zielgewicht?
- In welchem Tempo soll die Gewichtsabnahme erfolgen?
- Wie soll die Kost hinsichtlich des KH-, Fett- und Eiweißanteils zusammengesetzt sein?
- Welche medizinischen Gründe sprechen gegen eine Gewichtsabnahme (andere Krankheiten wie Depressionen usw.)?
- Welche Probleme gibt es aufgrund der beruflichen Tätigkeit, besonders der Arbeitszeitdauer, z. B. frühzeitiger Beginn, „langer Tag", bei Frauen Art und Ausmaß der Hausarbeit (Versorgung einer großen Familie, weitere Verpflichtungen wie in der Landwirtschaft).

Kaloriengehalt. Meistens liegt die Energiezufuhr der Reduktionsdiät in folgendem Bereich:
- 800–1 500 kcal, im Mittel besonders bei Erwachsenen 1 000–1 200 kcal,
- bei jüngeren Patienten mit intensiver Muskeltätigkeit bis 1 800 kcal.

Alternative Berechnung:
18–20 kcal/kg Idealgewicht.

Beispiel:
30jähriger Diabetiker, 85 kg, 170 cm. Idealgewicht etwa 65 kg. Verordnung 65 · 20 kcal, d. h. etwa 1 200–1 300 kcal.

Eine weniger restriktive Kost von beispielsweise 1 500 kcal empfiehlt sich, wenn sich Hinweise ergeben, daß unter stärkerer Restriktion Schwierigkeiten bereits früher aufgetreten oder zu erwarten sind.
Eine stark reduzierte Kost von 600–800 kcal kommt zumindest für einige Wochen bis Monate in Betracht, wenn sie von dem Patienten akzeptiert wird. Die Spätergebnisse sind, von Ausnahmen abgesehen, nicht besser als unter einer Diät mit 1 000–1 200 kcal.

Nach längerdauernder knapper Ernährung und Gewichtsabnahme sinkt der Energiebedarf, so daß das anfangs hohe Kaloriendefizit geringer und das Tempo der Gewichtsreduktion langsamer wird.

KH-Eiweiß-Fett-Relation. Unterschiedliche Nährstoffrelationen wirken sich nur in relativ bescheidenem Ausmaß auf den absoluten Gehalt der Reduktionskost an KH, Fetten und Eiweiß aus. So enthält eine 1200-kcal-Kost bei einem KH-Anteil von 50% 150 g, bei 35% 100 g KH. Für Fett ergeben sich bei 30% bzw. 45% Kalorienanteil 40 g bzw. 55 g. Die Wünsche und Gewohnheiten des Patienten sind deshalb für die Zusammensetzung maßgebend. Es ist bisher unbewiesen, daß das Tempo der Gewichtsabnahme und die Einstellung des Diabetes durch spezielle Nährstoffrelationen, beispielsweise durch KH-arme und relativ fett- und eiweißreiche Kost, auf die Dauer günstig beeinflußt werden können.

Ob bei übergewichtigen Patienten zusätzlich zu einer vernünftigen Diätverordnung und regelmäßiger Konsultation *verhaltenstherapeutische Empfehlungen* wie etwa die folgenden *auf die Dauer* die Chancen für eine Gewichtsabnahme verbessern, kann erst durch weitere Studien endgültig geklärt werden:

Die Mahlzeiten, v.a. die Hauptmahlzeiten, möglichst vorher planen und anrichten, damit das Essen „Spaß macht".

Nahrungsaufnahme nur zu bestimmten Tageszeiten, was beim Diabetiker ohnehin erwünscht ist

– und nur an einem bestimmten „Eßplatz", in Ruhe, sitzend – nicht irgendwo in der Wohnung, zwischendurch, hastig und stehend.

Keine Lektüre oder Fernsehen während des Essens.

Auf dem Essenstisch keine „Konfrontation" mit großen Portionen wie Aufschnittplatten etc.

Nach dem Essen baldiges Aufstehen und Verlassen des Eßraums.

Nulldiät oder modifiziertes Fasten. Die sog. modifizierte Nulldiät ist gänzlich oder weitgehend KH-frei, enthält etwa 20–50 g Eiweiß und i. allg. weniger als 20 g Fett. Sie wird besonders von Frauen besser vertragen als absolutes Fasten, da Orthostasereaktionen, Übelkeit und Unwohlsein seltener auftreten.

Die Erfahrungen der letzten Jahre mit derartigen rigorosen Diäten haben jedoch folgendes gezeigt:

1. Der Langzeiteffekt ist nicht besser als etwa bei der sog. Mischkost (1000–1500 kcal) mit einem KH-Anteil zwischen 40 und 50%.

2. Bisher wurde mehrfach über Todesfälle als Folge nicht vorhersehbarer Herzrhythmusstörungen, besonders therapierefraktären Kammerflimmerns, berichtet. Die „Dunkelziffer“ ist wahrscheinlich größer. Die Zwischenfälle wurden vor allem auf die KH-Restriktion zurückgeführt. Eine offizielle Warnung haben inzwischen auch das Bundesgesundheitsamt und die FDA in USA herausgegeben. Für Diabetiker liegen entsprechende Publikationen kaum vor. Möglicherweise ist die Gefährdung wegen der Häufigkeit koronarer Mangeldurchblutung und der Neigung zu Rhythmusstörungen eher höher.

Wenn trotz dieser Warnung eine Nulldiät bei Diabetikern durchgeführt werden soll, muß folgendes beachtet werden:

Gründliche Voruntersuchung. Stufenweise Reduktion des Kaloriengehalts der Kost und auch der Insulin- oder SH-Dosis, Absetzen der Biguanide. Ausreichende Flüssigkeitszufuhr von wenigstens 2,5–3 l täglich. Besondere Beachtung etwa auftretender Orthostasereaktionen.

Bei Anwendung drastischer Maßnahmen muß bei Diabetikern in besonderem Maße mit der Möglichkeit einer koronaren und zerebralen Minderdurchblutung gerechnet werden.
Als Kontraindikation für diese mittlerweile fast „kontraindizierte“ Diät gelten:

- Herzinsuffizienz,
- Myokardinfarkt oder zerebraler Insult in der Anamnese,
- eingeschränkte Nierenfunktion,
- Leberschädigung,
- Alter unter 15–17 Jahren, über 60–65 Jahren,
- Gravidität.

Eine Ketose, die sich während einer rigorosen KH-Restriktion entwickelt, ist als „Hungerketose“ aufzufassen und kann als Hinweis dafür dienen, daß der Patient den vorgeschriebenen Kohlenhydratanteil der Kost einhält. Ketosen bei ausgeprägteren Hyperglykämien erfordern jedoch sorgfältige Beachtung, damit nicht die Entwicklung zu einer diabetischen Keto*azidose* übersehen wird. Verstärkt wird die Ketoseneigung in jedem Fall, wenn gleichzeitig eine erhebliche Glukosurie besteht und damit die KH-Bilanz negativ wird.

4.5 Praxis der Diätverordnung

Bei dem Versuch, während der stationären Einstellung die Mahlzeitenfolge und KH-Verteilung der Stoffwechselsituation anzupassen, ist sorgfältig zu prüfen, ob die Abstände zwischen den einzelnen Mahlzeiten wesentlich von dem Tagesablauf nach der Entlassung abweichen. Die Nahrungsaufnahme konzentriert sich in vielen Krankenhäusern auf den Zeitraum zwischen 8 Uhr (1. Frühstück) und 17.30 Uhr (Abendessen), im Alltag dagegen oft auf die Zeit zwischen 6–7 Uhr und 18–19 Uhr.

Daher sollen vor allem bei insulinbedürftigen Diabetikern die Essenszeiten während der stationären Einstellung der späteren Situation nach der Entlassung so weit wie möglich angepaßt werden. Andernfalls muß die Einstellung nach der Entlassung korrigiert und mittels Selbstkontrolle überprüft werden.

Für Patienten, die im Beruf körperlich schwer arbeiten, ist an Werktagen eine reichlichere Kost angezeigt, und, falls sie insulinbedürftig sind, eine geringere Insulindosis. Entweder werden 2 Diätverordnungen ausgestellt, oder es werden konkrete Empfehlungen über den Extraverzehr an den Arbeitstagen oder auch über eine geringere Nahrungszufuhr am Wochenende gegeben.

Umgekehrt ist es für Diabetiker mit „sitzender" Tätigkeit meist nicht notwendig, für Aktivitäten am Wochenende einen entsprechenden 2. Plan anzufertigen. In diesem Fall genügen einige Ratschläge, zumal der Patient lernen soll, eigenverantwortlich und ohne schriftliche Anweisung zu handeln.

Was ist nach einer Erst- oder Neueinstellung zu beachten, wenn sich die Stoffwechsellage wieder verschlechtert oder das Gewicht ansteigt?

1. Es werden offensichtlich Diätfehler begangen. In diesem Fall muß die Diätsituation, ggf. mit der Ehefrau oder bei Jugendlichen mit der Mutter, überprüft, eine kurze Ernährungsanamnese erhoben und geklärt werden, warum der Patient die Kost nicht einhalten kann oder will oder ob seine Diätkenntnisse nicht ausreichen.
2. Die Diätverordnung wird zwar korrekt befolgt, war jedoch zu reichlich bemessen. Hiermit ist vor allem bei älteren Patienten zu rechnen. Aber auch jüngeren und untergewichtigen Diabetikern

wird öfter anläßlich einer Erst- oder Neueinstellung nach vorausgegangener Diabetesdekompensation eine Diät mit zu hohem Kaloriengehalt verschrieben. Anlaß sind der schlechte Allgemeinzustand, das niedrige Körpergewicht und vor allem starkes Hungergefühl, das sich infolge der massiven Glukosurie und der negativen Energiebilanz entwickelt hat und noch wochenlang nach Besserung der Stoffwechsellage anhalten kann. Nach Besserung des Diabetes ändert sich die Situation in wenigen Wochen, und der Patient registriert oft bereits in den letzten Tagen des Klinikaufenthaltes, daß die Kost zu reichlich geworden ist. In der Folgezeit kann es im Laufe von ½–2 Jahren zu unerwünschtem Gewichtsanstieg kommen. Wenn eine derartige Situation evident ist, muß die Diätverordnung vor der Entlassung aus der Klinik, spätestens aber bald danach, überprüft und korrigiert werden.

3. Unzulänglichkeiten der Diät sind nicht für die Stoffwechselverschlechterung verantwortlich, wenn diese Folge einer Progredienz des Diabetes ist, so daß beispielsweise Insulinbedürftigkeit eintritt oder sich der Insulinbedarf erhöht.

Weitere in Betracht kommende Faktoren sind in Kap. 3 angeführt.

Hinsichtlich der Diätverordnung ist folgendes zu beachten (s. auch S. 106 und Kurow 1981):

1. Vor der Festlegung der Diät soll möglichst eine – evtl. nur orientierende – Ernährungs- bzw. Diätanamnese stehen, ggf. auch vor späteren Beratungen.
2. Mehrere kurze Einzelberatungen von 10–15 Minuten sind besser als längerdauernde Instruktionen, besonders bei älteren Patienten. Eine ausführliche Instruktion ist andererseits einer kurzen, aber nur einmaligen Beratung vorzuziehen.
3. Gruppenunterricht mit 10–15 Personen spart Zeit und Personal und ist genauso „effektiv" – soll aber durch Einzelgespräche ergänzt werden (s. Kap. 17).
4. Zu berücksichtigen ist der Diabetestyp bei allen Formen der Diätberatung und -verordnungen, das Lebensalter sowie die Art der medikamentösen Behandlung. Die unterschiedlichen Prinzipien bei insulinbehandelten, vor allem jüngeren Patienten einerseits und älteren Diabetikern unter Diät und Tabletten andererseits sind in Tabelle 25 (S. 105) gegenübergestellt.

5. Komplizierte und zu umfangreiche Diätpläne und unnötige Reglementierungen sind nach Möglichkeit zu vermeiden (s. unten und Kap. 17).
6. Für viele alte Patienten eignet sich statt Gewichtsangaben für Nahrungsmittel und Austauschtabellen die von Kurow vorgeschlagene Einer-Regel (s. Tabelle 22). Diese zeichnet sich durch Einprägsamkeit aus und stellt keine großen Anforderungen an das Gedächtnis.
7. Beratungen, Gespräche sowie eine Orientierung über die vorhandenen Kenntnisse und über das Eßverhalten sind nicht nur zu Beginn der Behandlung, sondern auch im weiteren Verlauf anläßlich des Praxisbesuchs oder zumindest im Abstand von 2–3 Monaten wünschenswert.
8. In gewissen Abständen sollte ferner, besonders bei Insulinpatienten, das Verhalten bei Verzögerung oder Änderung der Nahrungsaufnahme anläßlich gesellschaftlicher Verpflichtungen oder im beruflichen Alltag, während des Urlaubs und besonderer Situationen erörtert werden.
9. Der Arzt soll möglichst versuchen, die innere Einstellung des Patienten zum Diabetes und besonders zu den Diätvorschriften kennenzulernen. Neigt der Diabetiker dazu, die Vorschriften korrekt und ohne Widerstreben zu befolgen, oder lehnt er sich gegen Reglementierungen auf und sieht seine Freiheit eingeengt?
   Eine Beschränkung auf Formulare und Verordnungen wird der Situation des Diabetikers daher nicht gerecht. Alle Empfehlungen

Tabelle 22. „Einer-Regel" als vereinfachte Diätverordnung, besonders für ältere Patienten (nach Kurow 1981)

Morgens und abends:	Je 1 Scheibe Brot, je 1 Messerspitze Streichfett, je 1 Teelöffel Diabetikermarmelade oder 1 Scheibe Wurst oder 1 Scheibe Käse
Mittags:	1 Stück Fleisch, gekocht oder gebraten, 1 Kartoffel, 1 Portion Gemüse, 1–2 Teelöffel Fett, 1 Stück Obst
Vormittags und/oder nachmittags:	1 Scheibe Knäckebrot, 1 Messerspitze Streichfett, 1 großer Eßlöffel Quark oder 1 Glas Milch bzw. Joghurt

sollen seine Persönlichkeit, seinen Lebensstil sowie seine körperliche Verfassung und auch die soziale und ökonomische Situation berücksichtigen.

Vordrucke wie in Tabelle 23 wiedergegeben haben sich jedoch als Grundlage für die Ernährungsanamnese oder bei Zeitmangel als orientierender Hinweis auf die bisherigen Eßgewohnheiten als nützlich erwiesen.

Tabelle 23. Ernährungsbefragung. (Aus Kurow 1981)

Datum: ______________

Sehr geehrte/r/s Frau/Fräulein/Herr ______________

Ihre Diabeteskost wollen wir der bisherigen Ernährung möglichst anpassen. Hierzu möchten wir wissen, was und wieviel Sie gewöhnlich im Alltag essen und trinken. Bitte unterstreichen Sie, was im einzelnen zutrifft und tragen Sie gegebenenfalls Ergänzungen ein. Vielen Dank für Ihre Mühe!

Wann frühstücken Sie? – Um ______________ Uhr

		Wieviel?	Küchenmaße
Was essen Sie zum Frühstück?	Brötchen/Toast	1–2–3	Stück
	Brot/Knäcke/Zwieback	1–2–3–	Scheiben
	Haferflocken/Gries	2–3–4–	Eßlöffel
	Streichfett	10–20–30	Gramm oder Teelöffel
	Marmelade/Honig	1–2–3	Teelöffel
	Aufschnitt/Käse	50–75–100	Gramm
	Milch/Joghurt/Quark	1–2–3	Glas/Becher
	Ei	1–2–3–	Stück tägl./wöchentl.
	Obstsaft/Obst	1–2	Glas/Stück

Nehmen Sie regelmäßig ein zweites Frühstück ein? Ja/nein/gelegentlich
Wann essen oder trinken Sie dies? – Um ______________ Uhr.
Was essen oder trinken Sie? ______________

Wann essen Sie zu Mittag? – Um ______________ Uhr.

Was essen Sie zu Mittag?	Fleisch/Fisch/Wurst	100–200–	Gramm
	Kartoffeln/Nudeln/Reis	1–2–3–	Stück/Eßlöffel
	Brot/Brötchen/Toast	1–2–3–	Scheiben/Stück
	Kochfett/Streichfett	1–2–3	Teelöffel
	Obst/Pudding	1–2	Stück/Schalen
	Gemüse	1–2–300	Gramm

Tabelle 23. (Fortsetzung)

Nehmen Sie eine Vesper- oder Kaffeemahlzeit ein? Ja/nein/gelegentlich
Wann essen oder trinken Sie? – Um ______________ Uhr.
Was essen oder trinken Sie? ______________

Wann essen Sie abends? – Um ______________ Uhr.

Was essen sie zum Abendbrot?	Brot/Kartoffeln/Reis	1–2–3–	Scheiben/ Stück/Eßl.
	Suppe/Brühe mit Einl.	1–2	Teller/Tasse
	Streichfett/Kochfett	1–2–3	Teelöffel
	Wurst/Fleisch/Käse	100–150–200	Gramm
	Würstchen/Eier	1–2–3–4	Stück
	Obst	1–2	Stück
	Salat/Gemüse	50–100–200	Gramm
	Bier/Wein/Klarer/Kognac	1–2–3	Gläser/ Flaschen

Nehmen Sie vor dem Schlafengehen noch einen Spätimbiß ein? Ja/nein.
Was wird gegessen oder getrunken? ______________

Naschen Sie gern, z. B. Bonbons/Schokolade/Nüsse/Chips/Kekse)
Ja/nein. Meiden Sie prinzipiell bestimmte Speisen oder Getränke? Ja/nein.
Zum Beispiel: ______________

Nehmen Sie gelegentlich ein Gläschen Bier/Wein/Sekt/Wermut/
Obstwasser? ______________

Die Diätverordnung soll weder irritieren noch abschrecken, sie soll übersichtlich sein und nur Angaben und Zahlen enthalten, die der betreffende Patient tatsächlich benötigt. Durch Zahlenvielfalt imponierende Pläne lassen vermuten, daß der „Instrukteur" nicht über seinen Schatten springen und den Mut zur Vereinfachung aufbringen konnte. Zahlen werden deshalb grundsätzlich auf- bzw. abgerundet, Stellen nach dem Komma vermieden (Tabelle 24).
Für die Zubereitung der Diät gelten entsprechende Überlegungen. Die Angabe von 50 g Brot im Diätplan erlaubt ohne weiteres einen Spielraum beispielsweise zwischen 48 und 53 g. Äpfel werden nicht auf ein Gewicht von 110 g zurechtgeschnitten, außer bei Stückgewichten über 150 g.
Auf regelmäßiges Wiegen der Nahrungsmittel kann verzichtet werden. Nur zu Beginn sowie zur gelegentlichen Überprüfung und bei

Tabelle 24. Beispiel für vereinfachte Zahlenangaben innerhalb einer Diätverordnung

Nicht so:	– sondern so:	Mit Auf- bzw. Abrundung auf:
2450 kcal	2500 kcal	100 kcal
7150 kJ	7200 kJ	100 kJ
4,2 g Fett	5 g Fett	5 g Fett
18 g Eiweiß	20 g Eiweiß	5–10 g Eiweiß
48 g KH	50 g KH	5–10 g KH

Aufnahme bisher nicht verwendeter Nahrungsmittel in den Speiseplan ist die Waage notwendig. – Soweit wie möglich sollen vor allen Dingen von älteren Patienten „Meßgrößen" benutzt werden, über deren Kapazität man sich vorher orientieren muß: Teelöffel – Eßlöffel – Tasse. Im Alter ist bei übergewichtigen und erst recht bei normalgewichtigen Typ-II-Diabetikern eine ins einzelne gehende Berechnung der Fettzufuhr nicht notwendig. Es genügen pauschale Instruktionen wie: kein Streichfett, magere Fleisch-, Wurst- und Käsesorten, Magermilch usw. Entsprechendes gilt bei älteren Patienten für die KH-Verordnung, jedoch nicht für den obligaten Hinweis auf die Notwendigkeit, Zucker und zuckerhaltige Nahrungsmittel wegzulassen. Das wichtigste Kontrollinstrument für die richtige Ernährung ist vor allem in diesen Lebenssituationen weniger die Küchen- als vielmehr die Personenwaage.

Der Diabetiker, der exakt berechnet und abwiegt, ist frustriert, wenn andere Faktoren wie Instabilität, unregelmäßige Muskeltätigkeit einen stärkeren Einfluß auf den Blutzuckerverlauf haben als geringe Ungenauigkeiten, die sich bei der Berechnung und Zusammenstellung der Diät ergeben. Geradezu grotesk kann die Situation sein, wenn der Diabetiker trotz Mühe und Sorgfalt schlecht eingestellt bleibt, nur weil etwa eine notwendige Umstellung von Tabletten auf Insulin oder von 1 auf 2 Injektionen versäumt wird.

Enttäuschend ist die Situation ferner, wenn von ärztlicher Seite wiederholt und beinahe reflektorisch in vorwurfsvollem Ton Diätfehler als Erklärung für eine unbefriedigende Stoffwechsellage herangezogen werden, obgleich die Ursachen in ungenügender Instruktion, unzweckmäßiger oder realitätsferner Diätverordnung, falscher Auswahl der Insulinpräparate oder insuffizienter oraler Therapie zu suchen sind. Der Arzt soll sich nicht dazu verleiten lassen, den Patienten aufgrund einer einmaligen „Diätverfehlung" als „Sünder" abzustempeln und sich selbst damit gewissermaßen ein Alibi für therapeutisches Unvermögen zu schaffen.

Die mit der Diät und Stoffwechselführung verbundenen Reglementierungen werden von einem Teil der Diabetiker ohne Schwierigkeiten akzeptiert, von einigen wenigen sogar bereitwillig mit Neigung zum Perfektionismus. Andere, besonders jugendliche Patienten, lassen Aggressionen bis zur offenen Auflehnung erkennen. Dies Verhalten ist jedoch selten. Wesentlich häufiger ist eine eher versteckte Ablehnung. Es wird „unter Druck" mitgemacht. Die Auswirkung der Diätrestriktionen auf die psychische Situation sollte jedoch nicht unterschätzt werden. Besonders Jugendliche empfinden die Reglementierungen als „Freiheitsbeeinträchtigung" und als Versuch zur Disziplinierung, vor allem etwa wegen des notwendigen Verzichts auf bestimmte Speisen und Getränke sowie wegen der Notwendigkeit, regelmäßig zu essen und die einzelnen Mahlzeiten mengenmäßig konstant zu halten.

Die Diätunterweisung und -verordnung soll keinen unnötigen Aufwand an Zeit und Personal verursachen. Vor allem für Typ-II-Diabetiker sind einfache Instruktionsmethoden anzuwenden. Die Vermittlung von theoretischem Wissen, komplizierte Kalorienberechnungen, umfangreiche Austauschlisten oder Empfehlungen über umständliche, wenn auch attraktive Diätzusammenstellungen sind zu vermeiden. Gut gemeinte Bemühungen, die jedoch über das notwendige Maß hinausgehen, können sich sogar ungünstig im Sinne einer Abschreckung oder „Blockade" auswirken und es damit bestimmten Patienten erschweren, die Diät zu akzeptieren. Verständliche Verordnungen für eine schmackhafte Kost, die die Eßgewohnheiten des Patienten berücksichtigen, werden grundsätzlich besser befolgt als zwar überaus präzise, aber lediglich aus theoretischer Sicht befriedigende Instruktionen (s. Kap. 17).

Für eine konsequente Unterrichtung in regelmäßigen Abständen fehlt den meisten Ärzten das notwendige Hilfspersonal. Diese Aufgabe wird am besten an Diätassistentinnen delegiert, die jedoch dem

niedergelassenen Kollegen nur ausnahmsweise zur Verfügung stehen.
Die entscheidende Forderung an die Diätverordnung bleibt trotz immer wiederkehrender neuer Anregungen und Empfehlungen, daß der Patient sie akzeptiert. Dies gilt für den Kalorienbedarf, für die Nährstoffrelation und insbesondere für das KH-Fett-Verhältnis sowie den Fasergehalt. Man soll vermeiden, sich auf bestimmte Prozentzahlen wie die KH-Fett-Relation fixieren zu lassen. Für schlanke, insulinbedürftige Diabetiker ist eine fettarme und eine relativ KH-reiche Kost aus den obengenannten Gründen erwünscht:
Der KH-Anteil liegt zwischen 40 und 60%, vorzugsweise zwischen 45 und 55%,
der Fettanteil zwischen 30 und 40%, i. allg. zwischen 35 und 40%, der Energiezufuhr.
Besonders bei Reduktionsdiäten soll die Zusammensetzung soweit wie möglich entsprechend den Wünschen des Patienten festgelegt werden. Der KH-Anteil an der Kalorienzufuhr beträgt 40–45%, mit einem Spielraum von 35–55%, für Fett etwa 35–40%.
So flexibel jedoch die Diätverordnung unter Berücksichtigung der Eßgewohnheiten im Einzelfall sein sollte, so wenig darf eine solche an sich begrüßenswerte Einstellung zu den Problemen der Diabetesdiät dazu führen, daß die neueren Kenntnisse über bestimmte Diätzusammensetzungen in der diabetologischen Praxis nicht ausreichend berücksichtigt werden. Es läßt sich durchaus ein akzeptabler Mittelweg finden, zumal viele Patienten bereit sind, ihre bisherigen Lebensgewohnheiten umzustellen.
Abschließend werden in Anlehnung an West (1973) und in Zusammenfassung der bisherigen Ausführungen eine Reihe von Fragen zusammengestellt, die die Basis für die Diätverordnung abgeben und deren Berücksichtigung dem Patienten unnötige Restriktionen erspart und die Einhaltung der Diät erleichtert (s. auch Tabelle 25).

- Wieviel würde der Patient essen, wenn er keinen Diabetes hätte?
- Wieviel Mahlzeiten würde er am Tag einnehmen?
- Ist eine Konstanz der Nahrungszufuhr von Tag zu Tag notwendig?
- Was soll der Patient tun, wenn sich die Nahrungsaufnahme verzögert oder verändert (Einladung, gesellschaftliche Verpflichtungen)? Diese Überlegung gilt vor allem für Insulinpatienten.

Tabelle 25. Diätprinzipien entsprechend dem Typ des Diabetes

Empfehlungen für:	Typ II	Typ I
Kaloriengehalt der Diät	Kalorienrestriktion im Mittelpunkt	Gewichtszunahme vermeiden
Konstanz des Angebots an Kalorien, KH, Fett, Eiweiß	Geringe Abweichungen ohne Nachteil	
Konstanter Gehalt der einzelnen Mahlzeiten an KH, Fett, Eiweiß	Lediglich geregelte KH-Zufuhr unter SH	Sorgfältig zu beachten
Aufteilung auf 5–6–7 Mahlzeiten	Im Alter nur begrenzt notwendig, flexible Entscheidung	Von entscheidender Bedeutung vor allem bei Instabilität bzw. starker Insulinempfindlichkeit
Konstanz der Essenszeiten	Geringe Abweichungen ohne Nachteile	
Extra-KH bei körperlicher Aktivität	Wegen Hypoglykämietendenz unter SH	Notwendig zur Hypoglykämieprophylaxe
Fettsorten	Im Alter nur Fettrestriktion	Im jüngeren und mittleren Alter Arterioskleroseprophylaxe durch Reduktion der gesättigten Fette (hochungesättigte Fette zur Energiesubstitution)
Vorgehen bei Therapiebeginn	Besonders für übergewichtige Diabetiker sind knappe Kost und Gewichtsabnahme die entscheidenden Therapiemaßnahmen, daher vor medikamentöser Behandlung Diätvorperiode	Rasche Kompensation des Diabetes, möglichst bis zur Normoglykämie, sogleich Insulintherapie

- Ist es notwendig, den KH-Gehalt im Vergleich zur bisherigen Ernährung nennenswert zu reduzieren? Vor allem ältere Patienten nehmen ohnehin wenig KH zu sich. Für sie genügen oft Speisepläne, die z. B. für jeweils einen Wochentag angefertigt sind.
- Braucht der Patient mehr Eiweiß, wie z. B. in der Gravidität, im Wachstumsalter, nach konsumierenden Erkrankungen?
- Sind Angaben über die Menge der Nahrungsmittel in Gramm erforderlich? Welche Nahrungsmittel sollen gewogen werden?
- Läßt sich das übliche Austauschsystem im Einzelfall vereinfachen?
- Benötigt vor allem der ältere Patient überhaupt eine Austauschtabelle?- Sind Verordnungen angebracht, in denen der KH-, Eiweiß- und Fettgehalt der üblichen Nahrungsmittel in Gramm angegeben werden?

Nachdem im vorliegenden Kapitel die unvermeidlichen Reglementierungen und Berechnungsmodalitäten eingehender besprochen wurden, ist es vielleicht an der Zeit, den Leser an einen Aspekt der Nahrungsaufnahme zu erinnern, den auch der Diabetiker nicht ganz aus den Augen verlieren sollte. Er kommt in dem folgenden Ausspruch eines Anonymus aus dem 19. Jahrhundert zum Ausdruck: „Von allen Materialismen ist die Vergöttlichung der eßbaren Materie noch der menschlichste."

Literatur (zu 4)

Anderson JW, Midgley WR, Wedman B (1979) Fiber and diabetes. Diabetes Care 2: 369

Daweke H (1968) Therapie des labilen Diabetes mellitus. Dtsch Med Wochenschr 93: 1771

Ditschuneit H (1973) Behandlung des adipösen Altersdiabetikers mit einer Nulldiät. In: Otto H, Spaethe R (Hrsg) Diätetik bei Diabetes mellitus. Huber, Stuttgart Wien Bern, S 80

Jahnke K (1977) Wege und Irrwege in der Diätetik des Diabetes mellitus. Aktuel Ernaehrungsmed 2: 128

Jahnke K, Miss D, Drost H (1973) Blutzucker-Tagesprofile und Verteilung der Kohlenhydrate über den Tag in der Diabetesdiät. In: Jahnke K, Mehnert H, Drost H (Hrsg) Metabolische und klinische Aspekte der Kohlenhydrate in der Ernährung. 207. Wiss. Arbeitstagung der Deutschen Diabetes-Gesellschaft. Bad Neuenahr. Kirchheim, Mainz

Jahnke K, Jahnke KA, Reis HE (1976) Über die Regenerationsfähigkeit der B-Zell-Funktion bei adipösen Diabetikern nach Gewichtsreduktion. Dtsch Med Wochenschr 101: 73

Jenkins DJA, Taylor RH, Wolever TMS (1982) The Diabetic Diet, Dietary Carbohydrate and Differences in Digestibility. Diabetologia 23: 477–484

Knick B (1973) Therapie der Adipositas. Dtsch Med Wochenschr 98: 5686
Kurow G (1981) Ambulante Diabetikerversorgung. In: Robbers H, Sauer H, Willms B (Hrsg) Praktische Diabetologie. Werk-Verlag Dr. Banaschewski, München-Gräfelfing, S 281
Mehnert H (1971) Die Verwendung von Fruktose, Sorbit und Xylit. In: Pfeiffer EF (Hrsg) Handbuch des Diabetes mellitus II. Lehmanns, München, S 1069–1081
Mehnert H, Haslbeck M (1973) Metabolische und diätetische Bedeutung der Zuckeraustauschstoffe bei Diabetes mellitus. In: Jahnke K, Mehnert H, Drost H (Hrsg) Metabolische und klinische Aspekte der Kohlenhydrate in der Ernährung. 226. Wiss. Arbeitstagung der Deutschen Diabetes-Gesellschaft, Bad Neuenahr. Kirchheim, Mainz, S 226
Otto H, Niklas L, Spaethe R (1973) Nährstoffverteilung und Kohlenhydrataustausch in der Diabetesdiät. In: Jahnke K, Mehnert H, Drost H (Hrsg) Metabolische und klinische Aspekte der Kohlenhydrate in der Ernährung. 218. Wiss. Arbeitstagung der Deutschen Diabetes-Gesellschaft, Bad Neuenahr. Kirchheim, Mainz, S 226
Petzoldt R (1981) Diättherapie des Diabetes mellitus. Internist (Berlin) 22: 197–203
Sauer H, Grün R (1980) Aktuelle Aspekte der Diät-Therapie des Diabetes mellitus. Internist 21: 746–752
Sauer H, Nassauer L (1976) Diättherapie des Diabetes mellitus (ohne Berücksichtigung des kindlichen Diabetes). Internist (Berlin) 17: 502
Special Report (1971) Principals of nutrition and dietary recommendations for patients with diabetes mellitus. Diabetes 20: 633
West KM (1973) Diet therapy of diabetes. An analysis of failure. Ann Intern Med 79: 424–434

Zusammenfassende Darstellungen

Berchtold P, Gries FA (1973) Kohlenhydratstoffwechsel mit Ausnahme der diabetischen Ketoacidose und Hyperosmolarität. In: Buchborn E, Gross R, Jahrmärker H et al. (Hrsg) Therapie innerer Krankheiten. 3. Aufl. Springer, Berlin Heidelberg New York, S 291–309
Göschke H, Berger W, Collard FR, Denes A (1973) Tagesschwankungen der Kohlenhydrattoleranz bei Diabetikern. In: Otto H, Spaethe R (Hrsg) Diätetik bei Diabetes mellitus. Huber, Stuttgart Wien Bern, S 51
Huth K, Pötter C, Cremer H (1980) Füll- und Quellstoffe als Zusatz industriell hergestellter Lebensmittel. In: Rottka H (Hrsg): Pflanzenfaser-Ballaststoffe in der menschlichen Ernährung. Thieme, Stuttgart New York, S 39–53
Jahnke K, Mehnert H, Drost H (Hrsg) (1975) Metabolische und klinische Aspekte der Kohlenhydrate in der Ernährung. Wiss. Arbeitstagung der Deutschen Diabetes-Gesellschaft, Bad Neuenahr. Kirchheim, Mainz

Mann JI (1980) Diet and diabetes. Diabetologia 18: 89
Mehnert H (1974) Die diätetische Behandlung des Diabetes mellitus. In: Mehnert H, Schöffling K (Hrsg) Diabetologie in Klinik und Praxis. Thieme, Stuttgart, S 181–236, 2. Auflage erscheint voraussichtl. 1983
Otto H, Spaethe R (1973) Diätetik bei Diabetes mellitus. Huber, Bern Stuttgart Wien
Skyler JS (1978) Nutritional management of diabetes mellitus. In: Katzen HM, Mahler RJ (eds) Diabetes, obesity and vascular disease. Part 2. Halsted, Hemisphere, Washington

5. Orale Antidiabetika

5.1 Sulfonylharnstoffe

Die blutzuckersenkende Wirkung der Sulfonylharnstoffe (SH), die als Sulfonamidderivate anzusehen sind, wurde zufällig entdeckt, als es 1942 zuerst in Frankreich und später in Deutschland bei der Behandlung bakterieller Infektionen zu Hypoglykämien kam. Es handelte sich seinerzeit um das von Kimmig u. von Kannel entwickelte IPTD (Isopropylthiodiazol) und das Carbutamid. Erst nach 1950 wurden Carbutamid und praktisch gleichzeitig Tolbutamid als erste SH von Franke u. Fuchs therapeutisch beim Diabetes mellitus eingesetzt, später in größerem Umfang und systematisch von Bertram et al. (1955).
Frühzeitig wurde erkannt, daß diese Substanzen beim pankreatektomierten Hund sowie beim jugendlichen „Insulinmangel"-Diabetiker unwirksam waren, dagegen bei den meisten übergewichtigen älteren Erwachsenen zu einer befriedigenden Diabeteseinstellung führten. Die Annahme, daß eine erhaltene Eigeninsulinproduktion Voraussetzung für eine erfolgreiche Therapie ist, war naheliegend. Diese Theorie wurde bestätigt, nachdem es mit den Methoden der Plasmainsulinaktivitäts- und Plasmainsulinbestimmung gelang, die Stimulation der Insulinfreisetzung durch SH direkt nachzuweisen.

5.1.1 Wirkungsweise

Dem „β-zytotropen" Effekt liegen offenbar 3 verschiedene Mechanismen zugrunde:

1. Die Abgabe des in der B-Zelle gespeicherten Insulins, wie sie vor allem im akuten Versuch beobachtet wurde,
2. die Herabsetzung der Reizschwelle für die glukoseinduzierte Insulinsekretion,
3. die Steigerung der glukoseinduzierten Insulinsekretion selbst.

Durch diese Wirkungen wird die verspätet einsetzende und insgesamt reduzierte Insulinabgabe wenigstens z.T. korrigiert. Das Verhalten des Plasmainsulins unter Langzeittherapie mit SH ist jedoch uneinheitlich. Bei normalgewichtigen Diabetikern mit niedrigem Plasmainsulin wurde der zu erwartende Anstieg registriert. Übergewichtige Patienten zeigten z.T. eine Zunahme der Plasmainsulinkonzentration, die wegen der bei ihnen bereits vorliegenden relativen Hyperinsulinämie unerwünscht schien, andere dagegen trotz Normalisierung des Blutzuckers gleichbleibende oder sogar zurückgehende Plasmainsulinspiegel. Dieser Befund ließ sich nur mit einer Besserung der Insulinempfindlichkeit der Organe wie Leber, Muskulatur und Fettgewebe erklären. Sie ist in typischer Weise bei zahlreichen Typ-II-Diabetikern erheblich herabgesetzt. Sulfonylharnstoffe sind offenbar in der Lage, unabhängig von dem gleichgerichteten Effekt einer Reduktionskost zumindest bei einer bestimmten Patientenklientel die periphere „relative Insulinresistenz“ in begrenztem Ausmaß zu korrigieren.

Diese Beobachtungen haben die bereits seit vielen Jahren geführte Diskussion um extrapankreatische Angriffspunkte der SH erneut belebt. Die Studien konzentrieren sich heute auf die Insulinrezeptoren. Deren Anzahl wird durch SH gesteigert, wodurch es zu einer Zunahme der Insulinempfindlichkeit und damit zu einer Besserung der Stoffwechsellage kommt.

Insgesamt wird BZ-Senkung durch folgende Faktoren beeinflußt:

- Stimulierbarkeit der vorhandenen Eigeninsulinsekretion.
- Empfindlichkeit der Zielorgane gegenüber endogenem Insulin.
- Sulfonylharnstoffkonzentration im Plasma – abhängig von der Dosis, der Resorption (Bioverfügbarkeit), dem hepatischen Abbau zu Metaboliten mit abgeschwächter oder fehlender Stoffwechselwirksamkeit und von der renalen Eliminierung.
- Beeinflussung der Pharmakokinetik und des blutzuckersenkenden Effekts durch pharmakologische Interaktionen (s. Kap. 8).

Neuere Untersuchungen haben gezeigt, daß trotz gleicher Dosis und Bioverfügbarkeit individuell unterschiedliche Plasma-SH-Konzentrationen resultieren. Offenbar gibt es genetisch determinierte „slow“ und „rapid inactivators“. Korrelationen zwischen der individuellen Abbaurate, der Plasmakonzentration des SH und dem Blutzuckerabfall bedürfen noch weiterer Studien.

Tabelle 26. Übersicht über die im Handel befindlichen SH-Präparate und ihre Nebenwirkungen

	Chemische Kurzbezeichnung	Handelsname	Substanzmenge pro Tablette	Dosierung täglich	Biologische Halbwertszeit [h]	Potenz	Nebenwirkungen (insgesamt) [%]	Davon hämato- und dermatologisch	Antabuseffekt
I. Generation		Tolbutamid Rastinon 1,0 Artosin	Rastinon 1,0 g	0,5–2,0 g	3–7	+	1	Rarität	Ø
	Glymidin-Natrium	Redul Redul 28	0,5 g 1,0 g	0,5–2,0 g	3,1–5,6	+		Rarität	Ø
	Carbutamid	Nadisan	0,5 g	0,5–2,0 g	40	+ bis + +	3–5	+	+
	Chlorpropamid	Chloronase Diabetoral	250 mg	100–500 mg	35	+ +	3–5	+	+
	Tolazamid	Norglycin	250 mg	100–750 mg	5	+ bis + +	2	+ bis + +	?
II. Generation	Glibenclamid	Euglucon N Semi-Euglucon N	3,5 mg 1,75 mg	2,5– 15 mg	7	+ +	1	Rarität	Ø
	Glibornurid	Glutril Gluborid	25 mg	25 – 75 mg	8,2	+	1	Rarität	Ø
	Glisoxepid	Pro-Diaban	4 mg	2,0– 16,0 mg	1,7	+	1	Rarität	Ø
	Gliquidon	Glurenorm	30 mg	30 –120 mg	1,5–24	+	1	Rarität	Ø
	Glipizid	Glibenese	5 mg	2,5– 20 mg	4	+ bis + +	1	Rarität	Ø
	Gliclazid	Nordialix Diamicron	80 mg	40 –320 mg		+	1	Rarität	Ø

Heute stehen 11 SH zur Verfügung (s. Tabelle 26).
Die verschiedenen Präparate zeichnen sich grundsätzlich durch gleiche Wirkungsweise aus. Substanzen wie Chlorpropamid und Glibenclamid lassen allerdings, zumindest bei einem Teil der Diabetiker, eine stärkere blutzuckersenkende Potenz erkennen. Die sich daraus ergebenden Möglichkeiten, im Falle einer ungenügenden Wirkung anderer „schwächerer" SH doch noch eine befriedigende Einstellung des Diabetes zu erreichen, werden häufig überschätzt (s. unten). Sie beschränken sich nicht nur auf einen Teil der Patienten, sondern sind auch zeitlich begrenzt. Eine ausgeprägte und anhaltende Diabetesdekompensation läßt sich durch Wechsel auf ein potenteres Präparat ohnehin nicht entscheidend bessern.

Es wurden zwar im Hinblick auf die unterschiedliche Potenz spezielle Wirkungsmechanismen einzelner Präparate postuliert. Lediglich die intravenöse Applikation ließ bei den meisten SH vom „Tolbutamidtyp" eine rasch einsetzende und schneller wieder abklingende Insulinfreisetzung erkennen, während das Plasmainsulin nach intravenöser Glibenclamidgabe langsamer anstieg und für längere Zeit erhöht war. Möglicherweise ist dafür eine vermehrte Eiweißbindung des Glibenclamid verantwortlich zu machen.
Nach oraler Applikation zeigten dagegen SH vom „Tolbutamidtyp" und Glibenclamid ein identisches Insulinsekretionsmuster, so daß eine befriedigende Erklärung für die stärkere Wirkung einiger Präparate bis heute nicht gegeben werden kann.

5.1.2 Präparate

Sulfonylharnstoffpräparate der sog. 1. Generation (Dosierung im Grammbereich)

Tolbutamid wird in der Bundesrepublik Deutschland als einziges Präparat der 1. Generation noch häufiger verwendet. Es zeichnet sich durch gute Verträglichkeit und seltenes Auftreten von Hypoglykämien aus. Eine Tagesdosis bis 1 g wird meistens als Einzeldosis verabfolgt, höhere Dosierungen auf morgens und abends verteilt.
Wegen des raschen Abbaus zu 2 inaktiven Metaboliten (Hydroxytolbutamid) ist auch bei eingeschränkter Nierenfunktion nicht mit einer erhöhten Plasmakonzentration des aktiven Wirkstoffs zu rechnen. Interaktionen mit Substanzen, die die hepatische Metabolisierung hemmen, haben jedoch einen Anstieg des Tolbutamids im Plas-

ma zur Folge, was zu stärkerer Blutzuckersenkung und zur Hypoglykämie führen kann (s. Kap. 8).

Das in letzter Zeit nur noch wenig verwendete Glymidin verhält sich hinsichtlich Wirkungsstärke und Verträglichkeit wie Tolbutamid. Interaktionen mit klinisch relevantem Blutzuckerabfall sind nicht bekannt.

Tolazamid unterscheidet sich nur unwesentlich von Tolbutamid. Es wird nur selten verwendet.

Carbutamid wurde durch die Präparate der 2. Generation (s. unten) verdrängt. Die Nebenwirkungsquote lag zunächst bei 4%, später um 2% und betraf in erster Linie allergische Reaktionen: Exantheme, Photosensibilisierung, Leukopenie bis zur Agranulozytose, Thrombozytopenie. Bei gleichzeitigem Alkoholgenuß kann es zu Antabusreaktionen kommen.
Die Halbwertszeit liegt bei etwa 40 h, so daß die Tagesmenge als einmalige Dosis verabfolgt werden kann. Die Substanz wird weitgehend azetyliert.
Das vor allem in den USA, in der Bundesrepublik jedoch kaum verwendete *Acetohexamid* ist wahrscheinlich wirksamer als Tolbutamid. Die Substanz ist insofern interessant, als der Metabolit Hydroxyacetohexamid etwa doppelt so wirksam ist wie Acetohexamid selbst (nicht mehr im Handel).

Chlorpropamid ist eine potente Substanz, die in zahlreichen anderen Ländern zu den Standardpräparaten gehört.
Vor allem in den ersten Jahren kam es, offensichtlich unter höherer Dosierung, in etwa 4% zu hämatologischen und kutanen allergischen Reaktionen, vereinzelt auch zu Cholostasen, meistens 2–3 Wochen nach Therapiebeginn. Eine singuläre, bei 4% der Patienten zu erwartende Nebenwirkung, ist die Wasserintoxikation und Verdünnungshyponatriämie als Folge einer vermehrten Abgabe von antidiuretischem Hormon (ADH) bzw. einer stärkeren Ansprechbarkeit der Tubuluszellen als Erfolgsorgan. Besondere Zurückhaltung ist daher angebracht bei Diabetikern mit Ödemneigung, insbesondere bei Herzinsuffizienz und Nierenerkrankungen. Therapeutisch wird Chlorpropamid wegen der ADH-Wirkung bei Diabetes insipidus eingesetzt.
Schließlich zeigen zahlreiche Diabetiker bei gleichzeitiger Einnahme von Alkohol und Chlorpropamid einen charakteristischen Flush. Die Hoffnungen, die man hinsichtlich der Differenzierung verschiedener Diabetestypen in den sog. Chlorpropamid-Alkohol-Flush-Test (CAFP) gesetzt hatte, haben sich nicht erfüllt. Es gelang nicht, den Typ-II-Diabetes bzw. den Mody-Typ zu identifizieren.
Zu beachten ist bei Chlorpropamid die lange Halbwertszeit von 36 h (weshalb eine einmalige tägliche Applikation ausreicht) und die Metabolisierungsrate von nur 30–40%, so daß der überwiegende Teil der Substanz unverändert renal eliminiert wird. Bei eingeschränkter Nierenfunktion nehmen daher die Plasmakonzentration und die Hypoglykämiegefährdung zu.

Sulfonylharnstoffpräparate der sog. 2. Generation
(Dosierung im Milligrammbereich)
Diese Präparate werden nicht im einzelnen abgehandelt, da sie sich durch gute Verträglichkeit auszeichnen mit einer Nebenwirkungsquote von etwa 1% (s. im übrigen Tabelle 26). Gravierende Zwischenfälle wurden nicht beobachtet außer schweren Hypoglykämien durch Glibenclamid, die vor allem in den ersten Therapiejahren wegen ungenügender Kenntnis der Potenz des Präparates auftraten und z. T. tödlich verliefen.

Was die Metabolisierungsrate angeht, so zeichnet sich Gliquidon durch eine 95%ige Metabolisierungsrate und Ausscheidung durch die Galle aus. Da die aktive Substanz praktisch kaum renal ausgeschieden wird, war es naheliegend, das Präparat für Diabetiker mit eingeschränkter Nierenfunktion zu empfehlen. Aufgrund klinischer Beobachtungen konnte jedoch kein überzeugender Beweis für diesen postulierten Vorteil erbracht werden.
Gliclazid ist ein in der Bundesrepublik Deutschland zwar zugelassenes, aber bis heute nur selten verwendetes Präparat.

5.1.3 Indikationen und Kontraindikationen

Eindeutige Indikationen
- *Typ-II-Diabetes* (meistens Manifestation nach dem 35.–40. Lebensjahr).
- Bei *Normalgewicht* nach ineffizienter alleiniger Diättherapie.
- Bei *Übergewicht* wegen unbefriedigender Einstellung trotz Diätvorperiode und Gewichtsreduktion.

Problematische Indikationen
- *Übergewichtige Typ-II-Diabetiker,* massives Diätfehlverhalten. (SH oft wirkungslos, Tabletten: „kein Diätersatz".)
- *Jüngere Erwachsene* (Manifestationsalter unter 35 Jahren). Mit Vorliegen eines *sogleich insulinbedürftigen Typ-I-Diabetes* ist besonders bei Normalgewicht zu rechnen. (Typendifferenzierung bisher noch unsicher. Mit jüngerem Manifestationsalter wird Typ-I-Diabetes wahrscheinlicher.)
- *Unkomplizierter leichter Diabetes im hohen Alter.* Nutzen der Blutzuckernormalisierung umstritten (s. Diabetes im Alter).

Kontraindikationen (einschließlich Verzögerung einer notwendigen Insulintherapie)

- *Ketoazidose:* Absolute Insulinindikation.
- *Typ-I-Diabetes,* besonders im Wachstumsalter: Absolute Insulinindikation, obgleich SH gelegentlich passager wirksam sind (Remissionsphase).
- *Diätisch einstellbarer Typ-II-Diabetes:* SH unnötig, Hypoglykämiegefahr.
- *Primärversagen oder Sekundärversagen bei Typ-II-Diabetes:* Verzögerung der notwendigen Insulintherapie.
- *Schwangerschaft:* Absolute Insulinindikation, u. U. sogar trotz Normoglykämie.
- *Gangrän:* Durch Insulin Besserung der Infektabwehr und Heilungstendenz.
- *Notfall, operative Eingriffe:* Unübersichtliche Situation, Gefährdung durch weitere Komplikationen.
- *Ausgeprägte Niereninsuffizienz:* Hypoglykämiegefahr.
- *Leberinsuffizienz:* Eventuell SH-Toxizität, Hypoglykämie.
- *Unverträglichkeit:* Allergie, toxische Nebenwirkungen.

5.1.4 Durchführung der Therapie

Regeln für den Therapiebeginn mit SH

- Sicherung der Diagnose Diabetes.
- Handelt es sich um einen Typ-II-Diabetes oder ist er zumindest wahrscheinlich? (Bei Typ-I-Diabetes baldige Insulintherapie.)
- Zunächst Diätversuch, vor allem bei übergewichtigen Diabetikern. Nur selten ist sofortige SH-Behandlung indiziert. Falls befriedigende Einstellung, keine oralen Antidiabetika.

  Dauer der Diätperiode meistens 3–6 Wochen.
  Eher länger bei Übergewicht, nur geringer bis mäßiger Hyperglykämie, fehlenden subjektiven Symptomen sowie im Alter.
  Kürzer bei Normal- oder Untergewicht, ausgeprägter und anhaltender Hyperglykämie und subjektiven Symptomen (Durst, Polyurie usw.).

- Therapieeinleitung mit niedriger Dosis, vor allem bei Unter- und Normalgewicht, geringer Dekompensation, höherem Lebensalter.
- Langsame Dosissteigerung, stufenweise nach 3, 7 und 14 Tagen.

Die tägliche Dosis wird bei 2 Tabletten und mehr, abgesehen von Präparaten mit langer Halbwertszeit wie Chlorpropamid, auf je eine Morgen- und eine Abenddosis aufgeteilt. Falls jedoch beispielsweise trotz niedriger Dosierung von 1 Tablette täglich besonders bei potenten Substanzen eine Hypoglykämieneigung gegen Mittag besteht, bei einer Halbierung der Dosis jedoch Hyperglykämien auftreten, ist eine Aufteilung z. B. auf 2mal 2,5 mg Glibenclamid zweckmäßig. Im allgemeinen sollte jedoch in einer derartigen Situation ein weniger potentes Präparat vorgezogen werden.

Ein ungenügendes Ansprechen auf SH bereits zu Behandlungsbeginn trotz korrekter Diät wird als Primärversagen bezeichnet. Möglicherweise liegt bei einem Teil dieser Patienten ein Typ-I-Diabetes vor.

Dekompensiert dagegen der Diabetes nach anfänglich erfolgreicher Therapie erst später, nach mindestens 6 Monaten oder nach Jahren, handelt es sich um sog. Sekundärversagen. Damit wird jedoch nur eine „echte" Diabetesprogredienz charakterisiert und nicht ein Diätfehlverhalten.

Oft zeigt sich die Dekompensation erst nach 10–15 Jahren. Aufgrund verschiedener Langzeitstudien wird mit einer jährlichen Sekundärversagerrate von etwa 5–10% gerechnet, so daß nach 10 Jahren mehr als die Hälfte einer bestimmten Klientel insulinbedürftig geworden ist. Es ist bis heute unklar, welche Faktoren für die Abnahme der Eigeninsulinproduktion und die Progredienz des Diabetes verantwortlich sind. Entgegen früherer Auffassungen scheint das Übergewicht dabei keine entscheidende Rolle zu spielen.

Das Vorgehen richtet sich nach den BZ- und HZ-Werten, dem Gewichtsverhalten sowie dem Befinden des Patienten. Unter Hinweis auf die in Kap. 3 geschilderten Methoden werden im folgenden die Kriterien für eine befriedigende Einstellung kurz zusammengefaßt.

Ein niedriger NBZ unter 110–120 mg/dl spricht für eine erhaltene Eigeninsulinproduktion und gegen Diabetesdekompensation. Er ist häufig mit niedrigem Nachmittags-BZ korreliert und außerdem mit einem günstigen HbA_1-Wert.

Die früher häufig überschätzte Kontrolle des postprandialen Vormittags-BZ hat an Bedeutung verloren. Er bildet zwar bei der Mehrzahl der SH- (und auch Diät-) Patienten das zirkadiane BZ-Maximum, gibt jedoch keine eindeutigen Hinweise auf den weiteren BZ-Verlauf und die durchschnittliche BZ-Höhe während der 24-h-

Periode. Oft handelt es sich vormittags lediglich um kurzdauernde Hyperglykämien.
Da jedoch auch bei nur geringer Nüchternhyperglykämie von etwa 130–150 mg/dl erhebliche BZ-Anstiege im Lauf des Vormittags beobachtet werden, empfiehlt sich bei diesen Patienten eine postprandiale Kontrolle, ggf. des Harnzuckers (HZ).
Falls andererseits der postprandiale BZ oder HZ niedrig, z. B. unter 160–170 mg/dl, oder negativ ist, kann auf weitere BZ-Bestimmungen häufig verzichtet und eine befriedigende Einstellung angenommen werden. Besonders bei potenten SH ist zusätzlich eine 16-Uhr-Kontrolle zweckmäßig, da nachmittags tendenziell niedrige BZ-Werte bis zur Hypoglykämie erfaßt werden. Kriterien für die Einstellung mit SH s. Tabelle 27.

Vor Umstellung auf Insulin zu klärende Fragen. Wenn der Diabetes trotz maximaler SH-Dosis schlecht eingestellt ist, ist folgendes zu berücksichtigen:

1. Wird die Diät korrekt eingehalten? Oft sind erneute Beratungen und weitere BZ- und HZ-Kontrollen notwendig. Ist die Diätverordnung zu reichlich bemessen, so daß eine Korrektur fällig wäre? – Durch einfache Diätmaßnahmen läßt sich die Stoffwechsellage, vor allem bei übergewichtigen Patienten, auch nach längerer Diabetesdauer häufig noch kompensieren. „Diätversagen“ ist die

Tabelle 27. Einstellungskriterien bei SH-Therapie, (*pp* = postprandial)

	„Gute“ Einstellung	
Diabetiker in mittlerem Lebensalter	Nüchternblutzucker	< 120–130 mg/dl
	Blutzucker 2 h pp	< 160 mg/dl
	Blutzucker nachmittags	< 130 mg/dl
	Harnzucker/24 h	0–5 g
	HbA_1	< 8%
	Noch akzeptable Einstellung	
Alte Patienten, besonders bei Schwierigkeiten der Insulintherapie (s. Kap. 15)	Nüchternblutzucker	< 150 mg/dl
	Blutzucker 2 h pp	< 220–250 mg/dl
	Blutzucker nachmittags	140–160 mg/dl
	Harnzucker/24 h	0–20 g
	(häufig aber hohe Nierenschwelle für Glukose)	

häufigste exogene Ursache für Einstellungsschwierigkeiten beim Typ-II-Diabetes. Wenn der Allgemeinzustand es zuläßt, sollte besonders bei adipösen Diabetikern der erneute Versuch einer Diätrestriktion nicht zu früh, sondern erst nach einigen Wochen oder Monaten abgebrochen werden. Nicht selten zeigt sich erst dann, daß weder Insulin- noch Tablettenbedürftigkeit vorliegen.

Tabelle 28. Zusammenstellung der Fehler, die bei SH-Therapie vermieden werden sollten

Zu vermeiden:	Gründe
Überschreitung der Maximaldosis (s. Tabelle 15) (im allgemeinen 3 Tabletten täglich)	Unnötige Kosten
Bei unbefriedigender Einstellung kein Übergang von einem gut verträglichen „älteren" auf ein „neueres" Präparat, obgleich dies nicht effizienter ist (Häufigstes Beispiel: Ersatz von Glibenclamid durch später eingeführte SH)	Keine Stoffwechselbesserung, Verzögerung der notwendigen Insulintherapie
Kombination verschiedener SH, evtl. in Maximaldosis	Nutzlos, teuer
Zu hohe Anfangsdosen und zu rasche Dosissteigerung, vor allem im Alter	Hypoglykämiegefahr
Gleichzeitige Diätrestriktion und Steigerung der SH-Dosis	Hypoglykämiegefahr, da Diätkorrektur evtl. allein ausreichend
Unterlassen einer Diätvorperiode Unterlassen eines Auslaßversuches bei Normoglykämie oder sogar Hypoglykämien trotz niedriger SH-Dosis	Unnötige SH-Therapie, evtl. Hypoglykämie
Zu späte Einleitung der Insulintherapie bei Primär- oder Sekundärversagen der SH	Anhaltende Stoffwechseldekompensation, reduziertes Allgemeinbefinden, Begünstigung nervaler oder vaskulärer Komplikationen

2. Ein Behandlungsversuch mit einem stärker wirksamen SH wie mit Glibenclamid ist zwar möglich, die Chancen werden aber i. allg. überschätzt.
3. Eine SH-Biguanid-Kombination kommt in erster Linie bei übergewichtigen Patienten nach SH-Versagen in Betracht. Sie ist jedoch nur bei einem Teil der Patienten und darüber hinaus oft nur für einen begrenzten Zeitraum von etwa 1–2 Jahren wirksam. Ferner müssen die Kontraindikationen für Biguanide beachtet werden.
4. Wenn sich nach diesen Maßnahmen herausstellt, daß die Tablettenbehandlung „ausgereizt" ist, muß Insulin verabfolgt werden. Die Umstellung kann sogleich erfolgen, wenn der Patient die Diät offensichtlich einhält und der Diabetes nach den in Tabelle 27 angeführten Kriterien nicht mehr ausreichend eingestellt ist.
5. Unter Berücksichtigung bestimmter individueller Umstände, wie sie bei alten oder anderweitig behinderten Patienten vorliegen können, wird man gelegentlich eine an sich ungenügende Einstellung belassen, solange keine exzessiven Hyperglykämien, Glukosurien und Ketose bestehen und das Befinden des Patienten nicht stärker beeinträchtigt ist. Derartige Situationen erfordern häufigere Blutzucker- und Harnzuckerkontrollen, besonders bei Verschlechterung des Allgemeinzustands und bei etwa auftretenden Infektionen. Ein solches Vorgehen verbietet sich jedoch bei Extremitätennekrose oder anderen entzündlichen Prozessen und bei ausgeprägter Retinopathie. Eine ausgeprägte diabetische Neuropathie ist, besonders wenn sie mit Beschwerden einhergeht, eine Indikation für Insulin, da auch bei alten Patienten unter ungenügender Einstellung eine erhebliche Verschlechterung eintreten kann.

Regeln für die Umstellung auf Insulin

- Absetzen des SH, keine Überlappung.
  Die Frage, ob eine Beibehaltung der SH-Therapie, d. h. eine Kombinationstherapie, bei bestimmten Patienten die Einstellung auf Insulin erleichtert (niedrigere Dosis, Einmalinjektion) wird jedoch z. Z. systematisch untersucht (s. unten).
- Zunächst niedrige Insulindosis, besonders bei alten und normgewichtigen Diabetikern: beispielsweise 10–20 IE eines Langzeit- oder eines länger wirkenden Intermediärpräparats.

- Keine abrupte, sondern *allmähliche* Dosiserhöhung um etwa 4–6 IE im Abstand von 3–6 Tagen unter BZ- und HZ-Kontrolle.
- Beachtung der Tatsache, daß trotz Übergewichts nicht selten nur geringer Insulinbedarf besteht.
- Bei jüngeren Erwachsenen mit höheren BZ und HZ sogleich 2 Injektionen täglich, ggf. später Versuch mit 1 Injektion.
- Bei SH-Patienten mit ausgeprägter Dekompensation oder komplizierten Situationen (Infekt) zumindest zunächst höhere Insulindosen.

Kombination von SH und Insulin. Ein SH-Zusatz zum Insulin wurde lange Zeit von den meisten Autoren als wirkungslos erachtet, obgleich Einzelbeobachtungen dagegen zu sprechen schienen. In letzter Zeit ist jedoch diese Therapieform erneut in begrenztem Umfang in der Hoffnung angewandt worden, unter folgendem Vorgehen den Insulinbedarf niedrig zu halten oder zu vermindern:
Bei Einstellung auf Insulin kein Abbruch, sondern Weiterführung der bisherigen SH-Therapie,
SH-Zusatz bei Typ-II-Diabetikern (!) mit hohem Insulinbedarf bzw. geringer Insulinempfindlichkeit.
Trotz einiger günstiger Berichte besteht noch kein Anlaß, diese Kombination auf breiter Basis anzuwenden. Die Kombinationstherapie soll jedoch so angelegt sein, daß dem Therapeuten später aufgrund der vorliegenden BZ- und HZ-Kontrollen eine Beurteilung der Wirksamkeit möglich ist. Andernfalls besteht die Gefahr, daß eine auch von den Kosten her aufwendige, jedoch nutzlose Behandlung jahrelang fortgeführt wird.
Die SH-Wirkung bei Kombinationstherapie hat wahrscheinlich eine noch stimulierbare Insulinsekretion zur Voraussetzung und nicht, wie zunächst vermutet, einen Rezeptoreffekt. Bei Typ-I-Diabetikern werden dagegen weder der Insulinbedarf noch eine etwa vorhandene Instabilität durch SH-Zugabe günstig beeinflußt.

Hypoglykämien sind zwar unter SH seltener als unter Insulin, haben jedoch eine ungünstigere Prognose, wenn der Patient bewußtlos geworden ist. In Deutschland wurden nach der Einführung des Glibenclamid mehrere tödliche Hypoglykämien beobachtet. In den letzten Jahren scheint das Problem weniger gravierend zu sein, zumindest wurden keine entsprechenden Fälle mehr beschrieben. Unter den nach Glibenclamid eingeführten Präparaten der 2. Generation ist bisher kein Todesfall bekannt geworden.

Ursachen für Hypoglykämien:
- Zu geringe und verzögerte Nahrungsaufnahme,
- zu hohe SH-Dosis,
- verzögerte Metabolisierung, evtl. als Folge einer *Interaktion* (s. Kap. 8),
- verzögerte renale Eliminierung, meistens wegen Niereninsuffizienz,
- intensive körperliche Aktivität.

Um Hypoglykämien zu verhindern, müssen folgende Punkte bei SH-Therapie besonders beachtet werden:
1. Die Diagnose Diabetes muß gesichert sein (Cave: Überbewertung von Einzel- oder Grenzbereichswerten).
2. Die SH-Behandlung muß notwendig sein (Diätvorperiode!). Therapiebeginn mit niedriger Dosis und langsamer Steigerung. Ausnahmen allenfalls bei massiver Dekompensation.
3. Rechtzeitige – probeweise – Dosisreduktion oder Absetzen, wenn spontan oder als Folge knapper Kost und Gewichtsabnahme Normoglykämie erreicht ist.
4. Berücksichtigung einer evtl. Spontanremission des Diabetes.
5. Geregelte Nahrungsaufnahme.
6. Gegebenenfalls Extra-KH bei intensiver Muskeltätigkeit. Selten kommt bei intensiverer Körperbewegung eine – evtl. prophylaktische – Dosisreduktion in Betracht.
7. Adäquate Zeiten für die Blutzuckerbestimmung. So ist der Blutzucker häufig gegen Mittag oder nachmittags niedrig, trotz ausgeprägter Hyperglykämie nach dem 1. Frühstück. Eine einzige BZ-Bestimmung, etwa um 9 oder 10 Uhr, läßt eine Hypoglykämietendenz zu anderen Tageszeiten oft unentdeckt.
8. Rechtzeitige Erkennung auch atypischer Hypoglykämien.

Die Hypoglykämie verläuft im Alter häufig ohne typische Symptomatik mit Verwirrtheit, Benommenheit, u. U. sogar mit passagerer Hemiparese, und kann deshalb eine zerebrale Ischämie vortäuschen. Trotz der Seltenheit von schweren Hypoglykämien soll der Patient über Ursachen und vorbeugende Maßnahmen unterrichtet werden. Obgleich schwere Hypoglykämien mit Bewußtlosigkeit durch SH selten vorkommen, ist immer wieder mit derartigen Zwischenfällen zu rechnen. Die oben angeführten „vorbeugenden“ Maßnahmen

sind deshalb von besonderer Bedeutung. Der Arzt muß auf jeden Fall benachrichtigt werden, wenn ohne besonderen Anlaß (Muskeltätigkeit, zu geringe Nahrungsaufnahme) Hypoglykämien auftreten, damit ggf. eine rechtzeitige Dosisreduzierung erfolgen kann.
Schwere SH-Hypoglykämien erfordern grundsätzlich Klinikbehandlung und die in Tabelle 55 aufgeführten Maßnahmen.
In Tabelle 28 wird zusammengefaßt, was während einer SH-Therapie vermieden werden sollte, da es nutzlos, teuer oder sogar schädlich ist.

5.1.5 Fazit

Die heute ganz überwiegend verordneten SH-Milligrammpräparate sind sehr gut verträglich.
Hypoglykämien treten offenbar nur selten auf – mit potenten Präparaten wie Glibenclamid ist jedoch nach wie vor besondere Vorsicht geboten.
Frühere Schlußfolgerungen aufgrund der UGDP-Studie über eine erhöhte kardivaskuläre Mortalität durch Tolbutamid (und Phenformin) können als widerlegt gelten.

Trotzdem ist festzuhalten:
Der SH-Verbrauch ist in der Bundesrepublik Deutschland im Vergleich zu vielen anderen Ländern relativ hoch. Ob dafür nicht indizierte Tablettenbehandlung besonders in den ersten Jahren des Diabetes oder ein relativ später Übergang auf die Insulintherapie bei Sekundärversagen verantwortlich zu machen sind, läßt sich nicht entscheiden. Für die erheblichen Unterschiede im Tablettenverbrauch verschiedener Länder gibt es bisher keine befriedigende Erklärung.

Literatur (zu 5.1)

Bachmann W (1981) Orale Diabetestherapie. Möglichkeiten und Grenzen. Internist (Berlin) 22: 204

Berger W (1971) 88 schwere Hypoglykämiezwischenfälle unter der Behandlung mit Sulfonylharnstoffen. Schweiz Med Wochenschr 101: 1013

Berger W, Spring P (1970) Beeinflussung der blutzuckersenkenden Wirkung oraler Antidiabetika durch andere Medikamente und Niereninsuffizienz. Internist 11: 436

Bertram F, Bendfeldt E, Otto H (1955) Über ein wirksames perorales Antidiabetikum. Dtsch Med Wochenschr 80: 1455

Franke H, Fuchs H (1955) Ein neues antidiabetisches Prinzip. Ergebnisse klinischer Untersuchungen. Dtsch Med Wochenschr 80: 1449

Haupt E, Köberich W, Beyer J, Schöffling K (1971) Pharmacodynamic aspects of tolbutamide, glibenclamide, glibornuride and glisoxepide. Part I and II. Diabetologia 7: 449, 455

Haupt E, Laube F, Loy H, Schöffling K (1977) Neue Untersuchungen zum Sekundärversagen der Therapie mit blutzuckersenkenden Sulfonamidderivaten. Med Klin 72: 1529

Jahnke K (1980) Indikationen und Grenzen der oralen Antidiabetika. Therapiewoche 30: 5953

Kilo C, Miller JP, Williamson JR (1980) The crux of the UGDP. Spurious results and biologically inappropriate data analysis. Diabetologia 18: 179

Kilo C, Miller JP, Williamson JR (1980) The achilles heel of the University Group Diabetes Program. J Amer Med Ass 243: 450

Köbberling J, Bengsch N, Brüggeboes B, Schwarck H, Tilli H, Weber M (1980) The chlorpropamide alcohol flush. Lack of specificity for familial non-insulin-dependent diabetes. Diabetologia 19: 359

Lebovitz HE, Feinglos MN (1978) Sulfonylurea drugs: mechanism of antidiabetic action and therapeutic usefulness. Diabetes Care 1: 189

Mehnert H (1980) Orale Diabetestherapie heute. Pharmakotherapie 3: 112

Olefsky JM, Reaven GM (1976) Effect of sulfonylurea therapy on insulin binding to mononuclear leucocytes of diabetic patients. Amer J Med 60: 89

Petzoldt R (1981) Sulfonylharnstoffe in der Diabetestherapie. Intern Welt 2: 49

Sauer H (1975) Arzneimittel-Wechselwirkungen bei Diabetes mellitus unter besonderer Berücksichtigung der Pharmakokinetik der Sulfonylharnstoffe. Therapiewoche 25: 767

Sauer H, Schneider B (1976) Was ist gesichert in der Therapie mit oralen Antidiabetika? Internist 17: 604

Schöffling K, Mehnert H, Haupt E (1974) Die Behandlung des Diabetes mellitus mit oralen Antidiabetika. In: Mehnert H, Schöffling K (Hrsg) Diabetologie in Klinik und Praxis. Thieme, Stuttgart

Seltzer HS (1972) Drug-induced hypoglycemia. Diabetes 21: 955

University Group Diabetes Program (1970) A study of the effects of hypoglycemic agents on vascular complications in patients with adult-onset diabetes. Part I and II. Diabetes 19 (Suppl. 2): 747
University Group Diabetes Program (1971) A study of the effects of hypoglycemic agents on vascular complications in patients with adult-onset diabetes. Part IV: A preliminary report on phenformin results. J Amer Med Ass 217: 777
University Group Diabetes Program (1976) A study of the effects of hypoglycemic agents on vascular complications in patients with adult-onset diabetes. Part VI: Supplementary report on nonfatal events in patients treated with tolbutamide. Diabetes 25: 1129

5.2 Biguanide

Biguanide werden in der Diabetestherapie nur noch selten verwendet, nachdem 1978 die Zulassung der Substanzen Phenformin und Buformin wegen der Laktazidose-Gefährdung zurückgezogen wurde. Als einzige Substanz ist noch das Metformin (Dimethylbiguanid) als Glucophage retard im Handel.

5.2.1 Wirkungsweise

Im Gegensatz zu SH stimulieren Biguanide nicht die endogene Insulinsekretion. Endogenes oder auch exogenes Insulin sind jedoch Voraussetzung für den blutzuckersenkenden Effekt. Folgende Wirkungsmechanismen werden diskutiert:

- Der wichtigste Faktor ist offensichtlich eine Steigerung der Insulinempfindlichkeit – infolge einer Zunahme der Insulinrezeptoren (?).
- Ferner kommt es zu einer Hemmung der Glukoneogenese, deren Bedeutung jedoch für den therapeutischen Dosisbereich nicht geklärt ist.
- Die Resorption der Glukose – und von Aminosäuren und Gallensäuren, ferner von Vitamin B_{12} – wird verlangsamt. Dieser Effekt ist allenfalls für die postprandiale Hyperglykämie, nicht jedoch für die Blutzuckersenkung insgesamt von Bedeutung. Mangelsymptome wurden bisher nicht beobachtet, abgesehen von einem gelegentlichen Vitamin-B_{12}-Defizit.

- Hinzu kommt bei vielen Patienten ein u. U. unterschwelliger anorexigener Effekt, der sich jedoch, meist nur für begrenzte Zeit, günstig auf das Körpergewicht auswirken kann.

5.2.2 Indikationen

Biguanide wurden bisher unter folgenden Indikationen verabfolgt (vgl. auch Tabelle 29):

1. Bei übergewichtigen Typ-II-Diabetikern als alleinige Biguanidbehandlung: Biguanidmonotherapie.
2. Bei Typ-II-Diabetikern mit SH-Versagen als Kombinationstherapie.
3. Als Zusatz zur Insulintherapie – bei labilem Diabetes oder bei hohem Insulinbedarf.

Die Biguanidmonotherapie wurde von vielen Autoren bei übergewichtigen Diabetikern der SH-Behandlung vorgezogen, da sie zu keiner Stimulation der Insulinfreisetzung und zu keinem Anstieg des Plasmainsulins führt. Es wurde bei dieser Empfehlung nicht berücksichtigt, daß auch bei den meisten Diabetikern unter Langzeit-SH-Applikation das Plasmainsulin nicht ansteigt oder sogar zurückgeht. Die Hoffnung, daß die Biguanidbehandlung – im Gegensatz zur SH-Therapie – die Chancen für die Gewichtsreduktion langfristig und entscheidend bessert, hat sich ebenfalls nicht erfüllt (s. Tabelle 29). Insofern kann eine Pharmakotherapie übergewichtiger Typ-II-Diabetiker, sofern sie überhaupt indiziert ist, auch mit SH erfolgen.

Die wichtigste Indikation für das noch im Handel befindliche Metformin sind Typ-II-Diabetiker mit SH-Versagen. Eine Monotherapie wird, zumindest in der Bundesrepublik Deutschland, nur noch selten durchgeführt. Eine Kombination mit Insulin zur Beeinflussung der Stoffwechsellabilität war bereits früher ineffektiv und gilt nicht mehr als indiziert.

Dosierung: Zunächst wird für etwa 5–7 Tage 850 mg Metformin (1 Tbl. Glucophage retard) oder auch sogleich 1700 mg (2 Tbl.) gegeben. Diese von einigen Autoren bereits als Maximaldosis angegebene Menge kann allenfalls noch, sofern der Blutzucker zu hoch ist und keine Unverträglichkeitssymptome auftreten, auf 2550 mg

Tabelle 29. Bewertung der Biguanidtherapie

Bewertung	Effekt	Bemerkungen
Als vorteilhaft anerkannt	Blutzuckersenkung	
Therapeutischer Nutzen umstritten bzw. nicht vorhanden	Gewichtsabnahme	Effekt allenfalls passager und nur von geringem Ausmaß
	Appetitverminderung	Wegen engen therapeutischen Spielraums und Nebenwirkungen nicht nutzbar
	Senkung von Cholesterin und Triglyzerid	Bisher nur wenige Studien, daher geringe Bedeutung
Nur ausnahmsweise vorteilhafte Wirkungen	Senkung des Insulinbedarfs bei relativer Insulinunempfindlichkeit	Biguanidzusatz heute nur noch selten praktiziert, meistens Versuch mit Insulin-SH-Kombination, soweit nicht Reduktionsdiät im Vordergrund steht
Biguanidtherapie nutzlos	Kein Smoothing bei labilem Diabetes	Auch keine Einsparung einer 2. Insulininjektion
Gesicherte Nachteile	Gastrointestinale Symptome	Dosisabhängig, aber auch bei niedriger Dosierung
	Laktazidose	Siehe Text
Früher vermutete Nachteile	Nach UGDP: erhöhte kardiovaskuläre Mortalität	Gilt heute als widerlegt

(3 Tbl.) erhöht werden. Ein Vorgehen nach dem früheren Biguanid-Slogan: „Start low, go slow“ ist insofern vorteilhaft, als unter allmählicher Dosissteigerung mit weniger gastrointestinalen Nebenwirkungen während der Anfangsphase zu rechnen ist. Halten sich diese Beschwerden in Grenzen, kann die Substanz unter sorgfältiger Kontrolle zunächst noch einige Tage verabfolgt oder die Dosis vorübergehend zurückgenommen werden.

5.2.3 Nebenwirkungen, Kontraindikationen

Allergische Reaktionen, vor allem im Bereich der Haut, wurden bisher nur sehr selten registriert.
Im Vordergrund stehen die folgenden gastrointestinalen Beschwerden: Metallischer Geschmack, Inappetenz, Übelkeit bis Erbrechen, Völlegefühl, Meteorismus, Diarrhöen. Diese Symptome treten v.a. in den ersten Behandlungstagen häufiger, danach jedoch seltener auf, so daß nur in etwa 5–10% der Fälle eine Dauerbehandlung nicht möglich ist.
Die wichtigste, wenn auch seltene Komplikation war besonders unter den Präparaten Phenformin und auch Buformin die Laktatazidose mit einer Letalität von 50%. Metforminpatienten sind weniger ge-

Tabelle 30. Kontraindikationen für Biguanide beim Typ I-Diabetes

Ausgeprägte Stoffwechseldekompensation, besonders mit Ketose
Hyperglykämisches Koma
Primär- und Sekundärversagen eines Typ-II-Diabetes
Gravidität

Kontraindikationen unter besonderer Berücksichtigung der Laktazidose
Einschränkung der Nierenfunktion
(Serum-Kreatinin-Konzentration über 1,2 mg/dl = 106,1 μmol/l)
Zustände, die mit unzureichender Sauerstoffversorgung der Gewebe (Hypoxie) einhergehen können:
a) Neigung zu kardialer Insuffizienz
b) Neigung zu respiratorischer Insuffizienz
c) Interkurrente, fieberhafte Erkrankungen
d) Höheres Alter (in der Regel über 65 Jahre)
Einschränkung der Leberfunktion (Hepatitis, Leberzirrhose)
Alkoholabusus (Alkoholkranke)
Pankreatitis
Abmagerungskuren (unter 1000 kcal/tag)
Konsumierende Erkrankungen
Eine Woche vor Wahloperationen und postoperativ
Patienten während Intensivtherapie
Undisziplinierte Patienten, insbesondere Diabetiker, die sich den ärztlichen Kontrollen entziehen
Alte Diabetiker – wegen der größeren Gefahr der kardiovaskulären Komplikationen, der eingeschränkten Nierenfunktion und unregelmäßiger Tabletteneinnahme

fährdet, da die Substanz keine Affinität zu den Mitochondrien der Leberzelle und eine kürzere Halbwertszeit von nur 7 h aufweist.

Entscheidender Faktor für die Entwicklung einer Laktazidose ist eine Störung des zellulären oxydativen Stoffwechsels. Eine Steigerung der anaeroben Glykolyse ist dafür verantwortlich, daß es bei erhöhter Glukoseaufnahme in die Muskelzelle zu vermehrter Laktatbildung kommt. Da außerdem infolge der Hemmung der hepatischen Glukoneogenese die Laktatverwertung eingeschränkt ist, resultiert ein Anstieg der Laktatkonzentration im Plasma.

Als Kontraindikation müssen daher alle Zustände gelten, die mit einem erhöhten Laktatanfall einhergehen (Hypoxie), die Laktatverwertung beeinträchtigen (Alkoholabusus) oder die Ausscheidung durch die Niere herabsetzen. Eine eingeschränkte renale Elimination geht außerdem mit einem Anstieg der Biguanidkonzentration im Serum einher und kann daher den Biguanideffekt verstärken. Unter Berücksichtigung dieser Faktoren ergeben sich die in Tabelle 30 angeführten Kontraindikationen.
Unter folgenden Umständen muß eine Biguanidbehandlung abgebrochen und ein Arzt konsultiert werden:
- Anhaltende Übelkeit, Brechreiz, Erbrechen, Bauchschmerz, Hinfälligkeit, Durst und damit auch laktazidoseverdächtige Symptome.
- Interkurrente, besonders fieberhafte Infekte, akute Magen-Darm-Störungen, akute Kreislaufzwischenfälle, unerklärliches schlechtes Befinden.

Literatur (zu 5.2)

Arzneimittelkommission der Deutschen Ärzteschaft (1977) Strenge Indikationsstellung bei Biguanidanwendung. Dtsch Aerztebl 709/11

Assan R, Heuclin C, Ganeval D, Bismuth C, George J, Girard JR (1977) Metformin induced lactic acidosis in the presence of acute renal failure. Diabetologia 13: 211–217

Berger, W, Amrein R (1978) Laktatazidosen unter der Behandlung mit den drei Biguanidpräparaten Phenformin, Buformin und Metformin. – Resultate einer gesamtschweizerischen Umfrage 1977. Schweiz Rundsch Med 67: 661

Berger W, Mehnert-Aner S, Külly K, Heierli C, Ritz R (1976) 10 Fälle von Laktatazidose unter Biguanidtherapie (Buformin und Phenformin). Schweiz Med Wochenschr 106: 1830–1834
Gries FA (1978) Indikation und Anwendung von Biguaniden bei Diabetes mellitus. Intern Welt 3: 105–110
Hermann LS (1979) Metformin: A review of its pharmacological properties and therapeutic use. Diabete metab 5: 233–245
Luft D, Müller HP (1977) Lactacidose bei biguanidbehandelten Diabetikern. Med Welt 28: 378–384
Mehnert H (1984) Behandlung mit Biguaniden. In: Mehnert H., Schöffling K: Diabetologie in Klinik und Praxis, 2. Auflage, Thieme, Stuttgart (im Druck)
Oberdisse K (1977) Die klinische Anwendung der Biguanide. In: Oberdisse K (Hrsg) Diabetes mellitus, 5. Aufl., Springer, Berlin Heidelberg New York (Handbuch der inneren Medizin, Bd 7/2 B, S 1001–1066)
Sauer H (1978) Keine Biguanide mehr – was dann? Intern Welt 3: 103–105
University Group Diabetes Program (1970) A study of the effects of hypoglycemic agents on vascular complications in patients with adult-onset diabetes. II.: Mortality results. Diabetes 19: 789
Wittmann P, Haslbeck M, Bachmann, W, Mehnert H (1977) Lactatacidosen bei Diabetikern unter Biguanidbehandlung. Dtsch Med Wochenschr 102: 5–10

5.3 Amylasehemmer

Der α-Glucosidaseinhibitor Acarbose, ein Pseudotetrasaccharid, wurde jahrelang klinisch erprobt. Die Substanz hemmt im Dünndarm durch kompetitive Enzymwirkung die Glukosefreisetzung aus höhermolekularen Kohlenhydraten.

Der therapeutische Effekt betraf in erster Linie eine Verminderung der postprandialen Hyperglykämie, v.a. bei Diät- oder Tablettenpatienten, u.U. aber auch bei insulinbedürftigen Diabetikern. Vereinzelt wurde sogar über eine Besserung der BZ-Schwankungen bei Stoffwechsellabilität berichtet. Ferner wurde eine günstige Wirkung bei primärer Hyperlipoproteinämie mit einer Senkung sowohl der Triglyzeride als auch des Cholesterins beobachtet.

Die Nebenwirkungen (v.a. Meteorismus und Flatulenz) erwiesen sich als relativ wenig dosisabhängig und bildeten sich häufig spontan zurück, so daß ein Absetzen des Präparats nur bei 1–5% der Patienten notwendig war.

Diese Substanz, die im übrigen nur in minimalen Mengen resorbiert wird, kam jedoch wegen einiger Unklarheiten hinsichtlich der Langzeittoxizität vorerst noch nicht in den Handel.

Literatur (zu 5.3)

Creutzfeldt W (ed) (1982) First international symposion on acarbose. Effects on carbohydrate and fat metabolism. Montreux Oct. 1981. Excerpta Medica, Amsterdam Oxford Princeton

Schöffling K, Hillebrand I (1981) Acarbose – ein neues therapeutisches Prinzip in der Behandlung des Diabetes mellitus. Dtsch Med Wochenschr 106: 1083–1084

6 Insulin

6.1 Einige historische Daten

1912	Injektion von Pankreasextrakten, die sich jedoch als „toxisch“ erwiesen (wahrscheinlich Hypoglykämien)	Zülcher
1921	„Pancréine“, aber keine Applikation beim Menschen	
1921	Besserung eines Pankreatektomiediabetes durch Injektion von Pankreasextrakt bei der Hündin Majorie	Banting u. Best
11.1. 1922	Erste Injektion des Insulinextrakts von Banting und Best bei einem 14jährigen jugendlichen Diabetiker, Leonhard Thompson, mit einer Diabetesdauer von 2 Jahren	Campbell u. Fletcher
1923–1936	Aera der Alt- (Normal-, Regular-) Insulintherapie, meistens mit 2–3, gelegentlich jedoch bis zu 4 Injektionen täglich	
1935	Protamininsulin als erstes brauchbares Verzögerungspräparat mit Wirkungsdauer über 20 h	Hagedorn
1936	Durch Zink-Zusatz Stabilisierung und Wirkungsverlängerung der Insulin-Protamin-Suspension: Protamin-Zink-Insulin, Wirkungsdauer bis 48 h	Scott u. Fisher
1937–1940	Entwicklung des Intermediärinsulins auf der Basis von Insulin-Surfen-Kristallen	Dörzbach
1948–1949	Weiteres Intermediärpräparat als NPH mit geringerem Protamin- und Zinkzusatz als Protamin-Zink-Insulin und infolgedessen kürzerer Wirkungsdauer, jedoch guter Mischbarkeit mit Alt- (Normal-) Insulin	Poulsen

1952	Insulin-Zink-Suspensionen	Hallas-Møller
1955	Aufklärung der Molekularstruktur	Sanger
1964	Extraktion von Humaninsulin aus der Bauchspeicheldrüse	
1963/1964	Chemische Synthese von biologisch aktivem Insulin	Zahn, Katsoyannis, Du Yu-Cang
1968–1972	Monospeziesinsuline sowie Verbesserung der Reinigungsverfahren durch Gelchromatographie und ggf. zusätzliche Ionenaustauscherchromatographie	
1974	Totalsynthese des Humaninsulins	Sieber et al.
1975	Entwicklung eines Closed-loop-Insulininfusionssystems, das glukosekontrolliert wird (Biostator)	Pfeiffer u. Albisser
1975	Einführung der Open-loop-Geräte mit intravenöser, subkutaner sowie intraperitonealer Insulinapplikation	
1976	Semisynthetisches Humaninsulin aus Schweineinsulin durch Austausch des Alanins an der B-30-Position gegen Threonin	Obermeier u. Geiger
1979	Biosynthetisches Humaninsulin durch E. coli mittels DNA-Rekombination	Goeddel et al.

(Literatur s. „Zusammenfassende Darstellungen" (S. 193) und Weber 1982)

6.2 Insulingewinnung

Insulin wird aus der Bauchspeicheldrüse von Rindern und Schweinen extrahiert. Der Insulingehalt eines Rinderpankreas reicht aus, um einen durchschnittlichen Tagesbedarf von 40 IE für 20 Tage zu decken, der des Schweinepankreas dagegen nur für 3–4 Tage.

Tabelle 31. Unterschiedliche Aminosäurepositionen von Human-, Schweine- und Rinderinsulin

Insulin	A			B
	8	9	10	30
Mensch	Thr	Ser	Ile	Thr
Schwein	Thr	Ser	Ile	Ala
Rind	Ala	Ser	Val	Ala

Tabelle 31 a. Insulinpräparate (Text s. S. 138 ff.)

Handelsname	Hersteller	Spezies	pH	physikochemische Eigenschaften (NI-Anteil bei Mischpräparaten)	Wirkungsdauer (h)	Spritz-Eß-Abstand (Min.)
Normalinsuline						
H-Insulin Hoechst	Hoechst	SHI	7,3	Insulin (L)	5–7	15–20
Huminsulin Normal	Lilly	BHI	~7	Insulin (L)	5–7	15–20
Insulin Hoechst bzw. S	Hoechst	R bzw. S	3,5	Insulin (L)	5–7	15–20
Ins. Novo Actrapid bzw. HM	Novo	S bzw. SHI	7,0	Insulin (L)	5–7	15–20
Optisulin Alt CR	Hoechst	R	7,0	Desphe-Insulin (L)	5–7	15–20
Velasulin bzw. Velasulin Human*	Nordisk	S bzw. SHI	7,3	Insulin (L)	5–7	15–20

Ins. = Insulin / IZS = Insulin-Zink-Suspension / R = Rind / S = Schwein / SHI = semisynthetisches Humaninsulin / BHI = biosynthetisches Humaninsulin / L = Lösung / Sn = Suspension
* Zulassung beantragt

Tabelle 31 b. Verzögerungsinsuline (Text s. S. 138 ff., weitere Präparate Tabelle 33)

Handelsname	Hersteller	Spezies	pH	physikochemische Eigenschaften (NI-Anteil bei Mischpräparaten in %)	Wirkungsdauer (h)	Spritz-Eß-Abstand (Min.)
I. **Intermediärpräparate**						
A. *NPH-Insuline* (NPH = *N*eutrale *P*rotamin-Insulinsuspension (Labor *H*agedorn), wegen Isophanie günstige Mischbarkeit mit NI)						
Depot H-Insulin basal	Hoechst	SHI	7,3	Protamin-Insulin (Sn)		30–45
Depot H-Insulin	Hoechst	SHI	7,3	Protamin-Insulin (Sn) mit 25%		30
Huminsulin basal	Lilly	BHI	~7	Protamin-Insulin (Sn)	20	30–45
Huminsulin Profil I	Lilly	BHI	~7	Protamin-Insulin (Sn) mit 10%	16–20	30
Huminsulin Profil II	Lilly	BHI	~7	Protamin-Insulin (Sn) mit 20%	16–20	30
Ins. Insulatard bzw. – Human*	Nordisk	S bzw. SHI *	7,3	Protamin-Insulin (Sn)	20	30–45
Ins. Mixtard bzw. – Human*	Nordisk	S bzw. SHI *	7,3	Protamin-Insulin (Sn) mit 30%	16–20	30
Ins. Initard bzw. – Human*	Nordisk	S bzw. SHI *	7,3	Protamin-Insulin (Sn) mit 50%	16	15–30
Ins. Protaphan HM*	Novo	SHI	7,3	Protamin-Insulin (Sn)	20	30–45
Ins. Rapiphan HM (in Prüfung)	Novo	SHI	7,3	Protamin-Insulin (Sn) mit 30%	16–20	30

B. *Insulin-Zink-Suspensionen* (Präparate mit relativ hohem Zinkgehalt ohne spezielle Verzögerungssubstanz auf der Basis eines Azetatpuffers)						
Ins. Novo Semilente	Novo	S	7,3	amorphe Partikel	10–12	30–45
Ins. Monotard bzw. HM	Novo	S bzw. SHI	7,3	30% amorphe Partikel + 70% IZS-Kristalle	16–20	30–45
C. *Insulin-Kristall-Suspensionen* (z. T. mit amorphen Partikeln)						
Optisulin Depot CR	Hoechst	R	7,0	25% Desphe (L) + 75% Insulinkristalle	12–16	30–45
Rapitard Insulin	Novo	RS	7,0	75% Insulinkristalle (R) + 25% Actrapid (S)	20	30
D. *Surfen-Insuline* (säurelösliche Verbindung, die beim neutralen Gewebe-pH ausflockt)						
Depot Ins. Hoechst bzw. S	Hoechst	R bzw. S	3,5	Surfen-Insulin	12–16	30–45
Komb Hoechst bzw. S	Hoechst	R bzw. S	3,5	67% Surfen-Insulin + 33% NJ	12–16	30
II. **Langzeitinsuline**						
Ins. Novo Ultralente	Novo	R	7,3	IZS (kristallin)	28	45–60
Ins. Novo Lente	Novo	RS	7,3	IZS 70% kristallin (R), 30% amorph (S)	24–28	45–60
Optisulin Retard CR	Hoechst	R	7,0	S 30% amorphes Desphe- und 70% kristallines Insulin	20–24	45–60
Ultratard (in Prüfung)	Novo	SHI	7,3	IZS (kristallin)	24–28	60

Ins. = Insulin / IZS = Insulin-Zink-Suspension / R = Rind / S = Schwein / SHI = semisynthetisches Humaninsulin / BHI = biosynthetisches Humaninsulin / L = Lösung / Sn = Suspension
* Zulassung beantragt

Die Dosierung erfolgt auf der Basis der biologischen Aktivität nach internationalen Einheiten (IE).
Eine Einheit Insulin entspricht etwa 0,04 mg oder umgekehrt 1 mg Insulin 23,5–27,5 IE.
Insulin ist ein Proteohormon mit einem Molekulargewicht von 5800. Es muß injiziert werden, da es bei oraler Zufuhr proteolytisch abgebaut wird. Die Herstellung erfolgte früher zunächst durch Extraktion und danach Reinigung mittels mehrfacher Umkristallisation. Es blieben jedoch bestimmte Proteine zurück, die die Antigenität der Präparate verstärkten und zu Immunreaktionen führten. Sie lassen sich heute mittels Gelchromatographie identifizieren und im Bereich verschiedener Fraktionen lokalisieren:

Fraktion A – sog. pankreaseigene, „insulinfremde" Proteine,
Fraktion B – Proinsulin, Insulindimer, minimale Insulinmengen,
Fraktion C – 95% Insulin, Insulinester, Diargininsulin.

Mittels Gel-Chromatographie wurde die Insulinpräparation von den Fraktionen A und B gereinigt. Durch zusätzliche Ionen-Austauscherchromatographie gelang auch die Entfernung von Insulinderivaten aus der C-Fraktion, so daß fast ausschließlich reines (z.B. das sog. Monocomponent- = MC-) Insulin übrigblieb. Inzwischen können jedoch als Folge der Weiterentwicklung der chromatographischen Verfahren alle Handelspräparate der großen Insulinhersteller als hochgereinigte Insuline gelten.
Seit 2 Jahren stehen verschiedene Humaninsulinpräparate für die Therapie zur Verfügung.

Humaninsulin konnte zunächst nur aus dem Extrakt von menschlichen Bauchspeicheldrüsen gewonnen werden. Nach Aufklärung der Molekularstruktur 1955 gelang 3 verschiedenen Arbeitsgruppen 1963 und 1964 unabhängig voneinander die aufwendige chemische Totalsynthese aus den einzelnen Aminosäuren. Hinsichtlich seines Molekulargewichts und seiner biologischen Aktivität erwies sich dieses Präparat mit dem aus menschlichem Pankreas extrahierten Insulin identisch. Die Herstellung größerer Mengen war jedoch wegen der komplizierten Techniken, der geringen Ausbeute und der hohen Kosten unmöglich (s. Pfeiffer, S. 194).

Die inzwischen entwickelten semisynthetischen und biosynthetischen Verfahren erlauben nunmehr die Produktion ausreichender Humaninsulinmengen zu akzeptablen Kosten.

Die *Semisynthese* geht vom Schweineinsulin aus, das sich vom menschlichen Hormon nur hinsichtlich der B-30-Position unterscheidet (s. Abb. 3 und Tabelle 31). Das dort lokalisierte Alanin wird gegen Threonin ausgetauscht, indem der B-Kettenabschnitt von Position 23–30 aus dem Schweineinsulin abgespalten und mittels der sog. enzymatischen Transpeptidierung anstelle dessen eine threoninhaltige Sequenz eingesetzt wird.

Biosynthese. Ihr liegt das gentechnologische Verfahren der DNA-Rekombination zugrunde unter Verwendung des apathogenen E. coli-Stammes K 12 (Goedell et al.). Zunächst wird das bakterielle DNA-Plasmid isoliert, dessen ringförmige Struktur aufgebrochen und in die entstandene Lücke eine neue, vorher synthetisierte Sequenz inseriert, die die Bildung der A-Kette oder der B-Kette codiert. Dieser modifizierte Plasmidkomplex wird wieder in E. coli transferiert. Das Bakterium wird dadurch in die Lage versetzt, in getrennten Kulturen entsprechend seinem genetischen Material die A- oder die B-Kette zu „biosynthetisieren", und zwar in Form von Protein-Chimären. Nach der Isolation dieses Produkts erfolgt die Abspaltung der jeweiligen Kette aus der chimären Verbindung, danach die Kombination der A- und B-Kette zum Insulinmolekül.

Die semisynthetischen und biosynthetischen Humaninsuline weisen die gleiche Molekularstruktur wie das aus dem menschlichen Pankreas extrahierte Insulin auf und zeigen dementsprechend die gleiche biologische Aktivität. Dieser molekularen Identität und der bei der Herstellung angewandten Hochreinigungsprozedur verdanken die Humanpräparate ihre minimale Immunogenität. Die Titer der IgG- und IgE-Antikörper lagen in einem sehr niedrigen und klinisch nicht mehr relevanten Bereich. Eine Induzierung von manifesten Immunreaktionen, wie Insulinallergie, Insulinresistenz und Lipoatrophie, wurde bisher, ähnlich wie bei hochgereinigten Schweineinsulinen, nicht beobachtet (s. Kap. 6.7).

Human-Normalinsulin und wahrscheinlich auch das Verzögerungspräparat NPH (s. u.) werden etwas rascher resorbiert als die entsprechenden heterologen Präparate und zeigten dementsprechend eine geringfügig stärkere initiale Blutzuckersenkung. Ursache ist wahrscheinlich die ausgeprägtere Hydrophilie als Folge der Lokalisation des Threonins in der B-30-Position.

6.3 Insulinpräparate

Die Kenntnis der Präparateeigenschaften kann die Auswahl der geeigneten Insulinsorte erleichtern, indem sie dazu beiträgt, die Insulintherapie auf eine rationalere Basis zu stellen. Es bleibt trotzdem bei vielen Patienten noch ein beachtliches Maß an Empirie und damit Ungewißheit, ob das zunächst gewählte Präparat geeignet ist.
Die Insulinpräparate lassen sich anhand folgender Kriterien charakterisieren:

Insulinkonzentration. Generell in den europäischen Ländern 40 IE/ml, für wenige Insulinsorten außerdem 80 IE/ml; in den USA und inzwischen auch in Großbritannien dagegen 100 IE/ml bei gleichzeitigem Auslaufen der 40-IE/ml-Präparate.

Wirkungsprofil als Resultante aus:
Wirkungsdauer (WD),
Initialeffekt (BZ-Senkung 1–3 h nach Injektion),
Wirkungsmaximum.
Bei höheren Dosen verlängert sich die Wirkungsdauer. Dieser Effekt läßt sich besonders bei insulinempfindlichen Diabetikern nicht immer ausnutzen, da entsprechend der Dosissteigerung zur Zeit des Wirkungsmaximums die Hypoglykämieneigung zunimmt.

Wirkungskonstanz: Weitgehende Reproduzierbarkeit des Wirkungsablaufs. Sie hängt sowohl von den physikochemischen Eigenschaften des Präparats wie auch von den Absorptionsverhältnissen ab.

Wirkungsverzögerung. Die Kenntnis der verschiedenen Prinzipien bzw. der Depotsubstanzen ist eine der Voraussetzungen für eine differenzierte Insulintherapie und erleichtert auch die richtige Beurteilung etwa auftretender Nebenwirkungen (s. Kap. 6.7).

Mischungsstabilität, vor allem von Verzögerungs- mit Normalinsulin, entweder in handelsüblicher Kombination oder ad hoc vom Patienten selbst hergestellt.

Reinheitsgrad. Verantwortlich für die Immunogenität und die Häufigkeit und Schwere von Immunreaktionen.

Speziesherkunft. Von Bedeutung wegen der geringeren Immunogenität der Schweineinsuline und besonders der Humanpräparate im Vergleich zu Rinderinsulin.

Entsprechend ihrer Wirkungsdauer werden die Insulinpräparate in 2 bzw. 3 Gruppen eingeteilt:

Normalinsulin (NI) bzw. Altinsulin. Rascher Wirkungseintritt innerhalb der ersten 1–2 h, Wirkungsmaximum nach etwa 2–4 h, Wirkungsdauer 5–7 h. Der Indikationsbereich hat sich in den letzten Jahren v.a. beim juvenilen Diabetestyp und in der Gravidität erweitert.

Verzögerungsinsuline (VI). Die Wirkungsverzögerung wird durch die unterschiedlichen physikochemischen Eigenschaften der Präparate bestimmt:

Suspension von Kristallen (Insulinkristalle oder Insulin-Zink-Kristalle),
Suspension von amorphen Partikeln,
Suspension von Kristallen aus Insulin und einer Depotsubstanz,
saure Lösung, die nach Injektion im neutralen pH des Gewebes in Form von amorphen Partikeln ausfällt.

Es werden 2 Untergruppen unterschieden:

Intermediärinsuline (IMI)
- Wirkungsdauer bis 20 h je nach Präparat,
- Initialeffekt relativ gering,
- Wirkungsmaximum etwa 4.–10. Stunde.

Die verschiedenen Präparate weisen deutliche Unterschiede hinsichtlich ihrer Wirkungsdauer auf, die etwa zwischen 10 und 20 h liegt. Die in Tabelle 31 angegebenen Richtwerte gelten für eine mittlere Dosis. Bei Dosissteigerung nimmt auch die Wirkungsdauer zu, gleichzeitig jedoch die Hypoglykämieneigung zur Zeit des Wirkungsmaximums. Höhere Insulindosen werden deshalb von insulinempfindlichen Patienten häufig nicht toleriert. Es muß stattdessen 2mal injiziert werden, wobei das Verhältnis der Morgen- zur Abenddosis meistens zwischen 2 bis 4 : 1, jedoch auch 1 : 1 betragen kann.
Eine 2malige Injektion ist um so dringlicher, je jünger der Patient, je instabiler der Diabetes und je höher der Insulinbedarf ist.
Wenn der zeitliche Abstand zwischen dem 1. Frühstück und Mittagessen lang ist, beispielsweise von 6.30 bis 13 Uhr, kann der Hypoglykämieneigung, besonders in der 2. Vormittagshälfte, durch einen zusätzlichen Imbiß begegnet werden. Es genügen meist 12–25 g KH

(1–2 BE) zwischen 11 und 11.30 Uhr. Falls unter zweimaliger täglicher Injektion Hypoglykämien um Mitternacht auftreten, muß die sog. Spätmahlzeit möglichst spät, d.h. vor dem Zubettgehen, eingenommen werden.
Häufig findet sich eine Situation, die sich durch z.T. erhebliche Hyperglykämien um 9–10 Uhr, dagegen niedrige BZ-Werte vor dem Mittagessen auszeichnet. In diesem Fall empfiehlt es sich, versuchsweise die KH des 1. Frühstücks zu reduzieren und auf das 2. Frühstück oder einen Imbiß um 11–11.30 Uhr zu verschieben (s. Kap. 4).

Langzeitinsuline (LZI)
- Wirkungsdauer > 24 h,
- geringer Initialeffekt,
- Wirkungsmaximum etwa 8.–20. Stunde.

Im allgemeinen werden diese Präparate nur einmal täglich injiziert. Sie sind geeignet für Patienten mit stabilem Diabetes, nicht zu hohem Insulinbedarf und nach unseren Erfahrungen besonders im höheren Lebensalter wegen der Möglichkeit der Einmalinjektion.
Die geringe Initialwirkung erfordert oft eine Beschränkung der KH des 1. und gelegentlich auch des 2. Frühstücks. Mittags und nachmittags werden KH dagegen wegen der intensiveren Insulinwirkung besser toleriert.

Kombinations-, biphasische bzw. Mischinsuline. Lediglich die Normalinsulin enthaltenden Präparate haben einen ausgeprägten Initialeffekt, nicht dagegen die 2 Verzögerungsinsuline enthaltenden Präparate. Bei ihnen verbessert die amorphe Komponente den Wirkungseintritt lediglich im Vergleich zu dem geringen Effekt der Langzeitkomponente allein.
Da sich bei zahlreichen Diabetikern trotz begrenzter KH-Zufuhr besonders nach dem 1. Frühstück und auch dem Abendessen Hyperglykämien bis über 180–200 mg/dl entwickeln, ist ein Zusatz des rascher wirkenden Normalinsulins zum Verzögerungspräparat notwendig. Die entsprechenden handelsüblichen Kombinationen mit einem NI-Anteil von 25–50% werden in Tabelle 32 aufgeführt.
Zunehmend setzt sich jedoch die individuelle, anpassungsfähigere und variable, vom Patienten selbst herzustellende Mischung durch. Sie ist dann indiziert, wenn kein passendes Kombinationspräparat

im Handel ist, wie z. B. bei einem Mischungsverhältnis von 32 IE VI plus 6 IE NI (84 bzw. 16%), und wenn der Patient das Mischungsverhältnis variieren soll.
Tabelle 33 enthält Hinweise auf den Wirkungsablauf und Empfehlungen für den therapeutischen Einsatz der Insulinpräparate, Tabelle 34 eine Bewertung der Humaninsuline und die entsprechenden Indikationen.

6.4 Insulininjektion

Insulinspritzen. Zunächst wurden v. a. *Rekordspritzen* und -kanülen verwendet. Sie werden in dazu passenden Behältern aufbewahrt, die z. T. mitgeliefert (Spritzenbesteck) und etwa 1- bis 2mal pro Woche

Tabelle 32. Kombinations- bzw. Mischpräparate

Handelsname	Normalinsulin	:	Verzögerungsinsulin	Spezies
Kombination mit Normalinsulin:				
Insulin Novo Rapitard	25	:	75	S + R
Komb-Insulin Hoechst bzw. S Hoechst	33,3	:	66,7	R bzw. S
Insulin Mixtard Nordisk bzw. Human	30	:	70	S bzw. SHI
Insulin Initard Nordisk bzw. Human	50	:	50	S bzw. SHI
Optisulin-Depot CR	25	:	75	R
Huminsulin Profil I	10	:	90	BHI
Huminsulin Profil II	20	:	80	BHI
Depot H-Insulin Hoechst	25	:	75	SHI
Kombination zweier Verzögerungsinsuline:				
Insulin Monotard bzw. Monotard HM	30	:	70	S bzw. SHI
Insulin Novo Lente	30	:	70	R + S
Long-Insulin	37,5	:	62,5	S

BHI = Biosynthetisches Humaninsulin
SHI = Semisynthetisches Humaninsulin

Tabelle 33. Wirkungsablauf handelsüblicher Verzögerungs- bzw. Mischpräparate (*WD* Wirkungsdauer)

Präparat	Wirkungsablauf	Bemerkungen
Insulinsuspensionen		
Optisulin retard CR	LZI mit WD von ca. 24 h und relativ geringem Initialeffekt	
Optisulin Depot CR	IMI mit WD von etwa 16–20 h, dessen Initialeffekt durch NI erhöht wurde	Stärkerer Initialeffekt durch zusätzliches NI erreichbar
Insulin Novo Rapitard	Kombiniertes R- und S-Insulin, protrahiert wirkende Verzögerungskomponente (über 20 h), wegen 25%igem NI-Anteil indiziert bei Tendenz zu postprandialer Hyperglykämie	Weiterer Actrapidzusatz möglich, aber selten notwendig
Protamin-Insuline (NPH-Insuline)		
Insulin Insulatard Nordisk bzw. Insulatard Human	Länger wirkendes IMI, mäßiger Initialeffekt Wirkungsmaximum häufig mittags bis nachmittags.	Bei Zusatz von NI additiver Effekt wie bei getrennter Injektion. Konstanter Wirkungsablauf von handelsüblichen (s. u.) und individuellen Mischungen
Insulin Mixtard Nordisk bzw. Mixtard Human	Für zahlreiche Patienten geeignete Mischung.	Höherer NI-Anteil bei ausgeprägter postprandialer Hyperglykämie, meist in Form einer individuellen Mischung, z. B. mit 40% NI
Insulin Initard Nordisk bzw. Initard Human	NI-Zusatz für die meisten Diabetiker zu hoch (Hypoglykämien vormittags)	
Basal H Insulin Hoechst	Länger wirkendes IMI mit mäßigem Initialeffekt	
Depot H-Insulin Hoechst	Ähnlicher Wirkungsablauf wie beim Insulin Mixtard	
Huminsulin Basal	Länger wirkendes IMI mit mäßigem Initialeffekt	Additiver Effekt eines NI-Zusatzes (s. Insulin Insulatard Nordisk)

Tabelle 33. (Fortsetzung)

Präparat	Wirkungsablauf	Bemerkungen
Huminsulin Profil I Huminsulin Profil II	Je nach NI-Anteil ausgeprägterer Initialeffekt als bei Huminsulin Basal	Falls höherer oder variabler NI-Anteil erwünscht, individuelle Mischung
Insulin-Zink-Suspensionen (keine speziellen Verzögerungssubstanzen)		
Insulin Novo Semilente	Trotz relativ kurzer WD von nur 10–12 h geringer Initialeffekt, 2mal-Injektion notwendig	Nach der Mischung mit NI (Actrapid) Injektion innerhalb der ersten 5 Min., da andernfalls Umwandlung von NI in Semilente
Insulin Monotard und Monotard HM	Mittellang wirkendes IMI, relativ geringer Initialeffekt trotz Semilente-Komponente. Die WD des kristallinen Schweine- bzw. Humaninsulins ist kürzer wegen abweichender Kristallbildung als beim (Rinder-) Ultralente	Besonders bei Typ-I-Diabetes NI-Zusatz notwendig. Die Mischung muß wegen Semilente-Anteils sogleich injiziert werden (s. o.)
Insulin Novo Lente	Kombination zweier VI, WD über 24 h, geringer Initialeffekt (evtl. knappes 1. Frühstück). Wirkungsmaximum nachmittags bis nachts. Geeignet v. a. für stabilen Erwachsenendiabetes, besonders auch für ältere Patienten als Einmalinjektion	Bei höherer Dosis und/oder zweimaliger Injektion Hypoglykämietendenz besonders in der 2. Nachthälfte durch die Ultralente-Komponente. Semilentezusatz verstärkt den Initialeffekt nur wenig. NI-(Actrapid-)Zusatz geeignet, jedoch baldige Injektion notwendig
Insulin Novo Ultralente	Langzeitpräparat, evtl. als Basisinsulin	NI-Zusatz möglich, jedoch meist multiple, getrennte NI-Injektionen (s. S. 167)

Tabelle 33. (Fortsetzung)

Präparat	Wirkungsablauf	Bemerkungen
Surfeninsuline		
Depot Insulin Hoechst bzw. S Hoechst	WD kürzer als bei NPH. U. U. resultieren trotz 2mal-Injektion Hyperglykämien nüchtern und am Nachmittag	Selten Allergie durch Resorptionsverzögerer Surfen (s. S. 187) Im Falle zu geringen Initialeffekts Komb-Insulin, selten individuelle Mischung mit NI
Komb-Insulin Hoechst bzw. S Hoechst	WD kürzer als bei Depot-Insulin, da nur ⅔ VI-Anteil. Kombination von morgens Komb- und abends Depot-Insulin oft geeignet	
Long-Insulin	Selten angewandtes LZI, für Diabetiker mit stabilem Stoffwechsel und Insulinbedarf unter 50 IE geeignet	neutrale Surfen-Insulin-Suspension (amorph und kristallin): Wirkungsdauer 24 h
Selten verwendete Präparate:		
Depot Insulin „Horm"		Rinder-Insulin-Zink-Protaminat in saurer Lösung: Wirkungsdauer 20 h
HG-Insulin bzw. -CS		Humanglobin-Insulin in saurer Lösung: Wirkungsdauer 16 h

ausgekocht werden. Eine „Sterilisierung" mit Alkohol ist unzweckmäßig, da ein Alkoholrest in der Spritze zu Irritationen an den Injektionsstellen führen und die biologische Aktivität bestimmter Verzögerungsinsuline ungünstig beeinflussen kann.

In den letzten Jahren werden zunehmend *Plastikspritzen* verwendet, die folgende Vorteile bieten:

- einfachere Injektionstechnik,
- einfachere Aufbewahrung, v. a. für unterwegs,
- gute Ablesbarkeit bei geeigneten Modellen.

Plastikspritzen sind besonders geeignet für Diabetiker, bei denen es auf sehr korrekte Insulindosierung ankommt, wie bei niedrigem Insulinbedarf, ausgeprägter Insulinempfindlichkeit, z. B. bei kindlichem und auch bei instabilem Diabetes. Vorteilhaft sind sie außer-

Tabelle 34. Bedeutung der Humaninsuline (nach den bisherigen klinischen Erfahrungen)

Vorteile	Indikationen bzw. therapeutische Konsequenzen
Minimale, klinisch nicht relevante *Immunogenität*	1. Durch tierische Insuline induzierte Immunreaktion (s. 6), jedoch trotz geringer Antigenität und besserer Verträglichkeit evtl. Kreuzreaktionen 2. Als relative Indikation: Typ-I-Diabetes, vor allem in jüngerem Alter, wegen des Freibleibens von Immunreaktionen
Zukünftig hochwertige Insuline in ausreichender Menge verfügbar	Trotzdem unnötige Umstellung vermeiden
Keine Vorteile	
Wirkungskurve entspricht in etwa den korrespondierenden tierischen Präparaten (Initialeffekt für NI- und NPH (?)-Insulin etwas stärker)	Keine besseren Einstellungschancen, daher kein Humaninsulin bei komplikationsfreier günstiger Einstellung auf tierische Insuline
Insulinbedarf nach Wechsel von Rinderinsulin z. T. niedriger, gleichbleibend nach Schweineinsulin	Besonders nach höherer Rinderinsulindosis Reduktion von 20–30% erwägen
Hinsichtlich der Bedeutung noch nicht endgültig zu beurteilen:	
Mancherorts symptomarme Hypoglykämie beobachtet (Fehlen des Katecholaminanstiegs)	Evtl. entsprechende Hinweise für Patienten (Fehlen der „Warnsymptome“)
Schlußfolgerung: Bisher keine eindeutigen Beweise für Vorteile gegenüber hochgereinigtem neutralem Schweineinsulin – außer bei bereits bestehender Immunreaktion.	

dem mit zusätzlicher Lupe für Diabetiker mit nicht mehr intaktem Visus und für ältere Patienten, die Schwierigkeiten haben, die Markierung der Dosierungsskala eindeutig abzulesen.
Die Kosten sind bei einmaliger Verwendung zweifellos wesentlich höher als bei den üblichen Glasspritzen, liegen jedoch in einem erträglichen Bereich, wenn eine Spritze 5- bis 7mal benutzt wird.

Trotz weiter Verbreitung dieses Spritzentyps und mehrfacher Verwendung einer Spritze sind entzündliche Komplikationen im Bereich der Injektionsstellen nach wie vor Raritäten. Im übrigen ist die Situation bei der Mehrfachverwendung ähnlich wie bei der „Sterilisierung" der konventionellen Rekord-Spritzen, die meistens entsprechend den fachmedizinischen Empfehlungen etwa einmal pro Woche, in praxi oft wesentlich seltener, ausgekocht werden. Die Aufbewahrung der Plastikspritzen kann in einem sauberen Behälter ähnlich wie bei Glasspritzen erfolgen. Im übrigen ist die Seltenheit von bakteriellen Entzündungen bis zu Abszessen am Injektionsort nicht auf eine besonders effektive Reinigung bzw. Sterilisation zurückzuführen, sondern auf den Zusatz von bakteriziden Substanzen, z. B. Nipaginester, zum Insulinpräparat.

Spezielle Spritzenmodelle. Sogenannte Automatikspritzen werden besonders von Diabetikern benutzt, die anscheinend unüberwindbare Hemmungen haben, sich selbst das Injektionstrauma zuzufügen. Auf die Gefahren einer inkorrekten Technik, z. B. durch Intrakutaninjektion bei fehlerhafter Einstellung der Nadel, muß besonders geachtet werden. Neuerdings werden jedoch auch von diesen Patienten meist Plastikspritzen bevorzugt, die handlicher und besser ablesbar sind.

Für sehbehinderte und manuell unbeholfene oder unsichere Patienten eignen sich spezielle Spritzen mit einer Arretierungsvorrichtung, so daß die visuelle Einstellung des Stempels entsprechend der Dosisskala erspart wird. Im Falle einer Zweimalinjektion müssen 2 Arretierungsspritzen verschrieben und die Morgen- und Abenddosis jeweils entsprechend eingestellt werden. Der Druckausgleich in Verbindung mit dem Auftreten von Luftblasen bereitet bei diesem Modell mehr Schwierigkeiten als bei den üblichen Spritzen.

Für die *Rezeptur* der Insulinspritze ist folgendes zu beachten:

- gut ablesbare Skala, d. h. kräftige Markierung und ausreichende Zylinderlänge, da bei kurzzylindrigen Modellen die Skalenmarkierung zu eng wird;
- der Insulindosis angepaßtes Volumen (meistens 1 ml, seltener 2 ml) und Graduierung des Zylinders, z. B. keine Verordnung einer 2-ml-Spritze für 15–20 IE Insulin;
- Notwendigkeit einer Reservespritze (bei Verwendung einer Glasspritze);
- falls trotz detaillierter Rezeptur (Spritzentyp, Fabrikat, Volumen) keine entsprechende oder sogar eine für den Patienten ungeeignete Spritze ausgehändigt wird, ist auf Rückgabe zu bestehen.

Aufbewahrung von Insulin. Der Verlust an biologischer Aktivität ist zwischen 4 und 10 °C sehr gering. Über 25 °C kommt es zu einem erheblichen Wirkungsabfall, der in 2 Jahren bis zu 30% betragen kann, bei den verschiedenen Präparaten jedoch geringe Unterschiede aufweist. Die übliche 5-Ampullen-Packung wird daher zweckmäßigerweise im Kühlschrank gelagert, jedoch nicht im Gefrierfach, da sich bei Minustemperaturen Ausfällungen bilden.
Bei Zimmertemperatur läßt sich Insulin monatelang aufbewahren, so daß die jeweils benutzte Ampulle nicht unbedingt im Kühlschrank (Urlaub!) liegen muß. Längere Lichtexposition ist zu vermeiden, da sie zur Destruktion des Insulinmoleküls führen kann.
Zu hohen Temperaturen ist Insulin am ehesten ausgesetzt, wenn der Patient unterwegs ist. Die Aufbewahrung soll daher besonders im Auto oder beim Camping an wenig exponierten Stellen erfolgen.

Injektionstechnik. Insulin wird subkutan, nur unter bestimmten Umständen wie beim hyperglykämischen Koma intramuskulär injiziert oder intravenös infundiert. Die s.c.-Injektion erfolgt in die Oberschenkel, die seitlichen Gesäßpartien, die Bauchhaut und die Oberarme (Einzelheiten in den Instruktionsschriften für Diabetiker). Nach der Injektion wird Insulin überwiegend vom Blutstrom und in geringem Ausmaß von der Lymphe abtransportiert. Die Absorptionsrate ist nicht konstant. Sie kann nicht nur interindividuell, sondern auch beim gleichen Individuum von Injektion zu Injektion und entsprechend dem Injektionsareal erhebliche Unterschiede aufweisen (s. Tabelle 35). Die Absorptionsrate wird nämlich nicht nur durch die Präparateeigenschaften, sondern auch durch eine Degradation des Insulins durch Gewebsproteasen und durch die Durchblutungsverhältnisse in der Haut bestimmt. Unter Berücksichtigung dieser Umstände kann daher bei Instabilität des Stoffwechsels und auch bei ausgeprägter Insulinempfindlichkeit nicht empfohlen werden, den Wechsel der Injektionsbereiche im Sinne eines Rotationsprinzips vorzunehmen. Offensichtlich ist es vorteilhafter, für die Morgeninjektion bzw. für die Abendinjektion immer den jeweils gleichen Körperteil, also den Oberschenkel, den Oberarm oder die Bauchhaut zu benutzen und damit zumindest für längere Zeiträume im Sinne eines „Etagenprinzips" zu verfahren. Mit Schwankungen der Absorption ist zweifellos zu rechnen, wenn – wie beim Rota-

Tabelle 35. Insulinabsorption. (In Anlehnung an die Tabelle „Factors influencing absorption of subcutaneously injected insulin" (M. Berger) Workshop on Challenges in Treatment of Diabetes mellitus: Critical Evaluation, Aarhus 1980)

Einfluß auf Absorptionsrate	Verhalten der Absorptionsrate	Bemerkungen
Intraindividuell	Lokale Unterschiede: Abdomen > Oberarm > Oberschenkel, Gesäß	„Etagenprinzip" statt Rotationsprinzip
Interindividuell	Unterschiedliche Absorption (und BZ-Verlauf) trotz gleichen Insulins	
Muskeltätigkeit	Zunahme der Absorption im Bereich der aktiven Muskulatur	
Temperatur	Beschleunigung bei Wärme, Verlangsamung bei Kälte	Unterschiede bis zu 200–300%
Injektion intrakutan oder in induriertes Gewebe	Unübersichtlich, wahrscheinlich verlangsamt	
Lipohypertrophie	Verzögert?	

tionsverfahren – zu bestimmten Tageszeiten in verschiedene Bereiche injiziert wird.

Auf einen regelmäßigen Wechsel der Injektionsareale muß jedoch nach wie vor geachtet werden. Insulinlipohypertrophien und auch Indurationen werden durch permanente Injektionen an derselben Stelle begünstigt. Damit wird auch die Absorptionsrate verändert und hinsichtlich ihres Einflusses auf das Blutzuckerprofil noch schwerer überschaubar. Die Insulinabsorption wird auch dann beschleunigt, wenn die Muskulatur im Bereich des Injektionsareals betätigt wird. Daß entsprechende Ratschläge zur Hypoglykämieprophylaxe, etwa bei intensiver Betätigung der Beinmuskulatur die Oberschenkelinjektion zu meiden und stattdessen in die Bauchhaut zu injizieren, berechtigt sind, ließ sich bisher nicht beweisen.

Die vielfältigen Hemmungen auf seiten der Patienten lassen sich ausräumen oder zumindest abschwächen mit Hinweisen auf die heute fast schmerzfreie Injektion, auf die hohe Qualität der heute zur Verfügung stehenden Präparate, auf besseres Befinden und günstigere Lebensaussichten unter der Insulintherapie. Falsche Vorstellungen über Hypoglykämiefolgen müssen korrigiert werden, ohne die zweifellos bestehende Gefährdung zu bagatellisieren.
Die Spritztechnik kann anhand von Illustrationen und sogar größeren Bildtafeln durch den Arzt oder seine Helferin erklärt und das richtige Aufziehen und Injizieren mehrmals geübt werden (Kurow). Nach dem ersten Einstich stellt der Patient oft überrascht fest, daß der erwartete Schmerz unerheblich oder sogar ausgeblieben ist. Oft werden im übrigen die Ängstlichkeit und Unsicherheit bei Kindern und auch bei Erwachsenen durch Ratschläge von Angehörigen oder gutmeinenden Bekannten ausgelöst oder verstärkt.

Der Diabetiker soll zwar – von Ausnahmefällen abgesehen – angehalten werden, selbst zu spritzen. Für Kinder, wobei bestimmte Altersgrenzen nicht angegeben werden können, und für ältere Patienten sind jedoch individuelle Empfehlungen notwendig. Falls die Selbstinjektion auf Schwierigkeiten stößt, empfiehlt es sich, zunächst Angehörige und nur im Notfall eine Gemeindeschwester in Anspruch zu nehmen, falls sie zur Verfügung steht.
Die im Zusammenhang mit der Insulininjektion vorkommenden Fehler sind in Tabelle 36 zusammengestellt. Sie machen eine regelmäßige Überprüfung der Spritztechnik auch nach längerer Dauer der Insulintherapie erforderlich.

6.5 Durchführung der Insulintherapie und Praxis der Einstellung

Als Idealziel gilt heute eine vollständige Normoglykämie oder eine weitgehende Annäherung an diesen Bereich. Erfahrungsgemäß wird eine solche Einstellung mit den bisher üblichen Behandlungsverfahren jedoch nur bei 10–20% der Patienten erreicht.
Welche Faktoren sind für diese Schwierigkeiten verantwortlich?
Zunächst ist es nicht möglich, mit dem exogen injizierten Insulin die physiologische Insulinämie sowohl in der Postabsorptiv- als auch in der Postprandialphase zu simulieren (s. Abb. 14). Besonders gilt dies

Tabelle 36. Fehler bei der Insulinapplikation und ihre Folgen

Was wird häufig falsch gemacht?	Folgen	Konsequenzen
Injektion in dasselbe Areal (oft praktiziert und wegen zunehmender Schmerzfreiheit beliebt)	Indurationen; wahrscheinlich ungleichmäßige Resorption	Häufiger Arealwechsel
Intrakutaninjektion infolge zu geringer Einstichtiefe und/oder bei schrägem Einstichwinkel (kurze Nadeln); fehlerhafte Einstellung der sog. automatischen Spritze	Fleckförmige Rötung, später bläulich-bräunliche Verfärbung, im Spätstadium unter Umständen atrophische, wie ausgestanzte Narben	Kontrolle der Injektionstechnik und -stellen, auch und besonders nach längerer Diabetesdauer
Nichtbeachtung von Lokalreaktionen	Belästigung des Patienten bei stärkeren Reaktionen. Cave Sofortreaktionen wegen Möglichkeit der Generalisierung und anaphylaktischer Zustände. Nekrotische Immunreaktionen (Typ III) am häufigsten Folge einer Surfenallergie. Im Spätstadium Narben und Pigmentierungen	Präparatewechsel, gegebenenfalls nach Intrakutantestung
Unterlassung des Druckausgleichs in der Ampulle vor Aufziehen des Insulins	Dosierungsfehler bei zu geringer Insulindosis, z. T. infolge verstärkter Bläschenbildung bei Entnahme	Instruktion
Verwendung von nicht adäquat dimensionierten Spritzen bzw. Skalen, z. B. bei Insulindosis von 8 IE 2-ml- bzw. 80-IE-Spritze	Unnötig schwierige bzw. ungenaue Dosierung	Eindeutige Rezeptur, evtl. Rückgabe der Spritze, Belehrung des Patienten
Zu kurzes Spritz-Eß-Intervall	Ausgeprägte postprandiale Hyperglykämie möglich	Entsprechende Instruktion

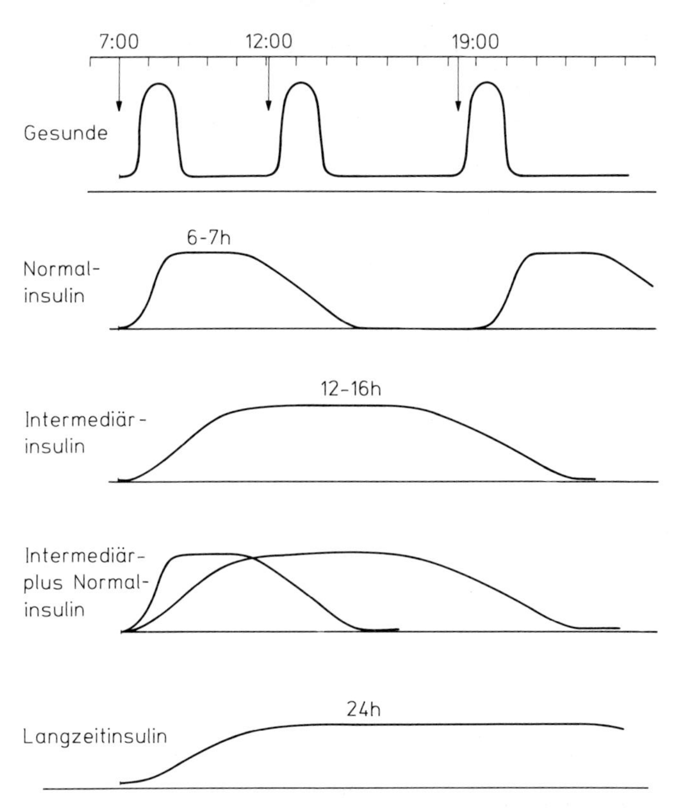

Abb. 14. Schematische Darstellung der Plasmainsulinkonzentration: Vergleich zwischen Gesunden und mit Insulin behandelten Diabetikern. *Pfeil:* Nahrungsaufnahme

für den Typ-I-Diabetes mit weitgehendem Insulindefizit und Instabilität. Bei erhaltener Eigeninsulinproduktion und Stoffwechselstabilität kann dagegen häufig durch ein passendes Insulinpräparat, Diät und geregelte Lebensführung eine dem Idealziel nahekommende Einstellung erreicht werden.
Das injizierte Insulin gelangt primär von der Peripherie aus in den Organismus und nicht, wie das endogene Insulin, über den portalen Kreislauf zunächst in die Leber als wichtigstes Stoffwechselorgan.

Tabelle 37. „Konventionelle" Insulinregime (Einzelinjektionen). *N* Normal-(Alt-)Insulin, *I* Intermediärinsulin, *L* langwirkendes Insulin, *F* Frühstück, *M* Mittagessen, *A* Abendessen, *S* Spätmahlzeit. [ ] besonders geeignetes Regime, v.a. für Typ-I-Diabetiker. (In Anlehnung an Weber 1982)

Zahl der Injektionen	F	M	A	S
1	L (I) oder L (I)+N			
2	[I]		[I]	
	I		N	
	[I+N]		[I+N]	
	[I+N]		[I]	
	L+N		N	
3	[I+N]		[N]	[I]
	[N]	[N]	[I]	
	[N]	[N]	[I+N]	
	L+N	N	N	
4	N	N	N	N
	[N]	[N]	[N]	[I]

Schließlich wird die Wirkung des Insulinpräparats durch verschiedene Umstände modifiziert:

- Therapieeinflüsse: Wirkungsablauf des Insulinpräparats (physikochemische Eigenschaften), Kalorien- oder KH-Gehalt und KH-Verteilung der Diät;
- normale und metabolische Situation: Eigeninsulinproduktion, „globale" Insulinempfindlichkeit, zirkadiane Schwankungen der Insulinempfindlichkeit, ungleichmäßige Insulinabsorption;
- individuelle Situation: Alltagsverhältnisse, Tagesablauf, körperliche Aktivität, emotionale Belastung.

Tabelle 37 gibt einen Überblick über die unterschiedlichen Insulinregime: von der Einmalinjektion eines Langzeit- oder Intermediärpräparats, etwa bei stabilem Diabetes mit geringem Insulinbedarf, über Mischinjektionen mit Normalinsulin bis zu Mehrfachinjektionen bei Einstellungsproblemen oder besonders dringlicher Indikation für eine Normoglykämie.

6.5.1 Indikationen für Insulin

- Hyperglykämisches Koma in allen Altersklassen, unabhängig vom Diabetestyp: vitale Indikation.
- Typ-I-Diabetes, besonders im Wachstumsalter: „lebenslängliche" Therapie.
- Typ-II-Diabetes, selten frühzeitig, meist erst nach Versagen der oralen Antidiabetika (Sekundärversagen): dann meist dauernde Insulinbedürftigkeit.
- Ausgeprägte initiale Dekompensation bei Typ-II-Diabetes: oft nur kurzdauernde Therapie.
- Kontraindikationen für SH oder Biguanide.
- Größere operative Eingriffe, Notfallsituationen, Diabetesdekompensation als Folge von Myokardinfarkt, Trauma, Infektion: meist nur passager als „intermittierende" Therapie.
- Entzündliche oder nekrotische Läsionen im Bereich des Fußes (Ulzera, Nekrose, Gangrän, Phlegmone), ausgeprägte Neuropathie und Retinopathie, stärkere Einschränkung der Nierenfunktion, Gravidität: Insulin trotz ausreichender BZ-Senkung durch Tabletten.

6.5.2 Dosierung

Ausgeprägte Dekompensation des Diabetes. Die BZ-Normalisierung gelingt am raschesten mit multiplen Normalinsulininjektionen während der ersten 1–2 Tage. Oft kann bereits bald abends ein Verzögerungspräparat injiziert werden, das eine bessere Insulinversorgung während der Nacht gewährleistet. Ein solches Vorgehen ist besonders beim Typ-I-Diabetes angezeigt (s. Tabelle 37).

Eine dreimalige Injektion von NI (s. Tabelle 37) ist i. allg. nicht empfehlenswert. Die Wirkungsdauer der Abendinjektion ist zu kurz, um besonders bei ausgeprägterem Insulinmangel einen BZ-Anstieg in der 2. Nachthälfte zu verhindern. Wenn jedoch in komplizierten Situationen lediglich NI verwendet werden soll, ist eine weitere 4. Injektion etwa zwischen 2 und 4 Uhr morgens notwendig.

Nach einigen Tagen weitgehender Anwendung von NI wird 2mal täglich ein Verzögerungsinsulin, unter Umständen mit NI-Zusatz, injiziert. Bei anderen Patienten läßt sich eine rasche Kompensation des Diabetes auch mit 2maliger Applikation eines Intermediärinsulins, u. U. mit NI-Zusatz, erreichen.
Die Dosierung erfolgt nach HZ- und BZ-Tests (Schnelltests), u. U. mit Reflektometerverwendung oder Laborbestimmung.

Mäßige Dekompensation. Angezeigt ist eine 2malige Injektion eines Intermediärpräparats oder – besonders bei älteren Patienten – nach insuffizienter Tablettenbehandlung eine einmalige Injektion eines Verzögerungsinsulins mit längerer Wirkungsdauer. Auch in diesen Situationen wird 2mal injiziert, wenn wie beim Typ-I-Diabetes ohnehin mit der späteren Notwendigkeit einer zweimaligen, ggf. sogar dreimaligen Injektion zu rechnen ist.

Weiterer Verlauf. Abrupte und kurz nacheinander folgende Dosisänderungen sollen außer in Akutsituationen vermieden werden. Wenn BZ- und HZ-Tests einen ungünstigen Trend erkennen lassen und damit eine Verschlechterung der Stoffwechsellage anzeigen, soll die Dosis nicht zu stark und in zu kurzen Abständen erhöht werden. Einzelne positive Tests dürfen dabei nicht überbewertet werden. Die Dosissteigerung liegt i. allg. bei 10% der Tagesdosis, z. B. bei 36 IE etwa 4 IE.
Eine akute und gravierende Dekompensation des Diabetes als Folge von Infekten oder anderen Komplikationen erfordert selbstverständlich mehr Insulin, insbesondere NI und oft eine raschere Dosiserhöhung. Umgekehrt ist bei anhaltender Aglukosurie und gleichzeitiger Hypoglykämieneigung ein allmählicher Abbau der Dosis notwendig, sofern nicht Einzelereignisse wie gelegentliche intensivere körperliche Aktivität für die Unterzuckerungen verantwortlich zu machen sind (s. 16.1).
Sowohl das Ausmaß der Dosissteigerung wie auch der -reduzierung soll in einem realistischen Verhältnis zur Tagesdosis stehen. So ist beispielsweise von einer Erhöhung der Insulindosis von 50 auf 52 IE eine klinisch relevante Wirkung nicht zu erwarten. Änderungen der

Dosis oder auch der Insulinsorte sollen nicht aufgrund einzelner BZ- oder HZ-Werte vorgenommen werden. Insbesondere gilt dies für die Stoffwechselführung bei jugendlichem und v.a. bei labilem Diabetes.
Die durchschnittliche Insulindosis liegt bei 35–40 IE. Wenn höhere Dosen, besonders über 60–80 IE, benötigt werden, soll versucht werden, die Ursache für die Insulinunempfindlichkeit zu eruieren.

6.5.3 Therapeutisches Vorgehen unter Berücksichtigung des Diabetestyps (s. Tabelle 38, S. 156)

Typ-I-Diabetes. Sobald die Diagnose feststeht, ist die Insulintherapie ohne Verzug einzuleiten. Ein Diätvorversuch oder orale Antidiabetika sind nicht angezeigt. Der Blutzucker soll möglichst rasch, zumindest in den ersten 1–2 Tagen, am besten unter weitgehender Verwendung von Normalinsulin und mehrfach täglichen Injektionen weitgehend normalisiert werden. Die tägliche Dosis kann während dieser Zeit über 1,0 IE/kg KG liegen. Der Einsatz von Insulininfusionsgeräten in dieser Phase befindet sich noch im Versuchsstadium und hat noch nicht zu wesentlich besserer Diabeteseinstellung im Vergleich zu Mehrfachinjektionen und günstigerer Beeinflussung des Verlaufs geführt.
Der *weitere Verlauf* zeigt unterschiedliche Tendenzen (Tabelle 39). Ein Regime mit 2maliger und, falls sich damit keine befriedigende Einstellung erzielen läßt, mit 3- bis 4maliger täglicher Injektion bleibt jedoch die Grundlage der Therapie.
Die Progredienz kann auch in jüngerem Erwachsenenalter langsam verlaufen und u. U. auf einer „gutartigen" Stufe mit Stabilität und nicht zu hohem Insulinbedarf stehenbleiben. Nicht selten beginnt die Stoffwechselstörung sogar ohne erkennbare initiale Dekompensationsphase. Die Intensität der Störung bleibt begrenzt, so daß sich auch nach 10–15 Jahren kein totaler Diabetes mit fehlender Eigen-Insulinproduktion entwickelt hat.
Bei anderen Patienten kommt es nach einer relativ stabilen Phase im Verlauf von 2–3 Jahren zu stärkeren postprandialen Hyperglykämien und insbesondere zur Instabilität. Eine ausgeprägte Labilität wie beim Brittle-Diabetes ist eine Inidkation für Insulininfusionsge-

Tabelle 38. Empfehlungen für Grenzen der Insulintherapie

Diabetestyp	Therapeutische Maßnahmen	Erstrebenswerte Einstellung	Häufige Probleme
Typ I, stabil (besonders in den ersten Jahren)	2- bis 3mal tgl. Injektion, Normalinsulin bzw. NI-Zusatz	BZ 60–150 mg/dl, Einzelwerte bis 180–200 mg/dl, Aglukosurie	Ungeeignetes Insulinregime, Schwierigkeiten der Kooperation, fehlende Regelmäßigkeit hinsichtlich Tagesablauf und körperlicher Aktivität
Typ I, instabil	2- bis 3mal tgl. Injektion, Normalinsulin, Regulierung der Muskeltätigkeit, flexible Therapie, Insulininfusionsgeräte	Möglichst niedriger durchschnittlicher BZ, Reduzierung der BZ-Schwankungen, häufig Werte über 200 mg/dl nicht vermeidbar, ebensowenig geringe bis mäßige Glukosurie (meist 10–50 g)	Überbewertung einzelner BZ- und HZ-Werte. Schwere Hypoglykämien nicht immer vermeidbar, evtl. Somogyi-Phänomen. Geregelte Lebensführung vordringlich
Typ II, Insulin	Trotz Tendenz zu einmal täglicher Injektion, besonders im mittleren, jedoch auch im höheren Alter, 2mal Injektion erforderlich	BZ möglichst unter 180 mg/dl, Einzelwerte bis 200, v. a. im Alter, Glukosurie 0–10 g (evtl. 20 g)/24 h	Keine Gewichtsabnahme trotz Übergewicht, geringe Insulinempfindlichkeit. Im Alter Schwierigkeiten hinsichtlich Injektionstechnik und Hypoglykämiegefährdung

räte, wenn die weiteren unten angeführten Voraussetzungen gegeben sind.

Die *postinitiale Remissionsphase* ist charakterisiert durch eine Besserung des Diabetes nach der Ersteinstellung mit einem Rückgang des Insulinbedarfs auf weniger als 0,5 IE/kg KG. Die Insulintherapie wird auch dann in niedriger Dosis beibehalten, wenn ein Auslaßversuch mit alleiniger Diät- oder Tablettentherapie verlockend er-

Tabelle 39. Typ-I-Diabetes. Verlauf und therapeutische Richtlinien

	Verlauf	Therapeutisch besonders zu beachten
Progredienz des Diabetes ↓	1. Initiale Dekompensation	Idealziel: Normoglykämie (BZ 60–150 mg/dl) – Frühzeitige – Rasche – Ausgiebige – (Wenig immunogene) } intensive Insulintherapie (keine oralen Antidiabetika)
	2. Postinitiale Remission	– Kontinuierliche, sorgfältige Insulintherapie, breite Indikation für Zweimalinjektion trotz geringen Insulinbedarfs – Kein Versuch mit oralen Antidiabetika
Später	3. Zunehmender Insulinbedarf	– Im weiteren Verlauf oft NI-Zusatz (als Kombinations- bzw. biphasisches Insulin oder in Form einer individuellen Mischung)
	4. Tendenz zu postprandialer Hyperglykämie	– Bei Einstellungsschwierigkeiten evtl. 3malige Insulininjektion täglich
	5. Instabilität	– Stoffwechselführung auf der Basis der Selbstkontrolle unter Anpassung an wechselnde Lebensumstände, besonders an unterschiedliche körperliche Aktivität
	Besondere Situationen (s. Kap. 19)	– Insulininfusionsgeräte [transportabel, implantierbar (Versuchsstadium)], noch nicht realisierbar: Pankreas- bzw. Inseltransplantation
Häufige Varianten	Allmähliche, „schleichende" Manifestation (u. U. Typ II?) Auch nach langer Diabetesdauer Entwicklung nur bis 3. Praktisch gleichzeitige Entwicklung von 3., 4. und evtl. auch 5.	
Diät		– Wenig gesättigte Fette – Relativ KH- und faserreich – Individuelle KH-Verteilung bzw. Anpassung

scheint. Bei weitgehender Remission und Hypoglykämien kann eine einmalige Injektion eines länger wirkenden Intermediärinsulins ausreichend sein. Ist der Blutzucker jedoch nach dem Abendessen oder auch nüchtern zu hoch, beispielsweise über 130–150 mg/dl, soll 2mal injiziert werden.

Typ-II-Diabetes (Erwachsenentyp). Eine Insulinbedürftigkeit entwickelt sich meistens erst nach mehreren Jahren einer zunächst erfolgreichen Diät- oder Tablettenbehandlung. Allerdings scheint es sich, besonders bei nicht adipösen jüngeren Erwachsenen, trotz zunächst vorhandener Wirksamkeit von oralen Antidiabetika in den meisten Fällen nicht um einen Typ-II-, sondern um einen langsam progredienten Typ-I-Diabetes zu handeln. Damit liegt, wie auch sonst bei diesem Diabetestyp, eine Indikation für eine frühzeitige und ausgiebige Insulintherapie vor.

Insulintherapie bei ausreichender Insulinempfindlichkeit (Insulinbedarf unter 30–40 IE), stabilem Stoffwechsel, Normalgewicht, nur selten Übergewicht:

Tabelle 40. Beispiel unzureichender Einstellung bei Einmalinjektion. Nach Umstellung auf Zweimalinjektion des gleichen Insulinpräparats befriedigende Diabeteseinstellung: Beseitigung der Nüchternhyperglykämie und der Hypoglykämietendenz gegen Mittag. Pat. O.P., 45 Jahre, Diabetesdauer 6 Jahre

	BZ-Werte [mg/dl]								
Kliniktag	2.	4.	5.	8.	9.	10.	11.	13.	15.
7.00 Uhr	275	168	240	270	280		143	103	118
10.00 Uhr	220	168					190	135	
17.00 Uhr	40	85	53	130			83	120	103
20.00 Uhr	63			158			128		
24.00 Uhr	140			155			128		
Glukosurie [g/24 h]	14		15	18			3	10	
7.00 Uhr	52 IE		44 IE			28 IE Depot Insulin			
17.30 Uhr						6 IE Hoechst			

Diät: 2400 kcal. (230 g KH, 120 g Eiweiß, 110 g Fett)
(BE: 3/3/4/3/4/2)

Es wird nach den in Tabelle 38 wiedergegebenen Regeln vorgegangen. Wenn ein Zusatz von Normalinsulin wegen postprandialer Hyperglykämie notwendig ist, genügen für die meisten Patienten handelsübliche Kombinationspräparate. Nur selten wird eine individuelle Mischung benötigt, da die Adaptation der Dosis und die Änderung des Mischungsverhältnisses eine geringere Rolle als beim Typ-I-Diabetes spielen.
Trotz niedrigen Insulinbedarfs sind jedoch häufig 2mal täglich Injektionen erforderlich. Höhere Einzeldosen werden wegen Hypoglykämien nicht toleriert, besonders wenn das Wirkungsmaximum des Präparats mit einer Phase ausgeprägter Insulinempfindlichkeit, wie besonders in der 2. Vormittagshälfte, zusammenfällt (Tabelle 40).
In höherem Alter sind die Anforderungen an die Stoffwechselführung weniger rigoros, sofern keine gravierenden neurovaskulären Komplikationen oder Infekte vorliegen. Eine einmal tägliche Injektion kann deshalb trotz geringer oder mäßiger Hyperglykämie versucht werden (s. Kap. 15).

Therapie bei geringer Insulinempfindlichkeit, v. a. bei adipösen Diabetikern:
Eine Insulinbehandlung wird meist erst zu einem späteren Zeitpunkt notwendig. Wegen der geringen Insulinempfindlichkeit führen selbst höhere Dosen oft nicht zu der gewünschten BZ-Senkung. Ursache ist die erwähnte Verminderung der Rezeptorzahl, eine Situation, die sich nur durch knappe Kost und Gewichtsabnahme bessern läßt.

Massive Insulindosen und die damit verbundene hohe Plasmainsulinkonzentration können sogar zu einer sog. „down regulation" führen, d. h. zu einer weiteren Abnahme der Rezeptoren und damit der Insulinempfindlichkeit. Eine vermehrte Rezeptorbindung wird dafür verantwortlich gemacht, daß trotz einer *Reduktion* der Insulindosis und damit einer Verminderung der Plasmainsulinkonzentration ein Anstieg des Blutzuckers ausbleibt und die Ansprechbarkeit auf Insulin besser werden kann.

Bei Diabetikern mit *ausgeprägter* Insulinunempfindlichkeit läßt sich u. U. mit einer morgendlichen Applikation von Normalinsulin und einer Abendinjektion eines Verzögerungs- oder Kombinationspräparats eine bessere Einstellung erreichen als mit zweimaliger Injektion eines Verzögerungsinsulins. Das Normalinsulin führt zu einer

stärkeren BZ-Senkung in den ersten Stunden nach der Injektion, so daß die beträchtlichen Vormittagshyperglykämien, wie sie bei diesen insulinunempfindlichen Patienten unter Verzögerungsinsulinen trotz hoher Dosierung auftreten, vermieden werden.
Es soll nur so viel Insulin verabfolgt werden, wie zur Aufrechterhaltung befriedigender BZ-Werte tatsächlich notwendig ist. Ungünstig sind häufige und unterschwellige Hypoglykämien mit vermehrtem Hungergefühl, das zusätzliche Nahrungsaufnahme und eine weitere Gewichtszunahme zur Folge hat. Unter einer Reduktionskost läßt sich die Insulindosis oft erheblich abbauen und sogar besonders in den ersten Diabetesjahren ein erfolgreicher Auslaßversuch durchführen:

H. W., geb. 1922
Diabetesdiagnose 1961 (BZ 350 mg/dl), Gewicht damals 140 kg bei 186 cm Größe. Tolbutamidtherapie.
1968 nach Abszeß 200 IE Insulin, später bis 1972 160 IE, Gewicht 1971 160 kg. Januar 1972 Unfall, danach Inappetenz, geringe Nahrungszufuhr. Bald „Benommenheit", offenbar Hypoglykämie.
26.1.–26.2.1972 stationär Diabetesklinik Bad Oeynhausen.
Insulindosis bei Aufnahme 20 IE. Unter 200, später 1000 kcal. Gewichtsverlust von 144,3 auf 136,7 kg. Normoglykämie.
oGTT (100 g) nach 60 min 275 mg/dl,
nach 120 min 150 mg/dl.
1973 erneut stationär, Gewichtsabnahme unter Nulldiät von 132 auf 123,2 kg. Weiterhin Normoglykämie.
Auch 1981 lediglich pathologischer oGTT: nüchtern 111 mg/dl,
60 min 242 mg/dl,
120 min 177 mg/dl.
HbA_1 6,7%. Gewicht 131 kg.
Fazit: Relative Insulinresistenz bei Adipositas und kalorienreicher Kost. Unter Reduktionskost lediglich pathologische Glukosetoleranz.

Wie in Kap. 5.1 ausgeführt wurde, besteht die Möglichkeit, durch Sulfonylharnstoffe die Rezeptorsituation zu bessern und damit die Empfindlichkeit gegenüber Insulin häufiger als bisher vermutet zu erhöhen. Ein solcher Versuch ist bei übergewichtigen Patienten mit geringer Insulinempfindlichkeit und Einstellungsschwierigkeiten angezeigt. Der Zusatz von SH ermöglicht ferner bei einem zahlenmäßig noch nicht abzusehenden Teil der Patienten eine Umstellung von 2- auf einmal tägliche Injektionen, ohne daß sich die Stoffwechsellage verschlechtert. Diese Chance kann gelegentlich für ältere Patienten, bei denen auf ein unkompliziertes Insulinregime Wert gelegt wird, vorteilhaft sein.

Wenn übergewichtige Diabetiker auf Insulin eingestellt werden, kann sich im Falle einer zu reichlichen Nahrungszufuhr ein Circulus vitiosus entwickeln, der durch Überernährung, Gewichtszunahme, Insulinresistenz und wiederum höhere Insulindosis charakterisiert ist und erhalten wird. Nach Einleitung der Insulintherapie sollen bei einem vorher mit Diät oder Tabletten behandelten Patienten in den folgenden Wochen und Monaten die Diät und das Gewicht besonders sorgfältig überwacht werden. Günstig ist die Ausgangsposition für die Insulinbehandlung, wenn der Patient sein Körpergewicht bereits vor Einleitung der Insulinisierung reduziert hat.
Häufig muß man sich jedoch mit einem Kompromiß sowohl im Hinblick auf das Körpergewicht als auch unter Umständen auf die Einstellung des Diabetes begnügen. Eine Annäherung des BZ an den Normbereich kann zwar durch hohe Insulindosen bis zu 100 IE täglich erzielt werden, jedoch unter der Gefahr, den oben erwähnten Circulus vitiosus in Gang zu setzen. Andererseits darf bei Vorliegen von Komplikationen wie Infektion, Neuropathie, entzündliche oder gangränöse Prozesse im Bereich des Fußes auf eine BZ-Normalisierung nicht verzichtet werden.
Schließlich ist zu erwähnen, daß auch normalgewichtige Erwachsene gelegentlich einen hohen Insulinbedarf aufweisen, dem keiner der bekannten Faktoren, möglicherweise aber ebenfalls eine verminderte Rezeptorbindung zugrunde liegt. Hohe Insulindosen lassen sich nicht vermeiden, um zu einer einigermaßen akzeptablen Einstellung zu gelangen.

6.5.4 Praxis der Diabeteseinstellung

Korrektur eines ungeeigneten Insulinregimes. Die folgenden 4 schematischen Protokolle lassen erkennen, daß sich bestimmte unbefriedigende Situationen mit einfachen Mitteln korrigieren lassen. Es wird davon ausgegangen, daß der Arzt am Untersuchungstag einen BZ-Wert, meist postprandial, sowie evtl. die 2mal-12-h-Glykosurie bestimmt, der Patient dagegen täglich den frisch gelassenen Harn (Einzelportion) mit Clinitest oder Diabur 500 untersucht. Selbstverständlich kann bei entsprechender Indikation (s. Kap. 3.5) auch die BZ-Selbstkontrolle als Ergänzung herangezogen werden.

1) Zu niedrige Morgen-Dosis bei Einmalinjektion eines Intermediärinsulins
Insulin: 6.30 Uhr 24 IE
Postprandialer BZ (10.00 Uhr) 235 mg/dl
Tagesglukosurie 35 g
Nachtglukosurie 12 g
Der postprandiale Blutzucker (pp BZ) und die Glukosurie lassen eine zuverlässige Beurteilung der Stoffwechsellage nicht zu. Es fehlen Hinweise auf den NBZ und den weiteren BZ-Verlauf. Sie ergeben sich erst aufgrund des HZ-Protokolls:

Nüchtern	11–12 Uhr	17–18 Uhr	Spät
Ø	2%	2%	1%
Ø			
Ø	2%	1%	2%

Bewertung: NBZ wahrscheinlich befriedigend, die nächtliche Glukosurie stammt offensichtlich vom Abend vorher.

Therapeutische Konsequenzen: Erhöhung der Morgendosis zunächst auf 28 IE, nach 5–6 Tagen, falls HZ weiter positiv, auf 30–32 IE.
Befunde nach einer Woche:

Nüchtern	11–12 Uhr	17–18 Uhr	Spät
Ø	Ø	Spur	Spur
Ø	Ø	Ø	Ø

Praxislabor:
BZ 9.30 Uhr 148 mg/dl
Tagesglukosurie 4 g
Nachtglukosurie 0 g

2) Unzureichende Einstellung bei Einmalinjektion eines Intermediärinsulins (Wirkungsdauer etwa 16 h) (s. auch Tabelle 40)

Insulin: 6.30 Uhr 36 IE
6.2.: BZ 8.30 Uhr 240 mg/dl
Tagesglukosurie 10 g } vom 5.2.
Nachtglukosurie 15 g } vom 5.2.

Diese Befunde erlauben keine eindeutigen Rückschlüsse auf den BZ-Verlauf. Informativ ist dagegen das Selbstkontrolleprotokoll:

	Nüchtern	11–12	17–18	Spät (vor dem Zubettgehen)
3.2.	2%	Spur	Ø	Spur
4.2.	5%	Ø	Ø	1%
5.2.	1%	Ø	Spur	1%

Bewertung: Die Nüchternglukosurie spricht für eine Nüchternhyperglykämie. Vor dem Mittagessen und dem Abendessen ist der BZ dagegen relativ niedrig (Aglukosurie). Die Ursache für die unbefriedigende Einstellung ist zweifellos die zu kurze Wirkungsdauer des IMI. Sie reicht zwar bis nachmittags, jedoch nicht über 24 h aus.

Therapeutische Überlegungen und Konsequenzen:
- Eine Dosiserhöhung auf 36 IE wird wahrscheinlich zu Hypoglykämien führen (negativer Clinitest 11–12 Uhr!), ohne daß sich der NBZ entscheidend beeinflussen ließe.
- Ein Verzögerungsinsulin von längerer Wirkungsdauer ist besonders bei stabilem Diabetes, v.a. bei älteren Patienten, indiziert.
- Eine Aufteilung der Dosis auf eine Morgen- und Abendinjektion ist die beste Lösung für die meisten Typ-I-Diabetiker und für instabile und manchmal auch für insulinempfindliche ältere Patienten.

Danach würde das SK-Protokoll etwa folgendermaßen aussehen:

	Nüchtern	11–12	17–18	Spät (vor d. Zubettgehen)
8.2.	Ø	Ø	Ø	Spur
9.2.	Ø	Ø	Spur	Ø

Praxislabor: 10.2. BZ 8.30 Uhr postprandial 158 mg/dl
HZ-Tagesmenge 2 g } vom 9.2.
HZ-Nachtmenge Ø }

3) Ungenügender Initialeffekt der Morgen- und auch der Abenddosis

Insulindosen: 7.00 Uhr 32 IE
17.30 Uhr 16 IE
BZ postprandial 9.30 Uhr 262 mg/dl
16.00 Uhr 125 mg/dl
HZ-Tagesmenge 28 g
HZ-Nachtmenge 8 g

Notwendig ist die Orientierung über den NBZ und den BZ vor dem Mittagessen.

Selbstkontrolle (HZ-Protokoll, in dieser Situation vorübergehend mit Kontrolle um 10 Uhr)

	Nüchtern	10.00 Uhr	11–12 Uhr	17–18 Uhr	Spät
4.5.	Ø	2%	2%	Ø	1%
6.5.	Ø	2%	Spur	Ø	1%
	Ø	1%	1%		Spur

Das Protokoll läßt folgendes erkennen:
- der NBZ und BZ vor dem Abendessen sind offensichtlich befriedigend,
- der Initialeffekt des Insulinpräparates ist jedoch unzureichend.

Therapeutische Überlegungen und Konsequenzen:
- Eine Dosiserhöhung wird wahrscheinlich zur Nachmittagshypoglykämie führen, ohne eine ausreichende Senkung des Vormittags-BZ.
- Eine Verminderung des KH-Gehalts des 1. Frühstücks und des Abendessens bringt meistens keine wesentliche Besserung und kann allenfalls bei KH-reichem Frühstück versucht werden.
- Ein Präparat mit intensiverem Initialeffekt, z. B. ein Mischinsulin oder ein NI-Zusatz sind daher angezeigt.

Nach Umstellung ergibt sich das folgende Selbstkontrolleprotokoll:

	Nüchtern	10.00 Uhr	11–12 Uhr	17–18 Uhr	Spät
8.5.	Ø	Ø	Ø	Ø	Spur
9.5.	Ø	Spur	Ø	Ø	Ø

und folgende BZ-Werte:
9.00 Uhr 155 mg/dl
17–18 Uhr 142 mg/dl
HZ-Tagesmenge Ø
HZ-Nachtmenge 3 g

4) Zu niedrige Morgendosis bei 2 Injektionen
Insulin: 6.30 Uhr 24 IE (WD 12–16 h)
16.30 Uhr 16 IE (WD 12–16 h)
BZ 9.00 Uhr 235 mg/dl
Tagesglukosurie 35 g
Nachtglukosurie 12 g
Aufgrund des postprandialen BZ-Werts und der Glukosurie ist eine Beurteilung des BZ-Verlaufs nicht möglich. Die höhere Zuckerausscheidung im Laufe des Tages spricht für stärkere Hyperglykämien tagsüber. Eindeutig zu beurteilen ist die Situation nach dem HZ-Protokoll:

	Nüchtern	11–12 Uhr	17–18 Uhr	Vor dem Zubettgehen
28.6.	Ø	2%	2%	1%
29.6.	Ø			
30.6.	Ø	–	–	2%

Bewertung: NBZ befriedigend. Die Glukosurie im weiteren Tagesablauf – auch vor dem Mittagessen – spricht für anhaltende Hyperglykämie.

Therapeutische Konsequenzen: Erhöhung der Morgendosis zunächst auf 28 IE, nach etwa 5–7 Tagen, falls weiterhin Glukosurie, auf 30–32 IE. Danach ist etwa folgendes Protokoll zu erwarten:

	Nüchtern	11–12 Uhr	17–18 Uhr	Vor dem Zubettgehen
8.7.	Ø	Ø	Spur	Spur
10.7.	Ø	Ø	Ø	Ø

Praxislabor: BZ 9.30 Uhr 148 mg/dl
Tagesglukosurie Ø Nachtglukosurie 2 g

Einstellungsschwierigkeiten: Im Laufe einer 24-h-Periode läßt sich bei zahlreichen Patienten mit gewisser Konstanz zu bestimmten Tageszeiten eine ausgeprägte Neigung zum BZ-Anstieg, einige Stunden später eine eindeutige Tendenz zur Hypoglykämie feststellen. Dies gilt besonders für die Vormittagssituation, für die 2. Nachmittagshälfte sowie für den NBZ. In Tabelle 41 sind diese Situationen mit ihren klinischen Auswirkungen zusammengestellt.

Nüchternhyperglykämien. Der NBZ gilt als wichtiger Hinweis auf die Insulinversorgung vom Vortag und die ungefähre BZ-Konzentration während der Nachtzeit. Trotz noch normaler oder auch erhöhter Werte können nächtliche Hypoglykämien jedoch unerkannt bleiben. Ferner ist der NBZ Ausgangspunkt für das Tagesprofil und bei vielen Patienten die wichtigste Determinante für Vormittagshyperglykämien. Auf eine Orientierung über seine Höhe etwa durch BZ-Bestimmung oder auch durch HZ-Tests kann daher besonders bei unbefriedigend eingestellten Patienten nicht verzichtet werden. Die wichtigsten Ursachen für eine Nüchternhyperglykämie und die sich daraus ergebenden therapeutischen Konsequenzen sind in Tabelle 42 zusammengestellt.
Die Pathogenese der reaktiven Hyperglykämie nach Hypoglykämien ist im einzelnen ungeklärt. Dieses sog. Somogyi-Phänomen (1959) wird in erster Linie bei instabilem Diabetes beobachtet (s. Kap. 7), ist aber wahrscheinlich seltener als angenommen wird. Weitaus häufiger sind Nüchternhyperglykämien Folge der anderen in der Tabelle angegebenen Faktoren.

Versuch der normoglykämischen Einstellung unter weitgehender Verwendung von Normalinsulin, sog. intensivierte Insolintherapie (s. auch 6.6). Es gelten folgende Kriterien:
- Blutzucker nüchtern nicht unter 70–80, p.c. bis etwa 140 mg/dl, nur Einzelwerte höher,
- Aglukosurie.

Tabelle 41. Einstellungsschwierigkeiten

Mit welchen Situationen wird der Arzt häufig bei insulinabhängigen, besonders bei Typ-I-Diabetikern konfrontiert?:	Ursachen
Ausgeprägte Postprandialhyperglykämien, besonders nach dem 1. Frühstück, trotz eines nur begrenzten KH-Gehaltes *Beachte:* Eine Dosissteigerung kann zu Hypoglykämien gegen Mittag führen	Im einzelnen ungeklärt
Hypoglykämie zwischen 11.00 und 13.00 Uhr *Beachte:* Eine ausgeprägte 10.00-Uhr-Hyperglykämie ist kein Schutz vor Hypoglykämie 2 h später	Wirkungsablauf des Insulinpräparats, körperliche Bewegung, zu langes Intervall zwischen 2. Frühstück und Mittagessen, tageszeitlich bedingte höhere Insulinempfindlichkeit
Zusammentreffen von Hypoglykämietendenz gegen Mittag mit Hyperglykämie in der 2. Nachmittagshälfte *Beachte:* Höhere Insulindosen zur Reduzierung der Nachmittagshyperglykämie führen oft – trotz sog. 3. Frühstücks – zu Hypoglykämien mittags	Schwächere Wirkung einiger Intermediärinsuline am Nachmittag bei intensivem Effekt gegen Mittag (Hypoglykämie)
Nächtliche Hypoglykämie (etwa 24.00–4.00 Uhr) in Kombination mit Nüchternhypoglykämie *Beachte:* Nüchternhyperglykämie selten reaktiv als Folge nächtlicher Hypoglykämie	Wirkungsmaximum des Insulinpräparats, nachts Nahrungskarenz, keine rechtzeitige Erkennung der Hypoglykämie (Schlaf), nachlassende Insulinempfindlichkeit in der 2. Nachthälfte

Tabelle 42. Nüchternhyperglykämien

Ursachen	Konsequenzen
1. Unzureichende Insulinversorgung vom Vortag, bei 2 Injektionen meist zu niedrige Abenddosis	Dosiserhöhung
2. Zu kurze WD des Abendinsulins und deshalb BZ-Anstieg in der 2. Nachthälfte. Dosissteigerung nicht möglich, da Hypoglykämien um Mitternacht resultieren	Im Falle eines Intermediarinsulins mit kurzer Wirkungsdauer: protrahierteres Präparat
3. Zu reichlich KH (meist Zucker) nach nächtlicher Hypoglykämie	Niedrigere Insulindosis. Patienteninstruktion über zweckmäßige Extra-KH
4. Nächtliche Hypoglykämie mit reaktiver Hyperglykämie (Somogyi-Effekt). Verstärkt oft durch massive Extra-KH. U. U. auch unbemerkte (verschlafene) Hypoglykämie	Verifizierung der Hypoglykämie durch BZ-Bestimmung (Selbstkontrolle oder durch Angehörige, evtl. Blutentnahme mittels Kapillarröhrchen). Probatorische Insulindosisreduktion
– Kombination von 2 und 4	

Normoglykämie in diesem Sinne wird heute nicht nur für zahlreiche Typ-II-Diabetiker, die mit Tabletten oder Diät behandelt werden, sondern auch, sofern dies mit der Hypoglykämiegefährdung vereinbar ist, häufiger als früher für insulinbedürftige Typ-I-Diabetiker, und zwar besonders unter den in Tabelle 43 aufgeführten Umständen, angestrebt. Für viele Patienten kann eine solche Einstellung mit täglich 2 Injektionen eines Verzögerungsinsulins, evtl. mit Normalinsulinzusatz, erreicht werden. Andernfalls ist eine 3malige, u. U. auch eine 4- bis 5malige Insulinapplikation notwendig.

Die intensiven Bemühungen um Normoglykämie haben zu einer Renaissance des Normalinsulins geführt, und zwar nicht nur als Zusatz zum Verzögerungspräparat. Es wird häufiger versucht, mit multiplen Injektionen entsprechend dem in Tabelle 37 wiedergegebenen Schema zu behandeln, wobei es sich als vorteilhaft erwiesen hat, die Nacht grundsätzlich mit Hilfe eines Verzögerungsinsulins zu überbrücken, ggf. sogar mit einem Langzeitinsulin.

Tabelle 43. Komplette oder weitgehende normoglykämische Einstellungen. Ober tatsächlich Normoglykämie erforderlich ist oder geringe passagere Hyperglykämien toleriert werden können, ist bisher noch nicht entschieden. Unklarheit besteht außerdem über den Einfluß individueller, noch unbekannter Faktoren auf die Entwicklung der Angiopathie

Indikation	Vorteile	Wahrscheinlichkeitsgrad für die Effektivität einer intensiven Therapie
Postinitiale Remissionsphase	Schutz der β-Zelle und Verhinderung der Diabetesprogredienz	Möglich
Gravidität	Keine erhöhte perinatale Mortalität und Morbidität	Gesichert
Sensible, überwiegend symmetrische Neuropathie		Gesichert
Fortgeschrittene autonome Neuropathie		Rückbildung unwahrscheinlich, lediglich Funktionsteste gebessert
Background-Retinopathie		Retinafunktion gebessert, möglicherweise auch morphologische Befunde. (Langzeitstudien fehlen)
Proliferative Retinopathie		Offenbar ungünstig, u. U. Zunahme der Blutungen und Proliferationen
Klinisch manifeste Nephropathie		Unwahrscheinlich
Entzündliche Prozesse bei Gangrän und diabetischem Fuß		Gesichert

Die Vorteile eines solchen Regimes liegen auf der Hand: Der Wirkungsablauf des Normalinsulins ist übersichtlicher, Überlappungen spielen eine geringere Rolle bei Verzögerungspräparaten. Die Therapie läßt sich unter BZ- und HZ-Selbstkontrolle besser steuern. Schließlich ähnelt die Plasmainsulinkurve post injectionem mehr den physiologischen Verhältnissen oder zumindest der Situation bei Insulininfusionsgeräten.

Erläuterungen für die Anwendung von Normalinsulin entsprechend den in Tabelle 37 aufgeführten Regime

Dosisempfehlungen für – individuelle – Mischungen von NI und den dafür besonders geeigneten NPH-Präparaten sowie der IZS Monotard (s. Tabelle 33). Die Änderungen der Dosis betragen meist 2–4 E, je nach Insulinempfindlichkeit und täglicher Gesamtdosis.
Die Dosierung der beiden Komponenten erfolgt nach folgenden Richtlinien:
Bei Nüchternhyperglykämie bzw. -glukosurie:
Steigerung der abendlichen IMI-Dosis (s. aber Tabelle 42),
bei Nüchternblutzucker unter 60 mg/dl und damit – besonders im Wachstumsalter – bei Verdacht auf nächtliche Hypoglykämie:
Reduzierung der Abenddosis.
Bei postprandialer Hyperglykämie bzw. Glukosurie nach dem 1. Frühstück trotz akzeptablem Nüchternblutzucker:
Höhere Normalinsulindosis. Problematisch wird die Situation dann, wenn gleichzeitig eine Hypoglykämie gegen Mittag auftritt (siehe unten). Bei Hypo-Tendenz im Laufe des Vormittags: Reduzierung der Normalinsulindosis.
Hyperglykämie bzw. Glukosurie vor dem Abendessen:
Steigerung der morgendlichen IMI-Dosis. Falls danach Hypoglykämien vor dem Mittagessen, s. S. 170.
Bei Hypoglykämie zwischen 15 und 18 Uhr Reduzierung der IMI-Dosis.
Hyperglykämie bzw. Glukosurie *nach* dem Abendessen trotz befriedigendem Blutzucker im Laufe des Nachmittags:
Normalinsulinzusatz bzw. höhere Normalinsulindosis vor dem Abendessen.
Nicht immer läßt sich, trotz Anpassung des Mischungsverhältnisses an die Stoffwechsellage, die erwünschte Einstellung erzielen. Die häufigsten Probleme – ohne Berücksichtigung des labilen Diabetes (s. Kap. 7) – resultieren aus den im folgenden aufgeführten Situationen und machen zusätzliche Maßnahmen erforderlich:

1. Trotz Normalinsulinzusatz und trotz günstigem Nüchtern-BZ (70–130 mg/dl) ausgeprägte postprandiale Vormittagshyperglykämien – gleichzeitig jedoch Hypoglykämietendenz gegen Mittag.
Konsequenzen:
- Weniger KH zum 1. Frühstück, falls vom Patienten akzeptiert.
- Schlacken- bzw. faserreiche Kost mit langsam resorbierbaren KH.
- Körperliche Betätigung vor und nach dem 1. Frühstück.
- Verlängerung des Spritz-Eß-Abstandes von 20–30 auf 45 Minuten – vorausgesetzt, es kommt nicht vor der Nahrungsaufnahme zu Hypoglykämien.
- Statt einer Mischinjektion von Verzögerungs- und Normalinsulin ausschließlich Normalinsulin. Selbstverständlich muß dann vor dem Mittagessen erneut Insulin injiziert werden, was ein Regime mit Dreimalinjektion bedeutet.

II: Blutzuckeranstieg während der 2. Nachmittagshälfte – gleichzeitig jedoch niedrige Blutzucker von 80–130 mg/dl vor dem Mittagessen:
Konsequenzen:

- Zunächst Steigerung der morgendlichen Verzögerungsinsulindosis (s. oben), sie senkt zwar den Nachmittags-BZ, kann aber auch zu Hypoglykämien gegen Mittag führen. In diesem Fall stehen folgende Möglichkeiten offen:
- Reduzierung der Nachmittags-KH – vom Patienten oft nicht akzeptiert oder ohne nennenswerten therapeutischen Effekt.
- Intensive körperliche Betätigung am Nachmittag – meist nicht mit der notwendigen Regelmäßigkeit praktikabel.
- Letzte, aber meist effektivste Maßnahme ist die relativ einfach zu steigernde Injektion von Normalinsulin vor dem Mittagessen, evtl. auch, falls trotz niedriger Dosis Hypoglykämien zwischen 14 und 15 Uhr auftreten, vor dem Nachmittagskaffee (s. Tabelle 44).

Mittagsinjektionen sind für Schulkinder, Bürotätige oder Hausfrauen meist unproblematisch, nicht dagegen für Fabrik- oder Außenarbeit.
Bei einigen Patienten ist eine Mittagsinjektion nur erforderlich, falls die körperliche Betätigung im Laufe des Nachmittags gering ist. Sie wird fortgelassen, wenn intensivere Bewegung bevorsteht. Anhand der Harnzucker- und auch Blutzuckerselbstkontrolle muß entschieden werden, wie im einzelnen vorgegangen wird.
Besonders bei jüngeren Patienten kommt es häufig zu einer Kombination von Situation I und Situation II, die entsprechende therapeutische Konsequenzen erfordert. Vorteilhaft hat sich in diesem Fall die zweimalige Normalinsulininjektion, und zwar vor dem 1. Frühstück sowie vor dem Mittagessen, erwiesen, unter Verzicht auf das morgendliche Verzögerungsinsulin (s. Tabelle 37).

III. Blutzuckerregulierung während der Nachtzeit
Insbesondere beim Typ-I-Diabetes gelingt es oft nicht, trotz zweimaliger täglicher Injektion die Nachtzeit zu überbrücken und akzeptable Nüchtern-BZ ohne vorhergehende Hypoglykämien zu erreichen. Die Ursachen für diese Schwierigkeiten sind in folgender Konstellation zu suchen:

Bei niedriger Abenddosis ist der Patient zwar hypoglykämiefrei, der Nüchtern-BZ aber zu hoch.

Durch höhere Abenddosis wird zwar die Nüchternhyperglykämie beseitigt, häufig aber mit – u. U. unerkannten – Hypoglykämien zwischen 24 und 3–4 Uhr erkauft.

Verantwortlich für die nächtliche Hypoglykämietendenz ist das Zusammentreffen mehrerer Faktoren:

Nahrungskarenz,
Wirkungsmaximum des Intermediärinsulins,
während dieser Zeit der Nacht relativ gute Insulinempfindlichkeit.

Der nicht selten ausgeprägte Blutzuckeranstieg in der 2. Nachthälfte ist auf eine in den Morgenstunden nachlassende Empfindlichkeit gegenüber Insulin

Tabelle 44. Beseitigung einer Nachmittagshyperglykämie (17 Uhr) und als Folge auch einer 20-Uhr-Hyperglykämie durch NI-Injektion vor dem Mittagessen. Pat. R. E., 16 Jahre

	BZ-Werte [mg/dl]								
Kliniktag	3.	5.	6.	7.	11.	13.	26.	27.	28.
7.00 Uhr	121	98	58	195	118	93	103	118	88
10.00 Uhr	195	148				110	185	198	230
12.00 Uhr	162			220			180	138	
14.00 Uhr	155	113	185	265	228	135	210	70	130
17.00 Uhr	103	142	223	285	230	260	173		110
20.00 Uhr	152	120	248	305	275	290	198	108	100
24.00 Uhr			178			130			
7.30 Uhr R [IE]	30	30	30	32	32	32	30	30	30
12.00 Uhr A [IE]	8	8	–	–	–	–	6	6	6
18.00 Uhr R [IE]	24	24	24	28	28	28	24	24	24

R = Rapitard A = Actrapid

zurückzuführen. Es handelt sich dabei um eine Manifestation des für die Diabeteseinstellung wichtigen „Zirkadianrhythmus" der Insulinempfindlichkeit, die sich zu anderen Tageszeiten, beispielsweise um die Mittagszeit, als Hypoglykämietendenz bemerkbar macht.
Als sicherste Maßnahme zur Beseitigung nächtlicher Blutzuckerprobleme ist die Aufteilung der abendlichen Insulindosis anzusehen:
Vor dem Abendessen Normalinsulin, vor der Spätmahlzeit ein Intermdiärpräparat (s. auch Tabelle 37). Auf diese Weise läßt sich eine gleichmäßigere Insulinversorgung während der Nachtzeit erreichen. Tagsüber wird entweder morgens ein IMI, oft mit NI-Zusatz, injiziert. Wenn die Wirkungsdauer bis zum Abendessen nicht ausreicht (s. o.), werden 4 Injektionen benötigt, und zwar NI vor den Hauptmahlzeiten und ein IMI vor dem Zubettgehen.

6.6 Insulininfusionsgeräte

Die Insulinabgabe wird in den geschlossenen, den Closed-loop-Systemen direkt über die mit einem Glukosesensor bestimmte BZ-Konzentration gesteuert. Bei den sog. offenen, den Open-Loop-

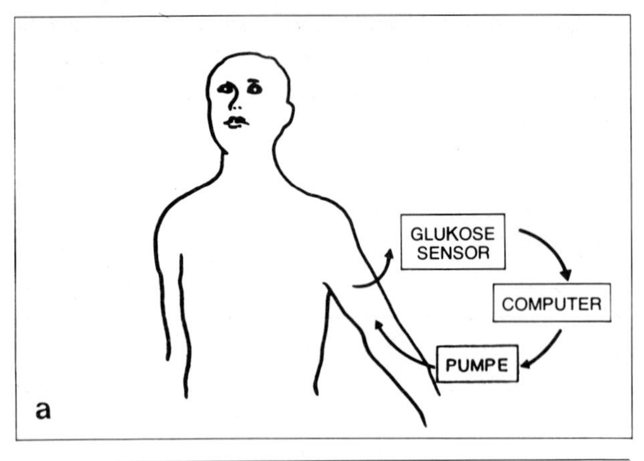

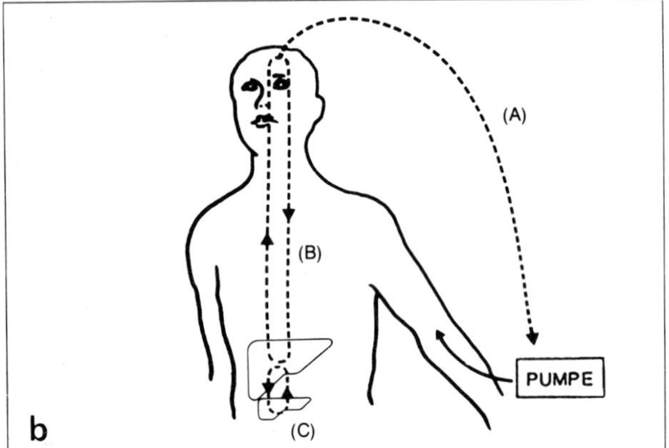

Abb. 15a, b. Schematische Darstellung des Closed-loop- (**a**) und des Open-loop-Systems (**b**) für Insulininfusionsgeräte (Medicographia (1981), 3: 22, mit Erlaubnis des Autors).
A = BZ-Selbstkontrolle; B = Hepatische Glukoseabgabe, wahrscheinlich hypothalamisch gesteuert; C = Glukagongegenregulation bei Hypoglykämie

Systemen wird dagegen die Dosierung entsprechend den BZ- und HZ-Kontrollen vom Patienten selbst vorgenommen (Abb. 15).

Geschlossenes System bzw. künstliche B-Zelle (weniger passende Bezeichnung: künstliches oder künstliches endokrines Pankreas). Ein solches Gerät stellt der Biostator dar (s. Pfeiffer et al. 1977). Die blut-

glukosegesteuerte Insulinzufuhr und bei BZ-Abfall die Glukosegabe erfolgen auf der Basis bestimmter Algorithmen. Der BZ wird über einen doppelläufigen Katheter mit einer Enzymelektrode (Sensor) extrakorporal laufend bestimmt.
Der Biostator hat zur Klärung klinischer und wissenschaftlicher Fragen wesentlich beigetragen. So erwies sich das Gerät als geeignet zur Analyse des Insulinbedarfs und schwieriger Stoffwechselsituationen wie Insulinresistenz, ferner für Studien über das Wirkungsprofil der Insulinpräparate und für andere klinische und wissenschaftliche Fragestellungen.
Die Hoffnung, sozusagen im Schnellverfahren aufgrund der Insulinabgabe während einer 24- oder 48-h-Periode konkrete Hinweise auf ein geeignetes konventionelles Injektionsregime und auf die später notwendigen Insulindosen zu erhalten, hat sich nicht erfüllt.
Im klinischen Einsatz hat sich der Biostator intra- und postoperativ, peripartal bei schwierigen Stoffwechselsituationen zur raschen BZ-Normalisierung und schließlich gelegentlich bei der Ketoazidose bewährt.
Die Bemühungen um ein miniaturisiertes, implantierbares, geschlossenes System etwa in der Größe eines Herzschrittmachers befinden sich noch im Versuchsstadium. Bisher ist es nicht gelungen, einen intrakorporalen Glukosesensor zu entwickeln, der über längere Zeit einwandfrei funktioniert.

Offenes System. Tragbare – versuchsweise bereits implantierte – Insulininfusionsgeräte. Die Insulinzufuhr besteht aus 2 Komponenten:
- Basisabgabe für die Zeit während der Nahrungskarenz, die in etwa der Basisinsulinsekretion des Gesunden entspricht,
- zusätzliche Abgabe zu den Hauptmahlzeiten, oft auch zum 2. Frühstück und zur Vesper (s. Abb. 20, 25).

Zu Beginn der Pumpenbehandlung wird die Basisrate ermittelt, sodann die Höhe der Extrainsulinabgabe zu den Mahlzeiten. Im eigenen Krankengut lagen der Anteil der Basalrate durchschnittlich bei 45% des Tagesbedarfs und dementsprechend die Abrufdosen bei 55%. Der Gesamtinsulinbedarf war ungefähr 10% niedriger als unter gleicher Stoffwechsellage bei Injektionstherapie.

Die Basalrate muß u. U. variiert werden: Eine Steigerung kann z. B. bei einer Intensivierung des Diabetes und während einer Infektion notwendig sein oder auch im Zirkadianrhythmus für wenige Stunden, vor allem während der Zunahme des Insulinbedarfs in der 2. Nachthälfte.

Die höchste Abrufdosis wird für das 1. Frühstück benötigt, entsprechend der relativ geringen Insulinempfindlichkeit vieler Patienten frühmorgens und in der 1. Vormittagshälfte.
Mit einem derartigen Programm läßt sich die Insulinversorgung des Organismus, besonders bei schwer einstellbarem Diabetes, besser den physiologischen Verhältnissen annähern als durch Injektionen. Das BZ-Profil wird ausgeglichener, die Hypoglykämieneigung günstig beeinflußt und stärkere postprandiale Hyperglykämien werden reduziert oder verhindert.
Der relativ einfachste Zugang, besonders für die Langzeitbehandlung, ist der subkutane, und zwar mittels einer Butterfly- bzw. einer Teflonkanüle, die alle 3–4 bzw. alle 3–8 Tage gewechselt werden müssen.

Eine intravenöse Insulinzufuhr über einen Subklaviakatheter wird nur selten praktiziert. Sie erlaubt wegen der kurzen Halbwertszeit eine präzise Steuerung der Blutglukosekonzentration. Die Gefahr der Thrombosierung scheint zwar sehr gering zu sein, ist aber nicht von der Hand zu weisen. Der i.v.-Zugang wird daher meist kurzzeitig und in problematischen Situationen, wie anläßlich Operationen oder schweren komplizierenden Allgemeinerkrankungen, in Anspruch genommen.
Der intraperitoneale Weg hat den Vorteil der physiologischen Insulinapplikation über den Portalkreislauf. Er wurde von uns nur gewählt, wenn die s.c.-Infusion zur Bildung von Irritationen und evtl. Abszessen geführt hatte.

Die bisher zur Verfügung stehenden Insulinpumpen unterscheiden sich im Prinzip nur geringfügig. Es handelt sich entweder um Peristaltik- oder um Spritzenpumpen mit kontinuierlicher bzw. „gepulster" Insulinabgabe und unterschiedlichen Mechanismen für den Extrainsulinabruf zu den Mahlzeiten. Die Größe liegt bei etwa 25 mal 10–15 mal 5 cm, das Gewicht bei 250–300 g. Neuere Geräte von der Größe etwa einer Zigarettenschachtel und einem Gewicht von 150 g stehen vor der Einführung. Die Anschaffungskosten sind mit DM 2500–6000 hoch, ebenso die Folgekosten, die durch den Ersatzbedarf von Kathetern usw. sowie durch die engmaschige BZ-Selbstkontrolle gegeben sind.
Die wichtigste Gefahr ist zweifellos die Hypoglykämie. Dies gilt jedoch auch fast in gleicher Weise für die intensivierte Injektionsthera-

pie, wenn eine Normoglykämie erreicht werden soll. Es entwickelt sich nach einigen Wochen häufig eine erhebliche Toleranz gegenüber niedrigem Blutzucker, so daß Werte von 30 mg/dl und weniger weitgehend symptomlos toleriert werden. Es muß daher besonders darauf geachtet werden, daß die Basalrate nicht zu hoch ist und der NBZ nicht unter 80–90 mg/dl liegt, da sonst anhaltende nächtliche Hypoglykämien in ähnlicher Weise wie nach einer zu hohen Abenddosis eines Verzögerungsinsulins auftreten können.

Außerdem kann es zu Gerätedefekten kommen. Besonders Verstopfungen im Zugangsweg oder Batterieausfall können die Insulinzufuhr unterbrechen und Anlaß zu einer raschen Dekompensation des Diabetes sein. Da anders als nach der Injektion keine Insulindepots im Gewebe vorhanden sind, steigt der BZ-Wert nach einer Unterbrechung der Insulinzufuhr rasch an.

In den nächsten Jahren wird der Hypoglykämiegefährdung bei allen Patienten, die sich einer intensivierten Insulintherapie, besonders mit Insulininfusionsgeräten unterziehen, besondere Aufmerksamkeit gewidmet werden müssen.

Es ist wegen dieser Komplikationen notwendig, daß der Patient sich mit der Technik des Geräts auskennt und instruiert wird, wie er sich in bestimmten Situationen verhalten muß. Auch aus diesem Grunde ist die Indikation zur Pumpenbehandlung sorgfältig und kritisch zu stellen.

Als *Indikationen* für die Behandlung mit Insulininfusionsgeräten gelten heute in erster Linie die Gravidität bzw. auch die präkonzeptionelle Phase (s. Tabelle 45), ferner der Brittle-Diabetes, schwere schmerzhafte, überwiegend sensible Neuropathien sowie wahrscheinlich die Background-Retinopathie. Zurückhaltung ist jedoch bei der proliferativen Retinopathie geboten, da einige Hinweise auf eine Verschlechterung des Befundes unter Pumpenbehandlung bzw. unter Normoglykämie vorliegen. Ausgeprägte proliferative Veränderungen lassen sich ohnehin durch BZ-Senkung nicht beeinflussen. Im übrigen sollten Insulinpumpen nur eingesetzt werden, wenn mit Mehrfachinjektionen eine ausreichende Einstellung des Diabetes nicht erzielt werden kann.

Aufgrund der bisherigen Ausführungen ist es verständlich, daß für diese Therapie bestimmte Voraussetzungen gegeben sein müssen, und zwar von seiten des Patienten:

Tabelle 45. Indikationen für Insulininfusionsgeräte. (Nach Renner u. Hepp 1982)

Indikation	Dauer des Einsatzes
Labiler (evtl. auch nicht labiler) Typ-I-Diabetes	Langfristig
Einstellungsprobleme in der Schwangerschaft und kräkonzeptionell Schwere, überwiegend sensible Neuropathie Diabetischer Fuß, Gangrän	Mittelfristig
Rasche Stoffwechselkompensation, besonders bei Typ-I-Diabetes (besonders initial) Komplizierte chirurgische Eingriffe (prä-, intra- und postoperativ)	Kurzfristig

- Kooperationsbereitschaft und Interesse,
- Adaptation der Insulindosis,
- täglich BZ-Kontrollen (zu Beginn mindestens 4- bis 6mal), regelmäßige HZ-Kontrollen,
- sicherer Umgang mit dem System,
- richtiges Verhalten in Akutsituationen,
- Erkennen von Störungen;

von seiten des Arztes:

- Interesse und Engagement in der Führung und Unterweisung der Patienten,
- diabetologische Erfahrungen,
- Erfahrung mit dem Behandlungsprinzip,
- genaue Kenntnis möglicher technischer Komplikationen,
- Erreichbarkeit für den Patienten (täglich, selbst oder sachverständiger Vertreter).

6.7 Immunreaktionen und weitere Nebenwirkungen

Die wichtigste Komplikation der Insulintherapie ist die Hypoglykämie. Sie ist Folge einer zu intensiven Wirkung des Pharmakons und gehört daher nicht zu den Unverträglichkeitsreaktionen bzw. Neben-

Tabelle 46. Komplikationen der Insulintherapie – ohne Hypoglykämie

Immunreaktionen Klinische Manifestation	Antikörpertyp	Immunreaktionstyp (nach Gells und Coombs)	Häufigkeit
Insulinresistenz durch neutralisierende humorale Antikörper	IgG/IgM		Unter 0,1–1%, minimale Antikörpertiter auch unter Humaninsulin, jedoch ohne klinische Relevanz
Allergie mit kutaner Manifestation:			
– Lokalreaktionen vom Soforttyp	IgE	I	Unter 1%
– Systemische Reaktionen, ggf. Anaphylaxie	IgE	I	Unter 0,5% > Humaninsulin 0%?
– Reaktionen vom verzögerten Typ	Zellständige Antikörper	IV	Unter 0,5%
– Arthus-Phänomen mit Nekrose	Komplementvermittelte Antikörper	III	Rarität
– Surfenallergie		IV, selten III	?
Lipoatrophie (Immungenese wahrscheinlich)			Früher über 30%, inzwischen unter 2–5%, (Humaninsulin 0%)
Nichtimmunologische Nebenwirkungen			
Insulinlipohypertrophie			10–30%
Insulinödeme nach Stoffwechselrekompensation			Über 70%
Refraktionsanomalien			

wirkungen. Diese lassen sich, wie Tabelle 46 zeigt, in Immunreaktionen und Nebenwirkungen anderer Ursachen einteilen.

6.7.1 Immunreaktionen

Obgleich das Insulinmolekül selbst nur ein schwaches Antigen ist, wurden Immunkomplikationen bei insulinbehandelten Diabetikern früher häufig beobachtet. Allergische Reaktionen an den Injektionsstellen traten bei 10–30%, Lipoatrophien bei über 25–30% auf.

Die Situation hat sich seit Einführung der chromatographischen Reinigungsverfahren grundlegend geändert (s. 6.2). Offensichtlich sind Begleitproteine aus dem exokrinen Pankreasgewebe und das Proinsulin die für die Antikörperbildung entscheidenden Stimulanzien gewesen. Das Proinsulin weist im Bereich des C-Peptids wesentlich größere speziesspezifische Unterschiede hinsichtlich der Aminosäuresequenz auf als etwa das Insulinmolekül selbst. Für die Praxis der Insulintherapie ist die größere Ähnlichkeit des Schweine- mit dem Humaninsulin im Vergleich zum Rinderinsulin von entscheidender Bedeutung (s. Tabelle 31).

Auch ein hochgereinigtes oder sogar ein entsprechendes biosynthetisches Humaninsulin kann, zumindest für einen Teil der Diabetiker, ein schwaches Antigen sein, da eine geringe Antikörperbildung nachgewiesen wurde. Sie ist wahrscheinlich nicht, wie früher vermutet wurde, auf Veränderungen der Tertiärstruktur zurückzuführen, sondern steht möglicherweise mit der Deponierung der Insulinpräparation im subkutanen Gewebe im Zusammenhang.
Die Entwicklung einer Immunreaktion wird von verschiedenen Faktoren beeinflußt:
- Immunogene Potenz des Insulinpräparats

Tierspezies: Besonders geringe Antigenität von Schweine- und besonders Humaninsulin.
Reinheitsgrad: Weniger Immunreaktionen nach Eliminierung insbesondere der pankreatischen Begleitproteine und des Proinsulins. Von geringerem Einfluß sind die Insulinderivate, Glukagon, vasoaktives intestinales Polypeptid.
Physikochemische Eigenschaften: Aggregationszustand, Zunahme der Immunogenität entsprechend der Partikelgröße, der Suspension, möglicherweise durch saures pH.

Eventuell vorhandene Verzögerungssubstanzen, die – im Sinne eines Freund-Adjuvans? – die Antikörperbildung stimulieren.
Deponierung des Insulins im subkutanen Gewebe im Gegensatz zur i. v. Injektion oder Infusion.
– Genetische Disposition
Weitere Faktoren: Verstärkung der Neigung zu Immunreaktionen durch intermittierende Insulintherapie, wahrscheinlich als Folge eines Booster-Effekts, Begleiterkrankungen wie chronische Lebererkrankung, Infektionen.
Insgesamt hat die Chromotographie zu einem entscheidenden Rückgang der Immunkomplikationen, und zwar auch für die Rinderinsuline geführt. Unter hochgereinigtem Schweine- und auch Humaninsulin kam es jedoch bisher nicht zur Insulinresistenz. Entsprechendes gilt auch für die wahrscheinlich immunbedingte Lipoatrophie.
Es stehen heute zahlreiche Insuline geringer Immunogenität zur Verfügung, so daß es sich empfiehlt, die Auswahl eines bestimmten Präparats unter dem Gesichtspunkt des für den Patienten passenden Wirkungsablaufs vorzunehmen. Andererseits sind für bestimmte Patientengruppen Human-Praeparate zumindest aber hochgereinigte Schweineinsuline zu bevorzugen (s. Tabelle 47).

Tabelle 47. Übersicht über gesicherte und vermutete Vorteile der hochgereinigten Schweine- und besonders der Human-Insuline

	Bewertung
1. Selten Hautallergien	Gesichert
2. Selten Lipoatrophien	Gesichert
3. Geringer Insulinbedarf	Bei einigen Diabetikern 10–20%, im großen und ganzen nicht erheblich
4. Günstige Stoffwechsellage	Unterschiedlich beurteilt. Von Einzelfällen abgesehen kein eindeutiger Vorteil für die „Einstellung“
5. Geringere Progredienz des Diabetes in den Frühstadien (Remissionsphase)	Bisher spekulativ
6. Günstiger Einfluß auf die Mikroangiopathie-Entwicklung	Bisher spekulativ

Insulinresistenz, einschließlich der nicht immunogenen Insulinunempfindlichkeit.
Die Diagnose einer chronischen Insulinresistenz setzt nach klassischer Definition einen täglichen Bedarf von mehr als 200 IE voraus. Eine absolute Resistenz kommt kaum vor. Die Maximaldosen liegen bei über 50000 IE täglich. Meistens ist die Resistenz nur relativ, da mit hohen Insulindosen noch eine ausreichende BZ-Senkung erreicht wird. In der diabetologischen Praxis wird häufig bereits von Insulinresistenz gesprochen, wenn mehr als 100 IE für die Stoffwechselkompensation benötigt werden.
Die Ursachen für eine chronische Insulinresistenz sind vielfältiger und überwiegend nichtimmunologischer Natur, wie die Tabelle 48 zeigt.

Tabelle 48. Ursachen für verminderte Insulinempfindlichkeit

Ursachen	Bemerkungen
Insulinneutralisierende Antikörper	Selten
Adipositas	Häufig, jedoch keine extreme Insulinresistenz
Rezeptordefekte (verminderte Zahl) bei nicht adipösen Diabetikern	
Massive Diätfehler („verwilderter Diabetes")	
Primäre Hyperlipoproteinämie (Typ IV bzw. Typ V)	
Chronische Lebererkrankungen, besonders Leberzirrhose und Hämochromatose	Gleichzeitig wahrscheinlich Neigung zu verstärkter Antikörperbildung
Akute und chronische Infektionen	Keine ausgesprochene Insulinresistenz
Acanthosis nigricans	(s. Tabelle 88)
Diabetogene Pharmaka	Im allgemeinen nur mäßige Steigerung des Insulinbedarfs

Vor Einleitung der Therapie sind zur Klärung der Situation folgende Maßnahmen erforderlich:

- Untersuchung des Serums auf Insulinantikörper,
- ausreichende Beobachtungszeit für die Beurteilung der Stoffwechsellage unter der bisherigen Therapie, soweit keine dringliche Situation besteht,
- Ausschluß nicht immunogener Störungen, die zu einer Insulinresistenz führen können,
- i.v.-Insulintest, meistens beginnend mit 0,2 IE/kg KG,
- Überprüfung der Notwendigkeit der Insulintherapie, besonders bei Insulinunempfindlichkeit infolge Adipositas,
- evtl. probatorische Dosisreduktion oder sogar Auslaßversuch – u. U. nur unter stationärer Beobachtung.

Therapie der antikörperbedingten Insulinresistenz. Patienten mit signifikantem Antikörpertiter, die bisher mit Rinderinsulin behandelt wurden, werden zunächst auf ein Humaninsulin umgestellt (s. Tabelle 49).

Für ein solches Vorgehen gibt es folgende Gründe:

- Bei einem Teil der Patienten liegt eine mehr oder weniger ausgeprägte speziesspezifische Insulinresistenz vor. Die Antikörper zeigen eine besonders ausgeprägte Affinität für Rinderinsulin. Dies läßt sich durch Bestimmung der Insulinbindungskapazität getrennt für Rinder-, Schweine- und auch für Humaninsulin nachweisen.
- Unter Schweine- und auch unter Humaninsulin kann es zu einem, wenn auch selten dramatischen Rückgang des Insulinbedarfs kommen, besonders bei stark erhöhter Bindungskapazität gegenüber Rinderinsulin. Ist der Diabetes unter dem bisher hochdosierten Rinderinsulin einigermaßen kompensiert (BZ etwa 150–200 mg/dl), so soll die Dosis des weniger antigenen Humaninsulins zur Vermeidung von Hypoglykämien um etwa 20–30% reduziert werden. Bei dekompensiertem Diabetes wird die Dosierung unverändert beibehalten.

Das neue Regime wird bei den meisten Patienten am besten mit 2mal täglichen Injektionen von Normalinsulin eingeleitet. Der BZ-Verlauf ist günstiger wegen des rascheren Wirkungseintritts, da dieser bei Insulinresistenz stark verzögert sein kann. Eine Hypoglykämiegefährdung, wie sie bei NI-empfindlichen Patienten zu erwarten ist, besteht zunächst nicht oder nur in geringem Maße, da die insulinbindenden Antikörper quasi als Puffer wirken und den Wir-

Tabelle 49. 14jähriger Junge (M. P., Diabetesdiagnose 1976) mit Typ-I-Diabetes und relativer Insulinresistenz, wahrscheinlich durch Rinderinsulin (Depot Hoechst) induziert. Unter hochgereinigtem Schweineinsulin (Mixtard bzw. Velasulin Nordisk) Rückgang des Insulinbedarfs, der Insulinbindungskapazität und der Avidität

	VII/VIII 1976	X/XI 1976				IV 1977	
Kliniktag	19.	2.	7.	9.	38.	3.	16.
6.00 BZ (mg/dl)	150	212	256	72	122	130	68
9.00	108	366	244		114	182	224
12.30				100	98	114	104
17.00	156	458		154		62	132
20.00	134		238	122		196	178
24.00	30				116		
HZ (g/24 h)	2	193	48	7			1
7.00 Insulin (IE)	20 D	34 D	60 K	80 M	16 V	12 V	12 V
12.00 Insulin (IE)	–	4 I	6 I	–	6 V	4 V	4 V
18.00 Insulin (IE)	8 D	24 D	32 K	36 M	22 M	16 M	18 M
IBK* (Avidität) Rind		135 E/l (23,7%)		70 E/l (19,5%)		40 E/l (10,3%)	
Schwein		90 E/l (20,8%)		200 E/l (11,2%)		10 E/l	

D = Depot Hoechst CR / I = Insulin Hoechst / K = Komb Insulin CR / M = Mixtard Nordisk / V = Velasulin Nordisk
* = Insulinbindungskapazität: Werte bis 50 E/l, für Avidität bis 15% unauffällig

Tabelle 50. Therapeutische Möglichkeiten bei antikörperbedingter Insulinresistenz

Therapie	Effektivität	Wirkungsweise
Reduktionskost bei Übergewicht und noch erhaltener Eigeninsulinproduktion	(+)	Zunehmende Insulinempfindlichkeit (Rezeptorwirkung)
SH-Versuch in Maximaldosis für 2–3 Wochen	(+)	Verbesserung der Rezeptorbindung des Insulins
Insulin geringerer Antigenität: bei vorausgegangener Rinderinsulintherapie Übergang auf Human-Insulin zunächst evtl. als Normalinsulin (ausgesprochene speziesspezifische Insulinresistenz jedoch selten)	+	Geringe Bindung an Antikörper
Reines Desphe-Insulin	(+)	Geringere Antikörperbildung
Glucokortikoide, falls durch Specieswechsel keine Besserung	+ +	Zunahme der Rezeptorbindung und Einfluß auf Immunprozeß
Insulin i.v. (z.B. 3mal 80 IE tgl.)	(+)	Erzielung einer Insulintoleranz
Immunsuppressiva (Azothiaprin) – bisher nur in Einzelfällen nach Versagen anderer Maßnahmen	+	Beeinflussung des Immunprozesses

kungsablauf verzögern. Wahrscheinlich ist außerdem die geringere Antigenität des gelösten NI im subkutanen Gewebe von Vorteil, wenn der Immunprozeß noch aktiv ist.

Eine geringere Affinität zu Insulinantikörpern weisen sogenannte Insulinanaloga auf, die durch geringe Modifikation der Molekularstruktur gewonnen wurden. So wurde ein Rückgang des Insulinbedarfs unter Desphe-Insulin und unter sulfatiertem Insulin beobachtet, einem nicht im Handel befindlichen Präparat.

Weitere therapeutische Hinweise für die antikörperbedingte Insulinresistenz bzw. die herabgesetzte Insulinempfindlichkeit sind in Tabelle 50 zusammengefaßt.

Tabelle 51. Kutane Immunreaktionen durch Insulin.

	Verzögerter Typ	Soforttyp
Antikörper	Zellständig	Insulinspezifische Ig_E
Lokalsymptome	Nach 8–15 h Rötung, Schwellung, Jucken	Sofort Rötung, Quaddelbildung
Allgemeinsymptome	Keine	Unter Umständen generalisierte Urtikaria, Quincke-Ödem, Anaphylaxie
Verlauf und Therapie	Meist spontane Desensibilisierung, sonst Umstellung auf Humaninsulin, evtl. nach Intrakutantest	Unbehandelt Gefahr der Generalisation oder Anaphylaxie. Bei mäßiger Reaktion Humaninsulin, evtl. mit Zusatz von 2 mg Hydrocortison oder eines Antihistaminikums (0,5 ml Benadryl). Bei ausgeprägten Symptomen Desensibilisierung. (Systemische Glukokortikoidtherapie).
	Ambulant	Stationär

Hautreaktionen. Eine Übersicht über die verschiedenen Reaktionstypen findet sich in Tabelle 51.

Sofortreaktion. Sie entwickelt sich unmittelbar oder bis zu 60 Minuten post injectionem als typische Quaddel mit umgebender pseudopodienartiger Rötung. Mit einer Generalisierung und ausnahmsweise auch mit einem anaphylaktischen Schock muß bei Weiterführung der Therapie mit dem gleichen Präparat gerechnet werden, die Insulinbehandlung daher abgebrochen werden. Hat sich die Allergie unter Rinderinsulin entwickelt, so kann bei etwa 70–80% der Patienten eine bessere Verträglichkeit von hochgereinigtem Schweine- und besonders von Humaninsulin erwartet werden.
Da auch unter diesen Präparaten Kreuzreaktionen vorkommen, soll einem Wechsel eine Intrakutantestung vorausgehen. Die Testdosis liegt bei Patienten mit nur leichter Reaktion zwischen 1/100 und 1/

1 000 IE, bei ausgeprägter Reaktion oder auch bei nur geringem Anaphylaxieverdacht bei etwa 1/10 000 bis etwa 1/100 000 IE. Die Tests werden am Rücken oder am Unterarm vorgenommen, die Präparatenamen abgekürzt auf der Haut vermerkt oder durch einen Zahlencode markiert, die Resultate schließlich auf einem Testbogen eingetragen.

Therapie (s. auch Tabelle 51):

Nur bei wenig ausgeprägten Reaktionen ohne allgemeine Erscheinungen kann, falls vorher ein Rinderinsulin verwendet wurde, ein Schweinepräparat versucht werden. Bleibt die Reaktion unverändert, empfiehlt sich ein Zusatz von 2 mg Hydrocortison oder 0,5 ml eines Antihistaminikums.

Bei stärkerer Sofortreaktion mit ausgeprägter Quaddel und Pseudopodien ist, v. a. wenn sie mit einer Generalisierung einhergeht oder wenn ein Anaphylaxieverdacht gegeben ist, eine Desensibilisierung nach dem in Tabelle 52 angegebenen Schema durchzuführen. Einzelheiten s. Grüneklee (1980), Kühnau (1977).

Handelt es sich um eine Notfallsituation, die eine sofortige Insulinbehandlung verlangt, kann das Desensibilisierungsverfahren abgekürzt werden.

Sollte eine Desensibilisierung nicht gelingen, kommt eine Glukokortikoidtherapie mit 40–50 mg Prednisolon täglich oder einer entsprechenden Äquivalenzdosis in Betracht. Glukokortikoide können eine generalisierte oder anaphylaktische Reaktion jedoch nur verhindern oder abschwächen, wenn mit ihrer i. v.-Applikation mehrere Stunden vor der Weiterführung der Insulintherapie begonnen wurde. Aufgrund unserer Erfahrungen konnte die Dosis innerhalb von 10–14 Tagen erheblich reduziert und evtl. später das Präparat fortgelassen werden. Gleichzeitig werden Antihistaminika ebenfalls in höherer Dosierung verabfolgt.

Ein solches Vorgehen ist nur gestattet, wenn für den Fall einer anaphylaktischen Reaktion, die sich durch Glukokortikoide nicht sicher verhindern läßt, alle einschlägigen Sofortmaßnahmen zur Verfügung stehen. Im übrigen ist zunächst mit einer erheblichen Stoffwechselverschlechterung als Folge der Glukokortikoidapplikation zu rechnen.

Auch wenn der Diabetes ohne Insulin unter maximaler Dosis von oralen Antidiabetika nur mäßig dekompensiert ist, ist i. allg. davon abzuraten, die Insulintherapie bis zu einem späteren Zeitpunkt zurückzustellen. Es könnte dann zu erheblichen Schwierigkeiten kommen, wenn eine vitale Indikation für Insulin gegeben ist (Ketoazido-

Tabelle 52. Beispiel für einen Desensibilisierungsversuch. Der Patient muß nach jeder Injektion 30 min sorgfältig überwacht werden. Die Insulininitialdosis wird durch Intrakutantestung festgelegt. Sie soll ein Zehntel derjenigen Dosis betragen, die im Test die schwächste Reaktion hervorrief. Zur Desensibilisierung wird das im Intrakutantest am wenigsten reagierende Insulinpräparat verwendet. (Aus Kühnau 1977)

Tag	Uhrzeit	Insulindosis (IE)	Applikationsweg	Art des Insulins
1	8.00	0,00001	Intradermal	Hochgereinigtes Schweineinsulin
	12.00	0,0001	Intradermal	
	17.00	0,001	Intradermal	
2	8.00	0,01	Intradermal	
	12.00	0,1	Intradermal	
	17.00	1,0	Intradermal	
3	8.00	2,0	Intradermal	
	12.00	4,0	Subkutan	
	17.00	6,0	Subkutan	
4	8.00	8,0	Subkutan	
	12.00	12,0	Subkutan	
	17.00	16,0	Subkutan	
5	8.00	20,0	Subkutan	
6	8.00	24,0	Subkutan	
7	8.00	28,0	Subkutan	

se, schwere komplizierende Erkrankungen), jedoch keine Zeit für Desensibilisierungsmaßnahmen und auch kein entsprechend erfahrener Therapeut zur Verfügung stehen. Zuwarten bedeutet außerdem, daß der Diabetes für längere Zeit schlecht eingestellt ist, was mit den bekannten neurovaskulären und infektiösen Risiken verbunden ist.

Verzögerte Reaktion (Typ IV). Sie manifestiert sich meistens 5–12 Tage nach Beginn der Insulintherapie als Rötung, Schwellung, oft nur in Form eines Knötchens mit Pruritus, und zwar 6–24 h nach der Injektion. Geringe Reaktionen bilden sich ohne besondere Maßnahmen als Folge einer Desensibilisierung häufig zurück. Bei stärkeren und hartnäckigeren Reaktionen ist ein Wechsel auf ein hochge-

reinigtes Präparat angezeigt. Wurde vorher Rinderinsulin verwendet, genügt oft das korrespondierende Schweine- oder Humaninsulin. Außerdem läßt sich durch Zusatz von Antihistaminika, beispielsweise 0,2–0,3 ml Synpen, der Juckreiz und die Intensität der Reaktion mildern.
Auch die Verzögerungssubstanz Surfen kann zu einer hartnäckigen verzögerten Reaktion vom Typ IV führen.
Bleibt trotz eines Präparatewechsels die Reaktion bestehen, ist eine Intrakutantestung mit Insulinen unterschiedlicher Tierspezies und Reinheitsgrade unter Einbeziehung der Verzögerungssubstanz Surfen erforderlich. Die Ablesezeit muß auf 24–48 h besonders bei Verdacht auf Surfenallergie sogar bis auf 72 h und mehr, ausgedehnt werden.

Differentialdiagnostisch kommt das seltene, mit Nekrosen einhergehende Arthus-Phänomen in Betracht, besonders bei Patienten, die mit surfenhaltigen Insulinen behandelt werden. Wenn mit dem unverträglichen Präparat weiterbehandelt wird, können sich irreversible Hautschädigungen mit Narben und Pigmentationen entwickeln.
Abzugrenzen sind auch die Rötungen und Knötchenbildungen, die als Folge einer Intrakutaninjektion auftreten und ebenfalls mit Indurationen und Narbenbildung einhergehen können. Diese Reaktionen können sowohl aufgrund ihrer typischen Symptomatik (s. Abb. 18, 19) und evtl. zusätzlich durch Demonstration der Injektionstechnik frühzeitig erkannt werden (s. unten).

Die bisherigen Ausführungen haben gezeigt, wie wichtig eine rechtzeitige Differenzierung eines im Laufe der Insulintherapie auftretenden Hautreaktion ist. Erforderlich sind eine sorgfältige Anamnese und Dokumentation unter Berücksichtigung der folgenden Punkte:
- Unter welchem Insulin ist die Reaktion aufgetreten?
- Wie lange hat es nach Therapiebeginn gedauert, bis die erste Reaktion auftrat?
- Wieviele Minuten oder Stunden liegen zwischen der Injektion und der Lokalreaktion?
- Wie sah die Reaktion aus und wie lange hielt sie an?
- Traten Allgemeinsymptome auf, die auf Anaphylaxieäquivalente verdächtig sind?

Die Art der Reaktion, der Ausfall der Intrakutantests, die therapeutischen Maßnahmen und der weitere Verlauf sollen ferner im abschließenden Bericht an andere Kollegen ausführlich fixiert werden.

Lipoatrophie. Lipoatrophische Veränderungen (Abb. 16) wurden noch 1950 bei etwa 20–30% der Diabetiker festgestellt, die länger als 1 Jahr mit Insulin behandelt worden waren. Diesem Fettgewebsschwund liegt wahrscheinlich ein Immunprozeß zugrunde. Seit Einführung der chromatographierten Insuline sind derartige Atrophien selten geworden und zählen bei hochgereinigten, besonders bei den Humanpräparaten zu Raritäten bez. wurden noch nicht beobachtet. Früher wurde empfohlen, häufig die Injektionsstelle zu wechseln und exponierte Areale wie den Oberarm zu vermeiden. Bereits um 1952 wurde jedoch beobachtet, daß eine Wiederauffüllung der Fettdepots bei einigen Patienten erreichbar ist, wenn konsequent in die Randbezirke der atrophischen Areale injiziert wurde. Dieses Verfahren wurde seit der Entwicklung der chromatographierten Insuline wieder aufgenommen und mit gutem Erfolg praktiziert. Vorzugsweise erhalten die Patienten Präparate mit möglichst geringer Antigenität wie Humaninsuline. Zu einer Wiederauffüllung der Atrophien kam es jedoch auch nach einem Wechsel von einfach chromatographiertem Rinder- auf entsprechendes Schweineinsulin. So konnten Wentworth et al. (1976) bei 166 Patienten in 87,9% der Fälle eine deutliche Besserung, bei 80% sogar eine völlige Rückbildung erreichen. Die Besserungsquote stieg bei konsequenter Injektion in die

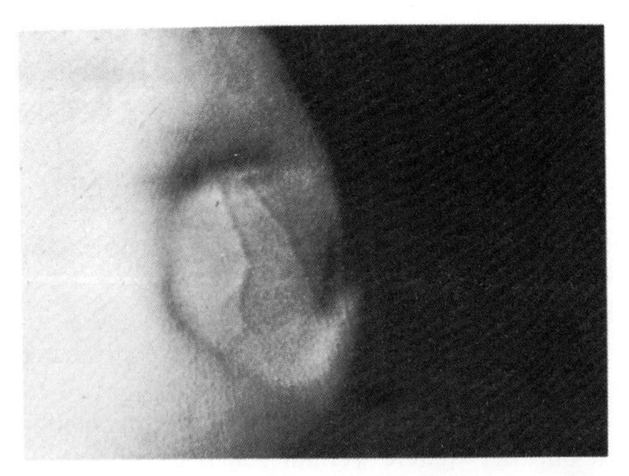

Abb. 16. Lipoatrophie im Bereich des Oberarms. (Aus Sauer 1977)

Randpartien des atrophischen Areals sogar auf 90,7% an. Oft ist ein deutlicher Effekt bereits nach 20–30 Tagen bemerkbar, i. allg. dauert es jedoch 3–6 Monate, bis die Atrophien wieder aufgefüllt sind. Der erneuten Bildung von Fettgewebe liegt offenbar ein lokaler metabolischer Effekt des Insulins entsprechend der Insulinlipohypertrophie zugrunde.

6.7.2 Weitere – nicht immunogene – Nebenwirkungen der Insulintherapie

Die *Insulinlipohypertrophie* entwickelt sich häufiger bei jüngeren Patienten und kann in seltenen Fällen ein groteskes Ausmaß erreichen (Abb. 17). Die Zunahme des Fettgewebes geht mit einer Vermehrung der Fettzellen einher und ist auf eine lokale Stoffwechselwirkung des Insulins zurückzuführen. Eine Immungenese liegt im Gegensatz zu Lipoatrophie nicht vor. Spontane Rückbildungen kommen zwar vor, nehmen jedoch längere Zeit in Anspruch.
Therapeutisch ist eine Beeinflussung durch hochgereinigte Insuline nicht möglich. Die Prophylaxe steht insofern im Vordergrund, als die Injektionsstellen häufig gewechselt werden müssen.

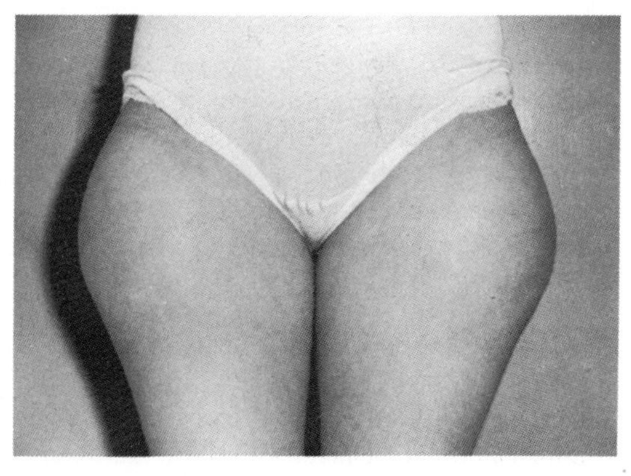

Abb. 17. Lipohypertrophie im Bereich beider Oberschenkel. (Aus Sauer 1977)

Die Absorption des Insulins in lipohypertrophen Bezirken ist wahrscheinlich verzögert, obgleich es bisher wenig konkrete Befunde über den BZ-Verlauf im Anschluß an die Injektion gibt.

Zu häufige Injektion in das gleiche Hautareal kann zu zelliger Infiltration infolge Bindesgewerbsvermehrung und deutlich palpablen Indurationen führen. Unklar ist, warum viele Patienten trotz jahrelanger Injektion in nur ein Hautareal keine Veränderungen erkennen lassen. Selten entwickelt sich an den Injektionsstellen eine Art Keloid oder in anderen Fällen bräunlich-hyperkeratotische Papeln.

Intrakutaninjektion. Ein charakteristisches Aussehen zeigen die nach intrakutaner Insulinapplikation v.a. als Folge eines zu flachen Einstichwinkels auftretenden Veränderungen. Es finden sich in den ersten Tagen nach der Injektion rötliche, rundliche Infiltrationen mit einem Durchmesser von 0,5–1 cm, später häufig bläulich-bräunliche Pigmentierungen durch Ablagerung von Hämosiderin und Melanin. Bei einem Teil der Patienten kommt es zur Ausbildung von atrophischen, wie ausgestanzt imponierenden Narben (s. Abb. 18, 19). Mit einer verzögerten Insulinabsorption muß gerechnet werden.
Oft berichten die betroffenen Patienten nicht spontan über Hautreaktionen, so daß eine regelmäßige Inspektion der Injektionsareale notwendig ist. Die Intrakutanapplikation läßt sich beweisen, wenn man den Patienten seine Injektiionstechnik demonstrieren läßt. Es erscheint dabei die typische Intrakutanquaddel.

Subkutane Verkalkungen. In den letzten 12 Jahren konnten wir bei 17 Patienten subkutane Kalzifikationen beobachten, die in Einzelfällen so ausgedehnt waren, daß die Bewegung, beispielsweise des Arms schmerzhaft behindert wurde. Eine Exstirpation ließ sich bei einigen Patienten nicht umgehen. Die Ursache dieser Komplikation ist unklar. Alle von uns beobachteten Patienten hatten surfenhaltiges Insulin benutzt.

Nichtkutane Nebenwirkungen. Bei etwa der Hälfte der Patienten entwickelt sich zu Beginn eine *Hypermetropie* mit verschwommenem Sehen, die auf die Rehydratation der Linse während der Phase der Kompensation des Diabetes zurückgeführt werden muß. Auf diese nach 1–3 Wochen vorübergehende Störung sollen die Patienten hin-

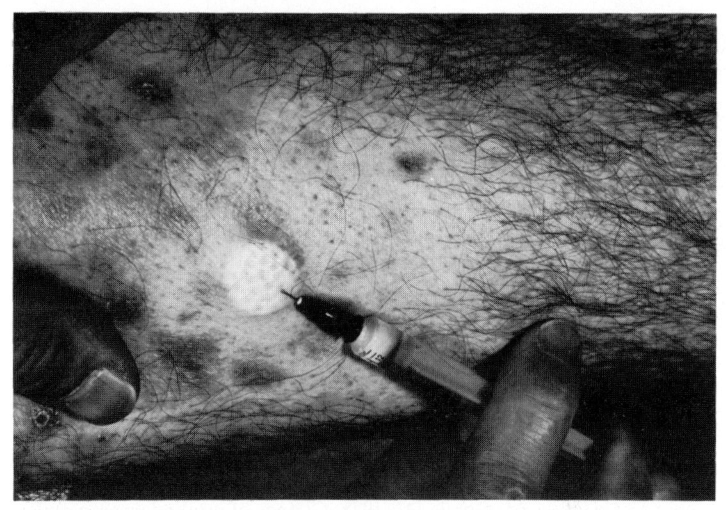

Abb. 18. Demonstration einer fehlerhaften Technik durch den Patienten: Intrakutaninjektion bei flachem Einstichwinkel mit typischer Intrakutanquaddel. In der Umgebung pigmentierte, z. T. vernarbte ältere Einstichstellen (aus Sauer: in Handbuch der inneren Medizin, 5. Auflage, Bd. 7: Stoffwechselkrankheiten. Teil 2 B. K. Oberdisse (Hrsg.), Springer 1977, S. 824)

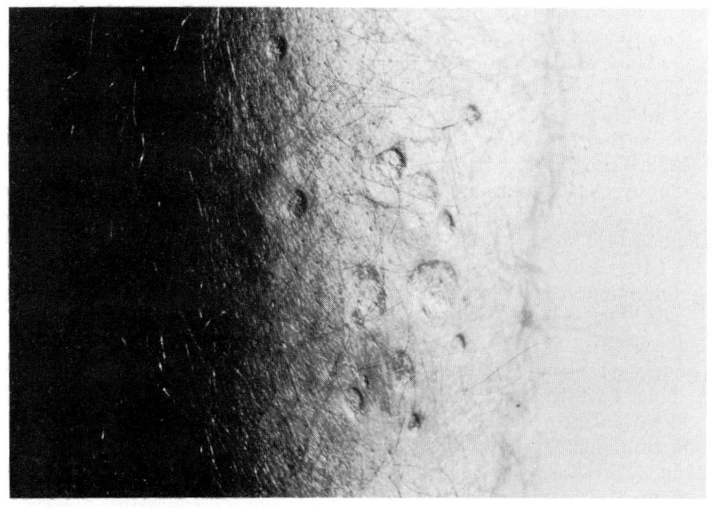

Abb. 19. Spätfolgen der Intrakutaninjektion

gewiesen werden. Eine Brillenkorrektur ist selbstverständlich nicht angebracht.

Insulinödeme. Sie werden häufig beobachtet, wenn ein erheblich dekompensierter Diabetes, besonders bei massiver Glukosurie, erfolgreich mit Insulin behandelt worden ist. Die Ödemeinlagerung geht mit einer erheblichen Natriumretention einher und kann zu einem Gewichtsanstieg von 3–5 kg führen. Selten sind jedoch Diuretika erforderlich.

Literatur (zu 6)

Asplin CM, Hartog, M, Goldie DJ (1978) Change of insulindosage, circulating free and bound insulin and insulin antibodies on transferring diabetics from conventional to highly purified porcine insulin. Diabetologia 14: 99–105

Bachmann W (1982) Insulin plus Sulfonylharnstoff – eine (un)mögliche Kombination? Dtsch Med Wochenschr 107: 163–165

Berger M, Halban PA, Girardier L, Seydoux J, Offord RE, Renold AE (1979) Absorption kinetics of subcutaneously injected insulin. Evidence for degradation at the injection site. Diabetologia 17: 97–99

Deckert R, Andersen OO, Poulsen JE (1974) The clinical significance of highly purified pig-insulin preparations. Diabetologia 10: 703–708

Federlin K (1975) Diabetesbehandlung mit chromatographierten Insulinen. Med Welt 26: 1797–1801

Galloway JA (1980) Insulin treatment for the early 80s: Facts and questions about old and new insulins and their usage. Diabetes Care 3: 615–622

Galloway JA, Spradlin CT, Nelson RL, Wentworth SM, Davidson JA, Swarner JL (1980) A study of factors influencing the absorption, serum insulin concentration, and blood glucose responses following injected regular insulin – the effects of mixing with NPH and Lente, of concentration, of depth and of method and site of administration. Diabetes Care 3

Grüneklee D (1980) Die Insulinallergie. Intern Welt 12: 442–450

Kemmer FW, Berchtold P, Berger M et al. (1979) Exercise-induced fall of blood glucose in insulin-treated diabetics unrelated to alteration of insulin mobilization. Diabetes 28: 1131

Klein E, Srinivasa KV, Sauer H (1979) Subcutane Kalkplattenbildung als Komplikation der Insulin-Therapie. 14. Kongreß der Deutschen Diabetes-Gesellschaft, Freiburg

Knick B, Jacobi O, Schröpf F, Bandilla KK, Gronemeyer W, Fuchs E (1977) Indikationen für unterschiedlich chromatographisch gereinigte Insulinpräparationen und Behandlung von Insulinnebenwirkungen. Therapiewoche 27: 7580–7603
Koivisto VA, Feling P (1978) Effects of leg exercise on insulin absorption in diabetic patients. New Engl J Med 298: 79–83
Lauritzen T, Faber OK, Binder C (1979) Variation in ^{125}I-insulin absorption and blood glucose concentration. Diabetologia 17: 291–295
Nelson RL, Galloway JA, Wentworth SM, Caras JA (1976) The biovailability, pharmacocinetics and time action of regular and modified insulin in normal subject. Diabetes 25/Suppl 1: 325
Peterson CM (1982) Symposium on optimal insulin delivery. Diabetes Care 5/Suppl 1: 1–103
Pfeiffer EF, Beischer W, Kerner W (1977) The Artificial Pancreas in Clinical Research. In: Blood Glucose Monitoring. Horm Metab Res. Suppl Ser. 7: 95–114
Renner RR, Hepp KD (1982) Neue Wege der Insulintherapie. Diagnostik 15: 877–891
Sauer H (1982) Möglichkeiten und Grenzen der Insulintherapie. Dtsch Ärztebl 79/Heft 24: 29–40
Schirren CH, Sauer H (1956) Zur Frage der Insulinallergie. Ärztl Forsch 10: 175
Schmidt MI, Hadji-Georgopoulos A, Rendell M, Margolis S, Kowarski A (1981) The dawn phenomenon, an early morning glucose rise: Implications for diabetic intraday blood glucose variation. Diabetes Care 4: 579–585
Somogyi, M (1959) Exacerbation of diabetes by excess insulin action. Am J Med 26: 169
Weber B (1982) Insulintherapie des Diabetes mellitus. Monatsschr Kinderheilkd 130: 453–460
Wentworth SM, Galloway JA, Davidson JA, Root MA, Chance RE, Haunz EA (1976): Verwendung von chromatographiertem (C) und Monocomponent-Insulin (MC) bei Patienten mit Komplikationen der Insulin-Therapie. Diabetes 25/Suppl 1: 21
Yue DK, Turtle JR (1977) New forms of insulin and their use in the treatment of diabetes. Diabetes 26: 341–347

Zusammenfassende Darstellungen

Binder CH (1969) Absorption of injected insulin. A clinical-pharmacological study. Munksgaard, Kopenhagen
Karam JH, Etzwiler DD (1983) International Symposium on Human Insulin. Diabetes Care 6, Suppl 1: 1–68
Kühnau, J (1977) Insulin-Allergie und Insulin-Resistenz. In: Oberdisse K

(Hrsg) Diabetes mellitus Springer, Berlin Heidelberg New York (Handbuch der Inneren Medizin, Bd 7/2 B, S 837–872)
Luft, R (1976) Insulin. Islet pathology – islet function – insulin treatment. Nordisk Insulin-Laboratorium Gentofte, Denmark
Petersen KG, Schlüter KJ, Kerp L (1981) „Neue Insuline". I. Internationales Symposium, Freiburg
Pfeiffer EF (Hrsg) (1983) Fortschritte in der Insulin-Therapie. Münch Med Wochenschr, Suppl 1, Sondernummer
Poulsen JE, Deckert T. Insulin preparations and the clinical use of insulin. Steno Memorial Hospital, Gentofte, Denmark
Sauer H (1977) Insulintherapie. In: Oberdisse K (Hrsg) Diabetes mellitus B Springer, Berlin Heidelberg New York (Handbuch der Inneren Medizin. 5. Aufl, Bd 7/2 B, S 787–828)
Skyler JS (Ed) (1982) Symposium on Human Insulin of Recombinant DNA Origin. Diabetes Care 5, Suppl 2: 1–186
Skyler JS, Rapits S (eds) (1981) Symposium on Biosynthetic Human Insulin. Diabetes Care 4: 139–264
Schlichtkrull J, Ege H, Jørgensen KH, Markussen J, Sundby F (1975) Die Chemie der Insuline. In: Oberdisse K (Hrsg) Diabetes mellitus. Springer, Berlin Heidelberg New York (Handbuch der Inneren Medizin, Bd 7/2 A, S 77–127)

7 Labiler Diabetes

Der labile oder als Extrem „Brittle“ Diabetes ist durch einen totalen Insulinmangel, wechselnde Insulinempfindlichkeit, erhebliche Hyperglykämien mit Ketoseneigung einerseits sowie andererseits Hypoglykämietendenz charakterisiert. Er stellt sozusagen das Stadium des „totalen“ Typ-I-Diabetes dar. Seine Häufigkeit wird mit weniger als 5–10% aller Insulinpatienten angegeben.

Die Ursache für die Labilität ist nicht geklärt. Ein entscheidender Faktor ist offensichtlich die fehlende Eigeninsulinproduktion, wofür die Ketoseneigung bis zur raschen Entwicklung eines diabetischen Komas spricht. Das Fehlen des endogenen Insulins kann durch Bestimmung der C-Peptid-Immunoreaktivität nachgewiesen werden. Da nicht alle Insulinmangeldiabetiker labil sind, müssen weitere noch unbekannte Umstände eine Rolle spielen. Daß insulinantagonistische Hormone wie das Wachstumshormon für die BZ-Schwankungen mitverantwortlich sind, wie früher vermutet wurde, konnte nicht bestätigt werden. Eher scheint es sich um eine im Einzelfall noch ungeklärte wechselnde Empfindlichkeit der Zielorgane zu handeln, wie beispielsweise der Leber gegenüber Glukagon und Katecholaminen.
Hinzu kommen bei einigen Patienten eine ausgeprägte Insulinempfindlichkeit und Hypoglykämieneigung, die wahrscheinlich auf eine fehlende Sekretion von Glukagon und evtl. von Katecholaminen zurückzuführen ist, die als Reaktion auf den BZ-Abfall abgegeben werden.

Die ausgeprägten, in ihrer Tendenz nicht vorhersehbaren BZ-Schwankungen treten sowohl im Laufe eines Tages als auch von einem Tag zum anderen auf (s. Tabelle 53). Die Dauer der hyperglykämischen Phasen reicht von wenigen Stunden bis zu mehreren Tagen, u. U. mit Entwicklung einer Ketose. Die „echte“ Labilität ist endogener Natur und primär nicht abhängig von Behandlungsfehlern. Diese können aber sehr wohl eine bestehende Labilität verstärken. Es ist daher folgendes zu beachten:

Tabelle 53. Kriterien zur Diagnose des labilen Diabetes

	Keine echte Labilität	Labilität
Blutzucker-tagesprofil	Erhebliche Schwankungen im Tagesverlauf, aber Konstanz von Tag zu Tag (*„Ausreisser")	Ausgesprochene Abweichungen von Tag zu Tag und damit auch keine Konstanz im Tagesablauf („Chaos")
Tagesprofile		

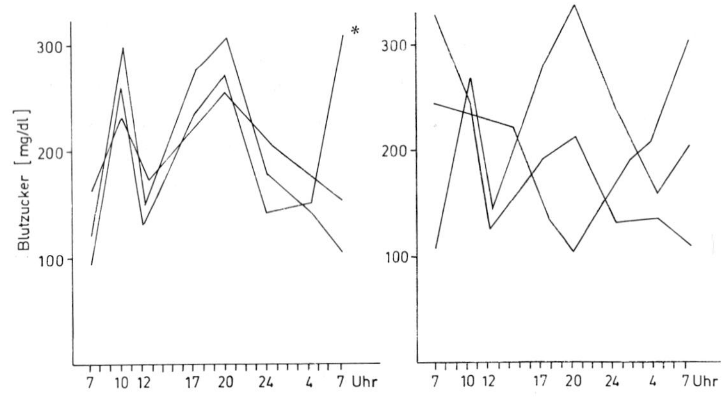

MAGE[a]	Erhöht	Erhöht
MODD[b]	Niedriger Wert	Stark erhöht
Therapiemöglichkeiten	Wechsel des Insulinpräparats, NI-Zusatz, 3, ggf. 4 Injektionen, Anpassung der KH-Verteilung an Tagesprofil	2–3 Injektionen, Adaptation durch Änderung der Dosis und KH-Verteilung möglich, jedoch begrenzt. Regulierung der körperlichen Aktivität

[a] MAGE: (Mean Amplitude of Glucose Excursion) Mittlere Amplitude der BZ-Schwankungen = mittlere Amplitudendifferenz innerhalb eines Tages

[b] MODD: (Mean of Daily Differences) Mittelwert zeitgleicher Blutzucker von Tag zu Tag

- Multiple Insulininjektionen, unter weitgehender Verwendung von NI, abends Verzögerungsinsulin.
- Jedoch keine Schematisierung der Behandlung. Es gibt auch Patienten, für die 2 Injektionen eines Intermediärinsulins vorteilhafter sind als Mehrfachinjektionen.
- Normalinsulin als Zusatz zum Verzögerungspräparat zur Besserung des Initialeffekts.
- Korrekte Insulindosis und -injektionstechnik.
- Keine Änderung der Insulindosis aufgrund einzelner BZ- oder HZ-Tests, außer bei massiven Hyperglykämien und Glukosurien.
- Erhebliche Dosisänderungen von mehr als 4–6 IE sind – von Ausnahmefällen abgesehen – zu vermeiden. Die Dosis soll möglichst nur im Abstand von 2–4 Tagen geändert werden, da wegen der Instabilität einzelne BZ- und HZ-Befunde keine Vorhersage erlauben.
- Aus dem gleichen Grund kann die Bewertung eines Insulinpräparats nur bei ausreichender Beobachtungszeit von i. allg. 4–6 Tagen erfolgen.
- Verteilung der KH auf 6–8 Mahlzeiten.
- β-Blocker (Propanolol) waren zwar bei 2 Diabetikern erfolgreich, sollten aber trotzdem wegen der Hypoglykämiegefährdung vermieden werden (s. Kap. 8, 9).
- Insulininfusionsgeräte: durch subkutane, aber auch durch intraperitoneale Infusion läßt sich bei vielen Patienten eine wesentliche Stabilisierung erreichen. Es ist aber fraglich, ob es sich bei der nach *Abbruch* der Pumpenbehandlung beobachteten Besserung tatsächlich um einen echten Effekt der Insulintherapie auf die Instabilität handelt. Wahrscheinlich sind die Patienten durch die vorangehende erfolgreiche Therapie psychisch in besserer Verfassung und haben während der Pumpenphase die notwendigen Adaptationsmaßnahmen weitgehend zu beherrschen gelernt.

Der echte labile Diabetes mit Schwankungen zwischen Hypoglykämien und ausgeprägten Hyperglykämien einschließlich Ketosen stellt demnach eine eindeutige Indikation für ein Insulininfusionsgerät dar, sofern sich der Zustand durch Mehrfachinjektionen nicht günstig beeinflussen läßt.

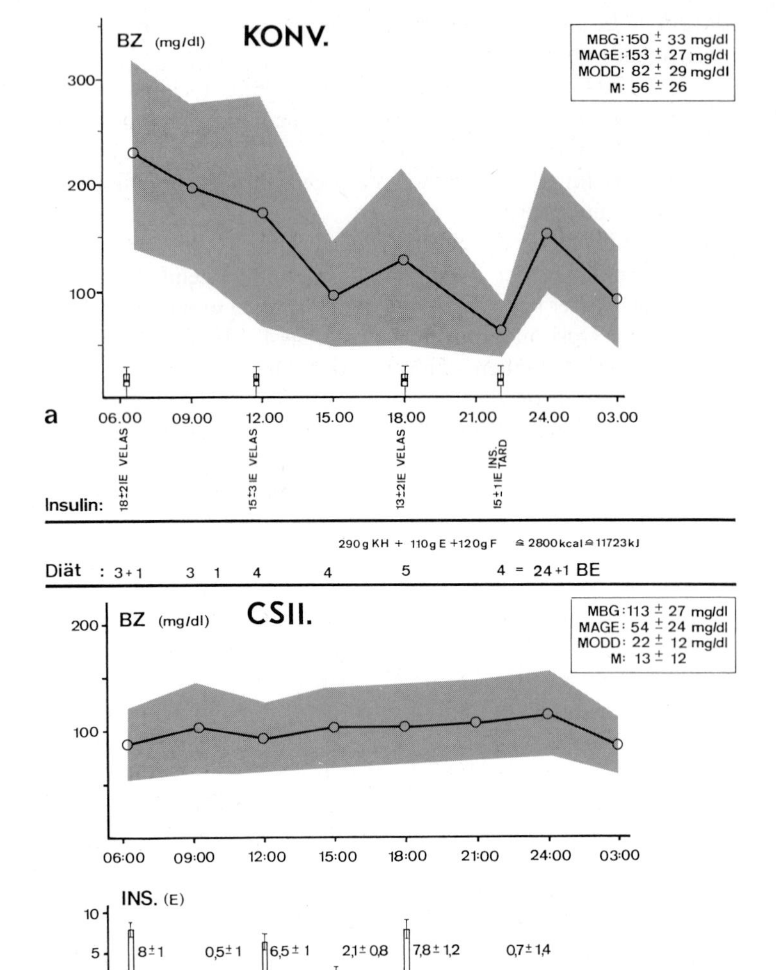

Abb. 20 a, b. Patient mit Brittle-Diabetes. **a** Stoffwechsellage unter konventioneller Therapie, **b** Lage bei Versorgung mit Insulinpumpe. *MBG* mittlere BZ-Konzentration, *M* Wert nach Schlichtkrull, übrige Abkürzungen s. Tabelle 53

Beispiel:
D. W., 33 Jahre, m., seit 6 Jahren bestehender, insulinbedürftiger Diabetes mit ausgeprägter Instabilität. BZ-Schwankungen zwischen 25 und 500 mg/dl, z. T. mit Ketose. Häufiger Arbeitsausfall (innerhalb eines Jahres bis zu 5 Monaten) trotz zeitweilig 4 Insulininjektionen täglich. Seit Versorgung mit einem Infusionsgerät keine durch den Diabetes bedingten Ausfallzeiten, wesentliche Besserung der Stoffwechsellage, selten Hypoglykämien (s. Abb. 20).

Reaktive Hyperglykämie. Eine „Überinsulinisierung" mit Hypoglykämien führt u. U. zu reaktiven Hyperglykämien, sog. Somogyi-Phänomen.

Reaktive Hyperglykämien kommen v. a. bei Patienten mit labilem Diabetes und besonders nach nächtlichen – u. U. unbemerkten – Hypoglykämien vor. Sie können eine Labilität induzieren oder eine bereits bestehende verschlechtern, indem sich folgender Circulus vitiosus etabliert: Insulinüberdosierung→Hypoglykämie→reaktive Hyperglykämie, evtl. mit Ketose→Abschwächung der Insulinwirkung→höhere Insulindosen und später erneute Hypoglykämie. Insgesamt ist das Somogyi-Phänomen jedoch relativ selten. Meistens bleibt der BZ-Wert im Anschluß an nächtliche Hypoglykämien sogar bis in den Vormittag hinein niedrig. Trotzdem ist es wichtig, bei Einstellungsschwierigkeiten an reaktive Hyperglykämien zu denken. Sie können wie folgt verifiziert werden:

- Blutzuckerbestimmung während der Hypoglykämie oder der hypoglykämieverdächtigen Zeit: zu Hause mittels Teststreifen, evtl. zusätzlich mit Reflektometer oder Blutentnahme mittels End-zu-End-Kapillare und spätere Bestimmung im Labor. Bewährt hat sich bei vielen Patienten – wenn möglich – Blutentnahme und Ablesung durch Angehörige.
- Während eines Klinikaufenthalts, besonders nachts BZ-Kontrollen, z. B. 24 Uhr, 2 Uhr, 4–5 Uhr.
- Wenn keine aktuelle BZ-Bestimmung durch den Arzt oder Patienten möglich ist, empfiehlt sich eine probatorische Reduzierung der abendlichen Insulindosis, die unter Selbstkontrolle erfolgen soll. Der Dosisabbau soll nur stufenweise in nicht zu kurzen Abständen und in kleinen Schritten erfolgen, z. B. von 20 auf 8–16 IE, um eine Dekompensation des Diabetes wegen ungenügender Insulinversorgung zu vermeiden. Es ist daher nicht richtig, die Abenddosis einfach fortzulassen.
- Zunehmende Hyperglykämien und Glukosurien nach Reduzierung der Dosis sprechen gegen ein Somogyi-Phänomen. Die Entscheidung läßt sich i. allg. nicht von einem Tag zum anderen treffen, sondern benötigt wegen der häufig vorliegenden Instabilität einige Tage Beobachtung unter HZ- bzw. BZ-Kontrollen.

Welche Umstände können die Behandlung zusätzlich erschweren?

- Ausgeprägte Insulinempfindlichkeit sowie unregelmäßig auftretende und nicht vorhersehbare Hypoglykämien.
- Der Patient steht, aus welchen Gründen auch immer, den Notwendigkeiten der Stoffwechselführung und Selbstkontrolle gleichgültig oder ablehnend gegenüber.
- Frustration und depressive Stimmungslage sind wegen der Unmöglichkeit einer ausreichenden Diabeteseinstellung nicht selten. Daß eine solche Gemütsverfassung die Stoffwechsellage ungünstig beeinflußt, ist unbestritten, die Bedeutung dieses Effekts im Vergleich zu anderen Faktoren jedoch im einzelnen schwer zu beurteilen. Gesichert ist jedoch, daß bei vielen Patienten die emotionale Situation entscheidend davon abhängt, wie weit sich der Diabetes beherrschen läßt.
- Erschwert wird die Stoffwechselführung durch übermäßige, z.T. berechtigte Furcht vor Hypoglykämien, besonders wenn diese mit plötzlichem Bewußtseinsverlust einhergehen oder der Patient eine anhaltende Hirnschädigung befürchtet; schließlich durch Angst vor den sich später entwickelnden Gefäßkomplikationen.
- Gelegentlich muß mit absichtlichem Auslassen der Insulininjektion oder auch massiver Glukosezufuhr gerechnet werden. Meistens wird jedoch durch derartige Reaktionen eine Labilität nur vorgetäuscht.

Eine 19jährige Diabetikerin wurde in verschiedenen Krankenhäusern wegen eines „labilen" Diabetes behandelt, ohne daß sich eine Besserung der Situation ergab. Erst eine sorgfältige Überprüfung zeigte, daß die Patientin Insulininjektionen ausließ und gelegentlich bis zu 200 g Zucker und mehr in der Nacht zu sich nahm. Später konnte der Diabetes mit der üblichen Kost und zweimal täglicher Insulininjektion ohne Schwierigkeiten befriedigend eingestellt werden. Eine Labilität lag demnach nicht vor.

- Der Patient mit labilem Diabetes braucht Verständnis und Geduld, besonders wenn er scheinbar unverständliche psychogene Reaktionen zeigt. Er muß darüber aufgeklärt werden, daß die Instabilität nicht zu den entscheidenden Mikroangiopathiefaktoren gehört. Dementsprechende Befürchtungen beunruhigen viele Diabetiker, zumal sie sich bewußt sind, daß die Labilität therapeutisch nur begrenzt beeinflußbar ist. Zurückhaltung ist angebracht bei der Verordnung von Sedativa und Psychopharmaka, die i. allg. auf die Stoffwechselsituation keinen oder nur einen geringen Effekt zeigen.

Die Suche nach Faktoren, die die Instabilität verstärken, ist für die Behandlung von entscheidender Bedeutung. Die folgenden in diesem Zusammenhang oft zitierten Umstände können zwar bei einzelnen Patienten wichtig sein, sollten jedoch generell nicht als Instabilitätsfaktoren überschätzt werden:

- Infektionen, außer gravierenden Formen, führen meist nicht zur Labilität.
- Lebererkrankungen, Hämochromatose, verursachen i. allg. keine Instabilität, wohl aber häufig eine Insulinempfindlichkeit.
- Während der Schwangerschaft nimmt die Instabilität eher ab, zumal die Insulinempfindlichkeit zurückgeht und der Insulinbedarf ansteigt.
- Änderungen der Stoffwechsellage im Zusammenhang mit dem Menstruationszyklus treten periodisch auf und lassen sich durch entsprechende Anpassung der Insulindosis meist beherrschen.
- Auch andere hormonale Einflüsse wie Antikonzeptiva führen allenfalls zu höherem Insulinbedarf, weniger dagegen zu Instabilität.

Die Möglichkeiten, den Diabetes einigermaßen akzeptabel einzustellen, hängen nicht nur von der Labilität ab, sondern auch von der Fähigkeit des Patienten zur Mitarbeit, seiner psychischen Verfassung und der Erfahrung des behandelnden Arztes im Umgang mit Patienten dieses Diabetestyps. Der Versuch einer normoglykämischen Einstellung verbietet sich außer evtl. unter Einsatz von Insulinpumpen wegen der Hypoglykämiegefahr. Oft müssen vorübergehend sogar erhebliche Hyperglykämien bis über 300 mg/dl und 24-h-Glukosurien von mehr als 30–60 g, z. T. mit Ketonurie an einigen Tagen, in Kauf genommen werden. Andererseits werden sich gelegentlich auftretende Hypoglykämien nicht vermeiden lassen. Auf keinen Fall sollte eine Beurteilung der Stoffwechselsituation aufgrund nur weniger BZ- und HZ-Resultate erfolgen.

Literatur (zu 7)

Berger W, Schwarz U, Kaegi E, Keller U, Violier E (1979) Die Insulinbehandlung durch subcutane Dauerinfusion mit einem tragbaren Insulindosiergerät. Eine einfache Methode zur Stabilisierung von labilen Diabetikern. Schweiz Rundsch Med 68: 1620

Petrides P (1966) Der labile Diabetes, Pathophysiologie, Klinik, Therapie. Dtsch Med Wochenschr 91: 689–694
Service FJ, Molnar GD, Rosevear JW, Ackerman E, Gatewood LC, Taylor WF (1970) Mean amplitude of glycemic excursions, a measure of diabetic instability. Diabetes 19: 644–655
Talaulicar M, Willms B (1982) Behandlung des labilen Diabetes mit tragbaren Insulininfusionspumpen. Dtsch Med Wochenschr 107: 419–423
Tattersall R (1977) Brittle diabetes. Clin Endocrinol Metab 6: 403–413

8 Hypoglykämie

Die Hypoglykämie wird als wichtigste Komplikation der Insulintherapie ausführlicher besprochen. Unter SH kommt es zwar nur selten, gelegentlich jedoch zu schweren Hypoglykämien, unter Biguaniden nicht (s. Kap. 5).
Die Hypoglykämie ist der limitierende Faktor für eine normoglykämische Einstellung. Ob sie überbewertet, bagatellisiert oder für den konkreten Fall „richtig" eingeschätzt wird, ist ausschlaggebend für die Stoffwechselführung. Das Problem liegt darin, die Gefährdung durch Hypoglykämien gegen die Schäden abzuwägen, die als Folge einer längerdauernder Stoffwechselkompensation in Form von kardiovaskulären und nervalen Komplikationen auftreten.
Auf einfache Weise könnte man Hypoglykämien verhindern, indem man beträchtliche Hyperglykämien und Glukosurien sozusagen als Sicherheit bestehen ließe. Wenn dagegen eine „scharfe" Einstellung mit z. T. im Normal- oder Grenzbereich liegenden BZ-Werten praktiziert wird, ist die Möglichkeit einer Unterzuckerung erheblich größer.
Die therapeutische Aufgabe besteht darin, zwischen diesen beiden Möglichkeiten einen akzeptablen Mittelweg zu finden, wobei ein gewisser Ermessenspielraum bleibt, der durch Erfahrung des Arztes, ferner durch sein Temperament, seine Einschätzung der individuellen Situation des Patienten und einige Imponderabilien bestimmt wird. Diesem Ermessensspielraum sind heute wesentlich engere Grenzen gesetzt als früher, da es nicht mehr zu verantworten ist, die Bedeutung der Hyperglykämien als Voraussetzung für die Mikroangiopathie und Neuropathie zu leugnen (s. auch Kap. 11.1).
Auch der Patient selbst muß einen Kompromiß finden, er soll weder die Hypoglykämie bagatellisieren noch sie als unabänderliche Bei-

gabe der Insulinbehandlung hinnehmen. Es darf nicht zu panischer Angst bis zur Phobie kommen. Sie wird während der stationären Behandlung durch den Anblick hypoglykämischer Mitpatienten, aber auch durch furchterregende Berichte anderer Diabetiker verursacht und wach gehalten. Tatsächlich erscheint ein hypoglykämischer Patient bedrohlich: Blässe, kalte Haut, Schweißausbruch, Benommenheit, Bewußtlosigkeit, u. U. sogar Krämpfe. Noch dramatischer und zugleich erfreulicher ist die i. allg. schlagartige Beseitigung dieses Zustandes durch Glukose.

Die zerebralen Symptome sind Folge des unzureichenden Glukoseangebots an die Hirnzelle. Bei länger anhaltender Hypoglykämie führt der Glukosemangel zu den gleichen irreversiblen Zellschäden wie eine Anoxie. Ob die klinischen Symptome in ihrer Reihenfolge tatsächlich entsprechend der Empfindlichkeit der verschiedenen Hirnareale auf ein Glukoseminderangebot auftreten, ist heute umstritten.

Der BZ-Abfall induziert außerdem eine Mehrsekretion insulinantagonistischer Hormone: Glukagon, Katecholamine, Kortisol und Wachstumshormon. Die Reihenfolge entspricht ihrer BZ-steigernden Potenz. Glukagon und Katecholamine führen über die Glykogenolyse zu einer vermehrten Glukoseabgabe aus der Leber. Kortisol führt erst später zu einer Steigerung der Glukoneogenese und zum BZ-Anstieg.

Außer der zerebralen Symptomatik zeigen sich uncharakteristische Allgemeinerscheinungen und besonders zu Beginn der Hypoglykämie vegetative Symptome, die den Patienten als Warnzeichen dienen.

8.1 Symptomatik

Da nur die rechtzeitige Erkennung eine rechtzeitige Therapie ermöglicht, wird auf die vielgestaltige Symptomatik näher eingegangen.

Allgemeinerscheinungen. Die Bezeichnung „Allgemeinsymptome" ist deskriptiv, da unterschiedliche Störungen, z. T. wahrscheinlich vegetativer Genese, zugrunde liegen. Dazu gehören unbestimmtes

Schwächegefühl, Parästhesien, vor allem peroral und im Bereich der Extremitäten, Übelkeit, Erbrechen, Bauchschmerzen (Kinder).

Vegetative Symptome. Sie treten sowohl infolge erhöhter parasympathischer wie auch adrenergischer Aktivität auf als Schwitzen („kalter Schweiß"), Blässe, Zittern, Herzklopfen, Bradykardie, später Tachykardie, u. U. geringer Blutdruckanstieg.

Zerebrale Symptome

Neurologische Auffälligkeiten. Konzentrationsschwäche, Kopfschmerz, verschwommenes Sehen, Doppelbilder, veränderte Mimik (Starre, Grimassieren), Koordinationsstörungen, verwaschene Sprache, Wortfindungsstörungen, mangelhafte Orientierung, Bewußtseinsstörungen (Somnolenz, Stupor, Koma), Krämpfe, apoplektiforme passagere Paresen.

Psychiatrische Auffälligkeiten. Auffallendes Verhalten, Wesensveränderung, Stimmungsstörungen (depressiv – euphorisch), Antriebsveränderungen (apathisch – unruhig), Denkstörungen (Wahn, Halluzinationen), Aggressivität bis zur Gewalttätigkeit.
Die Schwere der Symptome nimmt, wie zu erwarten, mit abnehmendem BZ-Wert zu. Bewußtlosigkeit tritt i. allg. erst bei BZ-Werten unter 30 mg/dl ein, bei höheren Werten als 40–45 mg/dl werden andererseits schwerwiegende zerebrale Erscheinungen vermißt. Die Abhängigkeit der Symptome von der BZ-Konzentration ist jedoch nicht allzu eng. Der „Schwellenwert" für die ersten Erscheinungen ist individuell unterschiedlich. Ferner kann er sich beim gleichen Patienten im Laufe der Jahre erheblich ändern, und zwar meist in der Weise, daß er auf ein niedrigeres Niveau absinkt.
Besondere Probleme bereiten atypisch verlaufende Hypoglykämien. Nach 5–10 Jahren Diabetesdauer kommt es bei einigen Patienten zum Verlust der sog. vegetativen Erscheinungen wie Schwitzen, Blässe, Tremor, Palpitationen und Hungergefühl. Da diese Warnsymptome fehlen, manifestiert sich die Hypoglykämie primär mit zerebralen Störungen. Sie werden wegen ihrer Vieldeutigkeit und wegen der hypoglykämiebedingten Einschränkung der Urteilsfähigkeit vom Patienten selbst, nicht selten aber auch von der Umgebung,

fehlgedeutet. Plötzliche Handlungsunfähigkeit und überfallartig auftretende Symptome bis zum Zusammenbrechen und zum Bewußtseinsverlust machen eine rechtzeitige KH-Einnahme unmöglich. Da der Patient und oft auch andere während eines solchen Zustandes besonders gefährdet sind, ist die Vorbeugung von noch größerer Bedeutung als bei den typischen Hypoglykämien. Besondere Vorsichtsmaßnahmen sind notwendig, wenn symptomarme oder rasch einsetzende Hypoglykämien mit Instabilität und ausgeprägter Insulinempfindlichkeit kombiniert sind. Bereits geringe Änderungen der Insulindosis und der Muskeltätigkeit können schwere Hypoglykämien auslösen. Die Ursache ist offenbar eine ungenügende Sekretion von Glukagon und Katecholaminen die physiologischerweise reaktiv bei BZ-Abfall sezerniert werden und zur Glykogenolyse und damit zum Wiederanstieg des BZ führen.
Eine Maskierung der vegetativen Symptomatik wird auch durch β-Blocker verursacht. Die Symptomarmut mag für den Patienten vordergründig angenehm sein, erschwert jedoch die rechtzeitige Erkennung der Unterzuckerung. Nicht kardioselektive β-Blocker wie Propanolol sind außerdem in der Lage, die Dauer der Hypoglykämie zu verlängern, (s. Kap. 9.)
Niedrige BZ-Werte ohne nennenswerte Symptome werden schließlich im Falle länger anhaltender Hypoglykämien wie bei Insulom und höher dosierter Insulintherapie oder auch bei der Anwendung von Insulininfusionspumpen registriert. Offensichtlich prädestinieren auch protrahiert wirkende Insuline und Sulfonylharnstoffe wegen der nur allmählichen BZ-Senkung zu schleichenden und symptomarmen Hypoglykämien. Anscheinend kommt es bei vielen Patienten zu einer gewissen Adaptation an niedrige Blutglukosekonzentrationen, so daß trotz BZ-Werten bis zu etwa 30 mg/dl keine wesentliche Störung des Allgemeinbefindens bemerkt wird.
Ungeklärt ist bis jetzt, in welcher Weise die Geschwindigkeit des Blutzuckerabfalls die Hypoglykämiesymptome beeinflußt. Insbesondere gilt dies für die sog. relative Hypoglykämie: Verursacht ein rascher BZ-Abfall nach ausgeprägter Hyperglykämie „echte" Hypoglykämiesymptome, auch wenn der BZ-Wert den Normalbereich nicht unterschreitet? Einige Befunde sprechen tatsächlich für eine adrenerge Aktivierung während einer schnellen BZ-Senkung.

Wenn eine „relative Hypoglykämie“ – falls es sie geben sollte – vermutet wird, handelt es sich meist um Patienten mit uncharakteristischen oder vegetativen Beschwerden. Die Fehldeutung, auch von seiten ängstlicher Patienten, ist naheliegend, der BZ-Sturz bleibt of nur Vermutung, da Kontrollwerte fehlen. Schließlich zeigt sich oft,

Tabelle 54. Ursachen und Konsequenzen bei Hypoglykämien

Ursachen	Vorbeugung bzw. Therapie
Sporadische Hypoglykämien	
Vorausgegangene Muskeltätigkeit	Rechtzeitig (!) zusätzlich KH, weniger Insulin bei vorhersehbarer und intensiverer Muskeltätigkeit
Verspätete oder zu geringe Nahrungsaufnahme als Folge von Diätunkenntnis, mangelhafter Disziplin, Inappetenz, Vergeßlichkeit	Diätinstruktionen
Fehlerhafte Insulindosierung und -injektion	Routineüberprüfung der Technik (Aufziehen des Insulins und Injektion demonstrieren lassen)
Vorzugsweise zu bestimmten Zeiten, oft mit gewisser Regelmäßigkeit auftretende Hypoglykämien	
Postinitiale Remission eines Typ-I-Diabetes, auch nach Erstinsulinisierung beim Typ II	Reduzierung der Insulin- evtl. auch der SH-Dosis. Bei Typ I notfalls Minimaldosierung, jedoch keine Unterbrechung der Insulintherapie
Diabetesbesserung durch Reduktionskost oder Gewichtsabnahme	Dosisreduzierung, besonders bei übergewichtigen Patienten
Anhaltende Muskeltätigkeit wie im Urlaub, bei Änderung der Lebensgewohnheiten, der Berufssituation	Kombination von höherem KH-Angebot und Reduzierung der Insulin- oder SH-Dosis. Bei Übergewicht steht Dosisabbau im Vordergrund. Begrenzung der Extra-KH und -Kalorien, da mit eventuellem Gewichtsstillstand oder erneuter Zunahme zu rechnen ist
Inappetenz infolge konsumierender Erkrankungen oder durch Pharmaka	Verminderung der Insulindosis, häufigere, kleine Mahlzeiten
Hypoglykämien durch Interaktionen mit anderen Pharmaka (s. Kap. 9)	

besonders aufgrund von Tagesprofilen, daß die gleichen Patienten trotz raschen BZ-Abfalls, beispielsweise in kurzer Zeit von 300 auf 100 mg/dl, symptomfrei sind.
Die *Diagnose* einer Hypoglykämie wird erleichtert durch:

- Kenntnis der Hypoglykämiesymptome auf seiten des Patienten.
- Kenntnis des Wirkungsablaufs des Insulins und Zeitpunkt des Wirkungsmaximums.
- Besondere Aufmerksamkeit und (Vorsichts-) Maßnahmen bei atypischen Symptomen.
- „Probatorische" bzw. provozierte Hypoglykämien durch Fortlassen oder Reduzieren einer Mahlzeit, wenn bisher noch keine Hypoglykämie aufgetreten ist. Neuerkrankte Insulinpatienten, besonders in jüngerem und mittlerem Lebensalter, vor allem Kinder und auch deren Eltern, lernen bereits in der Klinik die Symptomatik kennen und können die Situation im einzelnen mit dem Arzt oder der Schwester besprechen.
- Klärung der jeweiligen Hypoglykämieursache, ggf. Gespräch mit dem Arzt und „Verarbeitung" der Erfahrung (s. Tabelle 54).
- Probatorische KH-Zufuhr und wenn notwendig Reduzierung der Insulindosis bei körperlicher Aktivität (s. Kap. 16.1).

Die *Sicherung der Diagnose* ist meistens aufgrund klinischer Symptome möglich. Bei bewußtlosen Patienten, besonders bei atypisch verlaufenden Hypoglykämien und darüber hinaus bei jeder unklaren Situation ist eine BZ-Bestimmung mit konventionellen Labormethoden notwendig. Heute stehen zwar die Teststreifen im Vordergrund. Für eine exakte Diagnose, etwa für die Abgrenzung gegenüber einem zerebralen Anfallsleiden, reichen sie nicht aus, besonders wenn es sich um den Bereich zwischen 40 und 80 mg/dl handelt. Die zusätzliche Verwendung eines Reflektometers erhöht die Genauigkeit nicht wesentlich. Die digitale Anzeige von beispielsweise 87 mg/dl täuscht über die Ungenauigkeit hinweg, die durch die Teststreifenreaktion selbst bedingt und bisher unvermeidlich ist.

Differentialdiagnose. Bei erheblicher Beeinträchtigung der Bewußtseinslage bis zum Koma kommen in Betracht:

- diabetisches Koma,
- zerebraler Insult,
- zerebrales Anfallsleiden,
- Intoxikation, vor allem durch Alkohol.

Vaskuläre Störungen können als Hypoglykämie fehlgedeutet werden:

- zerebrale Durchblutungsstörungen,
- Orthostasereaktionen als Folge einer diabetischen Neuropathie,
- Orthostase durch Antihypertensiva,
- als seltenes Ereignis Orthostase infolge Verminderung des Plasmavolumens, die durch Insulin selbst, besonders durch rasch wirkendes Normalinsulin verursacht wird – ohne Blutzuckerabfall!

Fehldeutung vegetativer bzw. uncharakteristischer Symptome:

- Unruhe,
- Herzklopfen, Schwitzen anderer Ursache,
- klimakterische Beschwerden,
- Symptome, wie sie bei Hyperventilationstetanie auftreten.
- Oft werden aus Anlaß der eben genannten Beschwerden KH bzw. Zucker eingenommen, wonach sich die Symptome bessern, obgleich keine Hypoglykämie vorliegt. Offensichtlich handelt es sich um einen Suggestiv- oder Placeboeffekt oder um einen Spontanrückgang.

Schwerwiegend ist die Verkennung eines zerebralen Anfallsleidens als Hypoglykämie, was besonders bei Typ-I-Diabetikern mit Instabilität immer wieder vorkommt. Die Fehldiagnose kommt zustande, weil die charakteristischen Symptome des hirnorganischen Anfalls in gleicher oder ähnlicher Weise bei atypischen Hypoglykämien auftreten können: Absencen, plötzliches Zusammenbrechen, „Umfallen", Krampfzustände.
Zur Klärung der Situation ist eine *korrekte* BZ-Bestimmung erforderlich. Ein BZ-Schnelltest (Streifentest) ist auch bei Verwendung eines Reflektometers nicht zuverlässig genug. Oft ergeben sich bereits aufgrund einer sorgfältigen Anamnese wichtige Hinweise: die betroffenen Patienten berichten nicht nur über „Anfälle", sondern auch über Hypoglykämieepisoden mit typischer Symptomatik, so daß sich beide Zustände ohne weiteres voneinander abgrenzen lassen. Die Sicherung der Diagnose durch BZ-Bestimmung und ggf. weitere neurologische Untersuchungen sind wegen der Notwendigkeit einer antikonvulsiven Behandlung von großer Bedeutung.
Wenn den zerebralen Erscheinungen tatsächlich eine Hypoglykämie zugrunde liegt, muß die Diabeteseinstellung modifiziert und der Patient eingehend über Hypoglykämievermeidung instruiert werden. Stellt sich im weiteren Verlauf heraus, daß es – aus welchem Grunde

auch immer – unmöglich ist, mit Krampfanfällen einhergehende Hypoglykämien zu vermeiden, sind auch für diese Patienten wegen ihrer Krampbereitschaft Antikonvulsiva indiziert.

8.2 Therapeutische Maßnahmen

5–10 g Glukose oder auch Saccharose (Kochzucker) oral. Gelegentlich höhere Dosen. Gelöster Zucker wird schneller resorbiert. Rasch resorbierbare KH in anderer Form, wie Coca Cola, Obstsaft, Kekse, Zuckerstücke (Würfelzucker, Traubenzuckerstückchen, Kandis) zwischen Wangenschleimhaut und Zahnreihe, wenn der Patient somnolent ist. Wegen Aspirationsgefahr keine Flüssigkeitszufuhr.
Falls Essen oder Trinken unmöglich: 40%ige Glukose intravenös, 10–50 ml (=5–25 g). Wenn nach 10–20 min keine Reaktion erkennbar ist, erneute Glukosezufuhr, bei schwerer Hypoglykämie anschließende Infusion von 5–10%iger Glukoselösung.
Oder:
Bei Somnolenz oder Unmöglichkeit der oralen KH-Zufuhr – besonders im Wachstumsalter und bei labilem Diabetes – Glukagoninjektion (meist durch Angehörige). Sobald Zustand gebessert, KH-Gabe, falls nicht, i.v. Glukose.

Glukagon führt über die Leberglykogenolyse zum BZ-Anstieg. Sobald der Patient wach wird, orale KH-Zufuhr. Andernfalls kann er erneut hypoglykämisch werden.
Glukagon wirkt nicht bei glykogenarmer Leber (längere Nahrungskarenz, chronische Lebererkrankungen, chronischer Alkoholismus).

Besondere Maßnahmen bei Versagen der Routinetherapie und bei schwerer Sulfonylharnstoffhypoglykämie sind in Tabelle 55 zusammengestellt.
Bei Auftreten von Hypoglykämien soll der Arzt etwa entsprechend einer Checkliste die Umstände überprüfen, die als Ursache in Betracht kommen, und auf diese Weise weiteren Hypoglykämien vorbeugen:
- Besserung des Diabetes bzw. der Glukosetoleranz (spontan, kalorienarme Kost, als Folge von Gewichtsabnahme),

Tabelle 55. Besondere Maßnahmen bei Versagen der Routinetherapie und bei schwerer Sulfonylharnstoffhypoglykämie

- *Sofort:* Blutzucker, Kreatinin bzw. Harnstoff, Hämatokrit, außerdem Elektrolyte.
- Sogleich i. v. 100 ml 50%ige Glukose, anschließend Infusion von 10%iger Glukoselösung (20 Tropfen/min), bei Sulfonylharnstoffhypoglykämie länger als 24 h.
- Blutzucker über 200 mg/dl anstreben, besonders nach protrahierter Hypoglykämie.
- Nach und evtl. während der Infusion orale KH-Zufuhr.
- Seitenlage, Beseitigung von Atemhindernissen.
- Flüssigkeitsbilanz.
- Alle 30 min Kontrolle von Puls, Blutdruck und Atmung.
- Zu Beginn evtl. 100 mg Hydrocortison bzw. Äquivalent, dieselbe Dosis alle 8 h.
- Manitol bei Verdacht auf Hirnödem.
- Mindestens 48 h klinische Beobachtung bei SH-Hypoglykämien.

- Fortlassen oder unvollständige Einnahme von Mahlzeiten,
- Muskeltätigkeit,
- zuviel Insulin,
- unregelmäßige – zu rasche – Insulinabsorption,
- „Hypoglycaemia factitia“,

Besonders schwere Hypoglykämien, die sich aufgrund der Stoffwechsellage, der therapeutischen Maßnahmen sowie der bekannten, blutzuckerbeeinflußenden Faktoren wie körperliche Aktivität nicht erklären lassen, sind verdächtig auf sogenannte Hypoglycaemia factitia, d. h. auf die absichtliche Dosiserhöhung oder Extrainjektion von Insulin. Sie werden ebenso wie die entsprechende Einnahme von Sulfonylharnstoffen sowohl bei Diabetikern als auch bei Nichtdiabetikern, und zwar besonders bei Angehörigen medizinischer und verwandter Berufe, beobachtet. Ursache sind psychologische Schwierigkeiten, unter Umständen auch suizidale Absichten. Die Klärung erfordert oft eine sorgfältige Beobachtung unter Einsatz aller diagnostischer Mittel. Häufig wird die Diagnose versäumt, weil eine solche Möglichkeit nicht bedacht wird. Auf keinen Fall soll der Arzt sich von subjektiven Eindrücken leiten lassen, etwa in dem Sinne, daß dem Patienten eine absichtliche Insulininjektion nicht zuzutrauen wäre.

- Interaktionen mit anderen Pharmaka,
- fortgeschrittene Nephropathie,
- unzureichende Sekretion insulinantagonistischer Hormone (Morbus Addison, Hypophysenvorderlappeninsuffizienz),

- bestimmte „Gemütsbewegungen“ wie Freude, Entspannung, gelegentlich aber auch intensive geistige Tätigkeit.

Dazu gehören folgende Fragen:

- Was kommt nach Meinung des Patienten als Ursache in Betracht?
- Wie bewertet der Arzt die Situation?
- Mit welchen Symptomen manifestiert sich die Hypoglykämie, in welcher Reihenfolge treten die Symptome auf?
- Verläuft die Hypoglykämie mit atypischen Symptomen: uncharakteristisch, schleichend, plötzlich einsetzend, ohne Vorboten?
- Konnten rechtzeitig die notwendigen Maßnahmen getroffen werden?
- Wieviel und in welcher Form wurden Kohlenhydrate eingenommen?

8.3 Schäden durch Hypoglykämien

Irreversible zerebrale Veränderungen werden vor allem durch tiefe (BZ unter 20 mg/dl) und langandauernde Hypoglykämien hervorgerufen. Disponiert sind Patienten mit zerebraler Vorschädigung, vor allem im Alter.

Ob allerdings Hypoglykämien häufiger als nur ausnahmsweise einen Insult auslösen, ist nicht sicher zu entscheiden.

Diese Befürchtung wird verstärkt oder erst ausgelöst, wenn der Arzt – was grundsätzlich als psychologischer Fehler gilt – durch Drohungen über zerebrale Hypoglykämieschäden einen Patienten zu vernünftiger Stoffwechselführung motivieren will. Er muß im Gegenteil mit Einfühlungsvermögen, aber entschieden aufklären und beruhigen. Besonders gilt dies für Diabetiker mit labilem Stoffwechsel, bei denen es nicht leicht ist, einem individiuell geeigneten Mittelweg zwischen Hyper- und Hypoglykämie zu finden und gelegentliche schwere Hypoglykämien zu verhindern.

Eine *koronare* Mangeldurchblutung kann durch Hypoglykämien ungünstig beeinflußt werden, was auch im Tierversuch bestätigt wurde. Diabetiker mit schwerer Angina pectoris sowie mit Zustand nach frischem Infarkt sollen daher nicht zu „scharf“ auf Insulin eingestellt werden. Eine seltene Komplikation sind Herzrhythmusstörungen, für die der Anstieg der Plasmakatecholamine und der hypoglykämieinduzierte Abfall des Serumkaliums verantwortlich zu machen sind.

Hypoglykämien sollen ferner frische *retinale Blutungen,* besonders bei proliferativer Retinopathie, auslösen können. Der kausale Zusammenhang läßt sich jedoch, von einigen Ausnahmen abgesehen, nur selten sichern. Er wird um so fraglicher, je sorgfältiger die Anamnese erhoben wird. Trotzdem sollte bei diesen Patienten die Insulintherapie vorsichtshalber so durchgeführt werden, daß Hypoglykämien vermieden werden. Es ist ohnehin nicht damit zu rechnen, daß sich eine Retinopathie mit ausgeprägten proliferativen Veränderungen durch eine scharfe Einstellung günstig beeinflussen läßt.

Bei alten Patienten kann die rechtzeitige Erkennung der Hypoglykämie besondere Schwierigkeiten bereiten: Verwirrtheit, Müdigkeit, Konzentrationsschwäche und Hinfälligkeit werden nicht selten als Symptome einer zerebrovaskulären oder auch kardialen Insuffizienz fehlgedeutet.

Literatur (zu 8)

Balodimos MC, Root HF (1959) Hypoglycemic insulin reactions without warning symptoms. JAMA 171: 261-265

Bolli G, Calabrese G, de Feo P et al. (1982) Lack of glucagon response in glucose counter-regulation in type I (insulin-dependent) diabetics: Absence of recovery after prolonged optimal insulin-therapy. Diabetologia 22: 100-105

Creutzfeldt W, Frerichs H (1969) Hypoglycaemia factitia. Dtsch Med Wochenschr 94: 813-818

Drost H, Grüneklee D, Kley HK, Wiegelmann W, Krüskemper HL, Gries FA (1980) Untersuchungen zur Glukagon-, STH- und Kortisolsekretion bei insulininduzierter Hypoglykämie bei insulinabhängigen Diabetikern (JDD) ohne autonome Neuropathie. Klin Wschr 58: 1197-1205

Drost H (1978) Untersuchungen zur Glukagonsekretion und ihre metabolische Bedeutung bei Erkrankungen des Kohlenhydrat- und Fettstoffwechsels. Habilitationsschrift, Universität Düsseldorf

Mackay JD, Hayakawa H, Watkins PJ (1978) Cardiovascular Effects of Insulin: Plasma volume changes in Diabetics. Diabetologia 15: 453-457

Schwandt, P, Richter W (1980) Chronische Insulinüberbehandlung bei Diabetikern im Erwachsenenalter. Dtsch Med Wochenschr 105: 892-894

Sussman KE, Crout JR, Marble A (1963) Failure of warning in insulin-induced hypoglycemic reactions. Diabetes 12: 38-45

Winter RJ (1981) Profiles of metabolic control in diabetic children – frequency of asymptomatic nocturnal hypoglycemia. Metabolism 30: 666-672

9 Interaktionen zwischen Insulin, Sulfonylharnstoffen und anderen Pharmaka

Verschiedene Pharmaka können die Wirkung von Antidiabetika (Insulin, SH) im Sinne einer Interaktion beeinflussen. Eine Abschwächung des BZ-Effekts bedeutet Diabetogenität bzw. Stoffwechselverschlechterung, eine Wirkungsverstärkung BZ-Abfall bis zur Hypoglykämie (Tabelle 56).

Zwei Wirkungsmechanismen kommen in Betracht:

1. Beeinflussung bestimmter Stoffwechselvorgänge durch die interferierende Substanz selbst. Die hierher gehörenden Substanzen sind entweder unmittelbar stoffwechselaktiv, verändern die Insulinsekretion oder beeinflussen – meistens über die entsprechenden Rezeptoren – die Insulinempfindlichkeit. Die daraus resultierenden Effekte erklären die Diabetogenität der insulinantagonistischen Hormone (Glukokortikoide, Wachstumshormon, Katecholamine, Schilddrüsenhormon, Kontrazeptiva) sowie zahlreicher Salidiuretika, der Nikotinsäureverbindungen, des Diphenylhydantoins und Chlorpromazins. Andere Substanzen wie Azetylsalizylsäure (ASS) und Alkohol führen dagegen zu Hypoglykämien.
2. Veränderung der Pharmakokinetik des Antidiabetikums. Ganz anderer Art sind die Interaktionen, die die Pharmakokinetik der primären Substanz und damit den BZ-senkenden Effekt des Antidiabetikums beeinflussen, selbst aber nicht stoffwechselaktiv sind. Betroffen sind vor allem SH hinsichtlich ihres Metabolismus, ihrer Plasmaeiweißbindung und ihrer renalen Elimination, während der Abbau und die Ausscheidung von Insulin medikamentös nicht verändert wird.

Eine Hemmung des Abbaus in der Leber führt zu einem Anstieg des unveränderten „aktiven" SH im Plasma. Da die Metaboliten oft nicht oder schwä-

Tabelle 56. Blutzuckerbeeinflussende Substanzen (außer Hormone)

	Einfluß auf Blutzucker	
Analgetika, Antiphlogistika		
Azetylsalizylsäure (ASS)	↓	
Phenylbutazon, Oxyphenylbutazon	↓	
Fenyramidol*	↓	
*Antikoagulanzien**		
Bishydroxycumarin (Dicumarol)	↓	
Antibiotika, Chemotherapeutika		
Sulfaphenazol*	↓	
Chloramphenicol*	↓	
Oxytetrazyklin*	↓	
Psychopharmaka		
MAO-Hemmer (Mebanazin)	↓	
Chlorpromazin		↑
Diverse Substanzen		
Diuretika – außer kaliumretinierenden Substanzen		↑
Propranolol	(↓)	
Nikotinsäure und -derivate		↑
Diphenylhydantoin		↑
Alkohol	↓	

* nur durch Interaktion mit einzelnen Antidiabetica (s. Tabelle 57)

cher wirksam sind als die Ausgangssubstanzen, wird die BZ-senkende Wirkung verstärkt.
Eine Verdrängung des SH aus der Plasmaalbuminbindung kann durch Interferenz mit anderen Pharmaka erfolgen. Da nur die freie Substanz stoffwechselwirksam ist, ergibt sich u. U. eine BZ-Senkung. Ob diesem Mechanismus eine größere praktische Bedeutung zukommt, ist unsicher.

9.1 Interaktionen mit Blutzuckeranstieg bzw. diabetogenem Effekt

Diabetogenität heißt sowohl Manifestation eines Diabetes bei bisher unbekannter Stoffwechselstörung wie auch Intensivierung eines bisher bekannten Diabetes. Im ersten Fall muß damit gerechnet werden, daß bereits eine Disposition zu einem Diabetes mellitus vorgelegen hat. Die Interaktionsmechanismen sind, wie im folgenden gezeigt wird, unterschiedlicher Art.

Hemmwirkung auf die Insulinsekretion. Derartige Substanzen haben nur einen diabetogenen Effekt, wenn die Eigeninsulinproduktion noch erhalten ist, d. h. vor allem beim Typ-II-Diabetes. Im Falle eines Insulinmangels bei insulinabhängigem Typ-I-Diabetes braucht nicht mit einer Stoffwechselverschlechterung gerechnet zu werden.

Thiazide, Chlortalidon, Furosemid, Ethacrinsäure. Der diabetogene Effekt beruht nur zum Teil auf einem Kaliumdefizit, hauptsächlich dagegen auf einer Hemmung der Insulinfreisetzung aus der B-Zelle. Die meisten Patienten zeigen keinen oder nur einen geringen BZ-Anstieg. Ferner kann eine geringe Zunahme des Cholesterins und der Triglyzeride eintreten. Ob dieser Effekt klinisch relevant ist, bleibt unklar. Schließlich kommt es zu der bekannten Steigerung der Harnsäurekonzentration.
Patienten unter Diuretika müssen entsprechend diesen Befunden kontrolliert und behandelt werden, z. B. mit Dosissteigerung der antidiabetischen Pharmaka. Selten erweist sich ein Absetzen des Diuretikums als notwendig.

Chlorpromazin führt über eine Hemmung der Insulinsekretion zu einer deutlichen Verschlechterung der Stoffwechsellage. Das Präparat wird jedoch heute nur noch selten benutzt.
Den gleichen Effekt hat *Diphenylhydantoin* (DPH). Bisher wurde eine Verschlechterung des Diabetes bis zum hyperosmolaren Koma nur unter der hochdosierten antiarrhythmischen Therapie bei Patienten im schlechten Allgemeinzustand beobachtet. Typ-I-Diabetiker mit zerebralem Anfallsleiden können daher, da sie ohnehin über kein endogenes Insulin mehr verfügen, ohne weiteres mit DPH behandelt werden.

β-Blocker zeigen eine relativ geringe diabetogene Potenz. Über eine klinisch bedeutsame Verschlechterung des Diabetes wurde bisher nicht berichtet, wohl aber über eine Abnahme der Glukosetoleranz. Die *β*-Blocker, v. a. die nicht kardioselektiven Substanzen sind insofern bemerkenswert, als sie andererseits zu einer Intensivierung der Insulinhypoglykämie infolge Hemmung der Glykogenolyse führen.

Äthylalkohol: s. Kap. 4.

Verminderte Insulinempfindlichkeit

Glukokortikoide. Dem Blutzuckeranstieg liegen eine Affinitätsabnahme des Insulinrezeptors und eine Steigerung der Glukoneogenese zugrunde. Zunächst erhöht sich der postprandiale BZ, während der NBZ erst bei ausgeprägterer Dekompensation ansteigt. Dieser Umstand ist für den Zeitpunkt der BZ-Bestimmung wichtig.
Wenn eine eindeutige Glukokortikoidindikation, wie z.B. bei Schockzuständen, besteht, bedeutet der Diabetes keine Kontraindikation. Bei einmaliger Anwendung gibt es ohnehin meist keine besonderen Probleme. Im übrigen ist es zweckmäßig, sich die Möglichkeit der Diabetesinduktion bzw. -verschlechterung zu vergegenwärtigen und die notwendigen BZ-Kontrollen vorzunehmen. Bei ausgeprägter Hyperglykämie muß Insulin verabfolgt oder die bisherige Dosis erhöht werden. Selten werden mehr als 80–100 IE benötigt. Ausnahmen sind präexistenter hoher Insulinbedarf (chronische Lebererkrankung), besonders hohe Glukokortikoiddosis oder die Auswirkungen einer gravierenden Grundkrankheit, v.a. in Kombination mit schweren Infektionen.

Östrogene (s. 14.2).

Schilddrüsenhormone. Ein Überangebot kann zur Verschlechterung des Diabetes, im Einzelfall bis zum diabetischen Koma führen, v.a. während einer thyreotoxischen Krise. Im Rahmen der Substitutionsbehandlung oder der Strumatherapie kommt es dagegen nicht zu einer Beeinflussung des Diabetes.
Die Verschlechterung des Diabetes nach Gabe von *Wachstumshormon* ist für die diabetologische Praxis ohne Bedeutung.

Nikotinsäure und -derivate zeichnen sich durch relativ geringe Diabetogenität aus, die sich durch eine Intensivierung der Therapie mit Antidiabetica ohne Schwierigkeiten kompensieren läßt.

9.2 Interaktionen mit Blutzuckersenkung

Von den zur BZ-Senkung führenden Interaktionen werden im folgenden zunächst die wichtigsten besprochen, die auf einer Beeinflussung der SH-Pharmakokinetik beruhen (Tabelle 57).
Die meisten SH werden in Form der wenig oder gar nicht wirksamen Metaboliten ausgeschieden. Eine Konkurrenz bei der Eliminierung führt dann lediglich zu einem Anstieg der Metaboliten, jedoch nicht des freien SH. Anders ist die Situation bei SH, die wie Chlorpropamid nur zu einem Drittel metabolisiert oder wie Azetohexamid zu einem stark blutzuckersenkenden Metaboliten abgebaut werden. Hier können sowohl durch eine Interaktion mit der renalen Ausscheidung wie auch durch Niereninsuffizienz ein erheblicher Anstieg der SH-Plasmakonzentration und eine Hypoglykämieneigung resultieren.

Sulfaphenazol löst sowohl bei Tolbutamid wie bei chlorpropamidbehandelten Diabetikern Hypoglykämien aus. Für Tolbutamid beruht die Interaktion auf einer Hemmung des Abbaus zu dem stoffwechselunwirksamen Metaboliten Hydroxytolbutamid, wodurch die Halbwertszeit um das 5- bis 6fache verlängert wird. Da das Sulfonamid Sulfaphenazol nur noch selten verwendet wird und die Verordnung von Tolbutamid zugunsten der Milligrammpräparate zurückgedrängt wurde, spielt diese Interaktion praktisch keine bedeutende Rolle. Eine ähnliche Hemmung des Tolbutamidabbaus wurde im übrigen für Chloramphenicol beschrieben.
Bishydroxycumarin (Dicumarol) führt ebenfalls durch eine Hemmung der Metabolisierung zu einer Verlängerung der Halbwertszeit des Tolbutamid und zu Hypoglykämien. In der Bundesrepublik Deutschland wird Dicumarol jedoch nicht verwendet. Phenprocoumon beeinflußt dagegen die Eliminationshalbwertszeit von Tolbutamid, von Glukodiazin sowie von Glibornurid nur innerhalb geringer Grenzen, von Glisoxepid praktisch nicht, so daß kein klinisch relevanter Effekt zu erwarten war und auch nicht beschrieben wurde.

Phenylbutazon verursachte bei Tolbutamid, Carbutamid, Chlorpropamid und Azetohexamid und Hydroxyphenylbutazon bei Glibenclamid schwere Hypoglykämien. Der Mechanismus der Interaktion ist zumindest für die meisten SH ungeklärt. Vereinzelt wurde auch eine BZ-Senkung bei Insulinpatienten beobachtet.

Kasuistik (Schulz 1968). Eine 66jährige Diabetikerin erhielt zunächst 8 Tage lang Tolbutamid, dann wegen Thrombophlebitis zusätzlich 600 mg Phenyl-

Tabelle 57. Interaktionen mit Blutzuckersenkung

Interferierende Substanz	Antidiabetikum	Mechanismus	Bemerkungen
Sulfaphenazon	Tolbutamid	Abbauhemmung	Praktische Bedeutung gering
Fenyramidol	Tolbutamid	Abbauhemmung	Praktische Bedeutung gering
Chloramphenicol	Tolbutamid, Chlorpropamid	Abbauhemmung	Chloramphenicol selten indiziert
Azetylsalizylsäure (ASS)	SH, Insulin	Steigerung der Glukoseutilisation durch ASS (Bindungskonkurrenz mit SH an Serumalbumin?)	Trotz häufiger ASS-Medikation selten Hypoglykämie
Phenylbutazon Oxyphenylbutazon	SH, Insulin (?)	Peripherer Effekt?	Gelegentlich schwere Hypoglykämie
β-Blocker (Propanolol)	Insulin (theoretisch auch für SH)	Hemmung der Glykogenolyse	Verlängerte Hypoglykämie durch Verzögerung des BZ-Wiederanstiegs
Monoaminooxydasehemmer (MAOH)	SH, Insulin	Glykogenolysehemmung	MAOH in der Bundesrepublik selten verwendet
Tetrazyklin	Insulin	Unbekannt	Kein sicherer Zusammenhang
Äthylalkohol	SH, Insulin	Hemmung der Glykogenolyse	Hypoglykämie bevorzugt in der postabsorptiven Phase

butazon i.m., nach 2 Tagen Desorientierung, rezidivierendes Koma, Blutzucker 35 mg/dl, später Exitus.

Weitere, durch andere Pharmaka hervorgerufene Interaktionen sind nur vereinzelt beschrieben und sind z.T. in Tabelle 57 angeführt. Der Wirkungsmechanismus läßt sich noch nicht für alle Substanzen im einzelnen überblicken.

Bei einer anderen Gruppe von interferierenden Pharmaka handelt es sich um Verbindungen, die auch für sich allein stoffwechselwirksam sind. Azetylsalizylsäure erhöht den peripheren Glukoseumsatz und kann bei Kindern zu schweren Hypoglykämien führen. Neben seiner Wirkung auf den Glukosestoffwechsel konkurriert ASS außerdem hinsichtlich der Plasmaeiweißbindung mit einigen SH. Die bisher beobachteten hypoglykämieauslösenden Dosen lagen bei etwa 2–3 g täglich.

Die Interaktion durch *β-Blocker* manifestiert sich auf folgende Weise:

- Durch Propranolol Verzögerung des BZ-Wiederanstiegs während eines Insulintoleranztests bei gesunden Personen, jedoch keine Senkung des BZ-Minimums. Ein derartiger Effekt auf die Hypoglykämie wird auch beim mit Insulin behandelten Diabetiker für möglich gehalten, konnte jedoch bisher nicht nachgewiesen werden. Kardioselektive Blocker beeinflussen dagegen den BZ-Verlauf nicht. Für hohe Dosen liegen allerdings keine Untersuchungen vor.
- Verschlechterung der Glukosetoleranz als Folge einer Hemmung der Insulinsekretion und dementsprechend nur bei Typ-II-Diabetes zu erwarten.
- Die Maskierung der vegetativen Symptome ist kein gravierendes Problem und wurde bisher nur bei relativ wenigen Patienten beobachtet.

Bei einer 52jährigen Patientin mit einer Diabetesdauer von 12 Jahren entwikkelt sich eine Tachykardie, weshalb Propranolol verabfolgt wird, das zu für die Patientin ungewohnten atypischen Hypoglykämien ohne Schwitzen, Zittern, Hungergefühl führt. Auch der Ersatz des Propranolol durch Atenolol ändert an dieser Situation nichts. Die ihr gewohnte Hypoglykämiesymptomatik macht sich nach Absetzen des β-Blockers wieder bemerkbar.

Eine 35jährige Patientin mit Langzeitdiabetes und geringer Instabilität entwickelt unter Propranolol atypische Hypoglykämien mit BZ-Werten bis 30 mg/dl ohne wesentliche Symptome. Bei Verwendung von Atenolol kommt es nicht zu einer Veränderung der Hypoglykämiesymptomatik.

Auch im Hinblick auf den Maskierungseffekt sollten Insulinpatienten vorzugsweise kardioselektive Blocker erhalten. Zurückhaltend und mit Vorsicht sollten β-Blocker verwendet werden, wenn es sich um Diabetiker mit ausgeprägter Insulinempfindlichkeit oder Stoffwechsellabilität handelt. Diabetiker, die nach längerer Krankheitsdauer ohnehin nicht mehr mit adrenergen Symptomen auf die Hypoglykämie reagieren, können selbstverständlich mit β-Blockern behandelt werden, da es bei ihnen nichts mehr zu maskieren gibt.

Äthylalkohol. Infolge einer Glukoneogenesehemmung treten insbesondere bei fastenden Personen Hypoglykämien auf, wie es v.a. bei unterernährten chronischen Alkoholikern, aber auch nach akuter Alkoholintoxikation im Kindesalter, z.T. mit tödlichem Ausgang, beschrieben wurde. Beim Diabetiker kann der BZ-senkende Effekt von Insulin und SH in der postabsorptiven Phase verstärkt und damit u.U. eine Hypoglykämie induziert werden (s. im übrigen Kap. 4).
Im Hinblick auf den Äthylalkohol fungieren bestimmte SH als interferierendes Agens, da sie den Abbau zu Azetaldehyd hemmen und damit eine Antabussymptomatik auslösen: Flush im Bereich des Gesichts und des Oberkörpers, Hitzegefühl, Tachykardie, Kopfschmerzen, Reizhusten bis zur Übelkeit und Erbrechen. Chlorpropamid führt häufiger, Carbutamid und Tolbutamid jedoch selten zu derartigen Reaktionen, wobei die Auslösbarkeit und die Symptomatik im Laufe der Zeit abzunehmen scheint. Die SH der 2. Generation haben diese Nebenwirkungen offensichtlich wegen der Milligrammdosierung nicht.
Alle Interaktionen mit BZ-Senkung können zwar im Einzelfall zu gravierenden Hypoglykämien führen, sind aber gegenüber anderen Faktoren, welche die Stoffwechsellage beeinflussen, wie beispielsweise zu hohe Insulin- oder SH-Dosis, ungeeignete Präparate, verspätete oder ungenügende Nahrungsaufnahme sowie mangelhafte Berücksichtigung der Muskeltätigkeit und schließlich spontane Besserung der Glukosetoleranz, von untergeordneter Bedeutung. Die Zahl der bisher berichteten Zwischenfälle ist relativ gering. Andererseits muß damit gerechnet werden, daß nur ein Teil der Beobachtungen durch Publikationen bekannt wird.

Literatur (zu 9)

Barnett AH, Leslie D, Watkins PJ (1980) Can insulin-treated diabetics be given beta-adrenergic blocking drugs? Brit Med J 280: 976–978

Baron SH (1982) Salicylates as hypoglycemic agents. Diabetes Care 5: 64–71

Berger W, Spring P (1970) Beeinflussung der blutzuckersenkenden Wirkung oraler Antidiabetika durch andere Medikamente und Niereninsuffizienz. Internist 11: 436–441

Blohmé G, Lager I, Lönnroth P, Smith U (1981): Hypoglycemic symptoms in insulindependent diabetics. Diabète Metab 4: 235–238

Büttner H (1961) Äthanolunverträglichkeit beim Menschen nach Sulfonylharnstoffen. Dtsch Arch Klin Med 207: 1–18

Christensen LK, Hansen JM, Kristensen M (1963) Sulphaphenazole-induced hypoglycemic attacks in tolbutamide-treated diabetics. Lancet 2: 1298–1301

Freinkel N, Singer DL, Arky RA, Bleicher SJ, Anderson JB, Silbert CK (1963) Alcohol hypoglycemia. I. Carbohydrate metabolism of patients with clinical alcohol hypoglycemia and the experimental reproduction of the syndrome with pure alcohol. J Clin Invest 42: 1112–1133

Hansen JM, Christensen LK (1977) Drug interactions with oral sulfonylurea hypoglycemic drugs. ADIS Press. Drugs 13: 24–34

Knick B, Thomas L, Vollmar J, Bauer G (1979) Der Einfluß von Metipranolol auf den Kohlenhydratstoffwechsel. Med Klin 74: 313–317

Kristensen M, Christensen LK (1969) Drug induced changes of the blood glucose lowering effect of oral hypoglycemic agents. Acta Diab Lat, Suppl I: 116–136

Seltzer, HS (1972) Drug-induced hypoglycemia. Diabetes 21: 955–966

Schulz E (1968) Schwere hypoglykämische Reaktionen nach Sulfonylharnstoffen. Tolbutamid, Carbutamid und Chlorpropamid. Arch Klin Med 214: 135–162

Walsh CH, O'Sullivan DJ (1974) Effect of moderate alcohol intake on control of diabetes. Diabetes 23: 440

Willms B, Deuticke U (1973) Alkoholunverträglichkeit durch Pro-Diaban und andere Sulfonylharnstoffe. Pro-Diaban-Symposium, Berlin. Schattauer, Stuttgart

10 Hyperglykämisches Koma

Mit Koma wird in der Medizin ein Zustand tiefer Bewußtlosigkeit ohne Reaktion auf äußere Reize beschrieben. Patienten mit diabetischem bzw. hyperglykämischem Koma sind nicht immer in diesem Sinne komatös, sondern nur benommen, gelegentlich sogar ansprechbar. Entscheidende Kriterien sind weniger die Bewußtseinslage als in erster Linie die gravierende, krisenhafte Stoffwechseldekompensation mit massiver Hyperglykämie, zellulärer und im weiteren Verlauf allgemeiner Dehydratation. Der Volumenmangel mit Hämokonzentration hat eine vital bedrohliche Minderdurchblutung lebenswichtiger Organe zur Folge. Bei etwa ⅔ aller Diabetiker geht das hyperglykämische Koma mit einer Ketoazidose einher.

10.1 Pathogenese

Im Zentrum steht ein ausgeprägter Insulinmangel, der wegen Fehlens der antikatabolen Insulinwirkung zu einer Umstellung des Stoffwechsels in Richtung Katabolismus führt. Die Wirkung der insulinantagonistischen katabolen Hormone (Katecholamine, Kortisol, Glukagon) bleibt ungebremst, ihre Sekretion ist außerdem stark gesteigert, z.T. verursacht durch die das Koma auslösende Ursache, wie beispielsweise Infekte. Außer der Überproduktion von Glukose besteht wegen des Insulinmangels eine periphere „Minderverwertung" (Tabelle 58)
Als Folge der Hyperglykämie und der massiven Glukosurie kommt es zu einem ausgeprägten Flüssigkeitsdefizit. Die Hyperglykämie

Tabelle 58. Pathogenese des hyperglykämischen Komas

Ursachen	*Folgen*		
Insulinmangel	verminderte Glukoseverwertung →		Glukosurie mit osmotischer Diurese,
Vermehrte Sekretion von katabolen Hormonen durch Stoffwechseldekompensation, zusätzlich durch Streß und Infekt	exzessive hepatische Glukoseproduktion (gesteigerte Glykogenolyse und Glukoneogenese) →	*Hyperglykämie*	Wasser- und Elektrolytverlust
als komaauslösende Faktoren	gesteigerte Lipolyse erhöhte Ketogenese	*Ketoazidose*	Ketoazidose, Elektrolyt- und Wasserverlust
	nur bei ketoazidotischem Koma		

führt zum Anstieg der Serumosmolarität und damit zur Wasserverschiebung vom Intrazellular- in den Extrazellularraum und somit zur zellulären Dehydratation, die hohe Harnzuckerkonzentration zur osmotischen Diurese und zum Wasser- (und Elektrolyt-) Verlust. Im weiteren Verlauf geht auch die Flüssigkeitszufuhr wegen Benommenheit, Nausea oder sogar Erbrechen zurück.
Die gesteigerte Lipolyse mit massivem Anfall an freien Fettsäuren, die in der Leber rasch in Ketonkörper, Acetessigsäure und β-Hydroxybuttersäure umgewandelt werden, ist damit wichtigste Ursache für die Ketose. Die neutrale Verbindung Azeton, die zu dem typischen Geruch der Ausatmungsluft führt, ist ein Decarboxylierungsprodukt der Acetessigsäure.
Nicht jedes hyperglykämische Koma geht jedoch mit einer Ketoazidose einher. Es werden deshalb die beiden folgenden Formen unterschieden:
- Ketoazidotisches Koma (KAK)
- nichtketoazidotisches Koma (NKAK).

10.2 Symptome und diagnostische Maßnahmen

Ketoazidotisches Koma. Es tritt überwiegend – jedoch keineswegs ausschließlich – im jüngeren Lebensalter auf. Nicht selten entwickelt es sich als sog. Initial- oder Manifestationskoma bei vorher nicht bekanntem Diabetes. Auslösende Ursache sind in erster Linie Infekte (35%), falsches Verhalten, v.a. Fortlassen des Insulins, sowohl als Folge schwerer Begleiterkrankungen mit Inappetenz und Nausea wie auch absichtlich.
Führende Symptome:
- Exsikkose (trockene Haut und Schleimhäute),
- mäßige, selten extreme Hyperglykämie und Glukosurie,
- Benommenheit, Stupor, Koma,
- Ketoazidose: Blutketon im Plasma zweifach und mehr positiv (Ketostix-Streifen)
- schwere Azidose mit pH bis unter 7,0,
- große Atmung (Kußmaul-Atmung),

- Hypotonie, Volumenmangel,
- abdominelle Symptome mit Gastrektasie, selten Pseudoperitonitis.

Nichtketoazidotisches Koma. Im Vordergrund stehen eine hochgradige Exsikkose, exzessive Hyperglykämie (maximal bis 2000 mg/dl) sowie häufiger Hypernatriämie und infolgedessen ausgeprägte Hyperosmolarität.

Das Ausbleiben einer Ketoazidose ist nicht restlos geklärt. Wahrscheinlich ist eine Restsekretion von Insulin ein wichtiger Faktor. Dafür spricht, daß die Mehrzahl der Patienten nach Überwindung des Komas nicht insulinbedürftig sind. Vermutet wurde außerdem eine Hemmung der Lipolyse und damit der Ketonkörperbildung durch die stark erhöhte Serumosmolarität.

Betroffen sind v.a. ältere Diabetiker. Initialkomata sind häufiger als beim KAK und zeichnen sich durch eine besonders ungünstige Prognose aus. Die Letalität ist hoch, was in erster Linie auf das höhere Lebensalter und die das Koma auslösenden Umstände zurückzuführen ist:
- schwere Infektionen,
- postoperative Komplikationen,
- Schockzustände,
- Verbrennungen,
- massive KH-Zufuhr (Verkennung der Diabetessituation),
- Glukokortikoidtherapie,
- Thiazidmedikation.

Eine frühzeitige Diagnose wurde gelegentlich besonders unter folgenden Umständen versäumt:
- Symptome der das Koma auslösenden Erkrankungen, wie schwere Infektionen, Schockzustände, Verbrennung, standen im Vordergrund.
- Die zerebrale Symptomatik, z.T. mit Konvulsionen, wurde als „Schlaganfall“ bzw. Grand mal verkannt.
- Indolenz vor allem zerebral geschädigter Patienten.
- zerebrale Erkrankungen wie Apoplexie oder Meningitis, die zur Manifestation des NKAK führen, verschleiern die Diagnose.
- Fehlen wichtiger Komassymptome (Bewußtlosigkeit, Durst), besonders bei älteren Patienten.

KAK und NKAK lassen sich häufig nicht scharf voneinander abgrenzen. Auch bei KAK können Blutzucker und/oder Natrium und damit die Serumosmolarität stark erhöht sein. Andererseits findet sich nicht selten eine ausgeprägte Hyperosmolarität, jedoch gleichzeitig nur eine geringe bis mäßige Ketose.

Diagnostische Maßnahmen

- Sofortige klinische Untersuchung, Sicherung der Diagnose und soweit wie möglich Klärung der Ursache.
- Blutzuckertest mit Schnellstreifen bzw. Reflektometer und Bestimmung des Plasmaketons mittels Ketostix.
- Blutproben ans Labor: Blutzucker, Harnzucker, Natrium, Kalium, Chlor, Harnstoff, Hämatokrit, Hb, Blutgase arteriell.
- Schätzung der Osmolarität: $\frac{\text{Blutzucker (mg/dl)}}{18} + 2 \times (\text{Na} + \text{k}, \text{mmol/l} + \frac{\text{Harnstoff (mg/dl)}}{6}$
- Harnstatus, Harnkultur.
- Unter bestimmten Umständen: Blutkultur (Verdacht auf Infekt), Amylase, GPT, GOT, CK, Laktat (Ausschluß einer Laktatazidose).

Für spezielle Bestimmungen werden etwa 20 ml Blut im Kühlschrank aufbewahrt.

Diagnostische Maßnahmen zur Therapiekontrolle

- Puls, Blutdruck, Atmung, Urinausscheidung stündlich, ggf. häufige Kontrolle des zentralen Venendrucks.
- Blutzucker stündlich, Kalium zunächst etwa 4 h lang stündlich, später alle 2 h, nach 8 h im Abstand von 6–8 h während der ersten 24–48 h.
- Natrium- und Blutgasanalyse 2., 4. und 8. Stunde, später entsprechend dem Verlauf.
- Elektrokardiogramm, evtl. Monitor.

In der Vorinsulinaera starben über 80–90% aller jugendlichen Diabetiker im hyperglykämischen Koma. Die Lebenserwartung betrug bei einem 10jährigen Kind durchschnittlich 1 Jahr. Heute rangiert die Komamortalität mit 1–2% unter den seltenen Todesursachen. Die Letalität ist jedoch noch beträchtlich, und zwar für unter 20jährige 5–10%, bei älteren Diabetikern noch über 30%, besonders bei

Vorliegen eines NKAK bis über 40%. Ausgeprägte Hyperosmolarität, Azotämie, höheres Alter und exzessive Hyperglykämie gelten als prognostisch ungünstige Faktoren.

10.3 Therapie (Therapietabelle am Schluß des Buches)

Insulin

Die frühere Therapie mit hohen Dosen von bis zu 200 IE in der ersten Stunde ist zugunsten einer Niedrigdosisbehandlung verlassen worden, da eine Insulinresistenz, wie sie früher beim hyperglykämischen Koma vermutet wurde, i. allg. nicht besteht. Eine niedrige Plasmainsulinkonzentration von etwa 5 μE/ml reicht bereits aus, um die überschießende Lipolyse und Glukoseproduktion zu hemmen. Hohe Insulindosen sind sogar ungünstig, weil die Neigung zur Hypoglykämie verstärkt und möglicherweise auch die Entwicklung eines Hirnödems begünstigt wird. Bei der i. m.-Applikation höherer Dosen muß außerdem wegen der Absorption aus den multiplen Injektionsdepots mit Hypoglykämien im weiteren Verlauf gerechnet werden.

Die Insulindosen liegen heute meistens bei 6–10 IE/h. Allenfalls kann die Therapie mit einem i. v.-Bolus von 10–20 IE eingeleitet werden. Abgesehen davon muß Insulin i. v. infundiert und nicht injiziert werden, da die Halbwertszeit nur 10 min beträgt.

Zweckmäßig ist die Anfertigung einer Infusionslösung mit 1 IE/ml (6–10 ml/h). Vor Therapiebeginn wird das Infusionsbesteck mit 20–30 ml dieser Lösung durchspült, wodurch während der späteren Infusion die Insulinabsorption am Plastikschlauch verhindert wird. Für die Infusion selbst wird ein Perfusor verwendet.

Es empfiehlt sich wenig immunogenes, d. h. hochgereinigtes Schweine- oder Humaninsulin.

Fällt der Blutzucker nach 1–2 h nicht ab, so muß die Dosis verdoppelt oder vervierfacht werden. Zu beachten ist jedoch, daß eine ungenügende Insulinempfindlichkeit meistens Folge unzureichender Flüssigkeitssubstitution ist. Auch aus diesem Grunde ist nach Diagnosestellung die sofortige Infusionstherapie vordringlich.

Wünschenswert ist ein BZ-Abfall von 80–100 mg/dl stündlich. Ist der Bereich von etwa 200 mg/dl erreicht, wird die Insulininfusion auf 2–3 IE/h reduziert unter gleichzeitiger Applikation von 5%iger Glukoselösung bzw. Glukose-NaCl-Lösung (s. u.).
Die Behandlung v. a. des ketoazidotischen Komas hat sich mit der Einführung der niedrigdosierten Insulintherapie und des Volumenersatzes durch isotonische NaCl-Lösung zumindest für die ersten Stunden vereinfacht. Spekulationen, wie sie früher über die Höhe des Insulinbedarfs und der -dosis angestellt wurden, sind hinfällig.

Die i. m. Therapie wird in Deutschland nicht praktiziert. Vergleichende Studien haben gezeigt, daß sie bei den untersuchten Patienten genauso wirksam war wie die Infusion. Eine ausreichende Plasmainsulinkonzentration wird nach 30–60 min erreicht. Da jedoch wegen der Flüssigkeits- und Elektrolytsubstitution ohnehin eine Infusion angelegt werden muß, kann selbstverständlich auch die Insulinapplikation auf diesem zweifellos sichereren Weg erfolgen.

Flüssigkeit

Wenn die klinische Symptomatik und der BZ-Schnelltest eindeutig sind, muß sogleich, oft vor Beginn der Insulintherapie, mit der Flüssigkeitszufuhr begonnen werden, die wegen der allgemeinen Dehydratation zunächst in raschem Tempo erfolgen soll. Erwünscht ist eine fortlaufende Kontrolle des zentralen Venendrucks. Obligat ist sie in kritischen Situationen, um einerseits eine ausreichende Flüssigkeitszufuhr zu garantieren, andererseits v. a. im Alter und bei Verdacht auf kardiale Erkrankungen eine Überwässerung zu vermeiden.
Nachdem früher hypotone Lösungen propagiert wurden, wird in den letzten Jahren eine isotone 0,9%ige NaCl-Lösung bevorzugt. Vorteile sind eine effektivere Volumensubstitution sowie eine weniger drastische Senkung der Serumosmolarität, die mit der Gefahr eines Hirnödems einhergeht.
Besteht jedoch eine Hypernatriämie über 150 mmol/l, ist eine 0,45–0,6%ige NaCl-Lösung angezeigt, bei ausgeprägter Hypernatriämie, wie beispielsweise beim NKAK und ausgeprägter Hyperosmolarität sogar zunächst eine 2,5%ige Glukoselösung.
Nach BZ-Abfall auf 250 mg/dl wird eine 5%ige Glukoselösung infundiert, bei fortbestehender Hyponatriämie jedoch weiterhin gleichzeitig 0,9%ige NaCl-Lösung.

Elektrolyte

Außer der Wasserverarmung kommt es zu massiven Elektrolytverlusten als Folge der osmotischen Diurese und der Notwendigkeit, die mit dem Harn ausgeschiedenen Ketonkörper, Acetessigsäure und β-Oxybuttersäure zu neutralisieren. Der Flüssigkeitsmangel läßt sich unter Berücksichtigung der Exsikkose, des Hämatokrit und der Kreislaufsituation abschätzen. Das Ausmaß des Elektroylt-, Natrium- und Kaliumdefizits ist dagegen aufgrund der Serumkonzentration nicht ohne weiteres erkennbar. Die Na-Konzentration ist oft normal, da eine Kontraktion des Intrazellularraums und damit auch des Plasmavolumens besteht. Der Gesamtnatriumbestand im Extrazellularraum ist dementsprechend stark erniedrigt.
Auch das Kaliumdefizit – im Intrazellularraum – wird bei den meisten noch unbehandelten Komapatienten durch normale oder leicht erhöhte Serumwerte maskiert. Nach Einsetzen der Therapie kommt es zu einem u. U. raschen Abfall. Insulin führt zum Kaliumrückstrom in die Zelle, die Expansion des Intrazellularraums durch Flüssigkeitszufuhr zu einem Verdünnungseffekt und ebenfalls zum Absinken der Serumkonzentration, so daß das wahre Ausmaß des Defizits meistens im Laufe der 2.–4. Stunde deutlich wird. Wird bereits vor Einleitung der Therapie eine Hypokaliämie festgestellt, muß sie als Hinweis auf einen besonders schweren Kaliummangel gewertet werden.

Dosierung. Es wird ein Serumkalium von 4–5 mmol/l angestrebt. Solange die Konzentration in diesem Bereich liegt, beträgt die Dosierung 20 mmol/h. Das Kalium wird der isotonen NaCl-Lösung zugesetzt. Eine initiale Hypokaliämie ($<3{,}5$) erfordert eine höhere Zufuhr bis 40 mmol/h unter stündlicher Kontrolle.
Eine Unterbrechung der Kaliumzufuhr erfolgt auch bei ausbleibender Diurese und einem Serumkalium $>$ 5–5,5 mmol/l. Zur Überwachung ist ein EKG-Monitor zweckmäßig, bei mehr als 30–40 mmol/h obligat. Der Monitor kann jedoch nicht die Serumkaliumbestimmung ersetzen.

Alkali

Die Zufuhr von Natriumbicarbonat ist meistens nicht notwendig, da Insulin die Lipolyse und Ketogenese hemmt und damit die Azidose gebessert wird. Eine unnötige Alkalizufuhr muß vermieden werden, da sie die Tendenz zur

Hypoglykämie begünstigt. Darüber hinaus kommt es infolge des rascheren Anstiegs des Plasma-pH zu einer ausgeprägten Dissoziation mit dem Liquor-pH, die möglicherweise mit der Gefahr eines Hirnödems verbunden ist.

Die Alkalizufuhr erfolgt nur bei einem pH unter 7,1, und zwar als getrennte Infusion von 200 ml Lösung mit 50–100 mmol $NaHCO_3$, mit Kaliumchloridzusatz. Die Infusionszeit beträgt 30–60 min. Die Alkaliapplikation kann wiederholt werden, wenn innerhalb von 1–2 h der Zustand und die Blutgasverhältnisse unverändert schlecht bleiben.

Phosphatzufuhr

Beim KAK – dagegen nur ausnahmsweise beim NKAK – muß mit einem Phosphatmangel im Extrazellularraum gerechnet werden, wenn es nach Beginn der Insulintherapie zu einer Verschiebung in den Intrazellularraum kommt. Das Phosphatdefizit kann zu Bewußtseinsstörungen und zu einer Verzögerung der Regeneration von 2, 3 Disphosphoglycerat (DPG) führen. Die daraus resultierende erhöhte O_2-Affinität des Hämoglobins hat eine verschlechterte Sauerstoffversorgung der Gewebe zur Folge (s. Berger 1972, 1981).

Eine Phosphattherapie (10 mmol/h) kommt daher nur beim ketoazidotischen Koma in Betracht, und zwar 6–8 h nach Einleitung der Insulintherapie, bei Phosphatabfall auf 1 mg/dl, allerdings nur unter Voraussetzung einer ausreichenden Diurese.

Maßnahmen im weiteren Verlauf

- Überprüfung und Kontrolle der Allgemeinsituation.
- Puls, Blutdruck in stündlichen Abständen.
  Liegt der systolische Blutdruck unter 80 mm Hg, sind 1–2 l Blut oder Plasma zuzuführen.
- Temperaturmessung zunächst in 2- bis 3stündlichem Abstand.

  Eine Hypothermie ist als Symptom schlechter Kreislaufverhältnisse prognostisch ein ungünstiges Zeichen. Die Körpertemperatur kann trotz eines Infekts niedrig sein, so daß dessen rechtzeitige Erkennung erschwert wird, zumal Leukozytose als charakteristisches Infektsymptom durch das Koma allein verursacht sein kann.

- Unruhige Patienten können Diazepam in geringer Dosierung erhalten.
- Fortlaufende Magenabsaugung bei bewußtseinsgestörten Patienten, wobei die Durchgängigkeit des Tubus im 2-h-Abstand zu

kontrollieren ist. Katherisieren, falls nicht innerhalb von 3–4 h Wasser gelassen wird.

- Frühzeitig Antibiotika, wenn Hinweise auf Infekt bestehen oder invasive Eingriffe durchgeführt werden müssen.
- Bei Raumluftatmung soll Sauerstoff gegeben werden, sobald der pO_2 unter 80 mmHg (10,7 kPa) abgefallen ist.
- Eine Low-dose-Heparinisierung kommt bei älteren, bewußtlosen Patienten oder Diabetikern mit hyperosmolarem Koma (über 380 osmol/l) in Betracht.

10.4 Komplikationen

Komplikationen können zum einen durch Therapiefehler (s. Tabelle 59) hervorgerufen werden, zum anderen jedoch auch von seiten des Komas selbst.

Etwa jeder 2. Patient zeigt eine *Magenatonie,* die ein hochgradiges Ausmaß erreichen kann. Sie führt oft zum Erbrechen und zur Aspirationsgefahr. Kaffeesatzartiger Mageninhalt spricht für eine erosive Gastritis; massive Blutungen sind jedoch selten.

Thromboembolische Komplikationen entwickeln sich bei etwa jedem vierten Komapatienten. Sie werden wahrscheinlich durch die erhöhte Blutviskosität und die vermehrte Thrombozytenaggregation ausgelöst. Anhaltendes Koma trotz Besserung des Stoffwechsels, neurologische Symptome, Fieber, Thrombozytopenie und Fibrinogenopenie sprechen für die selten auftretende disseminierte intravasale Gerinnungsstörung. In diesem Falle ist Heparin das Therapeutikum der Wahl, ferner kommen Frischbluttransfusionen bei intravasalen Gerinnungsstörungen in Betracht.

Ob v.a. bei hyperosmolarem Koma grundsätzlich und prophylaktisch wegen der Thrombosetendenz eine Heparinisierung mit Niedrigdosen durchgeführt werden sollen, ist umstritten. Das Vorkommen einer erosiven Gastritis spricht eher dagegen.

Pseudoperitonitis diabetica mit Bauchschmerz und Abwehrspannung. Die Ursache der abdominellen Symptomatik ist unklar. Auf

Tabelle 59. Therapiefehler beim diabetischen Koma

Therapiefehler	Folgen
Hohe Alkalidosen	Hypokaliämietendenz verstärkt, Alkalose
Ungenügender Volumenersatz	Volumenmangel mit Minderdurchblutung lebenswichtiger Organe, Kreislaufschock
Fruktose, Xylit oder Sorbit in der ersten Therapiephase	Gefahr einer zusätzlichen Laktazidose
Hohe Insulindosen	Intensivierung der Hypokaliämie. Später auftretende Hypoglykämien bei i.m.-Applikation. Hirnödem wegen zu raschen Abfalls des Blutzuckers
„Überwässerung" durch unkontrollierte Flüssigkeitszufuhr (Kontrolle des ZVD, Lungenauskultation!)	Linksherzversagen bis zum Lungenödem, v.a. im Alter bzw. bei vorgeschädigtem Herzmuskel
Hypotone Lösungen trotz Fehlens einer ausgeprägten Hyperosmolarität	Hirnödem?

keinen Fall darf in der Annahme eines perforierten Ulcus oder einer Appendizitis operiert werden. Falls tatsächlich die weitere Beobachtung für einen entzündlichen intraabdominellen Prozeß mit Operationsindikation spricht, muß die Komasituation möglichst rasch gebessert werden, so daß ein dringlicher operativer Eingriff nach 4–6 h vorgenommen werden kann.

Handelt es sich dagegen um eine typische Pseudoperitonitis, verschwinden die Schmerzen und die Abwehrspannung unter der Therapie innerhalb weniger Stunden.

Umstritten ist die Häufigkeit einer *Pankreatitis* – auch als Ursache für die abdominelle Symptomatik bei unbehandelten Komapatienten. Offensichtlich kommt es auch ohne Pankreatitis zu erhöhter Konzentration von Amylase in Serum und Harn.

Ein *Hirnödem* entwickelt sich – wahrscheinlich durch die oben aufgeführten Therapiefehler begünstigt – relativ selten, kann jedoch trotz korrekten therapeutischen Regimes eintreten. Das Fortbestehen der zerebralen Sympomatik trotz Besserung des Stoffwechsels

oder das Wiedereinsetzen der Bewußtseinsstörung nach bereits eingetretener Aufhellung sprechen für ein Hirnödem. Der Liquordruck ist bei diesen Patienten meist erhöht.
Tödliche *kardiovaskuläre Schockzustände,* die sich weder durch die Azidose noch durch eine Hypokaliämie, Herzinsuffizienz oder Myokardinfarkt erklären lassen, werden immer wieder beobachtet.
Verschiedene Umstände, die auch beim Stoffwechselgesunden als auslösende Faktoren bekannt sind, können beim Diabetiker ebenfalls zur *Laktazidose* führen, wie Blutverlust, Anoxie, akute Pankreatitis, Alkoholexzeß, Leukämie, so daß es – auch im Verlauf einer NKAK – zusätzlich zu einer Laktazidose kommen kann.

Für eine Laktazidose sprechen: Azidose ohne Ketose, uncharakteristisches BZ-Verhalten, u. U. sogar Hypoglykämien, i. allg. keine ausgeprägten Hyperglykämien.

Die durch Biguanidmedikation ausgelöste Laktazidose kommt heute bei Diabetikern kaum noch vor, seitdem die Präparate Phenformin und Buformin aus dem Handel gezogen wurden. Metformin führt nur unter besonders ungünstigen Umständen, z. B. bei Niereninsuffizienz, zur Laktazidose (s. 5.2). Für die Biguanidlaktazidose sind besonders gastrointestinale Beschwerden charakteristisch, die oft bereits mehrere Tage vorher auftreten: Inappetenz, später Erbrechen, diffuse, krampfhafte Bauchschmerzen ohne Lokalbefund. Weiter imponieren starke Hinfälligkeit, große Atmung, niedriger Blutdruck, Tachykardie, zeitweise Exsikkose.

Die wichtigsten differentialdiagnostischen Erkrankungen sollten aufgrund der in Tabelle 60 zusammengestellten Befunde angestellt werden.

Vorbeugung und Therapie vor Klinikaufnahme

Frühzeitige Behandlung senkt die Komamortalität entscheidend. Dazu gehört die Aufklärung des Patienten, besonders über folgende Punkte:

- Auch unter Diät- oder Tablettentherapie kann sich unter bestimmten Umständen, z. B. einem Infekt, ein diabetisches Koma entwickeln.
- HZ- und ggf. BZ-Selbstkontrolle sind auch aus diesem Grunde bei nichtinsulinbedürftigen Diabetikern notwendig.
- Insulinpatienten dürfen bei interkurrenten Erkrankungen trotz Nahrungskarenz, Nausea oder Erbrechen *nicht die Insulintherapie*

Tabelle 60. Differentialdiagnose häufiger komatöser Zustände. (*n* Normalbefund)

	Ketoazidotisches Koma	Nichtketotisches, hyperosmolares Koma	Laktazidose	Hypoglykämie	Zerebraler Insult
Blutzucker	+ + (durchschn. 600 mg/dl)	+ + + (durchschn. 850 mg/dl)	n bis +[a]	Niedrig	n bis +[a]
Harnzucker	+ + +	+ + +	Ø bis +[a]	Ø, selten (+)	Ø bis +[a]
Harnketon	+ + +	Ø bis (+)	Ø bis +	Ø, selten +	Ø bis +
Plasmaketon	+ +	Ø	Ø	Ø	Ø
pH	↓↓	n	↓↓	n	n
Osmolalität	+ bis + +	+ + bis + + +	Ø	Ø	Ø
Spezielle Befunde		Exzessive Hyperglykämie, öfter Hypernatriämie	Exzeßlaktat (über 7–10 mg/dl)		
Exsikkose	+ +	+ + +	Ø bis +	Ø (Haut feucht!)	Ø
Atmung	Große Atmung	n	Große Atmung		Evtl. pathologischer Atemtyp
Häufige neurologische Symptome	Arreflexie	Gelegentlich Konvulsionen		Lebhafte Reflexe, zerebrale Symptomatik	Meist Herdsymptome, Paresen

[a] Keine verbindlichen Angaben, da Blutzucker uncharakteristisch

stoppen. Meistens ist der Insulinbedarf, v.a. bei Infekten, trotz geringerer Nahrungszufuhr erhöht.

- KH-haltige Flüssigkeiten bzw. auch Tee mit Zucker sind vorzuziehen, falls die übliche Ernährung Schwierigkeiten bereitet.
- Anhaltendes Erbrechen oder auch anderweitige Schwierigkeiten hinsichtlich der Flüssigkeitszufuhr erfordern die Konsultation des Arztes, der eine Infusionstherapie bzw. die Krankenhauseinweisung veranlaßt.
- Der Patient gehört bei schlechtem Befinden ins Bett, reichliche Flüssigkeitsaufnahme ist unumgänglich.

Aufgaben des einweisenden Arztes

- Versuch, die Diagnose aufgrund der klinischen Befunde und mittels Schnelltest zu sichern.
- Infusion einer 0,9%igen (physiologischen) NaCl-Lösung – auch wenn die Diagnose noch nicht absolut sicher ist. Flüssigkeitssubstitution ist ohnehin die dringlichste Maßnahme der ersten Stunden. Sie ist daher besonders dann notwendig, wenn mit einer gewissen Verzögerung bis zum Behandlungsbeginn in der Klinik gerechnet werden muß (Transportprobleme).
  15–20 IE Normalinsulin i.m. – jedoch nur, wenn kein Zweifel an der Diagnose des hyperglykämischen Komas besteht. Die irrtümliche Insulininjektion bei einem hypoglykämischen Patienten hat zu tödlichen Hypoglykämien geführt.
  Verschiedene Autoren empfehlen zwar, daß bei Hypoglykämieverdacht 10–20 g Glukose i.v. injiziert werden kann, wenn tatsächlich keine Klärung möglich ist. Das Ausbleiben einer Besserung der Symptome ist jedoch kein Beweis gegen eine Hypoglykämie und darf auf keinen Fall Anlaß sein, nunmehr in der Annahme eines hyperglykämischen Komata Insulin zu injizieren. Für *schwere* hypoglykämische Komata werden u. U. höhere Glukosedosen benötigt, ferner kann die Erholung stark verzögert einsetzen.
- Sorgfältige Aufzeichnung aller getroffenen Maßnahmen.

Literatur (zu 10)

Alberti KGMM, Hockaday TDR, Turner RC (1973) Small doses of intramuscular insulin in the treatment of diabetic coma. Lancet II: 515

Arieff AI, Carroll HJ (1974) Cerebral edema and depression of sensorium in nonketotic hyperosmolar coma. Diabetes 23: 525

Berger W (1972) Diagnose und Behandlung diabetischer Notfallsituationen in der Praxis und im Spital. Schweiz Med Wochenschr 102: 1008
Berger W (1981) Diabetische Notfallsituationen. In: Robbers H, Sauer H, Willms B (Hrsg) Praktische Diabetologie. Werk-Verlag, München-Gräfelfing, S. 150–163
Hayduk K, Dürr F, Schollmeyer P (1968) Coma diabeticum and Pancreatitis. Dtsch Med Wochenschr 93: 913–917
Kitabchi AE, Matteri R, Murphy MB (1982) Optimal insulin delivery in diabetic ketoacidosis (DKA) and hyperglycemic, hyperosmolar nonketotic coma (HHNC). Diabetes Care 5, Suppl. 1: 78–87
Neubauer M, Althoff PH (1980) Pathophysiologie und Therapie des Coma diabeticum. Med Welt 31: 93–95
Panzram G (1973) Epidemiologie des Coma diabeticum. Schweiz Med Wochenschr 103: 203
Standl E (1979) Notfallsituation diabetisches Koma bzw. Präkoma. I. Diagnostische und therapeutische Maßnahmen in der Praxis. Intern Welt 9: 315–317
Standl E (1979) Notfallsituation diabetisches Koma bzw. Präkoma. II. Diagnostik und Therapie in der Klinik. Intern Welt 10: 344–348
Studer PP (1982) Die moderne Therapie des Coma diabeticum. Klinikarzt 11: 15

Zusammenfassende Darstellung:

Althoff PH, Schöffling K, Mehnert H (1984) Akute Komplikationen (Schock, Koma, Laktazidose). In: Mehnert H, Schöffling K (Hrsg) Diabetologie in Klinik und Praxis, 2. Aufl. Thieme Stuttgart (1984)
Schade DS, Eaton RP, Alberti KGMM, Johnston DG (1981) Diabetic coma, ketoacidotic and hyperosmolar. Univ. of New Mexico Press, Albuquerque

11 Komplikationen

11.1 Mikroangiopathie

Es handelt sich um eine für den Diabetes spezifische Erkrankung der kleinen Blutgefäße, der Arteriolen, der Venolen, in erster Linie jedoch der Kapillaren (Kapillaropathie). Die Veränderungen sind zwar ubiquitär, zeigen jedoch je nach Lokalisation morphologische Unterschiede:

- als Basalmembranverdickung im Glomerulum, in der Muskulatur, in der Haut, in den Vasa nervorum,
- als Vermehrung des Mesangiums ebenfalls im Glomerulum und
- als Mikroaneurysma, Gefäßverschluß, Shunt, Venektasie und Exsudat im Bereich der Retina.

Die Mikroangiopathie führt nur im Bereich einiger Organe zu klinischer Manifestation wie der diabetischen Retinopathie und Nephropathie, und zwar als diabetesspezifische Komplikation. Auch für bestimmte Formen der Neuropathie, für die Kardiopathie beim Diabe-

Tabelle 61. Lokalisation und klinische Manifestation von Mikroangiopathien

Lokalisation	Klinische Manifestation	
Niere	Noduläre und diffuse Glomerulosklerose	
Auge	Retinopathia diabetica, Rubeosis iridis	
Herz	Komponente der diabetischen Kardiopathie	
Skelettmuskulatur		
Nervengewebe (Vasa nervorum)	Bestimmte Neuropathieformen	Teilkomponente für akrale Läsionen bzw. den diabetischen Fuß
Haut		

tes und für den diabetischen Fuß ist die Mikroangiopathie mitverantwortlich (Tabelle 61).
Der ungünstige Einfluß auf die Prognose des Diabetikers zeigt sich besonders darin, daß die Retinopathie bis zum 65. Lebensjahr die häufigste Ursache für legale (rechtlich anerkannte) Blindheit ist und etwa ⅔ aller unter 40jährigen Diabetiker an Nephropathie sterben. Die letzten Jahrzehnte brachten neue Erkenntnisse über den günstigen bzw. präventiven Einfluß einer sorgfältigen Diabeteseinstellung. Trotzdem sind einige in diesem Zusammenhang wichtige Fragen noch zumindest teilweise ungeklärt.

Wie kommt die Gefäßläsion zustande? Im Mittelpunkt aller Überlegungen (s. Tabelle 62) steht die sog. metabolische Theorie, nach der

Tabelle 62. Bisher vermutete Pathomechanismen und ihre Bewertung

Folgen der metabolischen Störung (nach Standl, 1981)	Bewertung
Vermehrter Glukoseeinbau in Strukturproteine der Gefäßwand (Basalmembran)	Gängige Theorie aufgrund experimenteller Studien
Vermehrte intrazelluläre Sorbitbildung (Gefäßwand, Augenlinse, Schwann-Zellen des peripheren Nervensystems)	Im Hinblick auf Mikroangiopathie unwahrscheinlich, für Neuropathie fraglich, für Katarakt wahrscheinlich
Verminderte O_2-Versorgung der Gefäßwand infolge verminderter O_2-Transportfunktion der Erythrozyten	Theoretisch plausibel, de facto noch nicht bewiesen
Verminderte Fließeigenschaften des Bluts, vermehrte Thrombozytenaggregation	
Exzeß von Hormonen, z. B. Wachstumshormon oder Katecholamine	Unwahrscheinlich, für STH offensichtlich permissive Funktion
Genetischer Defekt	Allenfalls für unterschiedliche „Anfälligkeit“ von Bedeutung
Immunologische Prozesse	Bisher kein Anhalt

die Mikroangiopathie Folge der Stoffwechselstörung ist. Als am besten durch experimentelle und klinische Befunde belegt und als richtungsweisend für die Therapie hat sich die Konzeption der „aggressiven Glukose" herauskristallisiert. Eine erhöhte Blutglukosekonzentration schädigt direkt die Gefäßwand. Möglicherweise kommen als weitere Faktoren die durch die Diabetesdekompensation bedingten Veränderungen der Fließeigenschaften des Bluts hinzu. Das Hauptziel der Diabetestherapie ist daher präventiver Art, nämlich die normoglykämische Einstellung.
Für eine metabolische Genese der Mikroangiopathie sprechen folgende Befunde:

- Zunahme der Gefäßkomplikationen mit der Diabetesdauer,
- Ergebnisse mehrerer retrospektiver Studien,
- Entwicklung von Mikroangiopathie bei „sekundärem" Diabetes,
- glomeruläre und retinale Läsionen bei tierexperimentellem Diabetes,
- ebenfalls im Tierexperiment Rückbildung von glomerulären Veränderungen nach Inseltransplantation,
- Arteriolenhyalinose und glomeruläre Läsionen nach Transplantation einer gesunden Niere bei einem Diabetiker.

Die Korrelation mit der Diabetesdauer ist unumstritten und zeigt sich vor allem bei jugendlichen Patienten, bei denen der Zeitpunkt des Diabetesbeginns und der -diagnose in etwa übereinstimmen. Im mittleren und höheren Erwachsenenalter dagegen ist eine Retinopathie, die anläßlich der Diabetesdiagnose festgestellt wird, nur scheinbar „frühzeitig", da sich der Zeitpunkt des Diabetesbeginns nicht fixieren läßt und häufig mit längerem Bestehen einer unerkannten Störung gerechnet werden muß.

Patienten mit pathologischer Glukosetoleranz (früher subklinischer Diabetes) bleiben auch nach einer Beobachtungszeit von 10 Jahren, solange die Stoffwechselstörung nicht progredient ist, von klinisch relevanter Retinopathie verschont. Nur wenige entwickeln einige Mikroaneurysmen. Die Retinopathie wird erst dann häufiger und ausgeprägt, wenn der 2-h-Blutzucker im oralen Glukosetoleranztest über 200 mg/dl ansteigt und damit nach den jetzt geltenden Kriterien ein manifester Diabetes vorliegt.

Zahlreiche retrospektive und einige prospektive Studien lassen einen deutlichen Zusammenhang von Diabeteseinstellung, Retinopathie und Nephropathie erkennen. Prognostisch ungünstige und fortgeschrittene Läsionen wurden gehäuft bei anhaltend insuffizienter Stoffwechselführung gefunden. Der letzte und unanfechtbare Be-

weis für die Abhängigkeit der Mikroangiopathie von der Diabeteseinstellung konnte jedoch für den Diabetes beim Menschen nicht erbracht werden, da praktisch alle Studien bestimmte Mängel aufweisen: retrospektiver Charakter, ungenügende Randomisierung, Schwierigkeiten bei der Auswertung und der Beurteilung der Stoffwechsellage.
Eine Diabetikergruppe „studienhalber" absichtlich schlecht eingestellt zu lassen, verbietet sich aus ethischen Prinzipien. Ein ärztlicherseits zu verantwortendes und z.Z. auch praktiziertes Vorgehen besteht darin, 2 Gruppen in prospektiven, randomisierten Verfahren zu vergleichen, die zwar beide gut eingestellt sind, sich aber durch folgende Kriterien unterscheiden:

a) konventionelles Insulinregime, i.allg. 2 Injektionen tgl., sorgfältige Diät, Selbstkontrolle, Adaptation;
b) Insulininfusionsgeräte, fortlaufende Selbstkontrolle. Therapeutisches Ziel möglichst Normoglykämie.

Risikofaktoren ließen sich bisher nicht eindeutig identifizieren. Heredität ist allenfalls eine Teilursache, möglicherweise für die proliferative Retinopathie. Die Hypertonie beeinflußt offenbar den Verlauf der diabetischen Nephropathie ungünstig, unklar ist noch der Einfluß auf die Retinopathie. Da die Hypertonie besonders beim Diabetiker als Risikofaktor erster Ordnung gilt, ist eine frühzeitige und konsequente antihypertensive Therapie besonders dringlich (s. 11.8).
Nikotinabusus fördert wahrscheinlich die proliferative Retinopathie, möglicherweise die diabetische Nephropathie und ganz eindeutig die arterielle Verschlußkrankheit (s. 11.5).
Die unterschiedliche Anfälligkeit gegenüber der Mikroangiopathie ist bisher nicht geklärt. Etwa 10–15% der Patienten bleiben trotz einer Diabetesdauer von mehr als 25–30 Jahren und unzureichender Einstellung frei von Verdickungen der Basalmembran und klinisch relevanter Retinopathie und Nephropathie. Andere zeigen dagegen bereits nach kurzer Diabetesdauer und trotz unbefriedigender Stoffwechselführung schwerwiegende Veränderungen.

In der Diabetesklinik Bad Oeynhausen wurden bisher über 300 Patienten mit einer Diabetesdauer von mehr als 30 Jahren beobachtet, bei denen sich bis dato keine Nephropathie oder ausgeprägte Retinopathie nachweisen ließ. Eine bestimmte Gruppe von Diabetikern ist offenbar aus bisher unbekannten

Gründen resistent gegenüber der Mikroangiopathie und zeigt auch im weiteren Verlauf keine Neuentstehung von retinalen oder renalen Läsionen.

Bisher ist die für die diabetologische Praxis wichtige Frage noch ungeklärt, bis zu welchem Stadium und unter welchen Umständen (komplette Normoglykämie?) bereits eingetretene Veränderungen im Bereich der Retina und der Niere rückbildungsfähig sind.

Die Möglichkeit einer Rückbildung von mikroangiopathischen Veränderungen durch BZ-Normalisierung ist im Tierexperiment gesichert und beim Menschen im Bereich der Nierenglomerula aufgrund von Serienbiopsien wahrscheinlich gemacht. Für die Retinopathie konnte ein entsprechender Nachweis trotz eindrucksvoller Einzelbeobachtungen noch nicht erbracht werden.

Besonderes Interesse haben seit jeher die Gegenargumente gefunden, die in Tabelle 63 zusammengestellt sind. Sie gelten aus den angeführten Gründen als weitgehend widerlegt.

Konsequenzen für die Therapie. Im Vordergrund stehen präventive Maßnahmen, v.a. eine sorgfältige Stoffwechselführung und, soweit

Tabelle 63. Argumente gegen die metabolische Genese der Mikroangiopathien

Argument	Bewertung
Bereits in den Vorstadien des Diabetes und ohne nachweisbare Hyperglykämie mikroskopische Veränderungen im Kapillarbereich	In den letzten Jahren mehrfach widerlegt
Diabetische Retinopathie und Nephropathie ohne Diabetes	Bisher nur vereinzelt retinale Mikroaneurysmen, lediglich zwei Fälle von typischer Glomerulosklerose. Retinale und renale Läsionen nicht absolut diabetesspezifisch
Individuell unterschiedliche „Anfälligkeit“	
Trotz jahrzehntelanger insuffizienter Diabeteseinstellung keine signifikante Retinopathie oder Nephropathie	Kein Gegenargument, da für „Anfälligkeit“ noch weitere – bisher unbekannte – Faktoren verantwortlich

sie bekannt sind, die Vermeidung von Risikofaktoren. Die Prävention setzt mit der Diagnose des Diabetes ein. Relativ günstige Chancen für eine weitgehend normoglykämische Einstellung bestehen, solange keine Instabilität auftritt. Eine stabile Phase hält jedoch bei zahlreichen Typ-I-Diabetikern nur für einige Jahre an. Sie bietet eine reale Chance, Manifestationspunkt und Schwere eventueller späterer Komplikationen günstig zu beeinflussen. Leider wird auf eine sorgfältige Einstellung des Diabetes häufig erst dann Wert gelegt, wenn es offensichtlich zu spät ist, wie bei fortgeschrittener Nephropathie und Retinopathie oder bestimmten Formen der Neuropathie. Trotz zahlreicher Unklarheiten stehen die Hyperglykämie, die sog. aggressive Glucose, als Conditio sine qua non und wahrscheinlich weitere funktionelle, von ihr abhängige Veränderungen im Mittelpunkt der metabolischen Theorie. Fortgeschrittene Mikroangiopathieveränderungen sind offensichtlich durch eine Besserung der Diabeteseinstellung nicht mehr rückgängig zu machen. Um so mehr steht die frühzeitige, mit Beginn des Diabetes einsetzende und konsequente Behandlung im Vordergrund.

Literatur (zu 11.1)

Constam GR (1977) Sind die diabetische Angio- und Neuropathie vermeidbar? Med Klin 72: 695–702

Deckert T, Poulsen JE, Larsen M (1978) Prognosis of diabetes with diabetes onset before the age of thirty-one. I. Survival, causes of death and complications. II. Factors influencing the prognosis. Diabetologia 14: 363–370, 371–377

Elstermann von Elster FW, Sauer H (1973) Observations chez 225 diabétiques malades depuis plus de trente ans. Med Hyg 31: 1382–1384

Johnsson S (1960) Retinopathy and nephropathy in diabetes mellitus. Comparison of the effect of two forms of treatment. Diabetes 9: 1–8

Keiding NR, Root HF, Marble A (1952) Importance of control of diabetes in prevention of vascular complications. JAMA 150: 964

Marble A (1971) Long-term diabetes and the effect of treatment. In: Rodriguez RR, Vallance-Owen J (eds) Diabetes. Exerpta Medica, Amsterdam p 25–35

Mehnert H (1974) Zur Pathogenese und Prophylaxe der diabetischen Mikroangiopathie. Dtsch Med Wochenschr 99: 2418–2421

Pirart, J (1978) Diabetes mellitus and its degenerative complications: A prospective study of 4400 patients observed between 1947 und 1973. Diabetes Care 1: 168–188
Pyke DA, Tattersall RB (1973) Diabetic retinopathy in identical twins. Diabetes 22: 613
Rimoin DL, Rotter JI (1981) Genetic heterogeneïty in diabetes mellitus and diabetic microangiopathy. In: Standl E, Mehnert H (eds) Pathogenetic concepts of diabetic microangiopathy. Internat. Workshop, Garmisch-Grainau, Thieme, Stuttgart, pp 63–72
Spiro RG (1976) Search for a biochemical basis of diabetic microangiopathy. Diabetologia 12: 1–14
Standl E (1981) Diabetische Mikroangiopathie: Verhandlungen der Deutschen Gesellschaft für innere Medizin. 87. Kongreß, Wiesbaden. S. 48–55
Takazakura E, Nakamoto Y, Hayakawa H et al (1975) Onset and progression of diabetic glomerulosclerosis. Diabetes 24: 1–9
Wieland OH (1981) Zur Rolle der Hyperglykämie in der Pathobiochemie des Diabetes mellitus. In: Verhandlungen der Deutschen Gesellschaft für innere Medizin, Bd 87 Bergmann-Verlag, München, S 1–12

Zusammenfassende Darstellungen

Alexander K, Cachovan M (Hrsg) (1977) Diabetische Angiopathien. Witzstock, Baden-Baden Brüssel Köln New York, S 137–149
Skyler JS (1979) Complications of diabetes mellitus: Relationship of metabolic dysfunction. Diabetes Care 2: 499–509
Standl E, Mehnert H (eds) (1981) Pathogenetic concepts of diabetic microangiopathy. International Workshop, Garmisch-Grainau. Thieme, Stuttgart
Tchobroutsky G (1978) Relation of diabetic control to development of microvascular complications. Diabetologia 15: 143–152

11.2 Retinopathie

Die diabetische Retinopathie ist inzwischen eine der wichtigsten Ursachen für die Erblindung. In den USA gelten 20000 Diabetiker (8,5 unter 100000) als „legally blind" (korrigierter Visis weniger als 20/200 im besseren Auge oder Einschränkung des Gesichtsfeldes auf unter 20%). Die Zahl der Patienten mit erheblicher Beeinträchtigung des Visus ist mehrfach höher. 20% aller zwischen dem 45. und 75. Lebensjahre neu auftretenden Erblindungen sind auf eine diabetische Netzhauterkrankung zurückzuführen. Nach Caird et al. (1968) liegt das Erblindungsrisiko für jugendliche Diabetiker mit einem Manifestationsalter von 20 Jahren nach 10 Jahren Diabetesdauer bei 0,1%, nach 20 Jahren bei 1,6%, nach 30 Jahren bei 3,5%. Für die Manifestation im 40. Lebensjahr lauten die entsprechenden Zahlen 0,8, 3,8 und 7,1%.

Auf die entscheidende präventive Bedeutung der Stoffwechselführung für die Mikroangiopathie und damit auch für die Retinopathie wurde bereits eingegangen (s. 11.1) und darauf hingewiesen, daß die Kenntnisse über die Rückbildungsmöglichkeit bereits etablierter Prozesse noch lückenhaft sind. Als therapeutische Maßnahme bei bereits eingetretener Netzhautveränderungen steht nach sorgfältiger Indikationsstellung die Photokoagulation mit Laser oder Xenonlicht im Vordergrund. Außerdem kommen die Diathermie und Kryokoagulation sowie die Vitrektomie in Betracht. Zur Orientierung über die verschiedenen Möglichkeiten der Lokaltherapie wird auf das einschlägige Schrifttum verwiesen (Wessing et al. 1977).

Die Photokoagulation hat auch die früher an einigen Kliniken durchgeführte Hypophysektomie abgelöst, die etwa bei je ⅓ der Patienten zur Rückbildung bzw. zum Stillstand des Prozesses führte, während bei dem restlichen Drittel die Progredienz nicht beeinflußt werden konnte.
Nach dem Eingriff erfolgte zwar eine Teilsubstitution mit Glukokortikoiden und Schilddrüsenhormonen. Trotzdem sind die Patienten in ihrem Allgemeinbefinden stark beeinträchtigt und besonders durch schwere, z. T. tödliche Hypoglykämien gefährdet. Die übrigen neurovaskulären Komplikationen werden nicht beeinflußt und die Prognose quoad vitam nicht gebessert.

Hinsichtlich der internistischen bzw. systemischen Behandlung stehen heute im wesentlichen 3 Prinzipien zur Diskussion:

Pharmakotherapie. Die Liste der zur Verfügung stehenden Präparate ist groß, der Beweis für ihre Wirksamkeit schwierig. Viele Substanzen sind daher nicht auf ihre Effektivität geprüft worden. Es gibt zwar positive Berichte über die Besserung einzelner Phänomene. Eine eindeutig günstige Wirkung auf den Verlauf ließ sich bisher bei kritischer Überprüfung für keine Substanz nachweisen (Tabelle 64). Die Medikation läßt sich bei manchen Patienten aus psychologischen Gründen nicht immer vermeiden, besonders dann nicht, wenn diese durch vorangehende Empfehlungen auf eine solche Medikation fixiert worden sind.
Die *sorgfältige Einstellung des Diabetes* ist nicht nur eine Präventivmaßnahme, sondern erfolgt auch in der Hoffnung, bereits eingetretene Veränderungen zur Rückbildung zu bringen. Positive Einzelbe-

Tabelle 64. Wirkung von Pharmakotherapie auf die Retinopathie

Pharmakotherapie	Einfluß auf Retinopathie
Vitamine (A, B_{12}, C, E, K)	Ø
Fruktose	Ø
Sexualhormone	Ø
Anabolika	Ø
Clofibrat	Ø (harte Exsudate↓)
Vasodilatanzien	Ø
Substanzen mit „gefäßabdichtendem" und/oder viskositätssenkendem Effekt	Nicht bewiesen

richte sind noch kein Beweis für eine derartige therapeutische Möglichkeit, da der Spontanverlauf der Retinopathie schwer vorhersehbar ist. Ausgeprägte proliferative Veränderungen sind nach den bisherigen Beobachtungen auch nach Korrektur der Diabeteseinstellung nicht mehr zu beeinflussen.
Zur sorgfältigen internistischen Behandlung gehört die Vermeidung der oben aufgeführten Risikofaktoren. Der von Paetkau (1977) beobachtete ungünstige Einfluß des Nikotins auf den proliferativen Prozeß konnte zwar durch weitere Studien nicht bestätigt werden, sollte aber den Arzt veranlassen, auch Nikotinabstinenz anzuraten. Auf den Verlauf der Retinopathie während der Schwangerschaft wird an anderer Stelle hingewiesen (s. Kap. 13).

Hypoglykämien sollen „frische" retinale Blutungen besonders bei proliferativer Retinopathie auslösen können. Der kausale Zusammenhang läßt sich jedoch nur selten sichern. Er wird um so fraglicher, je sorgfältiger die Anamnese erhoben wird. Trotzdem sollte bei diesen Patienten die Insulintherapie vorsichtshalber so durchgeführt werden, daß Hypoglykämien vermieden werden. Es ist ohnehin nicht damit zu rechnen, daß sich eine Retinopathie mit ausgeprägten proliferativen Veränderungen durch eine scharfe Einstellung noch günstig beeinflussen läßt.

Unter den Manifestationen der diabetischen Mikroangiopathie beansprucht die Retinopathie insofern einen besonderen Platz, als die kleinen Gefäße im Bereich der Netzhaut frühzeitig, wiederholt und mit relativ einfacher Methode untersucht werden können. Der augenärztliche Befund erlaubt nicht nur orientierende prognostische Aussagen, sondern gibt auch *Hinweise auf weitere vaskuläre und nervale Komplikationen.*

Besonders das Vorliegen einer proliferativen Retinopathie spricht für eine ungünstige Prognose. Sie beruht auf der Assoziation mit den folgenden Komplikationen des Diabetes:

- diabetische Nephropathie
- periphere sensible Neuropathie
- autonome Neuropathie mit Orthostase und weiteren kardiovaskulären Funktionsstörungen, als Komponente des diabetischen Fußes,
- diabetische Kardiopathie.

Aufgrund der bisherigen Ausführungen wird deutlich, daß dem Augenarzt nicht nur im Bereich der lokalen ophthalmologischen Therapie, sondern im Rahmen der gesamten Diabetesbetreuung eine wichtige Rolle zukommt. Er kann anläßlich der regelmäßigen Kontrolluntersuchungen auf sorgfältige Stoffwechselführung auch dem Patienten gegenüber dringen und darauf hinweisen, daß die Prävention wesentlich wirksamer als die Behandlung bereits vorhandener Komplikationen ist. Der Ophthalmologe kann ferner dem Internisten aufgrund des Fundusbefundes wichtige prognostische Hinweise und Anregungen zu eingehender Diagnostik auf dem Gebiet der Angioneuropathie geben.

Literatur (zu 11.2)

Binkhorst PG, van Bijsterveld OP (1976) Calcium dobesilate versus placebo in the treatment of diabetic retinopathy: A double-blind cross-over study. Curr Ther Res 20: 283–288

Caird FI, Pirie A, Ramsell TC (1968) Diabetes and the eye. Blackwell, Oxford

Cassar JE, Kohner E, Hamilton AM, Gordon H, Joplin GF (1978) Diabetic retinopathy and pregnancy. Diabetologia 15: 105–111

Freyler H (1974) Kapillargefäßschutz mit Kalziumdobesilat (Dexium) bei diabetischer Retinopathie. Opthalmologica 168: 400–416

Gerke E, Meyer-Schwickerath G (1982) Diabetogene Veränderungen des Auges und ihre Behandlung. Münch med Wochenschr 124: 762–764

Kohner EM, Oakley NW (1975) Diabetic retinopathy. Metabolism 24: 1085

Kornerup T (1955) Studies in diabetic retinopathy: An investigation of 1000 cases of diabetes. Acta Med Scand 153: 81

Larsen HW, Sander E, Hoppe R (1977) The value of calcium dobesilate in the treatment of diabetic retinopathy. Diabetologia 13: 105–109

Meyer-Schwickerath G (1959) Lichtkoagulation. Bücherei Augenarzt 33: Enke, Stuttgart

Paetkau ME, Boyd TAS, Winship B, Grace M (1977) Cigarette smoking and diabetic retinopathy. Diabetes 26: 46–49

Palmberg PF (1977) Diabetic retinopathy. Diabetes 26: 703–709

Stamper RL, Smith ME, Aronson SB, Cavender JC, Cleasby GW, Fung WE, Becker B (1978) The effect of calcium dobesilate on nonproliferative diabetic retinopathy: A controlled study. Trans Am Acad Ophthalmol Otolaryngol 85: 594–606

Standl E, Dexel T, Lander T et al. (1981) Association of HLA antigens with severity of diabetic retinopathy in Southern Germany. In: Standl E, Mehnert H (eds) Pathogenetic concepts of diabetic microangiopathy. Internat. Workshop, Garmisch-Grainau. Thieme, Stuttgart, pp 81–86

The Diabetic Retinopathy Study Research Group (1978) Photocoagulation treatment of proliferative diabetic retinopathy: The 2. report of diabetic retinopathy study findings. Am Acad Ophthalmol Otolaryngol 85: 81

Wessing A, Gerke E, Laqua H, Meyer-Schwickerath G (1984) Augenkrankheiten. In: Mehnert H, Schöffling K (Hrsg) Diabetologie in Klinik und Praxis, 2. Aufl., Thieme Stuttgart (1984)

11.3 Nephropathie

Die renalen Manifestationen der diabetischen Mikroangiopathie sind ein entscheidender Faktor für die ungünstige Prognose besonders des Typ-I-Diabetes. Pathologisch-anatomisch finden sich typische Veränderungen:

- Verdickung der Basalmembran der Glomerulumkapillaren und des glomerulären Mesangiums = diffuse (interkapilläre) Glomerulosklerose sowie die diabetesspezifischen glomerulären hyalinen Knötchen = noduläre Glomerulosklerose,
- Hyalinose der afferenten und efferenten Arteriolen (Arteriolosklerose),
- Verdickung der Basalmembran im Bereich der Bowman-Kapsel.

Entwicklung der klinischen Symptomatik:
- Proteinurie meist nach 15- bis 20jähriger Diabetesdauer (über 500 mg/Tag), selten auch frühzeitiger.

- Mit dem Auftreten einer konstanten Proteinurie Abnahme der Kreatininclearance von etwa 1 ml/Monat, jedoch mit erheblichen individuellen Abweichungen.
- Im allgemeinen 2–3 Jahre später geringe Azotämie und Hypertonie.
- Wiederum nach einigen Jahren terminale Niereninsuffizienz, Flüssigkeitsretention.
- Bei etwa ⅓ der Patienten Entwicklung eines nephrotischen Syndroms mit massiver Proteinurie, Hypalbuminämie, Ödemen, Azotämie (Kimmelstiel-Wilson-Syndrom).
- Im Alter sind Proteinurie, geringe Azotämie, Hypertonie als Nephropathiesymptome weniger eindeutig, da sie auch Zeichen einer Nephrosklerose oder, besonders bei älteren Frauen, einer chronischen Pyelonephritis sein können. Schließlich findet sich beim selben Patienten – seltener bei jüngeren Erwachsenen – die Kombination von Glomerulosklerose, Nephrosklerose (Arteriosklerose) und chronischer Pyelonephritis, eine Trias, die früher unter bewußtem Verzicht auf nähere Differenzierung als diabetische Nephropathie bezeichnet wurde.

Es sprechen demnach für eine diabetische Nephropathie:
- Diabetesdauer von mehr als 10–20 Jahren,
- Lebensalter unter 40 Jahren, d. h. frühzeitigere Diabetesmanifestation,
- konstante Proteinurie,
- eingeschränkte Nierenfunktion,
- gleichzeitig ausgeprägte Retinopathie.

Folgende Fragen sind außerdem zu beantworten:

Handelt es sich tatsächlich um einen Diabetes oder nur um eine verminderte GT bei Niereninsuffizienz, evtl. unter zusätzlichem Einfluß eines Thiazids oder Glukokortikoids?

Liegt eine *diabetische* oder eine Nephropathie anderer Genese vor, die durch weitere diagnostische Maßnahmen, evtl. durch Nierenbiopsie, ausgeschlossen werden muß?

Die ungünstige Prognose wird durch die raschere Progredienz im Vergleich zu anderen chronischen Nierenerkrankungen wie Glomerulonephritis und durch folgende Begleitumstände bestimmt (s. Abb. 21):
- gleichzeitige diabetische Stoffwechselstörung,

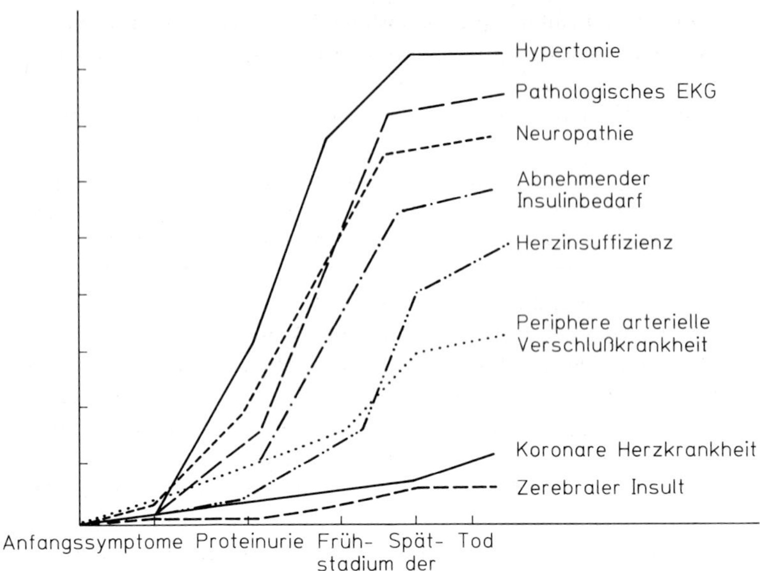

Abb. 21. Häufigkeit von Komplikationen mit fortschreitender Nephropathie. (Aus P. White 1956, mit freundlicher Genehmigung der Autorin)

- im allgemeinen ausgeprägte Retinopathie als weitere Mikroangiopathiemanifestation,
- diabetische Neuropathie, oft mit schweren autonomen Störungen – zusätzlich zu der später ohnehin auftretenden urämischen Neuropathie,
- periphere und koronare arterielle Verschlußkrankheit,
- ungünstiger Einfluß auf die Entwicklung akraler Läsionen durch Kombination von arterieller Verschlußkrankheit, Neuropathie mit trophischen Störungen, Mikroangiopathie, Orthostaseneigung mit ungenügender Gewebsperfusion, Ödem, gegebenenfalls Hypalbuminämie.

Diabeteseinstellung. Bei der Mehrzahl der Diabetiker nimmt im Stadium fortgeschrittener Niereninsuffizienz der Insulinbedarf ab. Die ausgeprägte Insulinempfindlichkeit erfordert v.a. bei Instabilität eine vorsichtige Dosierung. Gering erhöhte Dosen, besonders von Normalinsulin können zu unerwartetem BZ-Abfall und schweren Hypoglykämien führen.

Als Ursache kommt in erster Linie eine verminderte Insulindegradation als Folge der Reduzierung des funktionierenden Nierengewebes in Betracht. Die gesunde Niere trägt zu etwa einem Drittel zum Abbau des Insulins bei. Inappetenz, unzureichende Nahrungszufuhr und Gewichtsverlust können zusätzlich den Insulinbedarf senken und Hypoglykämien verursachen.

Die Stoffwechselführung wird ferner durch eine Magenatonie erschwert, die zu längerer und schwer vorhersehbarer Verweildauer der Speisen und zu unregelmäßiger Nährstoffresorption führt.
Nicht selten verlaufen die Hypoglykämien atypisch und werden erst relativ spät vom Patienten bemerkt (s. Kap. 8). Ferner können Hypoglykämiesymptome durch Orthostasereaktionen vorgetäuscht werden. Sie sind Folge einer autonomen Neuropathie und werden u. U. durch Antihypertensiva verstärkt. Gelegentlich kommt es, v.a. nach Injektion von rasch wirkendem Normalinsulin zu einer insulinbedingten Hypovolämie mit Blutdruckabfall, ohne daß eine Hypoglykämie vorliegt. Wenn die Situation unklar ist, sollten eine BZ-Bestimmung und Blutdruckkontrollen zur Zeit der Beschwerden, ferner auch im Stehen (Orthostaseversuch) vorgenommen werden.

Niereninsuffizienz. Sie wird nach den gleichen Grundsätzen wie bei Nicht-Diabetikern behandelt.

Diät: Solange die Kreatininclearance über 40 ml/min liegt, sind spezielle Maßnahmen nicht erforderlich. Im Falle eines erhöhten Blutdrucks und/oder Ödem soll frühzeitig die Natriumzufuhr auf 35–70 mmol/Tag (entsprechend 2–4 g NaCl) reduziert werden. Bei einer Kreatininclearance unter 40 ml/min. werden höchstens 40 g Eiweiß mit einem hohen Anteil an essentiellen Aminosäuren verabfolgt.
Erhebliche Schwierigkeiten bereitet die notwendige Kalorienzufuhr von mindestens 35 kcal/kg/Tag, wenn im Stadium der Urämie Inappetenz, Brechreiz und Erbrechen auftreten. Die Verordnung häufiger kleiner Mahlzeiten, leicht verträglicher Kost und die weitgehende Rücksichtnahme auf die Wünsche des Patienten sind auch mit

dem Diabetes ohne weiteres zu vereinbaren. Verminderte Nahrungsaufnahme oder Erbrechen können allerdings, besonders wegen der ausgeprägten Insulinempfindlichkeit vieler Patienten, zu Hypoglykämien führen. Gegebenenfalls muß die notwendige KH-Zufuhr durch mit Zucker gesüßte Getränke (Tee) gewährleistet werden.
Ein Vorteil spezieller Diäten wie der Kartoffel-Ei-Diät nach Kluthe für niereninsuffiziente Patienten ist nicht allgemein anerkannt. Wird

Tabelle 65. Konservative Behandlung der diabetischen Nephropathie. (Nach Wahl u. Depperman 1981)

Störung	Therapie
Nephrotisches Syndrom (Proteinurie > 3,5 g/Tag)	Natriumrestriktion Eiweißreiche Ernährung entsprechend dem Eiweißverlust Diuretika Behandlung der Hyperlipidämie
Hypertonie	Natriumrestriktion β-Blocker (kardioselektiv) Diuretika (*cave:* kaliumretinierende Diuretika) Falls Kombination von β-Blocker und Diuretika ineffektiv, übliche Antihypertensiva (*cave:* orthostatische Reaktionen)
Niereninsuffizienz	Natriumarme Diabeteskost (*keine* eiweißarme Kost) Sulfonylharnstoffe nur bei geringer Niereninsuffizienz (besonders bei Präparaten mit langer Halbwertszeit Kumulationsgefahr und Hypoglykämie) Kontrolle von Serumkalzium und Phosphat, PTH- und Vitamin-D-Konzentration; evtl. Verabfolgung von Phosphatbindern und Vitamin D Behandlung von Harnwegsinfekten Keine Blasenkatheterisierung ohne zwingenden Grund *Cave:* nephrotoxische Medikamente (Antibiotika, Analgetika) Venenpflege
Diabetische Retinopathie	Regelmäßige augenärztliche Kontrolle, großzügige Indikationsstellung zur Photokoagulation

eine derartige Kost jedoch verordnet, so bereitet die Stoffwechselführung troz des hohen KH-Angebots i. allg. keine besonderen Schwierigkeiten, vor allem dann nicht, wenn ein Regime mit Mehrfachinjektionen praktiziert wird.
Diabetiker mit nephrotischem Syndrom werden wegen der Hypalbuminämie mit natriumarmer und mit eiweißreicher Diät behandelt, solange die Nierenfunktion nicht stärker reduziert ist.
Eine Übersicht über die bei der jeweiligen Situation erforderlichen therapeutischen Maßnahmen enthält Tabelle 65.

Dialyse und Transplantation. Seit Einführung der Hämodialyse und später der kontinuierliche ambulante Peritonealdialyse sowie der Transplantation haben sich die Lebensaussichten verbessert, sind aber wegen der Angiopathie und Neuropathie nach wie vor ungünstiger als bei Nichtdiabetikern. Mit dem Patienten muß ausführlich die unausweichliche spätere Entwicklung besprochen werden und zwar möglichst bevor die Kreatininclearance auf weniger als 20% reduziert und solange der Allgemeinzustand günstig ist.
Dabei sind folgende Überlegungen anzustellen:

- Kann transplantiert oder soll hämodialysiert werden?
- Kommt eine Hämodialyse oder eine Peritonealdialyse in Betracht? Die Frage der Heim- oder Zentrumdialyse wird erst im weiteren Verlauf entschieden. Ein eingeschränkter Visus kann die technischen Manipulationen im Zusammenhang mit der Heimdialyse erheblich erschweren.
- Welche speziellen Risiken bestehen zur Zeit und voraussichtlich in der näheren Zukunft, speziell für den Dialysepatienten?

Die Zusammenstellung in Tabelle 66 enthält orientierende Hinweise auf die Indikation für die Transplantation und die Dialyseverfahren, die jeweiligen Komplikationsmöglichkeiten, Überlebensraten und Rehabilitationschancen. Die Vorteile der Transplantation kommen v. a. jüngeren Patienten, der diabetischen Retinopathie und der Wiederaufnahme der beruflichen Tätigkeiten zugute.
Der niereninsuffiziente Diabetiker soll im Hinblick auf diese Fragen und die prognostisch wichtigen Komplikationen von einem Team untersucht werden, das außer einem in der Diabetologie versierten Arzt nicht nur einen Nephrologen umfaßt, sondern auch ophthalmologische, kardiologische und neurologische Kontrollen ermöglicht. Zum ophthalmologischen Status gehört eine Fundusfotografie,

Tabelle 66. Indikationen und Gefährdung durch Transplantation und Dialyse

	Transplantation	Hämodialyse bzw. kontinuierliche ambulante Peritonealdialyse (CAPD)
Indikation	Vorwiegend jüngeres und mittleres Lebensalter	Mittleres und älteres Lebensalter
Spezielle Gefährdung	Immunosuppressive und Glukokortikoidtherapie bei Transplantation. Akrale Läsionen mit Amputationsfolge	Oft gravierende Störungen der Regulation des Kreislaufs und des Flüssigkeitshaushalts. Retinale Blutungen. Dialysedemenz
Retinopathie	Stabil, sogar Rückbildung. Später „involutive" Retinopathie	Oft Verschlechterung, Blutungsneigung (Heparinisierung), eher stabil unter CAPD
Neuropathie	Stillstand, häufiger sogar Besserung, auch einer autonomen Neuropathie	Verschlechterungstendenz. Weniger bei CAPD
Todesursache	Kardiovaskuläre Komplikationen, besonders koronare Herzkrankheit	Kardiovaskuläre und neurale Komplikationen (besonders koronare Herzkrankheit)
50% Überlebensrate	3 Jahre (Leichenniere) 5 Jahre (Niere eines lebenden Spenders)	3 Jahre
Rehabilitation	Günstiger. Spätstadien noch nicht übersehbar	Bei Dialyse ungünstiger, evtl. besser unter CAPD

da sich die Retinopathie unter der Dialyse häufig verschlechtert, andererseits nach Transplantation Besserung eintreten kann.
Über den richtigen Zeitpunkt für die Anlage eines Shunts gibt es keine konkreten Daten. Im allgemeinen erfolgt sie bei einem Kreatininwert von 6–7 mg/dl. Blutentnahmen aus den Kubital- und Unterarmvenen sind bei Diabetikern mit einem Serumkreatininwert über 2 mg/dl zu unterlassen, da dieser Bereich für den späteren Shunteingriff vorgesehen ist. Falls erforderlich, soll der Patient von sich aus andere ihn behandelnde Ärzte über diese Situation informieren, was voraussetzt, daß er selbst rechtzeitig unterrichtet wurde! Da häufiger

als bei Stoffwechselgesunden Shuntprobleme auftreten, wird der Eingriff zweckmäßigerweise von einem erfahrenen Operateur vorgenommen.
Für die Stoffwechselführung im Zusammenhang mit der Nierentransplantation sind bestimmte Änderungen des Insulinbedarfs zu berücksichtigen, wie sie für viele Patienten charakteristisch sind:

- Vor der Transplantation im Stadium fortgeschrittener Niereninsuffizinez geht meistens der Insulinbedarf zurück, die Insulinempfindlichkeit und die Hypoglykämieneigung nehmen zu.
- Intraoperativ und in den ersten 3–4 Tagen der Posttransplantationsphase ist der Insulinbedarf schwer vorhersehbar und eine Insulininfusionstherapie angezeigt, zumal Nahrungskarenz erforderlich ist.
- Bald darauf steigt der Insulinbedarf als Folge der Immunsuppression an.
- Häufig wird nach 6–12 Monaten eine weitere Zunahme des Insulinbedarfs beobachtet, obgleich die Glukokortikoiddosis inzwischen reduziert werden konnte.
- Erst danach erfolgt eine Stabilisierung etwa auf dem früheren oder „präurämischen" Niveau.

Fazit. Der Verlauf der Nephropathie ist zumindest im fortgeschrittenen Stadium nicht zu beeinflussen, die Gefährdung der Patienten durch kardiovaskuläre und neurale Komplikationen i. allg. hoch. Es bleiben nur eine symptomatische Therapie und später eingreifende Verfahren wie Dialyse und Transplantation. Um so wichtiger ist eine frühzeitige, konsequente und ausreichend dosierte antihypertensive Therapie. Nur durch sie kommt es zu einer eindeutigen Verlangsamung der Progredienz.
Entscheidend läßt sich die Prognose jedoch nur durch präventive Maßnahmen bessern (s. 11.1). Im Idealfall bestehen sie in einer normoglykämischen Einstellung, im übrigen in dem Bemühen, dieser so weit wie möglich nahe zu kommen.
Eine solche Präventionstherapie muß frühzeitig mit Beginn des Diabetes einsetzen, da noch unsicher ist, wie weit etwa auftretende strukturelle Veränderungen im Bereich der Basalmembran reversibel sind.

Bereits mit der Manifestation des Diabetes treten bestimmte funktionelle Störungen auf, die in einer Vergrößerung des Nierenparenchyms und v. a. der Glomerula bestehen, so daß zu dieser Zeit die Filtrationsleistung der Niere gesteigert und die Kreatininclearance erhöht ist. Diese Störungen bilden sich mit Normalisierung des Blutzuckers zurück. Wahrscheinlich handelt es sich

um Vorstadien späterer struktureller Läsionen, die sich nach etwa 3–10 Jahren im Bereich der Glomerula in Form von Wandverdickungen und -porosität entwickeln.
Experimentelle Befunde berechtigen zu der Annahme, daß auch bereits etablierte morphologische Veränderungen reversibel sind, sofern sie sich in einem relativ frühen Stadium befinden. Beim humanen Diabetes bilden sich, wie eine prospektive klinische bioptische Studie von Takazakura et al. (1975) zeigte, Verdickungen der Basalmembran unter sorgfältiger Diabeteseinstellung bis zu einem gewissen Grade zurück. Die Frage, wann und unter welchen Umständen eine derartige Rückbildung noch möglich ist, bedarf weiterer Untersuchungen.

Trotz langer Krankheitsdauer und unbefriedigender Einstellung bleiben etwa 10–15% der Patienten ohne nennenswerte Mikroangiopathie und damit ohne Nephropathie und auch Retinopathie. Zahlreiche Beobachtungen haben gezeigt, daß sich nach einer Diabetesdauer von 25–30 Jahren bei bis dahin komplikationsfreien Diabetikern nur noch selten eine Nephropathie entwickelt. Die Ursachen für die geringe Anfälligkeit bestimmter Patienten ist ungeklärt (s. 11.1).

Harnwegsinfekte (Zystopyelonephritis). Diabetiker erkranken wahrscheinlich (mit Ausnahme älterer Frauen) nicht häufiger als Gesunde an Infektionen der Harnwege. Derartige Infekte können jedoch einen ungünstigen Verlauf nehmen oder zu schweren Komplikationen führen (Nierenabszeß, Papillennekrose).
Die Ursachen sind vielfältiger Natur.

- Zuckerhaltiger Harn fördert das Wachstum von *Pilzen* (Candida) und Bakterien.
- Die Infektionsresistenz ist bei dekompensiertem Diabetes herabgesetzt.
- Die neurogene Blasenentleerungsstörung, evtl. mit Ureteratonie und aufgehobenem Vesikoureterreflex begünstigt eine Infektion.
- In fortgeschrittenen Stadien der Nephropathie ist die Infektanfälligkeit der Niere möglicherweise höher.
- Papillennekrosen treten zu 50% bei Diabetikern auf, offensichtlich bevorzugt bei Patienten mit bereits bestehender Nephropathie.

Zu beachten ist daher:
- Regelmäßige Routinediagnostik: Urinstatus, Urinkultur etwa einmal jährlich, bei unklaren Situationen und diabetischer Nephropathie häufiger.

- Frühzeitig Antibiotika und Chemotherapeutika nach den Regeln, die auch für Nichtdiabetiker gelten.
- Bei Auswahl und Dosierung von Antibiotika Berücksichtigung der häufig eingeschränkten Nierenfunktion.
- Die Infektanfälligkeit und Häufigkeit neurogener Störungen sprechen eher *für* die Behandlung einer asymptomatischen Bakteriurie. Die Notwendigkeit ist jedoch wie beim Nichtdiabetiker umstritten, v.a. im höheren Lebensalter.
- Eine besonders sorgfältige Therapie erfordern Patienten mit neurogener Blasenentleerungsstörung. Die Infekthäufigkeit nimmt allerdings erst bei erheblichen Restharnmengen stärker zu.
- Rechtzeitige Erkennung asymptomatischer oder symptomarmer Harnwegsinfekte, auch als Ursache unklarer Stoffwechseldekompensation und uncharakteristischer Allgemeinsymptome.
- Besonders wegen der Blasenentleerungsstörung und der Infektanfälligkeit Vermeidung von Katheterisieren aus diagnostischen Gründen.
- Eine im Rahmen der diagnostischen Prozeduren vorgenommene intravenöse Pyelographie kann bei gleichzeitig bestehender fortgeschrittener Nephropathie zu Oligurie und Anurie führen.

Eine Notfallsituation stellen Papillennekrosen dar. Meistens gelingt es mit sofortiger Antibiotikatherapie (vorher Blutkultur!), die Situation zu beherrschen. Bei Nierenversagen muß u.U. hämodialysiert werden. Zu irreversiblen Schäden kommt es selten.

Die chronische Pyelonephritis ist offensichtlich von geringerer Bedeutung für den Verlauf und die Prognose als früher vermutet und als Progredienzfaktor für die Nephropathie bisher nicht gesichert. Trotz dieser Unklarheiten müssen Harnwegsinfektionen auch wegen der Möglichkeit der infektbedingten Verschlechterung des Diabetes nach den heute gültigen Regeln ausreichend behandelt werden.

Literatur (zu 11.3)

Canzler H (1977) Diätetische Therapie bei Diabetes und Niereninsuffizienz. MMW 119: 501–508

Deppermann D, Ritz E, Wahl P (1979) Hämodialyse und Transplantation bei urämischen Diabetikern? Dtsch Med Wochenschr 104: 197–200

Ditscherlein G (1979) Nierenveränderungen bei Diabetikern. VEB Gustav Fischer Verlag, Jena
Friedman EA (1981) Strategy in Diabetic Nephropathy. In: Brownlee M (ed) Diabetes mellitus. Current and future therapies. Vol. V. Garland STPM Press, New York, London
Irmscher K (1977) Diabetes und Nieren. In: Schwiegk H (Hrsg) Diabetes mellitus, (Handb. d. Inneren Medizin, Bd 7/2 B) Springer, Berlin Heidelberg New York
Kjellstrand CM (1978): Dialysis in diabetics. In: Friedman EA (ed) Strategy in renal failure, John Wiley, New York
Mogensen CE, Steffes MW, Deckert T, Christiansen JS (1981) Functional and morpholigical renal manifestation in diabetes mellitus. Diabetologia 21: 89–93
Quellhorst E (1979) Terminale Urämie – Dialyse oder Transplantation? Internist 20: 134–137
Scheler F (1977) Klinik der diabetischen Nephroangiopathie. In: Alexander K, Cachovan M (eds) Diabetische Angiopathien. Witzstock, Baden-Baden Brüssel Köln New York, S 66–69
Takazakura E, Nakamato Y, Hayakawa H et al. (1975) Onset and progression of diabetic glomerulosclerosis. Diabetes 24: 1–9
Wahl P, Deppermann D (1981) Nephropathie. In: Robbers H, Sauer H, Willms B (eds) Praktische Diabetologie. Werk-Verlag Banaschewski, München-Gräfelfing, S 222–229
White P (1956) Natural course and prognosis of juvenile diabetes. Diabetes 5: 445

11.4 Polyneuropathie

Die diabetische Polyneuropathie gehört zu den gravierenden, oft allerdings nicht erkannten Komplikationen des Diabetes. Die Häufigkeit wird mit etwa 20–80% angegeben. Die erheblichen Differenzen sind auf unterschiedliches Krankengut, die jeweiligen diagnostischen Kriterien sowie die Sorgfalt der Untersucher zurückzuführen. Die ausgeprägte Neuropathie läßt insgesamt charakteristische Symptome erkennen, die jedoch nicht diabetesspezifisch sind wie etwa die der Retinopathie oder Glomerulosklerose. Wenn neurologische Störungen oder verdächtige Beschwerden vorliegen, ist daher besonders sorgfältig zu prüfen, ob es sich tatsächlich um eine diabetische oder um eine Neuropathie anderer Ätiologie bei Diabetes handelt. Unter diesen oft therapeutisch wichtigen Gesichtspunkten sind bestimmte Pharmaka wie Furantoin, Antikonvulsiva und Alkohol zu berücksichtigen, die auch ohne Diabetes eine Neuropathie verursachen können. Der Diabetes disponiert insofern zu nervalen Läsionen, als er für derartige toxische Effekte und wahrscheinlich auch für mechanische Faktoren (Häufung von Karpaltunnelsyndrom) anfälliger macht.

Ein weiterer Grund für eine sorgfältige Differentialdiagnose ist das überzufällig häufig gemeinsame Vorkommen von bestimmten Systemerkrankungen, wie der Friedreich-Ataxie, der amytrophen Lateralsklerose und der progressiven spinalen Muskelatrophie, besonders mit einem insulinbedürftigen Diabetes.

Die Pathogenese der diabetischen Neuropathie ist nicht einheitlich, das klinische Bild vielgestaltig. Die früher als Hauptursache angeschuldigte Minderdurchblutung der Nerven wird nur noch für die Mononeuropathie und für die Hirnnervenausfälle als wichtiger Faktor anerkannt. Die überwiegend symmetrische und auch die autonome Neuropathie sind offensichtlich durch metabolische Störungen verursacht.

Die Nervenläsionen manifestieren sich nicht nur als Parästhesien, Sensibilitätsdefekte oder Paresen. Durch Befall vegetativer Fasern kann es zu schwerwiegenden Funktionsstörungen wichtiger Organe bzw. Organsysteme kommen, wie des kardiovaskulären Systems, des Gastrointestinal- und des Urogenitaltrakts, der Haut sowie als Osteoarthropathie des Skeletts. Es sind damit zum Teil Organe betroffen, die oft durch vaskuläre Komplikationen des Diabetes bereits vorgeschädigt sind.

Die diabetischen Neuropathien lassen sich in 3 Gruppen einteilen:
- symmetrische, überwiegend sensible Neuropathie (SPN),
- autonome Neuropathie (AN),
- asymmetrische, überwiegend motorische Neuropathie (AMN).

Auf das spezielle Gebiet der Hirnnervenparesen, insbesondere der Augenmuskel- und Fazialisparesen, die pathogenetisch eher in die Gruppe der AMN gehören, wird nicht näher eingegangen.

Symmetrische, überwiegend sensible Neuropathie. Die SPN zeigt insgesamt eine eindeutige Korrelation mit der Diabetesdauer und ist bei schlechter Einstellung häufiger und ausgeprägter. Trotzdem kann eine Neuropathie frühzeitig auftreten.

Die sensiblen Reizsymptome und Ausfallerscheinungen beginnen meistens distal und schreiten nach proximal fort. Motorische Ausfälle sind i. allg. geringfügig oder kaum ausgeprägt.
Als wichtiger diagnostischer Hinweis gilt die Trias von sensiblen Reizerscheinungen, Abschwächung bzw. Aufhebung der Vibrationssensibilität und des Achilles –, im weiteren Verlauf oft erst des Patellarsehnenreflexes. Bei der Prüfung der sensiblen Ausfallerscheinungen muß besonders auf die Berührungs-, Schmerz- und Temperaturempfindung geachtet werden, da entsprechende Defekte nicht spontan angegeben werden, jedoch für die Entstehung von Läsionen im Bereich des Fußes bei Diabetikern von großer Bedeutung sind. – Ausgeprägte Paresen entwickeln sich meist erst im späteren Verlauf, oft mit Befall der Fuß- und Handmuskeln.

Asymmetrische, überwiegend motorische Mono- bzw. Schwerpunktneuropathie. Die wichtigsten Unterschiede gegenüber der SPN hinsichtlich Entwicklung und Symptomatik sind in Tabelle 67 zusammengefaßt. Den sich meist akut entwickelnden Paresen gehen oft heftige Schmerzen im Oberschenkel- und Hüftgelenkbereich voraus, während Sensibilitätsstörungen nur wenig ausgeprägt sind oder ganz fehlen. Bei Befall der Arme und Hände (N. ulnaris und medianus) ist die Entwicklung meistens allmählicher. Das Allgemeinbefinden kann stark beeinträchtigt sein mit Hinfälligkeit, Inappetenz und Gewichtsverlust.

Eine eindeutige Abhängigkeit dieser Neuropathieform von der Dauer und Einstellung des Diabetes ließ sich, im gewissen Gegensatz zur SNP, nicht nachweisen. Die Symptomarmut der diabetischen Stoffwechselstörung bei älteren Patienten erschwert jedoch die Erkennung derartiger Zusammenhänge. Wahrscheinlich ist das Nervengewebe außerdem gegenüber mechanischen Irritationen anfälliger als bei Stoffwechselgesunden. So gelten im Bereich der Extremitäten bestimmte Stellen als Prädilektionsorte, wie der Ellenbogen für den N. ulnaris, das Handgelenk für den N. medianus und das Fibulaköpfchen für den N. lateralis. Diese Zusammenhänge müssen auch für die Therapie beachtet werden. Bemerkenswert ist ferner das Fehlen einer eindeutigen Korrelation der AMN zur Mikroangiopathie und auch zur SPN und AN was für eine pathogenetische Sonderstellung, wahrscheinlich auf vaskulärer Basis, spricht.

Differentialdiagnose. Zur Vermeidung therapeutischer Irrwege ist eine sorgfältige Differentialdiagnose notwendig.

Tabelle 67. Unterschiede von SPN und AMN

	Symmetrische sensible Neuropathie	Asymmetrische Neuropathie
Bevorzugter Diabetestyp	Typ I	Typ II
Lebensalter	Meist jüngere Patienten	Oft ältere Patienten
Pathogenese	Metabolische Störung	Vaskuläre (evtl. metabolische), zusätzlich mechanische oder toxische Faktoren
Überwiegende Lokalisation der Störung	Distal, sensibel	Proximal, motorisch (oft nur diskret sensibel)
Sensible Reizerscheinungen	+ +	+ oder Ø
Autonome Läsionen	+ bis + +	Bisher nicht erkennbar
Korrelation zur Diabeteseinstellung (Stoffwechselführung)	+ +	Umstritten, bisher nicht evident (aber: symptomarme Diabeteserkrankungen erschweren Beurteilung)
Prognose	Häufig Progredienz der Ausfallerscheinungen und der autonomen Defekte	Relativ gut, meist Rückbildung

Bei SPN kommen v.a. neurologische Störungen anderer Genese in Betracht:

- Funikuläre Spinalerkrankungen als Folge einer Vitamin-B_{12}-Resorptionsstörung durch Intrinsic-Faktormangel; die perniziöse Anämie kommt ohnehin überzufällig häufig bei Diabetikern vor;
- Vitamin-B_{12}-Mangel infolge anderweitiger Resorptionsstörungen (Zöliakie, chronische Pankreatitis u.a.);
- pharmakainduzierte Neuropathie (Diphenylhydantoin, Furantoin, Isoniazid);
- Alkoholabusus der auch zu autonomen Läsionen führen kann;
- Friedreich-Ataxie;
- amyotrophe Lateralsklerose.

Bei AMN sind v.a. mechanische Faktoren bzw. Erkrankungen des Bewegungsapparats, die bei Diabetikern gehäuft vorkommen, zu berücksichtigen:

- Karpaltunnelsyndrom,
- Periarthritis humeroscapularis,
- Ischiasneuritis bzw. Diskusprolaps,
- Tumorkompression (Genitaltumoren usw.).

Therapie. Die Kompensation des Diabetes ist als entscheidende Maßnahme anerkannt. Es sollen möglichst normoglykämische oder zumindest annähernd normale Werte erreicht werden. Voraussetzung sind ausreichende BZ-Kontrollen, damit auch die postprandialen Hyperglykämien erfaßt werden. Bei den meisten Patienten sind zweimal tägliche Injektionen nicht zu umgehen. Schwierigkeiten der Diabeteseinstellung lassen sich häufig beheben, wenn unter weitgehender Verwendung von NI 3- bis 4mal täglich injiziert wird, und zwar mindestens für mehrere Monate, u. U. sogar für dauernd (s. 5.3).
Wenn die Stoffwechsellage trotz Mehrfachinjektion unbefriedigend bleibt wie bei labilem Diabetes, sind Infusionsgeräte angezeigt. Unter Pumpenbehandlung wird nicht nur die Nervenleitgeschwindigkeit gebessert. Es bilden sich auch Paresen, sensible Reizerscheinungen und Schmerzen zurück, wobei Suggestiveffekte zumindest als Teilfaktor mitverantwortlich sein mögen.
Eine Insulintherapie empfiehlt sich bei Neuropathiepatienten auch dann, wenn der Diabetes unter oraler Therapie befriedigend eingestellt ist und die Beschwerden trotzdem nicht beeinflußt werden können.
Ein erhebliches Untergewicht, wie es häufiger bei schwerer Neuropathie zu finden ist, verbunden mit Frustration und depressiver Stimmung, erfordert außer einer Psychopharmakatherapie eine kalorienreiche Kost. Gewichtsanstieg und besserer Allgemeinzustand pflegen sich auf die Gesamtsituation und damit auch auf die Parästhesien und Schmerzen vorteilhaft auszuwirken.
Der günstige Einfluß einer sorgfältigen Diabeteseinstellung geht nicht nur aus Langzeitstudien hervor. Pirart et al. fanden vor allem bei schlecht eingestellten Diabetikern häufiger schwere Neuropathien. Die Nervenschädigung manifestiert sich in der Regel erst nach längerer Diabetesdauer. Beim Typ-II-Diabetes ist eine Neuropathie oft scheinbar frühzeitig, da der Diabetes mehrere Jahre unerkannt bestanden hat.

Paradox und mit den bisherigen Vorstellungen nicht vereinbar ist das Auftreten einer Neuropathie ausgerechnet zu dem Zeitpunkt, wenn ein schlecht eingestellter Diabetes erstmals unter Insulintherapie kompensiert werden konnte.

Die Regenerationsfähigkeit der ausgeprägten neurologischen Läsionen ist i.allg. trotz befriedigender Stoffwechseleinstellung begrenzt. Subjektive Symptome wie Parästhesien, „Burning feet", Schmerzen können sich bereits nach wenigen Wochen bessern oder ganz zurückbilden oder erweisen sich in anderen Fällen trotz inzwischen günstiger Stoffwechsellage als hartnäckig, besonders wenn es sich um intensive und bereits langanhaltende Beschwerden handelt. Dies trifft v.a. für Langzeitdiabetiker mit ausgeprägter Retino- und Neuropathie zu.

Geringere Sensibilitätsdefekte bilden sich häufig völlig oder teilweise zurück, ausgeprägte Läsionen sind dagegen im Gegensatz zu den sensorischen Symptomen nicht reversibel. Das gleiche gilt für schwere autonome Defekte.

Eine Verzögerung der Nervenleitgeschwindigkeit wird bereits bei neuentdecktem dekompensierten Diabetes gefunden. Sie bessert sich unter der Insulintherapie und BZ-Senkung. Offensichtlich handelt es sich in diesem Stadium um eine funktionelle Störung, die möglicherweise Vorläufer späterer organischer Veränderungen ist.

Pharmakotherapie

Analgetika. Angesichts der oft sehr hartnäckigen und v.a. nächtlichen Beschwerden ist die Halbwertszeit der Substanzen zu berücksichtigen. Das Einnahmeintervall darf nicht länger als die Wirkungszeit des Pharmakons sein. Das Präparat muß daher in entsprechenden regelmäßigen Abständen verabreicht werden, so daß es nicht zu Abklingphasen und Schmerzintensivierung kommt.

Bei anhaltenden und ausgeprägten Schmerzen hat sich die Kombination mit leichten bis mittelschweren Neuroleptika bewährt. Wegen der Orthostaseneigung einiger Neuropathiepatienten sind Blutdruckmessungen, besonders zu prekären Zeiten wie dem morgendlichen Aufstehen, notwendig. Depressive Verstimmungen und auch die Intensität der Schmerzen und Parästhesien können durch Thymoleptika günstig beeinflußt werden.

Weitere Pharmaka wie Diphenylhydantoin oder Carbamazepin werden nur von einzelnen Autoren empfohlen, ohne daß deren günstige Resultate von anderer Seite bestätigt werden konnten.
Eine wirksame Bekämpfung der Schmerzen und Parästhesien erfordert wegen der Chronizität der Beschwerden, der Bevorzugung der Nacht und der depressiven Stimmungslage ein individuelles und überlegtes Vorgehen sowie ein ausreichendes Maß an Geduld. Die Frustration erstreckt sich oft nicht nur auf den Patienten, sondern auch auf den behandelnden Arzt. Die Verabreichung von Analgetika reicht meistens nicht aus. Es muß darüber hinaus der Allgemeinzustand gebessert und die Hoffnungslosigkeit des Patienten beseitigt werden.

Vitamine. Seit Jahrzehnten werden Vitaminpräparate infundiert, injiziert oder oft jahrelang oral zugeführt. Ein Rückblick zeigt, daß alle B-Vitamine einzeln (B_1, B_2, B_6, B_{12}), in Kombination oder als Komplex etwa in der Reihenfolge ihrer Entdeckung angewandt wurden, bisher jedoch ohne nachweisbaren Erfolg. Das gleiche gilt für die viel verwendete Thioctsäure.
Trotz der fehlenden rationalen Begründungen werden Vitamine, von denen man sich pharmakodynamische Wirkungen erhofft, über lange Zeit und in großen Mengen verordnet. Zweifellos handelt es sich bei der während einer Vitamintherapie zu beobachtenden Rückbildung der Beschwerden zum Teil um Spontanremissionen der Neuropathie, um die Auswirkungen der günstigen Diabeteseinstellung und schließlich um Suggestiv- bzw. Placeboeffekte. Die Erfolgsquote für Beschwerden wie sensiblen Reizerscheinungen liegt für Placebo bekanntlich bei 50%.
Die Vitamin-Applikation dient demnach nicht der Substitution etwa vorhandener Mangelzustände. Mit Vitamindefiziten ist im übrigen bei Diabetikern nicht häufiger zu rechnen als bei Stoffwechselgesunden. Ausnahmen sind Malassimilationssyndrome, etwa bei gleichzeitiger chronischer Pankreatitis oder Zöliakie, seltener oder wenig ausgeprägt bei diabetischer Enteropathie (s. 10.10). Vitamine sind ferner bei der sog. neuropathischen Kachexie indiziert, die sich als Folge ungenügender Nahrungszufuhr entwickelt. Eine Vitamin-B_{12}-Therapie ist selbstverständlich auch bei der überzufällig häufigen Kombination mit perniziöser Anämie erforderlich. Es gibt bisher je-

doch keine Hinweise, daß ein Vitaminmangel in der Pathogenese der diabetischen Neuropathie eine Rolle spielt.

Präparate zur Besserung der Blutzirkulation sind bei den Neuropathien vaskulärer Genese, also der sog. AMN versucht worden, jedoch bisher ohne Erfolg. Dies gilt auch für Substanzen, welche die „Fließeigenschaften" des Bluts bzw. die Blutviskosität günstig beeinflussen sollen.

Physikalische Maßnahmen sind nur begrenzt wirksam. Eine Elektrotherapie mit Galvanisierung ist auch bei den überwiegend proximalen Paresen der AMN nutzlos.
Schwere Paresen erfordern eine vorsichtige Mobilisation, anfangs mit passiven, später mit aktiven Bewegungsübungen unter allmählich steigender Belastung.
Im akuten Stadium muß die betreffende Gliedmaße sorgfältig gelagert, jede Überlastung durch intensive Übungen und Massage vermieden werden, damit es zu keiner Exazerbation der Schmerzen kommt. – Die seltenen persistierenden Paresen und die Defektzustände erfordern eine orthopädische Versorgung.
Die Besserung eines reduzierten Allgemeinzustandes ist wegen der Diabeteskompensation für viele Patienten die entscheidende Voraussetzung für eine günstige Beeinflussung der Neuropathie. Die übrige Pharmakotherapie, außer der Schmerzbehandlung, spielt demgegenüber eine untergeordnete Rolle. In besonderem Maße gilt dies für Patienten mit der sog. neuropathischen Kachexie, die durch starkes Untergewicht, chronische Schmerzen, hartnäckige Parästhesien, Schlaflosigkeit, depressive Stimmungen, Inappetenz, Orthostase und u. U. nächtliche Diarrhöen charakterisiert ist und durch die Verzweiflung des Patienten wegen Fehlens einer wirksamen Therapie verschlimmert wird. Selbstverständlich kann die Diagnose „neuropathische Kachexie" erst nach sorgfältigem Ausschluß eines Neoplasmas gestellt werden.

Autonome Neuropathie einschließlich der autonomen Störung bei SPN
Die Störungen sind häufig zunächst klinisch weitgehend „stumm", lassen sich jedoch durch besondere Tests erfassen. Eine frühzeitige Erkennung ist notwendig, da die Läsionen in späteren Stadien wahr-

Tabelle 68. Organstörungen bei AN (Sauer H (1982) Diabetes (gering modifiziert). In: Janzen R, Kühn HA (eds.): Neurologische Leit- und Warnsymptome bei inneren Erkrankungen. Thieme Stuttgart).

Organ	Art der Störung	Beschwerden	Besondere Hinweise
Gastrointestinaltrakt			
Ösophagus	Motilitätsstörungen	Selten Druckgefühl, Schluckbeschwerden	–
Magen	Hypo- bzw. Atonie mit Gastroparese bzw. Gastrektasie	Völlegefühl, Übelkeit, Vomitus, Retention von Mageninhalt	Unregelmäßige Nährstoff- bzw. KH-Resorption
Dünndarm	Atonie, zeitweise Hyperperistaltik	Episodisch auftretende Diarrhöen, im Intervall Obstipation	s. Text
Kolon (?)	Atonie (umstritten)	Obstipation (umstritten)	
Sphincter ani	Verminderter Tonus	Inkontinenz	
Gallenblase	Dyskinesie, Atonie	–	–
Urogenitaltrakt			
Harnwege	Neurogene Blasenstörung (Atonie)	Verminderter Harndrang, Harnretention, Neigung zu Harnwegsinfekten	Infektbedingte Diabetesdekompensation, raschere Nephropathieprogredienz infolge Pyelonephritis (?)

Genitale	Schädigung parasympathischer Fasern im Bulbus cavernosus	Impotenz, besonders Erektionsschwierigkeiten	Charakteristisch: langsame Entwicklung innerhalb von etwa 6–24 Monaten (DD psychogene Ursachen)
	Defekte sympathische Innervation des Sphincter internus	Retrograde Ejakulation Anorgasmie bei Frauen?	Bei Männern häufig Kombination mit neurogener Blasenstörung
Herz-Kreislauf-System			
Kardial	Schädigung autonomer Fasern bis zur „kardialen Denervierung“	Tachykardie 100–110, selten bis 130, verminderte Heart-rate-Variation (HRV), schmerzloser Myokardinfarkt,	Tachycardie vieldeutig, s. Text
Kardio-respiratorisch		plötzliche Todesfälle bei jüngeren Diabetikern (Atemstillstand, Asystolie?)	Gefährdung anläßlich Narkose, Operationen, Bronchopneumonien
Blutdruckregulation	Schädigung sympathischer Fasern	Orthostatische Hypotension	s. Text
Endokrines System			
Inselzellsystem	Defekte der vagalen Innervation der A-Zellen?	Insuffiziente Glukagonsekretion bei Hypoglykämie	Gesteigerte Insulinempfindlichkeit, Hypoglykämie ohne „vegetative“ Warnsymptome (?)
Katecholaminsekretion		Ungenügende Katecholaminsekretion	

scheinlich nicht reversibel sind und gravierende Organstörungen zur Folge haben, die häufig für eine ungünstige Prognose entscheidend verantwortlich sind (Tabelle 68).
Die klinischen Manifestationen der AN liegen sowohl im Bereich der Peripherie wie auch der visceralen Organe entsprechend der folgenden Zusammenstellung:

peripher:
Komponente des diabetischen Fußes,
neuropathischer Fuß,
diabetische Arthropathie,
Schweißsekretionsanomalien,
Störung der Hauttrophik;
viszeral:
Osophagusmotilitätsstörung,
Gastroparese bzw. -ektasie,
Motilitätsstörung der Gallenblase,
Diarrhö,
Blasenlähmung,
Potenzstörung, Anorgasmie (?),
orthostatische Hypotonie,
weitere kardiovaskuläre Funktionsstörungen.

Die therapeutischen Implikationen werden im folgenden und den ihrer Organmanifestation entsprechenden Abschnitten abgehandelt.

Störungen der Schweißsekretion. Sie finden sich bei ausgeprägter SPN besonders im Bereich der unteren Extremitäten, da autonome Fasern zusammen mit dem N. tibialis und dem N. medianus verlaufen.

Anhidrose. Unter Umständen geht eine Hyperhidrose infolge Schädigung parasympathischer Fasern voraus. Später ist die Haut, insbesonders im Bereich der Unterschenkel und Füße, auffallend trocken, rissig, und anfällig gegenüber bakteriellen und mykotischen Infektionen, zumal bei weiteren trophischen und gleichzeitigen vaskulären Störungen (s. 11.7).
Hautpflege, häufige Inspektion und frühzeitige Therapie, auch etwa auftretender mechanischer Läsionen, stehen im Vordergrund.

Hyperhidrose. Es handelt sich hier, v. a. im Rumpfbereich, um einen thermoregulatorischen Kompensationsvorgang, da die große Haut-

oberfläche im Bereich der unteren Extremitäten wegen der Anhidrose weitgehend ausfällt. Intensive und lästige Schweißausbrüche treten hauptsächlich nachts auf. Medikamentös sind diese Störungen kaum zu beeinflussen. Eine leichte Bettdecke ist empfehlenswert, kann aber die Schweißausbrüche nicht verhindern und sogar ein unangenehmes Kältegefühl nach einer Transpirationsphase begünstigen.
Eine für die AN außerordentlich charakteristische Schweißstörung ist das „gustatory" bzw. „facial sweating", das sich während des Essens, besonders während des Kauens, in Form profuser Schweißausbrüche im Gesichts- und Halsbereich manifestiert. Da dieses Symptom durch bestimmte Nahrungsmittel wie einige Käsesorten, Pilze und essighaltige Speisen begünstigt oder sogar ausgelöst wird, bleibt die einzige Maßnahme, deren Verzehr zu meiden.

Die neuropathischen Störungen sind außer der Angiopathie der entscheidende Faktor für die im Fuß- und auch Unterschenkelbereich auftretenden Komplikationen. Eine sympathische Denervierung führt zur maximalen Erweiterung der terminalen Strombahn. Die Haut ist gerötet und warm, bei gleichzeitiger Gefäßobliteration jedoch kühl und livide-rötlich. Die gestörte Trophik manifestiert sich als atrophische, rissige Haut, in Form von Rhagaden und Fissuren, Hyperkeratosen, ferner als persistierendes Ödem am Fuß- und Handrücken und schließlich durch die Entwicklung von z.T. schwarz-bläulichen Blasen, ferner torpiden infizierten Ulcera im Bereich der Fußsohle ähnlich wie das Mal perforant (bei Tabes dorsalis). Sorgfältige Inspektion der Füße bei Neuropathie und umgekehrt neurologische Untersuchung bei Fußläsionen sowie vorbeugende Maßnahmen sind von entscheidender Bedeutung (s. 11.7).

Orthostase. Die wichtigste Ursache ist eine Schädigung der Sympathikusfunktion und die Unfähigkeit, durch erhöhten peripheren Widerstand das Versacken des Bluts und das verminderte Herzminutenvolumen während des Stehens zu kompensieren. Kriterien sind der Abfall des systolischen Blutdrucks während des Stehens um 30 mmHg bzw. auf 80 mmHg und weniger sowie das Auftreten der typischen Orthostasesymptome und deren Korrelation mit dem Blutdruckabfall.

Die Behandlung besteht in physikalischen Maßnahmen so wie in der Verabfolgung bestimmter Pharmaka.

Physikalische Maßnahmen. Elastische Strümpfe, um den Rückfluß des venösen Blutes zu beschleunigen und dem Absacken während des Stehens entgegenzuwirken.
Außerdem soll versucht werden, das Kopfende des Bettes bis zur Toleranzgrenze zu erhöhen, i. allg. um etwa 15%, damit sich während der nächtlichen Bettruhe, die Hirnareale an einen niedrigen Perfusionsdruck adaptieren. Auf diese Weise kann es auch zur Stimulation des Renin-Angiotensin-Aldosteron-Systems mit Natriumretention und Zunahme des Plasmavolumens kommen – ein Mechanismus, der ausgerechnet bei den meisten der betroffenen Diabetiker wegen der autonomen Defekte nicht funktioniert.

Pharmaka. Fludrocortison führt über eine Vermehrung des Plasmavolumens zum Blutdruckanstieg. Das Präparat muß meist niedrig dosiert werden (0,1 mg tgl.), da andernfalls Hypertonie im Liegen und Ödeme resultieren können.
Midodrin (Gutron) kommt versuchsweise ebenfalls in Betracht. Falls während des Liegens eine Hypertonie auftritt, kann diese mit β-Blockern verhindert werden.
Dihydroergotamin wirkt über eine Stimulation der α-Rezeptoren im Bereich der Blutgefäße. Obgleich die Substanz *selektiv* vasokonstriktorisch wirkt, muß mit gelegentlichen Hypertonien gerechnet werden.

Störung der Blasenfunktion. Zugrunde liegt eine Schädigung der entsprechenden viszeralen autonomen Fasern. Trotz zunehmender Füllung wird erst später Harndrang verspürt, so daß sich die Intervalle zwischen den Miktionen erheblich verlängern. Auf die Dauer entwickelt sich eine Überdehnung der Harnblase. Im weiteren Verlauf führt eine Detrusorschwäche zu Störungen der Entleerung mit Restharn. Die Gefahr einer Infektion bleibt – außer bei älteren Patienten – gering, solange die Restharnmenge nicht zu groß ist.

Routinefragen bei Verdacht auf neurogene Blasenstörung:
- Fehlender morgendlicher Harndrang, besonders bei dekompensiertem Diabetes, der erfahrungsgemäß zur Polyurie und Nykturie führt?

- Auffallend lange Intervalle zwischen den Miktionen?
- Entleerung großer Harnmengen ohne vorherigen Harndrang?
- Startschwierigkeiten?
- Schwächerer Harnstrahl, Harnträufeln?
- Symptome einer Überlaufblase? (im fortgeschrittenen Stadium).

Für eine neurogene Genese der Blasenstörungen sprechen weitere Symptome einer autonomen oder eine gleichzeitig ausgeprägte SPN. Restharnbestimmung, evtl. Urographie, Zystomanometrie, elektrophysiologische Untersuchung, Prostatauntersuchungen dienen der Abgrenzung gegenüber Prosta- und anderen urologischen Erkrankungen.

Therapie. Ein Behandlungsversuch mit dem α-Blocker Phenoxybenzamin ist angezeigt. Bei Diabetikern müssen jedoch die Nebenwirkungen besonders beachtet werden. Die Orthostasereaktionen treffen insofern auf ein ungünstiges Terrain, als die der Blasenatonie zugrundeliegende autonome Neuropathie als solche zu einem orthostatischen Blutdruckabfall führen kann. Bei Männern kommt es öfter zu einem Verlust der Ejakulationsfähigkeit, wie er allerdings nicht für die Neuropathie charakteristisch ist. Ferner gelten fortgeschrittene zerebrale und koronare arterielle Verschlußkrankheit, die bei schwerer Neuropathie ohnehin häufiger auftreten, zu den Kontraindikationen von Phenoxybenzamin.

Kontrollen des Harnstatus sind wegen der besonderen Dringlichkeit einer rechtzeitigen Therapie von Harnwegsinfektionen erforderlich (s. Kap. 11.3).

Potenzstörungen, Die Erektionsschwäche steht im Vordergrund. Sie manifestiert sich bei 30–50% der Patienten bereits in den ersten 5–10 Diabetesjahren, nicht selten auch später. Der Störung liegt eine Läsion der Pudendus-Fasern zugrunde. Die Theorien über einen primären oder sekundären Sexualhormonmangel sind widerlegt, so daß die früher ohnehin erfolglos praktizierte Substitutionstherapie verlassen wurde.

Allerdings muß auch beim Diabetes häufiger als früher vermutet mit psychogenen Störungen gerechnet werden. Da in diesem Falle therapeutische Ansatzpunkte gegeben sind, muß die Situation ausführlich mit dem Patienten besprochen und ggf. dementsprechend psychotherapeutisch behandelt werden.

Gelegentlich kann als Ursache eine u. U. ausführliche, jedoch nicht adäquate Aufklärung durch andere Patienten, Schrifttum oder auch Ärzte eruiert werden, wie die folgende *Kasuistik* zeigt:
Ein etwa 20jähriger Mann mit neuentdecktem insulinbedürftigem Diabetes berichtet über plötzliches Auftreten einer Erektionsschwäche und ist überzeugt, daß es sich um eine diabetische Impotenz handelt – trotz kurzer Diabetesdauer und jüngeren Lebensalters. In einem längeren Gespräch stellt sich heraus, daß er kurz vorher in der Ambulanz Zeuge einer Patientendiskussion über Potenzprobleme bei Diabetikern war. Die Unterhaltung hatte ihn stark beunruhigt. Anläßlich des nächsten Verkehrs traten erstmals Schwierigkeiten auf, die sich in der Folgezeit offensichtlich wegen seiner zunehmenden Verunsicherung verstärkten. Nach eingehender Erörterung der psychologischen Situation blieben weitere Potenzstörungen aus.
Zweifellos werden Patienten, bei denen sich die ersten Anzeichen einer diabetischen Impotenz bemerkbar machen, durch die Registrierung der Erektionsschwäche und durch das Wissen um die Potenzprobleme zusätzlich irritiert und verlieren das Selbstvertrauen.

Seltener kommt es zur retrograden Ejakulation. Das Ejakulat wird dabei infolge einer Kontraktionsschwäche von M. sphincter vesicae und internus retrograd in die Blase befördert.
Bei zahlreichen Diabetikern mit Störungen der Potenz ergeben sich keine weiteren Hinweise auf eine Neuropathie, so daß immer wieder daran gezweifelt wurde, ob tatsächlich alle Potenzstörungen neurogener Genese sind. Neuere Studien haben jedoch gezeigt, daß autonome Defekte relativ frühzeitig und vor Manifestation einer peripheren Neuropathie auftreten können. Die neurale Genese ist im Einzelfall allerdings schwer zu beweisen, besonders wenn es sich um die einzige neuropathieverdächtige Manifestation handelt. Für eine neurogene Genese sprechen folgende Umstände:

- eine über Jahre gehende allmähliche Zunahme der Störung,
- gleichzeitig periphere SPN und andere autonome Defekte,
- das Fehlen morgendlicher und nächtlicher Erektionen während der REM-Phase,
- fehlende Hinweise auf psychogene Störungen.

Komplex ist die Situation, wenn bei geringem Nachlassen der Potenz Minderwertigkeitsgefühle und Furcht vor Versagen zu einer vollständigen und damit überwiegend psychogenen Impotenz führen.
Hochsitzende arterielle Verschlüsse als Ursache für eine Impotenz

sind auch bei Diabetikern selten, so daß eine entsprechende angiologische Diagnostik nur in Ausnahmefällen in Betracht kommt.
Als Pendant zu den Potenzstörungen bei Männern wurde bei *Diabetikerinnen* über häufigeres Vorkommen einer *Anorgasmie* berichtet und eine neurogene Genese vermutet. Die Beobachtungen bedürfen aus methodischen Gründen der Bestätigung, da wegen des multifaktoriellen Charakters des Symptoms Anorgasmie der Vergleich mit stoffwechselgesunden Frauen Schwierigkeiten bereitet.

Literatur (zu 11.4)

Bauer H, Seitz D (1966) Diabetes mellitus und Nervensystem Dtsch Med Wochenschr 17: 639--45

Bischoff A (1963) Die diabetische Neuropathie. Thieme, Stuttgart

Bischoff A (1968) Diabetische Neuropathie: Pathologische Anatomie, Pathophysiologie und Pathogenese aufgrund elektronenmikroskopischer Untersuchungen. Dtsch Med Wochenschr 93: 237–241

Böninger Ch (1981) Zur Diagnostik der sogenannten kardialen Denervation bei autonomer Neuropathie. Akt Neurol 8: 14–21

Boulton AJM, Drury J, Clarke B, Ward JD (1982) Continous subcutaneous insulin infusion in the management of painful diabetic neuropathy. Diabetes Care 5: 386

Clarke BF, Ewing DJ, Campbell IW (1979) Diabetic autonomic neuropathy. Diabetologia 17: 195–212

Clements RS (1979) Diabetic neuropathy – New concepts of its etiology. Diabetes 28: 604–611

Dieterle P (1978) Neurologische Störungen beim Diabetes mellitus. Med Klin 73: 224–230

Ellenberg M (1970) Neuropathy in diabetes mellitus: Theory and practice. McGraw-Hill Book Comp; 822–847

Ellenberg M (1974) Diabetic neuropathic cachexia. Diabetes 23: 418–423

Ewing DJ, Clarke BF (1982) Diagnosis and management of diabetic autonomic neuropathy. Br Med J 285: 916–19

Faerman I, Maler M, Jadzinsky M, Alvarez E, Fox D, Zilbervarg J, Cibeira JB, Colinas R (1971) Asymptomatic neurogenic bladder in juvenile diabetics. Diabetologica 7: 168–172

Faerman I, Faccio E, Milei J, Nunez R, Jadzinsky M, Fox D, Rapaport M (1977) Autonomic neuropathy and painless myocardial infarction in diabetic patients. Diabetes 26: 1147–1158

Fraser DM, Campbell IW, Ewing, DJ, Clarke BF (1979) Mononeuropathy in diabetes mellitus. Diabetes 28: 96–101

Gibbels E, Schliep G (1970) Diabetische Polyneuropathie: Probleme der Diagnostik und Nosologie. Fortschr Neurol Psychiatr 38: 369
Gries FA, Freund HJ, Rabe F, Berger H (guest eds) (1980) Aspects of autonomic neuropathy in diabetes. Internat. Symposium of the German Diabetes Association, Düsseldorf 1978. Thieme, Stuttgart
Grüneklee D, Cicmir I, Berger H, Morguet A, Gries FA (1980) Fortschritte in der Diagnostik der diabetischen autonomen Neuropathie. Therapiewoche 30: 8420–8426
Hosking DJ, Bennett T, Hampton JR (1978) Diabetic autonomic neuropathy. Diabetes 27: 1043–1054
Krönert K, Luft D, Eggstein M (1983) Die diabetische Neuropathie des autonomen Nervensystems. Dtsch med Wochenschr 108: 749–753
Mandelstam P, Siegel CI, Lieber A, Siegel M (1969) The swallowing disorder in patients with diabetic neuropathy-gastroenteropathy. Gastroenterol 56: 1
Page M, Watkins PJ (1976) Provocation of postural hypotensin by insulin in diabetic autonomic neuropathy. Diabetes 25: 90–95
Pirart J (1965) Diabetic neuropathy: A metabolic or a vascular disease? Diabetes 14: 1–9
Renskaw D, Ellenberg M (1978) A special report on the north american scene, Sexual complications in the diabetic woman (Part II).
Smith SE, Smith SA, Brown PM, Fox C, Sönksen PH (1978) Pupillary signs in diabetic autonomic neuropathy. Br Med J 2: 924–927
Willms B, Talaulicar M, Deuticke U, Kunze E (1979) Diabetische neuropathische Kachexie. Dtsch Med Wochenschr 104: 775–778

11.5 Makroangiopathie

Von der hohen kardiovaskulären Mortalität bei Diabetikern (etwa 70–80%) entfallen etwa ⅔ auf kardiale Komplikationen, ⅙ auf zerebrovaskuläre Störungen, dagegen weniger als ⅒ auf die diabetische Nephropathie. Im Vergleich zu Stoffwechselgesunden sind Frauen genauso häufig betroffen wie Männer und deshalb durch den Diabetes besonders gefährdet. Die ungünstige Prognose für die Diabetiker insgesamt wird demnach nicht nur durch die spezifische Mikroangiopathie bestimmt, sondern mehr noch durch die arterielle Verschlußkrankheit. Dies gilt v.a. für das mittlere und höhere Erwachsenenalter, nicht dagegen für unter 35- bis 40jährige Diabetiker, die in erster Linie an den Folgen der Nephropathie sterben.

Arteriosklerotische Gefäßprozesse werden beim Diabetiker als Pendant zur Mikroangiopathie, häufig jedoch nicht ganz zu Recht als Makroangiopathie bezeichnet. Qualitativ unterscheiden sich die Veränderungen nicht wesentlich von denen bei Stoffwechselgesunden, zeichnen sich jedoch durch frühzeitiges Auftreten und stärkere und diffuse Ausbreitung aus. Ferner sind sie besonders im Bereich der unteren Extremitäten, aber auch des Herzmuskels und der Niere, stärker in den peripheren Gefäßbezirken lokalisiert und durch Hyalinosen und Obliteration der Arteriolen charakterisiert. Typisch sind ferner die Verkalkungen der Arterienwand im Bereich der Tunica media, die sich röntgenologisch als röhrenförmige Verdichtungen darstellen.

Die Pathogenese der Arteriosklerose ist wie bei Nichtdiabetikern komplex und multifaktoriell:
- Hypertonie,
- β-Hyperlipoproteinämie (Hypercholesterinämie), Vermehrung des LDL- und Verminderung des HDL-Cholesterins, v.a. beim Typ-II-Diabetes,
- Prä-β-Hyperlipoproteinämie (Hypertriglyzeridämie),
- Hyperglykämie (wahrscheinlich nur für den peripheren Verschlußtyp),
- erhöhte Blutviskosität und gesteigerte Thrombozytenaggregation,
- Nikotinabusus,
- Heredität,
- Assoziiert sind: Überernährung und Übergewicht, wenn dadurch eine Hypertonie, eine Hyperlipoproteinämie oder eine Hyperglykämie begünstigt werden.

Auch die Hyperinsulinämie wird in den letzten Jahren als Risikofaktor diskutiert. Eine *relative* – endogene Hyperinsulinämie weisen zahlreiche adipöse Typ-II-Patienten auf, besonders in den ersten Diabetesjahren. Absolut erhöhte Konzentrationen (exogenen) Insulins finden sich außerdem häufig bei gut eingestellten Insulinpatienten.
Die Ursache für die periphere Lokalisation der vaskulären Prozesse ist bis heute nicht eindeutig erklärt. Ihre Korrelation mit der Diabetesdauer spricht für eine metabolische Genese und damit vielleicht sogar für eine Diabetesspezifität (Janka et al. 1980). Die Hyperglykämie wäre damit Risikofaktor 1. Ordnung.

Die Prognose der arteriellen Verschlußkrankheit wird nicht nur durch die Lokalisation, sondern auch durch die gleichzeitige Mikroangiopathie und Neuropathie ungünstig beeinflußt, die zu schweren morphologischen Veränderungen und funktionellen Störungen im Bereich des gesamten Kreislaufsystems führen kann.

Die Gefährdung des Diabetikers durch zerebrale Ischämien wird noch unterschiedlich beurteilt. Als unumstrittener, wenn nicht sogar entscheidender Faktor gilt jedoch besonders bei Frauen die Hypertonie. Der Einfluß der Hyperglykämie ist weniger eindeutig. Auch die Frage, ob ähnlich wie in der Peripherie auch im Hirn bevorzugt kleinere Gefäße betroffen sind, ist noch nicht eindeutig entschieden.

Therapeutische Konsequenzen. Präventive Maßnahmen stehen wie bei der Mikroangiopathie an erster Stelle. Sie entsprechen denen bei Stoffwechselgesunden, müssen aber bei Diabetikern mit noch größerem Nachdruck propagiert werden:

- Regelmäßige Blutdruckkontrollen und frühzeitige antihypertensive Therapie,
- Normalisierung des Cholesterins und der Triglyzeride,
- geringer Gehalt der Kost an gesättigten Fetten,
- Gewichtnormalisierung,
- körperliche Bewegung,
- Nikotinabstinenz.

Spezielle therapeutische Aspekte werden in den der Organlokalisation entsprechenden Kapiteln besprochen.
Wenn auch die Adipositas selbst wahrscheinlich keinen Risikofaktor darstellt, so sind knappe Kost und Gewichtsabnahme ein entscheidender Beitrag, um die Einstellungschancen für den Diabetes, eine eventuelle Hyperlipoproteinämie und Hypertonie nachhaltig zu bessern.
Was die Hyperglykämie anlangt, so konnte bisher keine eindeutige Korrelation zu den Manifestationen der Makroangiopathie gefunden werden – abgesehen von den besonders von Janka et al. erhobenen Befunden. Sie sprechen für eine Abhängigkeit der peripheren Gefäßverschlüsse zumindest von der Diabetesdauer und möglicherweise auch von der Einstellungsqualität. Darüber hinaus muß die Hyperglykämie ohnehin wegen der Mikroangiopathie- und Neuropathiegefahr korrigiert werden. Der diabetische Fuß (s. 11.7) und die diabetische Kardiopathie (s. 11.9) zeigen, wie ungünstig sich die Kombination mehrerer pathologischer Prozesse prognostisch auswirkt.
Die Prävention soll mit der Diabetesdiagnose, und zwar bereits im jugendlichen Alter einsetzen, da die Mortalität an koronarer Herz-

krankheit auch bei jüngeren Patienten, wenn sie das 35.–40. Lebensjahr erreicht haben, hoch ist. Lediglich in höherem Alter sollte weniger rigoros vorgegangen werden (s. Kap. 15).

Pathologische Glukosetoleranz. Besonderes Interesse hat seit jeher das gehäufte Vorkommen von koronarer, peripherer und auch zerebraler (?) Verschlußkrankheit im Zusammenhang mit einer pathologischen Glukosetoleranz bzw. (nach früherer Definition) mit einem subklinischen Diabetes gefunden. Ob die Toleranzstörung als solche ein Risikofaktor ist, ist umstritten und wird zumindestens für das männliche Geschlecht eher für unwahrscheinlich gehalten. Nur für Frauen ergab sich aufgrund der 10jährigen Beobachtungszeit im Rahmen der Bedford-Studie (Jarret u. Keen 1975, 1982), daß die pathologische Glukosetoleranz entgegen den bisherigen Vermutungen unabhängig von anderen Risikofaktoren, v.a. der Hypertonie, mit der koronaren Herzkrankheit korreliert. In jedem Fall ist es daher notwendig, die Patienten eingehend im Hinblick auf kardiovaskuläre Risikofaktoren zu untersuchen und ggf. zu beraten.

Literatur (zu 11.5)

Bradley RF (1971) Cardiovascular disease. In: Marble A, White P, Bradley RF, Krall LP (eds) Joslin's diabetes mellitus, 7th edn, Lea & Febiger, Philadelphia, p 415

Cachovan M (1981) Konservative Therapie bei Arterienerkrankungen. Intern Welt 10: 410–421

Couturier D (1970) La gastroparésie du diabétique. Journées de diabétologie de l'Hôtel-Dieu. Flammarion, Paris, pp 79–91

Gottstein U (1976) Zur Pathogenese der Hirnischämie, unter besonderer Berücksichtigung der Risikofaktoren. Internist 17: 1–15

Ditscherlein G (1964) Häufigkeit der vaskulär bedingten Todesfälle unter 450 obduzierten Diabetikern. 1960–1963. Dtsch Ges Wes 19: 1957–1959

Jahnke K, Reis HE, Höhler H (1976) Konservative Therapie und Prophylaxe der Macroangiopathia diabetica. Med Klin 71: 745–759

Janka HU, Haupt E, Stondl E (1984) Gefäßkrankheiten bei Diabetes mellitus. In: Mehnert H, Schöffling K (Hrsg) Diabetologie in Klinik und Praxis. 2. Aufl. Thieme Stuttgart: 405–429

Janka HU, Standl E, Oberparleitner F, Bloss G, Mehnert H (1980) Zur Epidemiologie der arteriellen Verschlußkrankheit bei Diabetikern. Lebensversicherungsmed Heft: 5: 137

Jarrett RJ, Keen H (1975) Diabetes and atherosclerosis. In: Keen H, Jarrett RJ (eds) Complications of diabetes. Edward Arnold, London, pp 179–204

Jarrett RJ, McCartney P, Keen H (1982) The Bedford Survey: Ten year mortality rates in newly diagnosed diabetics, borderline diabetics and normoglycemic controls and risk indices for coronary heart disease in borderline diabetics. Diabetologia 22: 79–84

Kannel WB, McGee DL (1979) Diabetes and cardiovascular disease. JAMA 19: 2035–2038

Marks HH, Krall CP (1971) Onset, course, prognosis and mortality in diabetes mellitus. In: Marble A, White P, Bradley RF, Krall LP (eds) Joslins's diabetes mellitus, 11th edn, Lea & Febiger, Philadelphia, p 225

Zusammenfassende Darstellungen

Hild R (1977) Klinik der diabetischen Makroangiopathie. In: Alexander K, Cachovan M (Hrsg) Diabetische Angiopathien. Witzstock, Baden-Baden Brüssel Köln New York, S 150–163

Hild R, Nobbe F (1977) Die diabetische Makroangiopathie. In: Oberdisse K (Hrsg) Diabetes mellitus. Springer, Berlin Heidelberg New York (Handb. d. Inneren Medizin, Bd 7/2, S 189–244)

11.6 Hyperlipoproteinämie

Die engen Beziehungen zwischen Fett- und KH-Stoffwechsel zeigen sich nicht nur als Häufung einer pathologischen Glukosetoleranz bei bestimmten Hyperlipoproteinämien (HLP), sondern auch umgekehrt als Fettstoffwechselstörung in der Folge eines dekompensierten Diabetes. Hinzu kommt, daß Überernährung und Übergewicht die Manifestation beider Störungen begünstigen.

Bei Diabetikern sind HLP etwa 3mal so häufig wie bei Nichtdiabetikern. Wenn für die Serumtriglyzeride Werte über 200 mg/dl und für Cholesterin über 280 mg/dl als pathologisch angesehen werden, so haben etwa 30% aller Diabetiker eine HLP. Charakteristisch ist die Vermehrung der triglyzeridreichen Prä-β-Fraktion und damit einer

Hypertriglyzeridämie und u. U. der exogenen Chylomikronen. Als Grundlage für die Erörterung der verschiedenen Formen der HLP gilt zwar meist die Typeneinteilung nach Fredericksson (s. Tabelle 69). Diese Klassifikation ist beim Diabetiker jedoch nicht immer ohne weiteres anwendbar, weil sich die Lipidkonstellation der primären HLP und einer „sekundären" Fettstoffwechselstörung als Folge des Diabetes überlagern können. Ob eine primäre HLP und welche Form im Einzelfall vorliegt, kann oft erst dann festgestellt werden, wenn die diabetesbedingte Vermehrung der Blutfette nach sorgfältiger Einstellung des Stoffwechsel beseitigt worden ist. Das Vorkommen einer sekundären HLP beim Diabetes darf nicht dazu führen, daß andere Ursachen für eine sekundäre Fettstoffwechselstörung, wie Nieren-, Pankreas- und Lebererkrankungen, Hyperthyreose, Alkoholkonsum oder Gravidität, übersehen werden.
Hyperlipoproteinämien gelten als zusätzliche Risikofaktoren für die arterielle Verschlußkrankheit, sind dagegen ohne Einfluß auf die Mikroangiopathie und Neuropathie. Ein erhöhtes Serumcholesterin mit Zunahme der LDL-Fraktion ist als Risikofaktor erster Ordnung anerkannt, seine Reduzierung beim Diabetes vordringlich. Noch nicht endgültig geklärt ist die Bedeutung der Hypertriglyzeridämie mit Vermehrung der VLDL- bzw. Prä-β-Fraktion. Angesichts der besonderen kardiovaskulären Gefährdung des Diabetikers soll trotz dieser Unklarheiten eine Normalisierung pathologischer Triglyzeridwerte angestrebt werden.
Beim Diabetiker ist sowohl mit einer primären Hyperlipoproteinämie wie mit einer sekundären Form als Folge des Diabetes und schließlich einer Kombination beider zu rechnen. Auf die verminderte Glukosetoleranz bei der primären HLP wird nicht eingegangen.

Sekundäre Hyperlipoproteinämie. Ursache ist der Insulinmangel, der zu einer Steigerung der Prä-β-Lipoproteine in der Leber und häufig zu einer Hemmung des Abbaus führt. Da diese Fraktion außerdem Cholesterin enthält, kann es auch zu einem begrenzten Anstieg des Cholesterins kommen. Phänotypisch handelt es sich um eine Fettstoffwechselstörung vom Typ IV. Unter *anhaltender* Stoffwechseldekompensation kann sich eine Hyperchylomikronämie entwickeln, da das Insulindefizit die Aktivität der Lipoproteinlipase reduziert und dadurch der Abbau der Chylomikronen verzögert wird. Eine derartige „Hyperlipidämie" (Jahnke 1975), die dem Typ V entspricht, tritt jedoch nur auf, wenn die Kost nicht zu fettarm ist. Bei extremen Hyperlipidämien wurde sogar eine Lipaemia retinalis beobachtet.

Bei schlecht eingestellten Diabetikern sind die β-Lipoproteine meist nur gering erhöht und das wahrscheinlich arterioskleroseprotektive HDL-Cholesterin besonders beim Typ-II-Diabetiker gering vermindert, so daß eine ungünstige LDL-HDL-Relation resultiert.

Eine spezifische Therapie der sekundären HLP erübrigt sich. Der Lipidstatus bessert sich rasch nach Kompensation des Stoffwechsels, gelegentlich jedoch erst dann, wenn eine weitgehende Normoglykämie erreicht ist. Bei gut eingestellten Typ-I- und auch meist bei normalgewichtigen Typ-II-Diabetikern liegen die Blutfette daher im Normalbereich. Die Serumtriglyzeride sind deshalb ebenfalls Indikator für die Qualität der Stoffwechselführung, wenn auch weniger zuverlässig als das HbA_1, zumal geringe bis mäßige Hyperglykämien oft ohne HLP einhergehen.

Koinzidenz von Diabetes mellitus und HLP. Auf die seltenen HLP-Typen I und III wird nicht eingegangen. Der Typ II a, die essentielle Hypercholesterinämie, kommt beim Diabetes mellitus nicht gehäuft vor, erfordert aber eine besondere konsequente Therapie. Auf die Veränderung der LDL : HDL-Relation als Folge der diabetischen Stoffwechselstörung wurde bereits hingewiesen.
Ein primärer HLP-Typ II b kann vorgetäuscht werden, wenn ein dekompensierter Diabetes zu einem Anstieg der Prä-β-Lipoproteine geführt hat. Die Vermehrung dieser Fraktion kann so ausgeprägt sein, daß der Lipidstatus im Falle einer nur geringen oder mäßigen Hypercholesterinämie wie bei HLP-Typ IV imponiert: hohe Triglyzerid-, nur mäßig erhöhte Cholesterinwerte. Derartige Entwicklungen sollten nicht als Typenwandel bezeichnet werden. Auch im Hinblick auf die Therapie muß man sich darüber klar sein, daß diese komplexe Situation durch eine Kombination der Fettstoffwechselstörung mit dem Diabetes zustande kommt. Die Behandlung konzentriert sich daher zunächst auf die Kompensation des Diabetes, auf die Gewichtsreduktion bei Übergewicht und nach der Diabetes-

einstellung auf die noch verbleibende Hypercholesterinämie (Typ II a bzw. II b).
Die Diagnose einer primären HLP vom Typ IV wird gestellt, wenn trotz befriedigender Einstellung des Diabetes eine Hypertriglyzeridämie bei fehlenden oder nur gering erhötem Serumcholesterin vorliegt. Diese HLP wird durch reichliche Ernährung und Adipositas begünstigt und findet sich daher besonders beim Typ-II-Diabetiker. Beiden Störungen liegt jeweils eine genetische, jedoch voneinander unabhängige Disposition vor. Bei 80% der Patienten führen eine Reduktionsdiät und BZ-Senkung zu einer Normalisierung des Lipidstatus, häufig bevor eine nennenswerte Gewichtsabnahme eingetreten ist. Ein wochen- bzw. monatelanger Diätversuch hat deshalb in jedem Fall der Pharmakotherapie voranzugehen. Auch bei normalgewichtigen Patienten soll zunächst ein Diätversuch mit geregelter Nahrungszufuhr, Vermeidung von konzentrierten KH, geringer Aufnahme von gesättigten Fetten und evtl. Alkoholabstinenz unternommen werden.

Die sog. KH-Induktion, die sich als Zunahme der Triglyzeride unter KH-reicher Kost manifestiert, ist entgegen früheren Ansichten ein seltenes und passageres Phänomen. Kohlenhydratreiche Diäten kommen ohnehin nur bei normalgewichtigen Diabetikern mit hohem Kalorienbedarf (z. B. 3000-kcal-Kost mit 280 g KH) in Betracht. Sollte sich in einer derartigen Situation eine anhaltende Hypertrigylzeridämie finden, ist ein Versuch mit einer KH-ärmeren Kost mit beispielsweise 35% KH-Anteil angezeigt.

Eine ähnliche Situation ergibt sich bei der Kombination einer HLP vom Typ V mit Diabetes. Auch bei diesen Patienten steht wegen des häufig vorkommenden Übergewichts die Reduktionskost im Vordergrund.

Therapie

Diätetische Maßnahmen

- Reduzierung der Kalorienzufuhr und des Körpergewichts, v. a. bei HLP Typ II b, IV und V,
- grundsätzlich wenig gesättigte Fette (s. Kap. 4),
- Reduzierung der gesättigten Fette unter 10% der Kalorienzufuhr bei gleichzeitigem Austausch gegen hochungesättigte Fette, v. a. bei HLP-Typ II a und II b,

Tabelle 69. Typeneinteilung der Hyperlipoproteinämien

Typ	Vermehrte Lipoproteinfraktion (LP)	Arterioskleroserisiko	Beziehung zum Diabetes mellitus bzw. pathologischen Glukosetoleranz (GT)	Therapie	
				Diät	Medikamente
I	VLDL, Chylomikronen	Ø	Ø	25–35 g Fett tgl. (15% Fettkalorien) MTC (mittelkettige Fettsäuren)	
II a	LDL β-LP, essentielle Hypercholesterinämie	+ +	Ø	Cholesterin < 200–300 mg tgl., wenig gesättigte Fette, polyenreich, Gewichtsnormalisierung	Cholestyramin, Clofibrat und Analoga, Nikotinsäure u. -ester, β-Sitosterin, Probucol
II b	LDL (und VLDL) β- und Prä-β-LP	+ +	Gehäuft path. GT		
III	VLDL atypisches LP „broad band“	+ +	40% path. GT	Reduktionskost	Clofibrat und Analoga, Nikotinsäure und -derivate
IV	VLDL, Prä-β-LP, „Hypertriglyzeridämie“	+ +	~50% path. GT	Gewichtsreduktion, Diabeteskompensation, evtl. Alkoholkarenz	Clofibrat und -derivate, Nikotinsäure und -ester
V	VLDL, Prä-β-LP, Chylomikronen	+ +	~50% path. GT	Gewichtsreduktion, Diabeteskompensation, evtl. Alkoholkarenz	Clofibrat und -derivate, Nikotinsäure und -ester

- Vermeidung konzentrierter Kohlenhydrate, faserreiche Kost,
- Einschränkung des Alkoholismus bzw. -abstinenz, besonders bei Typ IV und V.

Pharmakotherapie. Sie wird entsprechend den üblichen Richtlinien durchgeführt. Auf die verschiedenen Präparate, ihre speziellen Indikationen entsprechend dem HLP-Typ und ihre Nebenwirkungen wird im einzelnen nicht eingegangen (s. Tabelle 69).

Spezielle Gesichtspunkte beim Diabetes:
Unter Clofibrat und Bezafibrat wurde eine geringe BZ-Senkung beobachtet, offenbar als Folge einer Zunahme der Insulinempfindlichkeit.
Selten werden Biguanide, evtl. in Kombination mit Clofibratanaloga, verwendet, und zwar bei Typ-II-Diabetikern mit Hypertriglyzeridämie, relativer Hyperinsulinämie und geringer Insulinempfindlichkeit. Der Rückgang der Blutfettwerte führt zu einer Zunahme der Insulinempfindlichkeit, einer Senkung des Plasmainsulinspiegels und damit zu einer Besserung der Stoffwechselsituation. Eine Insulintherapie kann bei diesen offensichtlich nicht insulinbedürftigen Patienten zu einer Zunahme der HLP, der Insulinresistenz und damit auch zu einer ungünstigen Beeinflussung des Diabetes führen.
Nikotinsäurepräparate bzw. ihre Derivate zeichnen sich bei einigen Patienten durch einen geringen diabetogenen Effekt aus, der jedoch reversibel ist (s. Kap. 9).

Zusammenfassung

- Vor Einleitung der Pharmakotherapie Diätvorperiode von meistens 2–3 Monaten, besonders bei Übergewicht. Frühzeitigere medikamentöse Behandlung allenfalls bei exzessiver HLP vom Typ IV und V wegen Gefährdung durch Pankreatitis.
- Sorgfältige Einstellung des Diabetes.
- körperliche Betätigung (s. 16.1 und Tabelle 70).
- Mehrfache Kontrollen des Lipidstatus. Auf keinen Fall soll die Indikation für Lipidsenker aufgrund einer *einmaligen* Blutfettbestimmung etwa anläßlich der Diagnose des Diabetes oder während einer Dekompensationsphase gestellt werden.
- Eliminierung zusätzlicher Risikofaktoren wie Nikotinabusus, hormonaler Kontrazeptiva und ggf. antihypertensiver Therapie,
- in hohem Alter ist eine medikamentöse Behandlung nicht mehr indiziert, abgesehen von besonderen Situationen bei exzessiver HLP.

Tabelle 70. Beeinflussung der Blutfette durch Diabeteskompensation, Diätzusammensetzung und körperliche Aktivität

	Cholesterin	LDL	HDL	Triglyzeride
1. Diabeteskompensation	↓			↓↓↓
2. Knappe Kost	↓	↓	↑	↓ bis ↓↓↓
3. Relativ KH-reiche Kost, fettarm	↓	↓		↓ bis ↓↓
4. Schlackenreiche Kost, ebenfalls fettarm	↓	↓		Ø bis ↓
5. Cholesterinarm	↓	↓		Ø
6. Zusätzl. polyensäurereiche Fette (in erster Linie Substitution für 3.)	↓			
7. Körperliche Aktivität	(↓)	↓	↑	↓

Tabelle 71. Anzustrebende Blutfettwerte bei Diabetikern

Gesamtcholesterin	< 220 (5,7) mg/dl (mmol/l)
LDL-Cholesterin	< 150 (3,9) mg/dl (mmol/l)
HDL-Cholesterin	
Männer	35–55 (0,8 > 1,4)
Frauen	45–65 (1,2 > 1,7)
Triglyzeride	< 150–170 (1,65)

- Bei groben Diätfehlern, Alkoholkonsum trotz alkoholinduzierter HLP und ungenügender Diabeteseinstellung sind lipidsenkende Präparate offensichtlich wirkungslos und keinesfalls Ersatz für insuffiziente diätetische Behandlung.

Erstrebenswert, wenn auch oft nicht erreichbar sind besonders für Diabetiker im jugendlichen und mittleren Lebensalter die in Tabelle 77 zusammengefaßten Blutfettwerte.

Literatur (zu 11.6)

Albrink MJ (1974) Dietary and drug treatment of hyperlipidemia in diabetes. Diabetes 23/11: 913–918

Gries FA, Koschinsky T, Berchtold P (1979) Obesity, diabetes, and hyperlipoproteinämia. In: Paoletti R, Gotto AM Jr (eds) Atherosclerosis reviews, vol 4. Raven, New York, pp 71–95

Jahnke K (1975) Abgrenzung und Pathophysiologie diabetischer und nichtdiabetischer Hyperlipoproteinämien. Med Welt 26/36: 1586–1597

Kattermann R, Köbberling J (1969) Serumlipide bei Verwandten ersten Grades von Diabetikern in Abhängigkeit von Körpergewicht und Glucosetoleranz. Dtsch Med Wochenschr 24: 1273–1277

Schwandt P, Weisweiler P, Neureuther G, Wilkening J (1976) Einfluß von Clofibrat auf Glukosetoleranz und Insulinsekretion bei Patienten mit endogener Hypertriglyzeridämie. MMW 118/12: 351–354

Stratmann FW, Holler HD, Hofmann H (1981) Einfluß von Bezafibrat auf den Kohlenhydratstoffwechsel von 17 Diabetikern mit Hyperlipidämie. Med Welt 32/8: 268–271

Vogelberg KH (1980) Klinische Aspekte der arteriellen Verschlußkrankheit bei Diabetes mellitus und Hyperlipidämie. Herz Kreislauf 12/1: 41–47

Vogelberg KH, Gries FA (1979) Die Glucosetoleranz im Behandlungsverlauf endogener Hypertriglyceridämien. Dtsch Med Wochenschr 22: 808–814

Vogelberg KH, Gries FA, Dietel J (1973) Klinik und Behandlung der Insulinresistenz bei primärer Hyperlipoproteinämie. Dtsch Med Wochenschr 38: 1751–1758

Vogelberg KH, Gries FA, Jahnke K (1977) Diabetes mellitus und Hyperlipoproteinämie. In: Oberdisse K (Hrsg) Diabetes mellitus. Springer, Berlin Heidelberg New York (Handbuch der inneren Medizin, Bd 7/2 B, S 117–174)

11.7 Diabetischer Fuß

Im Bereich der unteren Extremitäten, besonders der Füße, entwikkeln sich beim Diabetiker oft nach Bagatelltraumen schwerwiegende und prognostisch ungünstige Läsionen, v. a. schlecht heilende Ulzera, nekrotisierende Panaritien, Gangrän und Nekrose sowie relativ häufig eine Phlegmone und eine Osteomyelitis. Nur bei wenigen Patienten findet sich als Manifestation einer Neuropathie eine Osteoarthropathie.

Die Gangrän ist bei über 40jährigen Diabetikern 50mal (Männer) bzw. 70mal (Frauen) häufiger als bei Stoffwechselgesunden. 80% aller Gangränpatienten sind Diabetiker; 4 von 5 Amputationen, die wegen Gefäßverschlüssen im Bereich der Beine notwendig sind, werden bei Diabetikern vorgenommen (Ellenberg 1973). Für diese hohe Anfälligkeit und für die schlechte Prognose der Fußläsionen sind mehrere Faktoren verantwortlich (Abb. 22).

- Arterielle Verschlußkrankheit mit ausgesprochen peripherer Lokalisation im Unterschenkel- und Fußbereich und Neigung zu Mehretagenverschlüssen.
- Diabetische Neuropathie mit Störungen der Hauttrophik, Denervierung der terminalen Strombahn, ferner mit Paresen, die über eine statische Fehlbelastung zu Fußdeformitäten führen. Wegen der nervalen Defekte werden mechanische und thermische Irritationen nicht wahrgenommen, so daß rechtzeitige Gegenmaßnahmen unterbleiben.
- Mikroangiopathische Veränderungen, deren Bedeutung im einzelnen noch nicht zu übersehen ist, die aber wahrscheinlich die Durchblutungssituation ungünstig beeinflussen.
- Erhöhte Infektanfälligkeit der Haut.

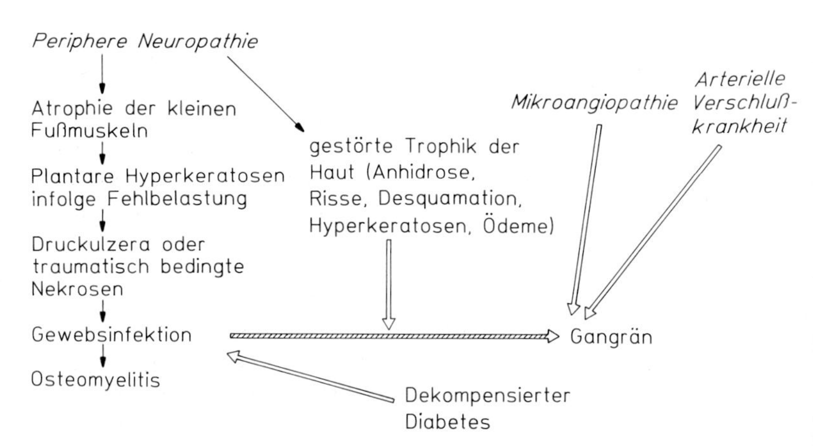

Abb. 22. Multifaktorielle Genese der Läsionen beim diabetischen Fuß (nach: Levin ME, O'Neal LW (1973) The diabetic foot. CV Mosby Co., St. Louis)

Der Behandlungsplan wird nach sorgfältiger Untersuchung und nach Analyse der Situation erstellt: Handelt es sich ausschließlich oder überwiegend um eine arterielle Minderdurchblutung ohne oder mit nur geringen neurogenen Defekten? Liegt, wie häufig der Fall, ein Mischbild vor, oder steht die Neuropathie im Vordergrund? Diese unterschiedlichen Aspekte machen ein individuelles Vorgehen notwendig.
Eine Untersuchung des Fußes läßt die für die besondere Gefährdung verantwortlichen Faktoren leicht erkennen:

- Symptome einer arteriellen Minderdurchblutung, wie fehlende Fußpulse, herabgesetzte Hauttemperatur, pathologischer Ratschow-Versuch.
- Neurologische Defekte wie Hyp- bzw. Anästhesie und -algesie, fehlende Kalt-Warm-Differenzierung. Durch diese Störungen können die subjektiven Symtome maskiert werden, die von einer arteriellen Durchblutungsstörung, einem entzündlichen Prozeß oder von einer Nekrose ausgehen.
- Pathologische, in erster Linie neurogene Veränderungen der Haut, die in Anhidrose, Rhagaden, Hyperkeratosen bis zur Kallusbildung, Blasen, Ulzera und Nekrosen bestehen.
- Mykotische und/oder bakterielle Infektionen, besonders im Interdigital- und Fußsohlenbereich.
- Ödem und Fußdeformitäten mit Druckstellen.

Entzündliche Prozesse sind sowohl als initiale Läsionen wie auch als sekundäre Komplikationen einer zunächst trockenen Nekrose wesentlich häufiger als bei Stoffwechselgesunden. Die typische Situation ist dadurch charakterisiert, daß Infektionen nach einem banalen Trauma komplizierend zu einem bereits durch Neuropathie teilweise denervierten oder ischämisch devitalisierten Fuß hinzugekommen sind.

Therapie (nur unter diabetologischen Gesichtspunkten)
Eine konsequente *Wundrevision* ist eine entscheidende Voraussetzung für die Behandlung von Ulzera, Nekrosen oder Gangrän – unabhängig davon, ob eine vaskuläre oder neurogene Störung im Vordergrund stehen. Es gehören dazu:

- Tägliche Inspektion unter guter Sicht;
- frühzeitige Eröffnung von Abszessen und kleinen Verhaltungen;

- frühzeitige Inzision oder Drainage bei Abszedierung, schlechtem Sekretabfluß;
- Vorsicht mit Bädern und Salben, die zu einer Aufweichung von Nekrosen und zur Propagierung von Infekten führen;
- rechtzeitige Erkennung einer eventuellen Ausbreitung der Infektion in tiefere Gewebspartien, u. U. mit Entwicklung einer Osteomyelitis oder auch Infiltration der Faszien – trotz Fehlens eindeutiger Oberflächensymptome und (bei Neuropathie) von Schmerzen,
- deshalb ggf. Sondierung, die oft einen unerwartet weit in die Tiefe reichenden Defekt aufdeckt;
- Röntgenkontrolle bei jeder auffälligen Veränderung im Fußbereich und später entsprechend dem Befund nach 6–8 Wochen. Auch bei kleinen Oberflächendefekten finden sich überraschend Osteolysen und Osteomyelitiden.

Weitere Maßnahmen. Die Extremität darf nicht hochgelagert werden, wenn eine arterielle Minderdurchblutung im Vordergrund steht. Eine Tieflagerung verbessert zwar primär den Perfusionsdruck, kann aber besonders bei neuropathisch verändertem Fuß zu einem interstitiellen Ödem und damit zu nachteiligen Kompressionseffekten führen.
Besonderer Beachtung bedürfen Präparate, die u. U. einen vasokonstriktorischen Effekt aufweisen wie beispielsweise β-Blocker, die häufig wegen koronarer Herzkrankheit oder Hypertonie verordnet werden. Die Zirkulation der oberflächlichen Gewebspartien wird v.a. durch nicht kardioselektive β-Blocker, möglicherweise auch durch kardioselektive Präparate in höherer Dosis, vermindert.
Niedriger Blutdruck verschlechtert die periphere Perfusion. Besonders orthostatische Hypotonien etwa infolge einer autonomen Neuropathie müssen daher rechtzeitig erkannt werden, weshalb der Blutdruck auch im Sitzen und Stehen gemessen werden soll.
Ferner ist bei der Diuretikaanwendung zu beachten, daß eine Hämokonzentration mit Zunahme der Blutviskosität die Durchblutung verschlechtert.

Pharmakotherapie. Es gelten die gleichen Richtlinien wie bei Stoffwechselgesunden. Unter diabetologischem Aspekt ist zu beachten:

Vasodilatantien, speziell Nikotinsäurederivate, sind bei systemischer Applikation wegen der Möglichkeit eines Stealeffekts ungeeignet, weil sich durch den Entzug des Bluts in andere Bereiche die Versorgung der unteren Extremitäten verschlechtert. Sie sind im übrigen unwirksam bei Vorliegen einer Neuropathie, da die denervierten Gefäße im Fußbereich ohnehin maximal weitgestellt sind.

Isovolämische Hämodilution. Vorteilhaft ist eine Verringerung der Blutviskosität und eine Verbesserung der Fließeigenschaften sowie eine Verminderung der erhöhten Thrombozytenaggregation. Die Heilungsaussichten für Nekrosen sind bei niedrigem Hämatokrit und verminderter Erythrozytenzahl wesentlich günstiger als bei Patienten mit höheren Werten. Eine Herabsetzung der Viskosität läßt sich durch isovolämische Hämodilution erreichen: Aderlaß mit Infusion des homologen Plasmas oder von 10%iger Dextranlösung bis zu einem Hämokrit von 30–35% oder alleinige Dextraninjektion unter Berücksichtigung etwaiger Kontraindikationen wie ausgeprägte koronare Herzkrankheit oder Niereninsuffizienz.

Eine Verbesserung der Fließeigenschaften und des peripheren Gewebsstoffwechsels wird für Präparate wie Pentoxyfyllin und Naftidrofuryl behauptet. Der eindeutige Nachweis ihrer Effektivität ist jedoch schwierig zu erbringen und setzt sorgfältig kontrollierte Studien voraus.

Intraarterielle Therapie. Die Indikation ergibt sich nur für Substanzen mit kurzer Halbwertszeit, wie das Gemisch von Adenosintri-, -bi- und -monophosphat (Laevadosin), u.U. in Kombination mit Antibiotika. Eine solche Behandlung sollte von einem geübten Arzt unter Beachtung der Kontraindikationen und wegen der möglichen Traumatisierung nur unter der Voraussetzung durchgeführt werden, daß keine gefäßchirurgischen Maßnahmen vorgesehen sind.

Diabeteseinstellung. Wegen der Dringlichkeit der normoglykämischen Einstellung muß evtl. mehrfach täglich Insulin injiziert werden (s. Tabelle 37). Neuerdings kann bei schwer einstellbaren Diabetikern eine Insulinpumpe eingesetzt werden.

Amputationen und rekonstruktive Eingriffe. Von der Extremität soll soviel wie möglich erhalten werden (s. Tabelle 72 und ausführliches

Schrifttum bei Levin und O'Neal, 1983). Bei Amputationen unterhalb des Knies müssen jedoch die Heilungschancen für den Stumpf und die prothetische Versorgung gewährleistet sein. Mehrfache „scheibenweise“ Amputationen bei offensichtlich prognostisch ungünstiger Situationen sind mit langwierigen chronisch-entzündlichen Prozessen, monatelangen Klinikaufenthalten und erheblicher Belastung für den Patienten verbunden.
Die Chancen für rekonstruktive Eingriffe sind wegen der bevorzugten Lokalisation der arteriellen Verschlußkrankheit im Unterschenkel- und Fußbereich schlechter als bei Stoffwechselgesunden. In den letzten Jahren wurden allerdings neue Techniken für diese Gefäßgebiete entwickelt. Zusätzlich hat sich auch bei Diabetikern die Dotter-Methode als brauchbares Verfahren zur Wiedereröffnung verengter Gefäßlumina erwiesen.
Besonders bei älteren Diabetikern finden sich, ähnlich wie bei Stoffwechselgesunden, zusätzlich oder ausschließlich hochsitzende proximale Verschlüsse mit besseren Chancen für eine rekonstruktive Operation. Ein proximaler Verschluß muß häufig hinsichtlich seiner Auswirkungen für die weiter peripher lokalisierte Durchblutungssituation abgeklärt werden. Bei entsprechender Indikation muß durch einen operativen Eingriff, ggf. durch das Dotter-Verfahren, eine Besserung versucht werden.
Trotzdem sind beim Diabetes mellitus, wenn eine Kombination von proximalen und peripheren Verschlüssen vorliegt, die Chancen sowohl für gefäßchirurgische Maßnahmen wie auch für eine Katheterdilatation bei Vorliegen kurzstreckiger Stenosen ungünstiger. Voraussetzung sind einigermaßen intakte Unterschenkelgefäße, die nach dem korrigierenden Eingriff den vermehrten Blutstrom aufnehmen können.
Einer rechtzeitigen Angiographie kommt daher auch beim Diabetiker eine entscheidende Bedeutung zu. Falls dementsprechend eine Gefäßkorrektur vorgenommen wird, werden u. U. eine ausgeprägte Claudicatio gebessert, die richtige Auswahl des Amputationsverfahrens erleichtert und damit die Aussichten für die Abheilung einer Fußläsion begünstigt.

Sympathektomie. Sie ist wegen der peripheren Verschlüsse relativ selten indiziert. Die Wirkung erstreckt sich ohnehin nur auf die ober-

Tabelle 72. Richtlinien für Amputationsverfahren

Art des Eingriffs	Indikation	Zu beachten
Amputation einer einzelnen Zehe (metaphalangeal)	Nur bei Läsion im Zehenendglied	Voraussetzungen für Primärheilung sollen vorhanden sein (ausreichende Durchblutung)
Zehenamputation inkl. Metatarsalköpfchen	Häufig bei neuropathischem Ulkus mit Osteolyse	Heilungstendenz bei überwiegend *ischämischer* Läsion schlecht
Transmetatarsale Amputation	Basisnahe gangränose Läsion, evtl. mehrerer Zehen	Fehlende Fußpulse keine Kontraindikation, sofern Hinweise für ausreichenden Kollateralkreislauf vorhanden
Amputation unterhalb des Knies	Ausgedehnte periphere Läsion bei ausgeprägter Ischämie	Ausreichende Durchblutung des Unterschenkelstumpfs
Oberschenkelamputation	Ischämische/neuropathische Läsion bis oberhalb des Malleolus Weitgehende Gefäßobliterationen distal der Kniekehle Verzögerte Wundheilung nach Unterschenkelamputation	20% Mortalität, Rehabilitationsaussichten offenbar wegen ungünstiger präoperativer Situationen (Infekt, Sepsis, Herzinsuffizienz) im Alter ungünstig

flächliche Zirkulation und damit in erster Linie auf das Hautorgan. Den tieferen Gewebspartien kann sogar entsprechend einem Stealeffekt Blut entzogen werden. Zudem sind die Kapillaren bei Patienten mit Neuropathie meist erheblich oder total denerviert und bereits dilatiert.

Prognose. Sie hat sich für den diabetischen Fuß durch konsequente lokale Behandlung, Antibiotika und rekonstruktive Gefäßtechniken gebessert; die Oberschenkelamputation ist seltener geworden. Ferner hat sich die prothetische Versorgung weiterentwickelt. Amputationen verschlechtern im übrigen wegen der besonderen Belastung die Aussicht für die noch verbleibenden Extremität, die wegen des diffusen Charakters der Angioneuropathie ebenfalls stark gefährdet ist. Trotz dieser Fortschritte bleiben die Aussichten für den Diabetiker im Vergleich zum Stoffwechselgesunden relativ ungünstig. Von größter Wichtigkeit ist daher eine konsequente und penible Vorbeugung. Zu den wichtigsten, möglichst früh zu ergreifenden Maßnahmen gehören auch bei jüngeren Patienten, v.a. nach längerer Diabetesdauer:

- sorgfältige Diabeteseinstellung;
- antihypertensive Therapie;
- Normalisierung einer Hyperlipoproteinämie;
- Gewichtsabnahme – auch zur Entlastung der Füße;
- ggf. Ausschwemmung von Ödemen, da ödematöses Gewebe leichter verletzbar und infektgefährdet ist mit der Folge von Blasenbildung und Phlegmonen;
- antimykotische Therapie;
- Korrektur von Fußdeformitäten wie Hallux valgus, Hammerzehen, Senk-, Spreiz- und Hohlfüßen; etwa notwendige korrigierende Eingriffe sollen vor Manifestation einer arteriellen Verschlußkrankheit oder ausgeprägten Neuropathie erfolgen;
- rechtzeitige, evtl. auch operative Therapie einer Varikose oder chronisch-venösen Insuffizienz, um in späteren Stadien auftretende Hautschädigungen zu vermeiden.

Wenn der Diabetiker wegen Visuseinschränkung, Unbeweglichkeit, Leibesfülle, Unbeholfenheit, Vergeßlichkeit selbst nicht in der Lage ist, eine Hautveränderung rechtzeitig zu erkennen, müssen Inspektion und Pflege durch andere Personen erfolgen. Dazu gehört auch in bestimmten Abständen eine Untersuchung der unteren Extremitäten während des Praxisbesuchs und besonders während jedes Klinikaufenthalts.

Neuropathischer Fuß

Der überwiegend oder ausschließlich neuropathische Fuß ist charakterisiert durch weitgehende Denervierung, trophische Hautveränderungen, häufig schmerzlose, schlecht heilende Ulzera, jedoch durch eine guterhaltene Durchblutung bei Fehlen oder nur gering ausgeprägter arterieller Verschlußkrankheit. Leicht nachweisbar sind die Hypästhesie, Hypalgesie und die wichtige Störung der Kalt-Warm-Empfindung. Die Ulzera entwickeln sich wegen der Fehlbelastung des Fußballens infolge einer Schwäche der kleinen Fußmuskulatur, besonders an der Planta, vorwiegend unter den Metatarsalia.

Die entzündlichen Prozesse (Abszedierungen, Phlegmone, Ulzera oder auch Gangrän) im Bereich des neuropathischen Fußes haben wegen der günstigen Durchblutungsverhältnisse eine wesentlich bessere Prognose als die entsprechenden Komplikationen des ischämischen und evtl. durch Neuropathie zusätzlich geschädigten Fußes. Amputationen können durch frühzeitige und konsequente Behandlung meistens vermieden werden.

Breitspektrumantibiotika werden in hohen Dosen verabfolgt, bis die Antibiogramme aus Blut oder lokaler Sekretion vorliegen und ein Präparatewechsel evtl. notwendig ist. Für in der Tiefe lokalisierten Prozesse wie Osteomyelitis und Faszienvereiterung haben sich Antibiotika-Plastik-Ketten mit Gentamycin bewährt, durch die eine anhaltend hohe Konzentration im Gewebe erreicht wird.

Entscheidend ist auch beim neuropathischen Fuß eine sorgfältige Lokalbehandlung mit Säuberung und Revision der Wundränder. Da meist keine Nekrosen vorliegen, ist eine Trockenbehandlung, wie sie bei der primär-ischämischen Läsion angezeigt ist, nicht angebracht. Vorzuziehen sind Salben, während Puder zu Verkrustung und zur Austrocknung führen.

Selbstverständlich muß der durch die Infektion meist dekompensierte Diabetes möglichst rasch unter Ausnutzung aller Möglichkeiten der Insulinbehandlung auf normoglykämische Werte eingestellt werden.

Arthropathie

Die *diabetische Arthropathie* befällt v.a. die Fußgelenke, sehr selten die Knie- oder Wirbelsäulengelenke. Erste Symptome zeigen sich oft, meistens in einem neuropathisch veränderten Fuß, als Deformierung mit Verplumpung, Aufhebung des Fußgewölbes und Außenrotation. Die typische Entwicklung wird anhand Abb. 23 a, b demonstriert.

Die Paresen und Atrophien der Fußmuskeln, Fehlbelastungen und schmerzlose und daher unbemerkte Frakturen und Fissuren sind wichtige Ursachen

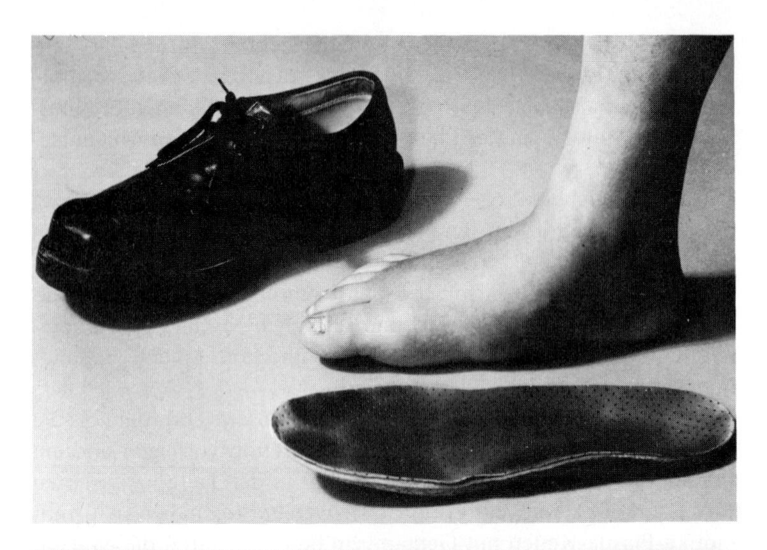

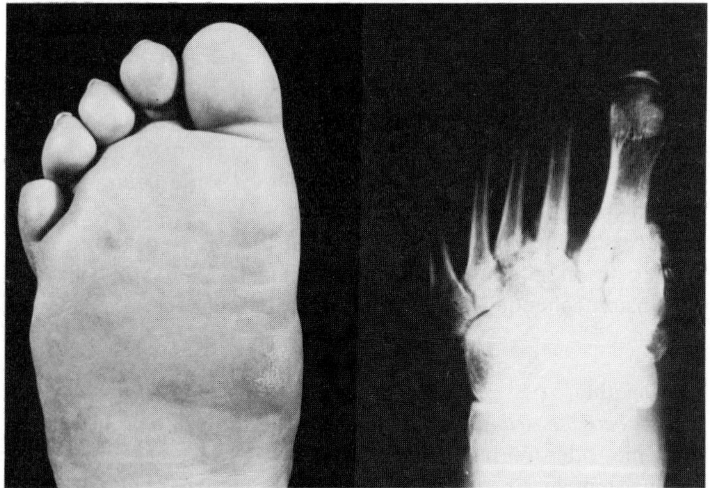

Abb. 23a, b. Pat. H. St., 29 Jahre, im 6. Lebensjahr Manifestation eines Typ-I-Diabetes, inzwischen Langzeitdiabetes, Insulinbedarf z. Z. 36 IE. Proliferative Retinopathie seit 10 Jahren, inzwischen nach disseminierter Lichtkoagulation stabilisiert. Vor 3 Jahren Nierentransplantation wegen diabetischer Nephropathie. Außerdem schwere autonome und periphere sensible Neuropathie. Seit einem Jahr Entwicklung eines trophischen Ulkus mit Osteomyeli-

für die Arthopathie, die röntgenologisch durch fleckförmige Osteoporosen und herdförmige Destruktionen des Knochens sowie Zerstörung und Fragmentierung der Gelenkpartien imponiert. Im Vordergrund steht der Befall der Tarsal- und Metatarsalgelenke. Die durch die Neuropathie bedingten Paresen der Fußmuskeln sind für die Deformation des Fußes und auch für die daraus resultierenden Hyperkeratosen und Ulzera entscheidend verantwortlich. Es kommt durch Überwiegen der langen Extensoren und Flexoren zur Abflachung des Fußgewölbes, so daß die Mittelfußknochen in besonderem Maße beim Stehen und Gehen druckexponiert werden.

Trotz fortgeschrittener Veränderungen bleiben die Patienten wegen der neurogenen Genese schmerzfrei, so daß oft eine rechtzeitige Behandlung versäumt wird. Der Verdacht auf diabetische Arthropathie muß jedoch zwangsläufig aufkommen, sobald die für einen neuropathischen Fuß typischen Symptome registriert werden. Eine Röntgenkontrolle ist spätestens zu diesem Zeitpunkt erforderlich.
Die anormale Belastungssituation für die druckexponierten Partien des Fußskeletts und der korrespondierenden Hautbezirke läßt sich durch konservativ orthopädische Maßnahmen günstig beeinflussen. Bei anderen Patienten sind jedoch Korrekturoperationen wie Resektion der Mittelfußknochen und Amputation einzelner Zehen nicht zu umgehen. Ziel ist die Verteilung der statischen Druckbelastung auf größere Flächen und damit eine Entlastung bestimmter Fußbezirke.
Wenn der behandelnde Arzt die Situation nicht übersieht oder über keine speziellen Kenntnisse verfügt, ist eine sofortige Überweisung an einen spezialisierten Kollegen oder eine Klinik notwendig. Langwierige, nicht sachgemäße therapeutische Maßnahmen können die Prognose erheblich verschlechtern und irreversible Schäden im Fußbereich zur Folge haben.

◄ tis im Bereich des 5. Mittelfußknochens rechts, das inzwischen abgeheilt ist. Zuletzt schmerzlose typische Deformierung des Fußes mit aufgehobenem Fußgewölbe, trophischem Ödem und röntgenologischem Befund einer Osteoarthropathie. Stabilisierung nach orthetischer Versorgung und Besserung der Neuropathie unter Diabeteseinstellung mit Insulininfusionsgerät

Literatur (zu 11.7)

Bischoff A (1977) Akrale Läsion – Zusammenwirken von diabetischer Angiopathie und Neuropathie. In: Alexander K, Cachovan M (Hrsg) Diabetische Angiopathien. Witzstock, Baden Baden Brüssel Köln New York, 164–173

Cachovan M (1981) Konservative Therapie bei Arterienerkrankungen. Intern Welt 10: 410–421

Ellenberg M (1973) Der diabetische Fuß. NY State J Med 2778–2781

Goodman J, Bessman AN, Teget B, Wagner W (1976) Risk factors in local surgical procedures for diabetic gangrene. Surg Gynecol Obstet 143: 587–591

Janka HU, Standl E, Mehnert H (1980) Peripheral vascular disease in diabetes mellitus and its relation to cardiovascular risk factors: Screening with the doppler ultrasonic technique. Diabetes Care 2: 207–213

Janka HU, Standl E, Oberparleiter F, Bloss G, Mehnert H (1980) Zur Epidemiologie der arteriellen Verschlußkrankheit bei Diabetikern. Lebensversicherungsmedizin 5: 137

Kaspar L, Bali C, Lindlbauer R, Goschler M, Tilscher F, Irsigler K (1981) Der diabetische Fuß: interdisziplinäre Betreuung. Diagnostik 14: 13–16

Mau H (1970) Die diabetische Arthropathie und ihre Behandlung. Orthop 108: 351–381

Sinha S, Munichoodappa ChS, Kozak GP (1972) Neuro-Arthropathy (Charcot joints) in diabetes mellitus. Medicine 51: 191–210

Ward JD (1982) The diabetic leg. Diabetologia 22: 141–147

Zusammenfassende Darstellungen

Alexander K (1967) Gefäßkrankheiten. Diagnostische Informationen für die ärztliche Praxis. Heft 1. Steinkopff, Darmstadt

Levin ME, O'Neal LW (1983) The diabetic foot. Mosby, St. Louis

Schoop W (1981) Periphere Durchblutungsstörungen – „Diabetischer Fuß". In: Robbers H, Sauer H, Willms B (Hrsg) Praktische Diabetologie. Banaschewski, München-Gräfelfing

11.8 Hypertonie

Die Hypertonie gehört besonders beim Diabetes mellitus zu den wichtigsten Risikofaktoren. Hoher Blutdruck fördert die Entwicklung der koronaren, der zerebralen und der peripheren arteriellen Verschlußkrankheit und begünstigt schließlich das Auftreten einer Herzinsuffizienz. Die Situation ist besonders ungünstig, da Hypertonien um 50% häufiger sind als bei Stoffwechselgesunden und die kardiovaskuläre Gefährdung ohnehin groß ist.
Mit drei Formen des Bluthochdrucks ist zu rechnen:

- Renovaskulärer „sekundärer" Hochdruck infolge diabetischer Nephropathie. Ursache ist die Hyalinose des Vas afferens und des Vas efferens sowie der diffusen und nodulären Glomerulosklerose. Besonders im jüngeren Lebensalter, nach einer Diabetesdauer von über 10–20 Jahren, bei konstanter Proteinurie, ausgeprägter Retinopathie sowie Ödemneigung ist eine etwa auftretende Hypertonie sehr wahrscheinlich Folge der diabetischen Nierenerkrankung.
- Essentielle Hypertonie, besonders bei Typ-II-, u. U. auch bei erwachsenen Typ-I-Diabetikern, begünstigt durch die beim Diabetes gehäufte Nephrosklerose.
- Alters- oder systolische Hypertonie als Folge des Elastizitätsverlusts der großen Gefäße.

Die Behandlung entspricht im Prinzip dem Vorgehen bei Nichtdiabetikern, jedoch unter Beachtung der folgenden Gesichtspunkte:
Der Blutdruck wird vor der Behandlung mehrfach und möglichst an 3 verschiedenen Tagen gemessen, häufiger in dringlichen Situationen. Grundsätzlich ist eine Kontrolle im Stehen, besonders bei Verdacht auf eine autonome Neuropathie und bei Langzeitdiabetikern, erforderlich. Eine RR-Selbstkontrolle ist anzustreben und bei den an Selbstkontrolle gewöhnten Diabetikern allgemein ohne Schwierigkeiten zu erreichen.
Nierenfunktion (evtl. 24-h-Kreatininclearance), Urinstatus und Elektrolyte im Serum müssen zu Beginn der Therapie überprüft werden und auch im weiteren Verlauf mindestens alle 6–10 Monate. Diese Kontrollen sind notwendig, da beim Diabetiker in besonderem Maße mit eingeschränkter Nierenfunktion und Elektrolytstörung, besonders von seiten des Serumkaliums, zu rechnen ist.

Indikationen für eine antihypertensive Behandlung

Lebensalter unter 40–50 Jahren. RR über 140/90–140/95 mmHg bei jüngeren Patienten auch bei schwankenden Blutdruckwerten. Dementsprechend gelten Blutdruckwerte unter 140/90 mmHg als therapeutisches Ziel.

Lebensalter über 40–50 Jahren. RR über 150/90–160/95 mmHg; niedrigere Blutdruckwerte gelten dementsprechend als Kriterium für eine ausreichende antihypertensive Therapie. Zu berücksichtigen ist, daß auch „milde" Hypertonien die arterielle Verschlußkrankheit begünstigen.

Im Alter. Es können höhere Werte toleriert werden (s. Kap. 15).

Therapeutische Richtlinien

- Kein Therapiebeginn, bevor der Blutdruck nicht mehrfach gemessen wurde, außer in Notfallsituationen.
- Besonders bei übergewichtigen Typ-II-Diabetikern mit geringer bis mäßiger Hypertonie zunächst nur natriumarme und bei Übergewicht Reduktionskost. Erst bei fehlender Blutdrucksenkung Pharmakotherapie.
- Auch bei normotonen Diabetikern mit familiärer Hochdruckbelastung ist die natriumarme Kost eine wichtige Präventivmaßnahme.
- Vor allem jüngere Diabetiker erhalten zunächst β-Blocker unter Bevorzugung kardioselektiver Präparate bei Insulinpatienten. In der 2. Lebenshälfte, besonders über 50 Jahre, stehen Diuretika, ggf. eine Kombination von β-Blockern und Diuretika, im Vordergrund.
- Diuretikapräparate sollen kombiniert kaliumeliminierende und kaliumretinierende Substanzen enthalten, soweit keine Hinweise auf eine Gefährdung durch eine Hyperkaliämie vorliegen.
- Eventuell zusätzlich Nepresol.
- Kalziumantagonisten werden wahrscheinlich auch bei Diabetikern mit koronarer Herzkrankheit als Antihypertensiva eine größere Bedeutung erlangen.

- Bei ungenügender Blutdrucksenkung oder Unverträglichkeit Clonidin α-Methyldopa, ggf. als Kombinationstherapie.
- Nur bei schwerer Hypertonie Versuch mit Guanethidin (*cave:* Orthostaseneigung!) und Captopril.

Die antihypertensive Therapie soll frühzeitig begonnen, konsequent fortgeführt und nach Normalisierung des Blutdrucks nicht unterbrochen werden. Ein Auslaßversuch ist bei zu niedrigen Werten angezeigt, ferner bei schlank gewordenen Übergewichtigen, die unter Diät und Pharmakotherapie normoton geworden sind.

Besonders konsequent müssen jüngere Patienten mit renovaskulärer Hypertonie behandelt werden. Der Blutdruck bleibt oft längere Zeit labil und ist erst später und nur bei einem Teil der Patienten fixiert und stärker erhöht. Maligne Hypertonien gehören nicht zur diabetischen Nephropathie, da diese meist mit einer Hyporeninämie einhergeht.

Diabetologisch bedeutsame Nebenwirkungen der Antihypertensiva. Kaliumeliminierende Diuretika wie z.B. Thiazide, Furosemid und Etakrinsäure können zu einer Verschlechterung der Glukosetoleranz führen, die meist nur gering, allenfalls mäßig ausgeprägt ist. Sie findet sich vor allem bei Patienten, die noch über eine Eigeninsulinsekretion verfügen, also vorwiegend beim Typ-II-Diabetiker. Eine Teilursache ist die vermehrte Kaliumausscheidung und der daraus resultierende Kaliummangel. Da sich während einer Diabetesdekompensation ohnehin ein Kaliumdefizit entwickeln kann, muß bei Anwendung kaliuretischer Mittel das Serumkalium kontrolliert werden.

Kaliumretinierende Diuretika sind bei eingeschränkter Nierenfunktion nur unter fortlaufender Kontrolle des Serumkaliums anzuwenden und bei Serumkreatininwerten über 2 mg/dl meistens kontraindiziert. Eine häufigere Kontrolle der Kreatininkonzentration bzw. -clearance ist bei Hinweisen auf diabetische Nephropathie bzw. Nephrosklerose notwendig.

Kontrollen des Serumkaliums sind auch deswegen notwendig, weil eine bestimmte Gruppe von Diabetikern auch bei intakter Nierenfunktion eine Neigung zu Hyperkaliämie aufweist.

β-Blocker können in Einzelfällen die Warnsymptome der Hypoglykämie maskieren, die durch eine Stimulation des adrenergen Systems zustande kommen. Der Patient registriert infolgedessen die Hypoglykämie zu spät und oft erst aufgrund zerebraler Erscheinungen (s. im übrigen 9.2).
Die beim Typ-II-Diabetes zu beobachtende Hemmung der Insulinsekretion ist selten von klinischer Relevanz und kein Anlaß, von einer notwendigen β-Blockade abzusehen.
Anlaß zum Absetzen ist gelegentlich der unerwünschte vasokonstriktorische Effekt, v.a. der nicht kardioselektiven Substanzen, der zu einer peripheren Minderdurchblutung speziell der oberflächlichen Gewebspartien führt. Charakteristisch sind eine Zunahme des Kältegefühls und Hautblässe (siehe 11.7).

Orthostatische Hypotension
Eine autonome diabetische Neuropathie führt unter Umständen zu Orthostasereaktionen (s. 11.3), die durch Antihypertensiva verstärkt werden können. Besonders gilt dies für Guanethidin, aber auch für Prazosin. Bei Vorliegen einer ausgeprägten koronaren Herzkrankheit oder zerebrovaskulärer Insuffizienz ist im Laufe einer Orthostase mit myokardialer oder zerebraler Ischämie zu rechnen. Bei höhergradiger Niereninsuffizienz kommt es durch längerdauernden Blutdruckabfall im Stehen und zeitweise auch im Sitzen zu einem erheblichen Abfall der renalen Perfusion.
Gegebenenfalls muß unter diesen Umständen die Antihypertensivadosis reduziert oder das Präparat gewechselt werden. In jedem Fall ist der Patient über prophylaktische Maßnahmen zu informieren: vor allem morgens oder nachts kein abruptes Aufstehen, wenn möglich Vermeiden längeren Stehens, Blutdruckkontrollen auch im Stehen.
Eine ausgeprägte und schwer zu beeinflussende Orthostase kann besonders bei Patienten mit ausgedehnter AVK Anlaß sein, auf Antihypertensiva vollständig zu verzichten, selbst wenn der Blutdruck im Liegen auf 200 mmHg systolisch ansteigt. Derartige schwierige therapeutische Situationen sind bei Patienten mit fortgeschrittenen neurovaskulären Komplikationen und Hypertonie nicht selten zu beobachten. Verstärkt wird die Orthostaseneigung durch eine Bradykar-

die, evtl. als Folge einer β-Blockade, oder durch eine Verminderung des Plasmavolumens unter Diuretika.

Bradykardie. Die größere Neigung von Diabetikern zu Bradykardien und Arrhythmien erfordert sorgfältige Kontrollen der Herzfrequenz, wenn Antihypertensiva gegeben werden, die einen Bradykardieeffekt aufweisen wie Clonidin, α-Methyldopa und β-Blocker.

Potenzstörungen. Besonderer Beachtung bedürfen die durch zahlreiche Antihypertensiva hervorgerufenen Potenzstörungen. Da bei Diabetikern ohnehin, überwiegend als Folge einer autonomen Neuropathie, häufiger Erektionsschwäche und selten auch retrograde Ejakulationen auftreten, ist eine Analyse der Situation notwendig. Wenn über derartige Störungen nach Einleiten oder Intensivierung einer antihypertensiven Therapie berichtet wird, dürfen diese Störungen nicht, nur weil es sich um einen Diabetiker handelt, primär als diabetogen deklariert werden. Die Vorteile der Blutdrucksenkung müssen gegenüber etwa auftretenden Potenzschwierigkeiten abgewogen und das Problem mit dem Patienten diskutiert werden.

Schlußfolgerungen. Die Langzeiterkrankungen Diabetes und Hochdruck stellen ein besonders hohes Risiko für Gefäßerkrankungen dar, weshalb beide Störungen einer frühzeitigen und konsequenten Behandlung bedürfen. Sie ist hinsichtlich des Hochdrucks meist einfacher durchzuführen als etwa beim insulinbedürftigen Diabetes. Da zahlreiche Patienten bereits wegen des Diabetes eine Selbstkontrolle praktizieren, sind sie auch für die Durchführung der Blutdruckselbstkontrolle besonders geeignet.

Literatur (zu 11.8)

Bell ET (1960) Diabetes mellitus. A clinical and pathological study of 2529 cases. Charles C Thomas, Springfield

Christensen NJ (1972) Plasma catecholamines in long-term diabetics with and without neuropathy and in hypophysectomized subjects. J Clin Invest 51:779

Christlieb AR (1982) The hypertensions of diabetes. Diabetes Care 5: 50–58

Marble A, White P, Bradley RF, Krall LP (eds) (1971) Joslin's diabetes mellitus. Lea & Febiger, Philadelphia

Moss AJ (1962) Blood pressure in children with diabetes mellitus. Pediatrics 130:932

Mogensen CE (1982) Long-term antihypertensive treatment inhibiting progression of diabetic neuropathy. Br Med J 285: 685–688

Moser M, Podolsky S (1980) Management of Hypertension in the Diabetic. In: Podolsky S: Clinical Diabetes: Modern Management. pp. 399–429
Shapiro AP, Perez-Stable E, Montsos SE (1965) Coexistence of renal arterial hypertension and diabetes mellitus. J Amer Med Assoc 192: 125

11.9 Kardiopathie

70–80% aller Diabetiker sterben an Kreislauferkrankungen. Im Vordergrund steht nach dem 30. Lebensjahr die kardiale Mortalität, die für 40% der Gesamtmortalität verantwortlich ist. Bei diabetischen Frauen ist sie etwa 3mal so hoch wie bei stoffwechselgesunden. Die übliche Geschlechtsdifferenz von 3–2 : 1 ist daher aufgehoben.
Diese erhöhte Sterblichkeit wurde früher auf eine ausgeprägte arterielle Verschlußkrankheit bzw. eine koronare Herzkrankheit zurückgeführt. Sie galt von jeher als nicht spezifische Gefäßkomplikation (s. 11.5), unterschied sich jedoch – ähnlich wie im Bereich der unteren Extremitäten – von den Verhältnissen bei Stoffwechselgesunden durch einen bevorzugten Befall der kleinen Gefäße. Ferner sind Zwei- und Mehrgefäßerkrankungen bei Diabetikern eindeutig häufiger.
Verschiedene Untersuchungen, u.a. auch die Framingham-Studie (Heyden 1976), haben jedoch gezeigt, daß die Koronarsklerose nicht allein die hohe kardiale Morbidität und Mortalität zu erklären vermag, sondern die folgenden diabetesspezifischen Läsionen als zusätzliche Faktoren im Betracht gezogen werden müssen:

- obliterierende Hyalinosen im Arteriolenbereich, wodurch die Myokardperfusion weiter beeinträchtigt wird.
- Mikroangiographie mit Verdickung der Basalmembran, deren Ausmaß und deren Auswirkungen auf die Herzmuskelfunktion noch nicht einheitlich beurteilt werden;
- interstitielle Bindegewebsvermehrung (PAS-positive Substanzen) im Herzmuskel, sog. diabetische Kardiomyopathie;
- Läsionen der autonomen Fasern als Manifestation einer autonomen diabetischen Neuropathie (s. Kap. 11.4).

Mit nichtinvasiven Methoden ließ sich nachweisen, daß die Funktion des linken Ventrikels bereits bei zahlreichen jugendlichen Diabetikern eingeschränkt ist. Patienten mit Retinopathia proliferans und Nephropathie haben die schwerste ventrikuläre Dysfunktion, wobei der linke Ventrikel nicht erweitert oder hypertrophiert ist. Weitere Risikofaktoren bzw. ungünstige Einflüsse:

- Höhere Inzidenz von Hyperlipoproteinämien, vor allem Typ IV, (s. 11.6).
- Häufigeres Vorkommen einer Hypertonie, besonders bei diabetischen Frauen, wodurch besonders die obliterierende Arteriosklerose auch im Bereich des Herzmuskels begünstigt wird. Normotone diabetische Männer sollen nicht gehäuft an Koronarsklerose erkranken.
- Nikotinabusus ist beim Diabetiker wahrscheinlich nicht gehäuft anzutreffen, aber von besonders ungünstiger Wirkung.
- Wahrscheinlich wird die Myokardperfusion und damit die O_2 und Nährstoffversorgung besonders bei dekompensiertem Diabetes zusätzlich durch die schlechteren Fließeigenschaften des Bluts (höhere „Blutviskosität") beeinträchtigt.

Ein ungünstiger Einfluß der Hyperglykämie per se auf die Makroangiopathie ist eher unwahrscheinlich. Wahrscheinlich stellt sie aber einen wichtigen Risikofaktor für die *peripheren* obliterierenden Gefäßprozesse dar. Die Bedeutung der BZ-Erhöhung für die Mikroangiopathie und für die autonome Neuropathie gilt dagegen als gesichert, während die Ursache der Kardiomyopathie noch ungeklärt ist.
Die Einengung der peripheren arteriellen Gefäßlumina ist ein prognostisch ungünstiger Faktor, ebenso wie die Kontraktilitätsminderung des linken Ventrikels durch die Kardiomyopathie. Die als Folge der autonomen Neuropathie auftretenden Defekte haben in den letzten Jahren zunehmende Beachtung erfahren. Da die Herzfrequenz und verschiedene kardiovaskuläre Reflexe dem Einfluß des autonomen Systems unterliegen, müssen nervale Schädigungen in diesem Bereich zu Frequenzänderungen und unter Umständen gravierenden Regulationsstörungen führen. Mit verschiedenen Funktionstests konnten Ewing u. Clarke (1982) nachweisen, daß unter unausgewählten Diabetikern jeder vierte einen pathologischen Befund zeigte.
Was die Frequenz anlangt, so hat eine Schädigung des Parasympathikus eine Tachykardie, eine Sympathikusblockade dagegen eine Abnahme der Herzfrequenz zur Folge. Parasympathische Fasern sind meistens als erste betroffen, so daß sich zunächst eine Tachykardie entwickelt, die selten eine Frequenz bis zu 130/min erreicht.

Falls ein derartiger Frequenzanstieg anderweitig nicht zu erklären ist (Herzinsuffizienz, Hyperthyreose, Pharmaka), gilt er als wichtiger Hinweis auf eine autonome Neuropathie. – Im weiteren Verlauf nimmt die Schlagfolge entsprechend einer zunehmenden Sympathikusläsion ab, bleibt jedoch im Durchschnitt höher als bei Diabetikern ohne Hinweise auf autonome Störungen.
Ein wichtiger diagnostischer Hinweis ist die zunehmende Konstanz des RR-Intervalls. Sie manifestiert sich als Aufhebung der respiratorischen Arrhythmie, außerdem durch Fehlen der Frequenzzunahme während des Valsalva-Versuchs, des Handgriptests sowie während des Stehversuchs. Diese Störung läßt sich unter den oben genannten Bedingungen, besonders während der In- und Exspiration, durch Bestimmung der Herzvariationsrate erfassen (Ewing u. Clarke 1981, Willms 1981).
Der unzureichende oder sogar fehlende Anstieg der Herzfrequenz während körperlicher Belastung oder im Stehen kann die kardiale Leistungsfähigkeit erheblich einschränken und die Entstehung einer Herzinsuffizienz oder einer Orthostasenneigung begünstigen. Die Parasympathikus- und Sympathikusschädigung können so hochgradig sein, daß das total denervierte Herz sich wie ein transplantiertes verhält.
Bei Patienten mit autonomer Neuropathie muß außerdem damit gerechnet werden, daß es während einer Anästhesie oder auch nach pulmonalen Infektionen (Bronchopneumonie) zum Herzstillstand bzw. zur Apnoe kommt. Diese Patienten sind daher bei operativen Eingriffen hinsichtlich der Verwendung von Pharmaka, die das Atemzentrum dämpfen, besonders gefährdet und bedürfen einer sorgfältigen Überwachung (s. 16.2). Rasche Wiederbelebungsmaßnahmen waren meistens erfolgreich.

Myokardinfarkt. Der Infarkt tritt bei Diabetikern nicht nur frühzeitiger und häufiger auf, sondern zeichnet sich auch durch eine höhere Früh- und Spätletalität aus.

Die Fünfjahresüberlebensrate lag bei Diabetikern bei 38%, nach mehreren Infarkten bei 25%, bei Nichtdiabetikern dagegen bei 75 bzw. 38% (s. Bradley, 1971).
Eindrucksvoll sind die Befunde im Bereich der koronaren Gefäße bei jugendlichen Diabetikern zwischen 16 und 34 Jahren. Nach einer Diabetes-

dauer von weniger als 10 Jahren wurden in keinem Fall Verkalkungen beobachtet, nach 10–15 Jahren jedoch bei 33%, nach 15–20 Jahren bei 55% und nach 20–28 Jahren bei 83% (Root, 1949). Diese Korrelation mit der Diabetesdauer entspricht in etwa der Situation bei der Mikroangiopathie.

Als Ursachen für die ungünstige Früh- und Spätprognose kommen in Betracht:

- beeinträchtigte Kontraktilität des linken Ventrikels durch Kardiomyopathie;
- defekte autonome Innervation bis zur kardialen Denervation sowie defekte periphere Kreislaufregulation, ebenfalls durch autonome Neuropathie;
- bei Langzeitdiabetikern erniedrigter Katecholamingehalt des Herzmuskels, dessen Bedeutung jedoch im einzelnen noch ungeklärt ist;
- hyperglykämisches Koma bzw. schwere Diabetesdekompensation;
- Hypoglykämien, die wahrscheinlich das Auftreten von Arrhythmien begünstigen und möglicherweise zur Vergrößerung der Infarktzone führen;
- eingeschränkte Nierenfunktion durch diabetische Nephropathie.

Ein wesentlicher Faktor ist außerdem eine Fehleinschätzung der Situation. Trotz schwerer Ischämie wird die Diagnose u. U. zu spät oder überhaupt nicht gestellt, da stumme Infarkte wahrscheinlich wegen der Schädigung der autonomen Fasern bei Diabetikern häufiger sind. Viele Patienten klagen allenfalls über geringe Stenokardien oder uncharakteristische Beschwerden wie Schwäche, Unwohlsein und Dyspnoe. Unter Umständen ist eine anderweitig nicht zu erklärende Dekompensation des Stoffwechsels der einzige Infarkthinweis. Es muß auch im Hinblick auf die ungünstige Prognose auf frühzeitige Diagnose der koronaren Herzkrankheit durch Routineevtl. Belastungs-EKG und ggf. invasive Diagnostik, aber auch durch sorgfältige Anamnese besonderer Wert gelegt werden.

Wegen der Verschlechterung des Diabetes müssen bisher auf Diät oder Tabletten eingestellte Diabetiker häufig auf Insulin eingestellt werden. Normalinsulin wird wegen der besseren Steuerbarkeit und angesichts der oft massiven Hyperglykämien bevorzugt. Meist wird im 4- bis 6h-Abstand injiziert, u. U. kommt eine Insulininfusionsbehandlung in Betracht. Eine zu rigorose BZ-Senkung muß wegen der

schlechten Verträglichkeit von Hypoglykämien vermieden werden, weshalb auch häufige BZ-Kontrollen notwendig sind. Die tägliche Zufuhr an Kohlehydraten, oft als 5- oder 10%ige Glukoselösung, sollte nicht unter 150 g liegen.
Was die beim Myokardinfarkt häufiger angewandte Pharmakotherapie anlangt, so ist besonders die diabetogene Wirkung der Thiazide, des Chlorthalidons, gelegentlich auch bei hoher Dosierung der Schleifendiuretika und ferner des Dopamins zu berücksichtigen. In einem Einzelfall führte auch Propranolol zu einem hyperosmolaren Koma.

Literatur (zu 11.9)

Badeer HS, Zoneraich S (1978) Pathogenesis of cardiomyopathy in diabetes mellitus. In: Zoneraich S. (ed) Diabetes and the heart. Thomas, Springfield, pp 26–45

Böninger Ch (1981) Zur Diagnostik der sog. kardialen Denervation bei autonomer Neuropathie. Akt. Neurol 8: 14–21

Ewing DL, Clarke BF (1982) Diagnosis and management of diabetic autonomic neuropathy. Br Med J 285: 916–19

Factor SM, Okun EM, Minase T (1980) Capillary microaneurysms in human diabetic heart. N Engl J Med 302: 384–388

Fischer VW, Barner HB, Leskiw ML (1979) Capillary basal laminar thickness in diabetic human myocardium. Diabetes 28: 713–719

Heyden S (1976) Geschlechtsunterschiede in der kardiovasculären Mortalität von Diabetikern. Dtsch Med Wochenschr 101: 789–793

Ledet R, Neubauer B, Christensen NJ, Lundbaek K (1979) Diabetic cardiopathy. Diabetologia 16: 207–209

Nager F (1977) Diabetes und Kreislauf. Schweiz Rundsch Med 63: 891–898

Regan TJ, Lyons MM. Ahmed SS, Levinson GE, Oldewurtel HA, Ahmad MR, Haider B (1977) Evidence for cardiomyopathy in familial diabetes mellitus. J Clin Invest 60: 885–899

Root HF (1949) Diabetes and vascular disease in youth. Am J Med Sci 217, 545–553

Runge M, Kühnau J (1983) Die autonome kardiale Neuropathie. Dtsch Med Wochenschr 108: 109–113

Scott RC (1975) Diabetes and the heart. Am Heart J 90: 283–289

Shapiro LM, Howat AP, Calter MM (1981) Left ventricular function in diabetes mellitus. In: Methodology and prevalence and spectrum of abnormalities. Br Heart J 45: 122–128

West KM (1978) Epidemiology of diabetes and its vascular lesions. Elsevier, New York
Willms B (1981) Diabetische Kardiopathie. In: Robbers H, Sauer H, Willms B (Hrsg) Praktische Diabetologie. Werk-Verlag Banaschewski, München-Gräfelfing, S 251

Zusammenfassende Darstellungen

Alexander K, Cachovan M (Hrsg) (1977) Diabetische Angiopathien. Witzstrock, Baden-Baden Brüssel Köln New York, S 137–149
Berchtold P (1974) Herzinfarkt und Diabetes mellitus. Therapiewoche 23: 2624–2650
Bradley RF (1971) Cardiovascular Disease. In: Marble A, White P, Bradley RF, Krall LR (eds) Joslin's diabetes mellitus. Lea & Febiger, Philadelphia
Zoneraich S, Silverman G (1978) Myocardial small vessel disease in diabetic patients. In: Zoneraich S (ed) Diabetes and the heart. Thomas, Springfield, pp 3–18

12 Erkrankungen des Gastrointestinaltrakts

Der Diabetes kann praktisch jeden Abschnitt des Verdauungstrakts affizieren, und zwar in erster Linie durch funktionelle Störungen als Folge einer autonomen Neuropathie (s. 11.4). Zum Teil sind die Auswirkungen gravierend, wie im Bereich des Magens und Dünndarms, zum Teil bleiben sie klinisch weitgehend stumm, wie die Motilitätsstörungen des Ösophagus und der Gallenblase.

12.1 Ösophagus

Im Ösophagus wurden manometrisch und röntgenologisch eine verzögerte Peristaltik, tertiäre Kontraktionen und ein Reflux im unteren Spinkterbereich nachgewiesen. Diese Veränderungen sind offensichtlich Folge präganglionärer parasympathischer Nervenschädigungen. Selten kommt es zu klinischen Symptomen wie einer Dysphagie, die sich durch Metoclopramid bessern läßt, oder Brennen in der Herzgegend.

12.2 Magen

Im Vordergrund stehen eine Erweiterung und Verzögerung der Entleerung: Gastroparesis diabeticorum bzw. Gastrektasie. Viele Patienten mit hypotonem Magen haben keine oder nur geringe unbestimmte Beschwerden. Nicht selten handelt es sich deshalb um eine Zufallsdiagnose. Die typischen Erscheinungen bestehen in Inappetenz, Völlegefühl auch nach kleinen Mahlzeiten, das stundenlang anhält, häufigem und lästigem Aufstoßen, z.T. mit fauligem Geschmack, ferner Nausea und Vomitus. Morgens werden u.U. Speisen vom vorhergehenden Abendessen erbrochen.

Im Gegensatz zur normalen Situation, in der zunächst der flüssige und erst später der konsistente Inhalt entleert wird, treten bei der diabetischen Gastroparese beide Phasen des Mageninhalts etwa gleichzeitig in das Duodenum über.

Die verlangsamte und in ihrem zeitlichen Ablauf nicht vorhersehbare Magenentleerung führt zu unregelmäßiger Nährstoff-, vor allem KH-Resorption und damit zu Schwierigkeiten für die Stoffwechselführung.
Kleine und häufige Mahlzeiten sind die wichtigste diätetische Maßnahme, grobe und blähende Speisen scheinen ungünstig zu sein, wenn auch umgekehrt durch Schonkost keine eindeutige Besserung zu erreichen ist. Größere Flüssigkeitsmengen wie Suppen sollen vermieden werden, da sie im gleichen Maße wie feste Speisen im Magen retiniert werden.
Medikamentös ist Metoclopramid das Mittel der Wahl, da es die Motilität im oberen Verdauungstrakt herabsetzt, ohne die Magensaft-, Gallen- oder Pankreassekretion zu beeinflussen. Außerdem führt es zu einer Relaxation des Sphincter pylori. Die Besserung tritt frühzeitig ein, erreicht jedoch erst nach 2–3 Wochen ihr Maximum. Als Kontraindikationen gelten gastrointestinale Blutungen, mechanische Ostruktion oder Perforation. Selten entwickeln sich unter der üblichen Dosierung extrapyramidale Reaktionen. 10% der Patienten zeigen Benommenheit, Müdigkeit und Schwäche, ein geringerer Teil Kopfschmerzen und Schwindelgefühl. Die Dosierung beträgt 10 mg 30 min vor jeder Hauptmahlzeit und vor dem Zubettgehen für etwa 2–8 Wochen. Danach kann ein Auslaßversuch vorgenommen werden, ggf. muß aber bei erneuten Symptomen die Medikation wieder aufgenommen werden.
Eine akut einsetzende Gastroparese wird auch bei diabetischer Ketoazidose beobachtet. Die daraus resultierende Retention von Ma-

geninhalt ist Anlaß für eine frühzeitige Magenspülung bei komatösen Patienten (s. Kap. 10).

Die geringe Häufigkeit des *peptischen Ulkus* bei Diabetikern ist auf 2 Faktoren zurückzuführen:
- Schädigung der Vagusfasern und damit ungenügende oder fehlende Stimulation der Säuresekretion;
- U. U. Magenschleimhautatrophie, die sich offenbar als Folge eines Autoimmunprozesses entwickelt. Dafür sprechen das vermehrte Vorkommen von Magenschleimhautantikörpern und das häufigere Vorkommen einer perniziösen Anämie bei Diabetikern. Diese Kombination gilt im übrigen als Hinweis auf die Autoimmungenese bestimmter Diabetesformen (s. Kap. 1.2).

12.3 Darm

Diabetogene Diarrhöen bzw. eine diabetische Enteropathie kommen bevorzugt bei schlecht eingestellten Langzeitdiabetikern mit ausgeprägter Retinopathie und auch Nephropathie vor. Meist liegen außerdem Symptome einer peripheren und einer autonomen Neuropathie, wie Gastrektasie, neurogene Blasenstörung, Impotenz, vor.

Die Durchfälle treten meist phasenhaft auf, oft an mehreren Tagen hintereinander, und zwar bevorzugt nachts und nach den Mahlzeiten. Selten halten sie längere Zeit, etwa für 1–2 Wochen an. Im Intervall ist der Patient oft obstipiert. Unter Umständen kommt es täglich bis zu 20 und mehr Entleerungen, zunächst breiiger, später flüssiger Konsistenz, mit krampfartigen Schmerzen. Oft besteht Stuhlinkontinenz, besonders wenn der Patient im Schlaf von heftigem Stuhlgang überrascht wird. Selten entwickeln sich eine Exsikkose, Elektrolytmangel oder auffällige Gewichtsabnahme. Steatorrhöen sind nicht obligat und wenn vorhanden, nur geringgradig. Bei vielen Patienten nimmt die Intensität und Häufigkeit der Durchfälle aus unbekannten Gründen im Laufe der Zeit ab.

Ob der Enteropathie ein einheitlicher Pathomechanismus zugrunde liegt, ist unsicher. Eine plausible Theorie, die jedoch nicht Allgemeingültigkeit beanspruchen kann, geht davon aus, daß es als Folge des neurogenen Defekts zu einer Hypotonie des Darms und einer Verlängerung der Transitzeit kommt, die das bakterielle Wachstum und damit die Dekonjugation der Gallensäuren begünstigt. Sie führt zur Schleimhautirritation und Hemmung der Wasserrückresorption.

Diesen Ablauf hofft man mit Colestyramin oder Breitbandantibiotika unterbrechen zu können.
Ein Versuch mit Tetrazyklin und Neomycin sollte auf jeden Fall unternommen werden, obgleich mit einer bakteriellen Überbesiedlung nur bei etwa 20–30% der Patienten zu rechnen ist. Da eine quantitative bakteriologische Diagnostik erhebliche methodische Schwierigkeiten bereitet, hat die Antibiotikatherapie zunächst Ex-juvantibus-Charakter.
Eine Steigerung der Dünndarmmotilität ist ebenfalls mit dem oben erwähnten Metoclopramid möglich. Diese Substanz, evtl. auch Loperamid, sollten versucht werden. Spasmolytika sind wegen der Hypomotilität kontraindiziert. Im übrigen sind diätetische Maßnahmen, etwa in Form einer leichten Kost, wenig effektiv.
Leider läßt sich auch die Inkontinenz, für die die neurogene Sphinkterparese und das oft explosive Auftreten der Diarrhöen verantwortlich sind, medikamentös nicht beeinflussen. Die betroffenen Patienten benötigen entsprechende Vorlagen, zumal die nächtlichen oder auch unterwegs auftretenden Inkontinenzen zu einer deprimierenden und verzweifelten Situation führen können.
Diarrhöen bei Diabetikern dürfen nicht voreilig als diabetogen bzw. als diabetische Enteropathie aufgefaßt werden, zumal sich die wichtigsten differentialdiagnostischen in Betracht kommenden Störun-

Tabelle 73. Nicht diabetogene Diarrhöen bei Diabetikern

Ursache	Bemerkungen
Zöliakie – (bei Diabetes geringe überzufällige „Häufung“)	Keine fortgeschrittene Angioneuropathie oder AVK, keine Abhängigkeit von der Diabetesdauer, massive Steatorrhöe, typisches Malassimilationssyndrom, Gewichtsabnahme
Laktoseintoleranz	Sorgfältige Ernährungsanamnese und evtl. Auslaßversuch
Biguanidmedikation	Keine typische Symptomatik wie bei diabetogener Diarrhö, aber evtl. gleichzeitig Inappetenz, Übelkeit, Völlegefühl, Blähungen
Zuckeraustauschstoffe (Sorbit)	Breiiger bis wäßriger Stuhl, Meteorismus

gen (Tabelle 73) therapeutisch bzw. durch Fortlassen des auslösenden Agens effektiver behandeln lassen als die Enteropathie.
Nicht eindeutig geklärt ist die Frage, ob eine Obstipation bei Diabetikern häufiger auftritt und ob sie als Manifestation einer autonomen Neuropathie anzusehen ist.

12.4 Pankreas

Diabeteserkrankungen bei Pankreatitis, nach Pankreatektomie, bei Pankreaskarzinom oder Hämochromatose wurden bisher als sekundärer Diabetes bezeichnet, werden jedoch heute innerhalb des Klassifikationsschema, das in Tabelle 2 (S. 12) wiedergegeben ist, unter den Sonderformen des Diabetes eingeordnet. Mit einem permanenten insulinbedürftigen Diabetes ist zu rechnen, wenn mehr als 70–80% des Organs zerstört worden ist. Damit steht die Beobachtung in Übereinstimmung, daß eine deutliche Korrelation zwischen der noch vorhandenen Eigeninsulinsekretion und der exokrinen Pankreasinsuffizienz bzw. den entsprechenden Funktionstests besteht. Der häufige Befund einer eindeutigen Insulinbedürftigkeit bei einem Patienten ohne wesentliche Steatorrhö spricht daher für eine genetische Komponente und gegen einen ausschließlich sekundären Diabetes.

Akute bzw. akut rezidivierende Pankreatitis. Nur bei 10–50% der Patienten entwickeln sich eine Hyperglykämie oder eine pathologische Glukosetoleranz. Insulin benötigen jedoch nur 2–4%, so daß akute Pankreatitis nur selten (0,3–0,5%) als Ursache eines insulinbedürftigen Diabetes in Betracht kommt. Eine ausgesprochene Diabetesdekompensation bis zur Ketoazidose gilt als ungünstiges prognostisches Symptom für eine schwere Pankreatitis. Ein weiterer diabetogener Faktor sind der entzündliche Prozeß und die „Streßsituation“ der akuten Pankreatitis.
Die Therapie des Diabetes während der akuten Pankreatitis erfolgt mit Normalinsulin in Form multipler s. c., ggf. i. m. Injektion oder – weil besser steuerbar – mit einer Infusion.

Chronische Pankreatitis. Bei etwa einem Drittel der Patienten entwickelt sich ein manifester Diabetes, bei einem weiteren Drittel lediglich eine pathologische Glukosetoleranz. Bei Vorliegen einer Steatorrhö und ausgedehnten Verkalkungen ist mit der Notwendigkeit einer Insulintherapie zu rechnen. Daß Insulinbedürftigkeit ohne Steatorrhö nicht ohne weiteres die Diagnose eines „sekundären" Diabetes erlaubt, wurde bereits erwähnt.
Eine ähnliche Situation ergibt sich bei Pankreatektomiepatienten. Insulinempfindlichkeit und Hypoglykämieneigung können noch ausgeprägter sein. Verantwortlich dafür sind in erster Linie der komplette Glukagonmangel, der reduzierte Ernährungszustand und möglicherweise eine ungenügende Fermentsubstitution.

Im übrigen läßt sich die Frage, ob tatsächlich total pankreatektomiert wurde, mit Hilfe der C-Peptid-Bestimmung nach Glukagonstimulation entscheiden. Dieser Test dient als Hinweis auf eine evtl. noch vorhandene Eigeninsulinsekretion. Aus einem positiven Befund ergeben sich zwar keine therapeutischen Konsequenzen. Wenn jedoch ein als total pankreatektomiert deklarierter Patient einen auffällig niedrigen Insulinbedarf, beispielsweise unter 20 IE täglich, aufweist, kann diese scheinbare Diskrepanz mittels der C-Peptid-Bestimmung aufgeklärt werden. Nachweisbares C-Peptid spricht für Reste von Pankreasgewebe.

Für die Diabetesbehandlung ergeben sich, besonders für die fortgeschrittene Pankreatitis mit weitgehender Organdestruktion und für den Zustand nach Pankreatektomie, etwa die gleichen Richtlinien. Die Stoffwechselführung bereitet i. allg. keine besonderen Schwierigkeiten, sofern folgendes beachtet wird (s. auch Tabelle 74):

- Möglichst, besonders bei insulinempfindlichen und zu Hypoglykämien neigenden Patienten, Zweimalinjektion, bei Pankreatektomiepatienten selten auch Dreimalinjektion unter Verwendung von Normalinsulin. Insulinbedarf meistens 25–40 IE.
- Regelmäßige Nahrungszufuhr. Bei Unterernährung höhere Energiezufuhr. Es empfiehlt sich eine Nährstoffrelation von etwa 45% KH, 20% Eiweiß, 35% Fett. Eine schärfere Fettrestriktion ist trotz der Pankreasinsuffizienz weder notwendig noch erwünscht.
- Alkoholabstinenz.
- Konsequente und ausreichende Fermentsubstition. Bei unzureichender Substitution nimmt der Insulinbedarf infolge der negativen Kalorienbilanz durch massive Steatorrhoe ab.

Tabelle 74. Diabeteseinstellung bei Pankreaserkrankungen

Schwierigkeiten der Diabeteseinstellung	Ursachen
Labilität	Ungeeignetes Insulinregime, unregelmäßige Nährstoffresorption und Malassimilation wegen Fermentdefizit, Alkoholismus
Hypoglykämietendenz	Glukagonmangel (totale Pankreatektomie), Untergewicht, Alkohol, besonders bei ungenügender Nahrungszufuhr
Dekompensation bis zur Ketoazidose	Pankreatitis-, Cholangitisschub, Ketoazidose nach massiver Alkoholzufuhr bei gleichzeitig zu reichlicher Nahrungszufuhr

- Rechtzeitige Änderung der Therapie, evtl. zwischenzeitlich bei entzündlichem Schub einer chronischen Pankreatitis u. U. ausschließlich Normalinsulin.

Spezifische Diabeteskomplikationen wie eine Retinopathie, Nephropathie oder Neuropathie kommen auch beim „pankreopriven" Diabetes vor, jedoch in wesentlich milderer Form als beim genuinen Diabetes. Eine nephropathiebedingte Niereninsuffizienz oder ein ausgeprägter Visusverlust bis zur Erblindung als Folge einer Retinopathie wurden bisher nicht beobachtet. Eine Neuropathie kann sowohl durch den Diabetes wie auch durch den Alkoholabusus bzw. durch eine Kombination beider Faktoren verursacht werden.

12.5 Idiopathische Hämochromatose

Zu den führenden klinischen Symptomen gehört neben der Hautpigmentierung – „Bronzediabetes" – und der Leberzirrhose bzw. -fibrose der Diabetes mellitus, der auch als wichtiges diagnostisches Indiz für die Hämochromatose anzusehen ist. Dessen Pathogenese ist nicht eindeutig geklärt. Als wahrscheinliche Ursachen kommen in Betracht:

- Eisenablagerungen im Pankreas – jedoch besteht keine Korrelation der Siderose mit dem Vorhandensein oder der Schwere des Diabetes, ferner entwickelt sich kein Diabetes bei sekundären Siderosen.
- Heredität – die Diabeteshäufigkeit bei Verwandten von Hämochromatosepatienten entspricht der bei genuinem Diabetes.
- Leberzirrhose bzw. Fibrose – sie sind möglicherweise verantwortlich für die geringe Insulinempfindlichkeit.

Keine dieser Ursachen allein erklärt bisher die hohe Diabetesfrequenz von 60–80%, so daß eine Kombination verschiedener Faktoren anzunehmen ist.

Hinsichtlich der Therapie des Diabetes ergeben sich folgende Besonderheiten:
- 70% der Patienten sind insulinbedürftig, meist bereits zum Zeitpunkt der Diagnose;
- durchschnittlich höherer Insulinbedarf als beim genuinen Diabetes, oft 50–70 IE täglich;
- keine Instabilität;
- meistens zweimal tägliche Insulininjektion notwendig und auch ausreichend;
- die spezifische Mikroangiopathie (Retinopathie, Nephropathie) ist, wenn vorhanden, – wie bei anderen Formen des Pankreasdiabetes – wenig ausgeprägt.

Die Behandlung bereitet demnach, abgesehen von dem häufig höheren Insulinbedarf, keine besonderen Probleme. Trotz der Leberzirrhose als mögliche Ursache für die Insulinunempfindlichkeit müssen bei Patienten mit über 60–80 IE Insulinbedarf andere Ursachen, wie z. B. insulinneutralisierende Antikörper, ausgeschlossen werden.

12.6 Leber, Gallenblase

Die akute *Virushepatitis* kommt bei Diabetikern nicht mehr häufiger vor als bei Stoffwechselgesunden. Als Ursache ist die heute geringere Exposition gegenüber dem Hepatitis-B-Virus anzusehen, nachdem durch Verwendung von Einmalartikeln während der Hospitalisierung und der ambulanten Kontrollen die Chancen für eine Infektion geringer geworden sind.
Während des Verlaufs einer schweren Hepatitis kann es zu Schwie-

rigkeiten bei der Diabeteseinstellung kommen, die wie bei anderen Erkrankungen mehrfache Insulininjektionen und weitgehende Verwendung von Normalinsulin erfordern. Infolgedessen bedürfen Diabetiker mit akuter Hepatitis häufiger der Klinikaufnahme, als dies bei Stoffwechselgesunden der Fall ist.

Chronische Lebererkrankungen: Bei Leberzirrhotikern wurde von den meisten Autoren gehäuft ein manifester Diabetes festgestellt, von Creutzfeldt et al. (1971) bei 11,5–14%. Noch mehr Patienten zeigen eine pathologische Glukosetoleranz. Sie ist aber zum überwiegenden Teil nicht als Frühstadium des Diabetes, sondern als hepatische Glukosetoleranzstörung aufzufassen. Patienten mit Leberzirrhose, jedoch nicht mit chronischer Hepatitis zeichnen sich durch eine relativ geringe Insulinempfindlichkeit, möglicherweise infolge einer verminderten Rezeptorbindung, aus und haben deshalb einen höheren Insulinbedarf. Hinzu kommt eine stärkere Tendenz zur Bildung insulinneutralisierender Antikörper.

Therapeutische Schwierigkeiten bestehen i. allg. nicht, da keine Neigung zur Instabilität besteht. Der Insulinbedarf kann allerdings im Falle eines akuten Schubes noch zunehmen.

Patienten mit relativer Insulinresistenz haben wir mit gutem Erfolg mit Normalinsulin behandelt, und zwar meistens in einer höheren Morgendosis, während abends ein Verzögerungsinsulin verabreicht wurde. Das Normalinsulin verhindert stärkere postprandiale Hyperglykämien, führt andererseits trotz höherer Dosis wegen der Insulinempfindlichkeit nicht zur Hypoglykämie.

Falls wegen einer chronisch aggressiven Hepatitis Glukokortikoide verabfolgt werden müssen, steigt der Insulinbedarf i. allg. nur mäßig um etwa 20–30 IE an und geht nach Dosisreduktion wieder auf das vorherige Niveau zurück.

Die *Fettleber* findet sich v. a. beim übergewichtigen Typ-II-Diabetiker und hängt, wie Behringer et al. durch Leberbiopsien nachweisen konnten, vom Ausmaß der Adipositas ab. Die Diabeteseinstellung sowie die Diabetesdauer spielen offenbar keine wesentliche Rolle. Therapeutisch wirksam ist nur eine Reduktionskost.

Die Lebervergrößerung bei dekompensiertem Diabetes im jugendlichen Alter ist auf gleichzeitige Fett- und Glykogenvermehrung zurückzuführen und normalisiert sich nach ausreichender Insulinbehandlung.

Gallensteine werden zwar bei Diabetikern häufiger gefunden. Möglicherweise besteht keine direkte Korrelation zum Diabetes selbst. Entscheidender Faktor ist im Erwachsenenalter wahrscheinlich das Übergewicht, das auch ohne Diabetes mit einer höheren Cholelithiasishäufigkeit einhergeht. Die Komplikationen wie Gallenblasenempyem, Cholangitis, Abszedierungen und akute Pankreatitis verlaufen beim Diabetes oft besonders ungünstig, so daß auch aus diesem Grunde eine frühzeitige Cholezystektomie oder evtl. eine Steinauflösung indiziert sind.

Patienten mit autonomer viszeraler Neuropathie zeigen nicht selten eine große atonische Gallenblase, die sich anläßlich der Cholezystographie nicht darstellt. Ein negatives Cholezystogramm ist daher unter diesen Umständen kein eindeutiger Hinweis auf ein Steinleiden.

Literatur (zu 12)

Beringer, A, Hrabal I, Irsigler K, Thaler H (1967) Der Einfluß von Tolbutamid auf die diabetische Fettleber. Dtsch Med Wochenschr 92: 2388

Creutzfeldt W, Perings E (1972) Is the infrequency of vascular complications in human secondary diabetes related to nutritional factors? Acta Diabet Lat 9, Supl 1: 432

Creutzfeldt W, Sickinger K, Frerichs H (1971) Diabetes und Lebererkrankungen. In: Pfeiffer EF (Hrsg) Handbuch des Diabetes mellitus, Bd II, Lehmann-Verlag München

Heitmann P, Stöss U, Gottesbüren H, Martini GA (1973) Störungen der Speiseröhrenfunktion bei Diabetikern. Dtsch Med Wochenschr 98: 1151–1155

Kalk WJ, Vinik AI, Jackson WPU, Bank S (1979) Insulin secretion and pancreatic exocrine function in patients with chronic pancreatitis. Diabetologia 16: 355–358

Kassander P (1958) Asymptomatic gastric retention in diabetics (gastroparesis diabeticorum). Ann intern Med 48: 797–812

Mandelstam P, Lieber A (1967) Esophageal dysfunction in diabetic neuropathy-gastroenteropathy. Clinical and roentgenological manifestations. J Am Med Ass 201: 582

Riecken EO, Trojan HJ, Sauer H, Martini GA (1969) Diabetische Enteropathie und glutensensitive Enteropathie bei Diabetes mellitus. Internist (Berlin) 10: 269–275

Simon W, Vongsavanthong S, Hespel JP, Lecorna M, Bouvel M (1973) Diabète et hémochromatose. I. Le diabète dans l'hémochromatose idopathique. Sem Hôsp Paris 49: 2133–2141

Simon M, Vongsavanthong S, Jehan JP, Roussey M, Bouvel M (1973) Diabète et hémochromatose. II. Diabète de l'hémochromatose idiopathique et diabète commun. Sem Hôsp Paris 49: 2133
Strohmeyer G, Gottesbüren H, Behr C (1974) Diabetes mellitus bei akuter und chronischer Pankreatitis. Dtsch Med Wochenschr 99: 1481–1488
Strohmeyer G, Gottesbüren H, Behr C, Sauer H (1976) Diabetes mellitus bei idiopathischer Hämochromatose. Dtsch Med Wochenschr 101: 1055–1060
Taub S (1979) Gastrointestinale Erkrankungen beim Diabetes mellitus. Diabetes Care 2: 437–447

13 Schwangerschaft

Diabetes und Schwangerschaft bringen sowohl für die Mutter als auch für das Kind erhebliche Risiken mit sich. Die Frau ist, wie besonders in der Vorinsulinära, bei unzureichend behandeltem Diabetes durch Ketoazidose, EPH-Gestose und Infektionen gefährdet, das Kind durch intrauterinen Fruchttod, Lebensschwäche, Atemnotsyndrom und Mißbildungen (Tabelle 75).

13.1 Stoffwechselsituation

Die Ursachen für diese Risiken sind in der diabetischen Stoffwechselstörung und den ungünstigen Auswirkungen der Schwangerschaft auf die Stoffwechsellage zu sehen. Die Gefahren für die Mutter sind

Tabelle 75. Auswirkungen des Diabetes auf Mutter und Kind

Frühere Situation (Vorinsulinära)		Heutige Situation
Fertilität	Gering	Normal
Mütterliche Mortalität	Meist infolge Ketoazidose, bis 50%	Wie bei Stoffwechselgesunden, unter 0,2%
Aborthäufigkeit	Wahrscheinlich wie bei gesunden Frauen	
Perinatale Mortalität	über 50%	6–10% (in Spezialzentren 2–3%)
Mißbildungsrate	Keine konkreten Daten, jedoch ebenfalls deutlich erhöht	Noch 4–6% (3mal höher als normal), für 50% der Todesfälle verantwortlich, wenn perinatale Mortalität unter 5%

durch die Insulintherapie inzwischen weitgehend beseitigt, während auf seiten des Feten und des Kindes die perinatale Mortalität und die Mißbildungsrate noch nicht in gleichem Maße gebessert werden konnten.

Die Schwangerschaft hat einen eindeutig diabetogenen Effekt. Er zeigt sich in einer Abnahme der Insulinempfindlichkeit, einer „relativen Insulinresistenz", die das gesunde B-Zellsystem durch vermehrte Insulinsekretion kompensieren kann, so daß der Blutzucker normal bleibt.

Die graviditätsbedingten Stoffwechseländerungen sind in erster Linie hormonaler Genese. In der 8.–10. Woche nimmt der Insulinbedarf aus bisher nicht eindeutig geklärter Ursache ab. Die Diabetogenität manifestiert sich vom 2.–3. Trimenon als Zunahme des Insulinbedarfs. Ihr liegt wahrscheinlich eine gesteigerte Sekretion der kontrainsulinär wirkenden Plazentarhormone Progesteron, „human placental lactogen" (HPL) und Östriol zugrunde, die zu einer Verminderung der Insulinempfindlichkeit führen. Gleichzeitig kommt es zu einem vermehrten Abbau des Insulins in der Plazenta. Bei der Diabetikerin muß wegen der verminderten oder fehlenden Eigeninsulinproduktion Insulin injiziert oder im Falle einer bereits bestehenden Insulintherapie die Dosis erhöht werden.

Von Anfang an ist der Fetus einem pathologischen Stoffwechselmilieu ausgesetzt, da die Nährstoffe und Substrate des mütterlichen Plasmas diaplazentar in den fetalen Kreislauf diffundieren. Im Vordergrund stehen die mütterliche Hyperglykämie und das vermehrte Glukoseangebot. Hinzu kommen, v. a. bei dekompensiertem Diabetes, Störungen im Aminosäure- und Ketonkörperstoffwechsel. Von der 28. Schwangerschaftswoche an induziert die mütterliche und die damit auch erhöhte fetale Blutglukosekonzentration eine fetale B-Zellhyperplasie mit Hyperinsulinämie. Zu diesem Zeitpunkt haben sich die B-Zellen so weit entwickelt, daß sie auf die Hyperglykämie mit adaptiver Hyperplasie reagieren können. Das vermehrte Glukoseangebot und der Hyperinsulinismus führen zur fetalen Glukose-Insulin-Mast und damit zur Makrosomie mit Vermehrung des Fettgewebes und der Glykogendepots vorwiegend in Herz und Leber, zur Hepatomegalie, jedoch nicht zu beschleunigtem Skelettwachstum. Ein erhöhtes Plasmainsulin hat ferner eine ausgeprägtere Neugeborenenhypoglykämie zur Folge. Es ist heute gesichert, daß eine Normalisierung des Blutzuckers von Beginn bis zum Ende der Schwangerschaft, eine ungestörte Entwicklung des Feten garantiert, wahrscheinlich einschließlich der erhöhten Mißbildungsrate.

13.2 Therapie

Die zunehmend bessere Diabeteseinstellung führte zu einer entscheidenden Senkung der perinatalen Mortalität. Eine Normoglykämie erschien zunächst nicht notwendig, vielen Autoren besonders im ersten Schwangerschaftsdrittel wegen der vermeintlichen Schädigung durch Hypoglykämien sogar problematisch. Da intrauteriner Fruchttod und perinatale Mortalität gegen Ende der Schwangerschaft zunahmen, wurde meistens, und zwar vorzeitig in der 36.–37. Woche, überwiegend durch Sectio entbunden.
Seit etwa 10 Jahren wird das Schwergewicht auf eine normoglykämische Einstellung durch intensive Insulintherapie gelegt. Es wird mindestens 2mal, oft 3- bis 5mal täglich Insulin injiziert. Unter einem solchen Regime traten fetale Komplikationen, abgesehen von Mißbildungen, kaum noch gehäuft auf, so daß der normale Entbindungstermin abgewartet und dadurch die Frühgeburtlichkeit mit ihren Komplikationen verringert werden konnte. Die Notwendigkeit, per Sectio abdominalis zu entbinden, wurde damit seltener.

Warum ist Normoglykämie während des gesamten Schwangerschaftsverlaufs erwünscht?
- In der Frühgravidität zur Aufrechterhaltung des normalen Stoffwechselmilieus und damit zur Vermeidung von Fehlentwicklung und Mißbildungen;
- auch später noch, um die ungestörte Ausdifferenzierung des Nervengewebes zu gewährleisten;
- in den letzten 3 Monaten in erster Linie, um die Makrosomie zu verhindern, die sich als Folge einer Glukose-Insulin-Mast entwickelt.
  Wenn der diaplazentare Glukoseübertritt unter quantitativem Aspekt betrachtet wird, so bedeutet ein Anstieg des Blutzuckers von 90 auf 130 mg/dl eine etwa 50%ige Zunahme des Glukoseangebots an den Feten.

Therapeutisches Ziel. Die Kriterien für die Einstellung werden durch die BZ-Konzentration bei der nichtdiabetischen Schwangeren bestimmt. Besonders während der ersten Monate ist ihr Blutzucker nüchtern und postabsorptiv um etwa 10–20 mg/dl erniedrigt. Entsprechende Werte werden daher auch für die Diabetikerin angestrebt:
- Normoglykämie zwischen 60 und 130 mg/dl, postprandial unter 140–150 mg/dl, nur Einzelwerte selten höher.

- Glykohämoglobin unter 8%, Kontrolle alle 4 Wochen.
- Der BZ soll bereits während der teratogenen Phase in der 6.–8. Woche in der Hoffnung auf eine Reduzierung der Mißbildungsrate normalisiert sein. Da zu dieser Zeit häufig noch keine Gewißheit über die Schwangerschaft besteht, ist der Idealzustand eine *präkonzeptionelle* Neueinstellung des Diabetes, ggf. sogar mit einem Insulininfusionsgerät. Zuwarten bis zur Sicherung der Schwangerschaftsdiagnose würde in vielen Fällen bedeuten, daß eine ausreichende Einstellung während der ersten beiden Monate nicht gewährleistet ist. Die Schwangerschaft sollte demnach geplant werden.
- Hypoglykämien gelten nicht mehr als gravierendes Problem und als auslösender Faktor für Mißbildungen. Auch nach schweren Unterzuckerungen während der kritischen Phase waren mißgebildete Kinder nicht häufiger.
- Hypoglykämien werden von vielen Graviden bemerkenswert gut toleriert. Wahrscheinlich kommt es zu einer Gewöhnung an eine durchschnittlich niedrigere BZ-Konzentration, möglicherweise besteht außerdem eine veränderte Reaktionsweise in der Gravidität. *Schwere* Hypoglykämien sind selbstverständlich, wie auch sonst während der Diabetesbehandlung, zu vermeiden.

Diät

Die Kalorienzufuhr entspricht der bei der nichtdiabetischen Schwangeren. Der KH-Gehalt liegt meist zwischen 180 und 250 g, Eiweiß 1,3–1,8 g/kg KG, Fett 50–90 g, selten mehr.

Folgende spezielle Gesichtspunkte sind zu beachten:
- Keine Gewichtszunahme während der Gravidität von mehr als 6–10 kg. Gewichtskonstanz während der ersten Monate, später Zunahme von etwa 200–500 g/Woche.
- Keine Reduktionskost. Kaloriengehalt nicht geringer als 1600–1800 kcal Übergewicht soll möglichst vor oder sonst nach der Schwangerschaft abgebaut werden.
- Mindestens 180–200 g KH wegen der Ketoseneigung.
- Zu berücksichtigen ist der Glukoseverlust durch den Harn. Er kann bei ausgeprägter Senkung der Nierenschwelle für Glukose trotz befriedigenden BZ hoch sein.
- Anpassung der KH-Verteilung an das BZ-Profil, häufig KH-armes 1. Frühstück wegen postprandialer Hyperglykämie.

- Je 2 Zwischenmahlzeiten vormittags und nachmittags, v.a. bei entsprechender Hypoglykämietendenz.
- Natriumbeschränkung nur bei eindeutiger EPH-Gestose, unter Berücksichtigung auch der monosymptomatischen Formen, nicht jedoch bei leichter Ödemneigung.

Insulintherapie

Der Insulinbedarf steigt i.allg. in der Schwangerschaft wegen der abnehmenden Insulinempfindlichkeit, u.U. sogar bis auf das 2- bis 3fache, an. Lediglich während der 6.–10. Woche geht er bei einigen Patientinnen, ohne daß die Ursache geklärt ist, vorübergehend zurück. In den letzten 4–6 Wochen bleibt der Bedarf oft unverändert. Eine Labilität entwickelt sich nicht. Es werden im Gegenteil vorher bestehende BZ-Schwankungen meist gemildert, da die geringere Insulinempfindlichkeit gegen Ende der Schwangerschaft sich quasi als Puffer auswirkt.

Nach dem kurzdauernden, aber gelegentlich dramatischen Abfall des Insulinbedarfs in der Postpartalphase entspricht die Situation auch hinsichtlich der Labilität später wieder den Verhältnissen vor der Schwangerschaft. Eine durch die Gravidität verursachte und irreversible Progredienz ist unwahrscheinlich und wird allenfalls für den Typ-II-Diabetes für möglich gehalten.

Die Insulintherapie erfolgt dementsprechend den Schemata in Tabelle 37 (Kap.6) und Abb.24. Die Zahl der täglichen Injektionen wird durch die Stoffwechsellage und die Notwendigkeit einer Normoglykämie bestimmt (s.6.5).

Eine Einmalinjektion genügt nur selten, allenfalls bei bisher nicht insulinbedürftigen Diabetikerinnen, deren Blutzucker noch eben im Normbereich oder gering darüber liegt. Da auch bei ihnen im Laufe der Schwangerschaft der Insulinbedarf zunimmt, bleiben ihnen spätestens zu diesem Zeitpunkt 2 oder mehrfache Injektionen nicht erspart. Typ-I-Diabetikerinnen benötigen in der Regel 2, häufig sogar 3 oder 4 Insulininjektionen täglich entsprechend Abb.24.

Wenn 2mal täglich injiziert wird, hat sich eine morgendliche und abendliche Mischung von Intermediär- und Normalinsulin bewährt. Hyperglykämien nach dem 1. Frühstück oder nach dem Abendessen können durch Steigerung der NI-Dosis beseitigt werden. Häufig empfiehlt es sich, zusätzlich den KH-Gehalt des 1. Frühstücks zu reduzieren und für die 2. Vormittagshälfte mehr Kohlenhydrate zu verordnen mit dem Ziel einer Nivellierung des BZ-Profils.

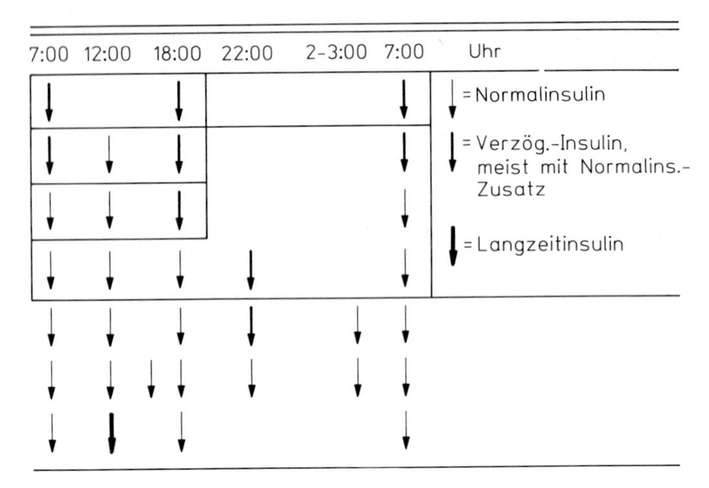

Abb. 24. Insulinregime in der Schwangerschaft. Verzögerungspräparate werden meist, besonders vormittags, mit Normalinsulin kombiniert

Ein derartig kombiniertes Vorgehen ist zweckmäßig, weil eine Steigerung der Insulindosis ohne Änderung der KH-Verteilung zu Hypoglykämien in der 2. Vormittagshälfte disponiert.
Ähnliche Probleme können während der Nachtzeit auftreten, wenn versucht wird, den Nüchternblutzucker zu normalisieren, gleichzeitig aber Hypoglykämien v. a. zwischen 0 und 4 Uhr vermieden werden sollen. Diese Patientinnen können oft ohne Schwierigkeiten eingestellt werden, wenn vor den 3 Hauptmahlzeiten Normalinsulin und vor dem Zubettgehen ein Intermediärpräparat injiziert wird (s. 6.5.4.).

Bei den meisten der von uns behandelten Patientinnen haben sich zur Erzielung einer Normoglykämie 3–4 Injektionen am besten bewährt. Die Mehrfachapplikation ist auch deswegen zweckmäßig, weil die Anpassung an eine veränderte Stoffwechsellage besonders während der ambulanten Betreuung einfacher ist. Die Einstellung ist flexibler und übersichtlicher, und zwar auch für den behandelnden Arzt. Von seiten der Patientin gibt es nur selten Schwierigkeiten und Vorbehalte. Durch den Kinderwunsch ist sie so motiviert, daß sie bereit ist, die erforderlichen Maßnahmen konsequent durchzuführen.
Wenn trotz mehrfacher täglicher Insulininjektionen keine Normoglykämie erreicht werden kann, sind Insulininfusionsgeräte ange-

zeigt. Der Entschluß sollte rasch gefaßt werden, damit keine Verzögerung durch langwierige Versuche mit der konventionellen Insulintherapie entstehen.
Die Kasuistik in Abb. 25 zeigt die Vorteile der Insulinpumpe im Vergleich zu einem Regime mit bis zu 5 Injektionen bei einer schwer einstellbaren Diabetikerin (Abb. 25).
Die Empfehlung, ggf. auch unter Einsatz der Insulininfusionsgeräte eine normoglykämische Einstellung zu erzielen, gilt auch für die präkonzeptionelle Phase.
Die Häufigkeit und die Bestimmungszeiten für den Blutzucker und auch für den Harnzucker werden durch die Einstellungsqualität und die Notwendigkeit der Anpassung der Insulindosis bestimmt (s. auch Kap. 3 und 6.5).

- BZ- und HZ-Selbstkontrolle ist die Basis der Stoffwechselführung. Die Bestimmung im Labor hat, außer bei Selbstasservierung des BZ, nur untergeordnete Bedeutung.
- Mindestens 2mal/Woche erfolgt ein BZ-Profil mit 4–6 Werten: 7 Uhr, 9–10 Uhr, 12 Uhr, 17 Uhr, 20 Uhr, 22 Uhr, gelegentlich auch nachts, besonders bei NBZ unter 60 mg/dl. Außerdem täglich – je nach Stoffwechsellage – 1–2 Kontrollen zu wechselnden Tageszeiten oder gezielt entsprechend einer etwaigen Tendenz zu Hypoglykämien oder Hyperglykämien. Bei Einstellungsschwierigkeiten sind tägliche Profile nicht zu umgehen.
- Mindestens 4mal täglich wird der HZ untersucht, unter Einbeziehung des Vormittagsurins wegen der Hyperglykämie nach dem 1. Frühstück. Oft wird sogar jede Harnprobe kontrolliert. Bei überwiegend aglukosurischer Einstellung genügt vorweg ein qualitativer Streifentest (Glukotest, Clinistix), erst bei positivem Ergebnis Diabur 5000, Diastix, Clinitest.
- Die ungefähre Höhe der Nierenschwelle für Glukose muß bekannt sein. Gleichzeitige BZ- und HZ-Kontrollen zeigen eine Erniedrigung der Glukoseschwelle an.

Gravide Diabetikerinnen sind nicht nur für die Selbstkontrolle, sondern auch für die Anpassung der Insulindosis besonders motiviert und beherrschen die Regeln (s. Kap. 6.6) oft nicht schlechter als ihre ärztlichen Ratgeber. Dosiert wird nach konkreten Regeln oder etwas freizügiger innerhalb eines vom Arzt gegebenen Rahmens. Dabei erweist sich der häufige telefonische Kontakt als sehr nützlich und für viele als unentbehrlich. Dies gilt in besonderem Maße für Patientinnen mit Insulinpumpen.

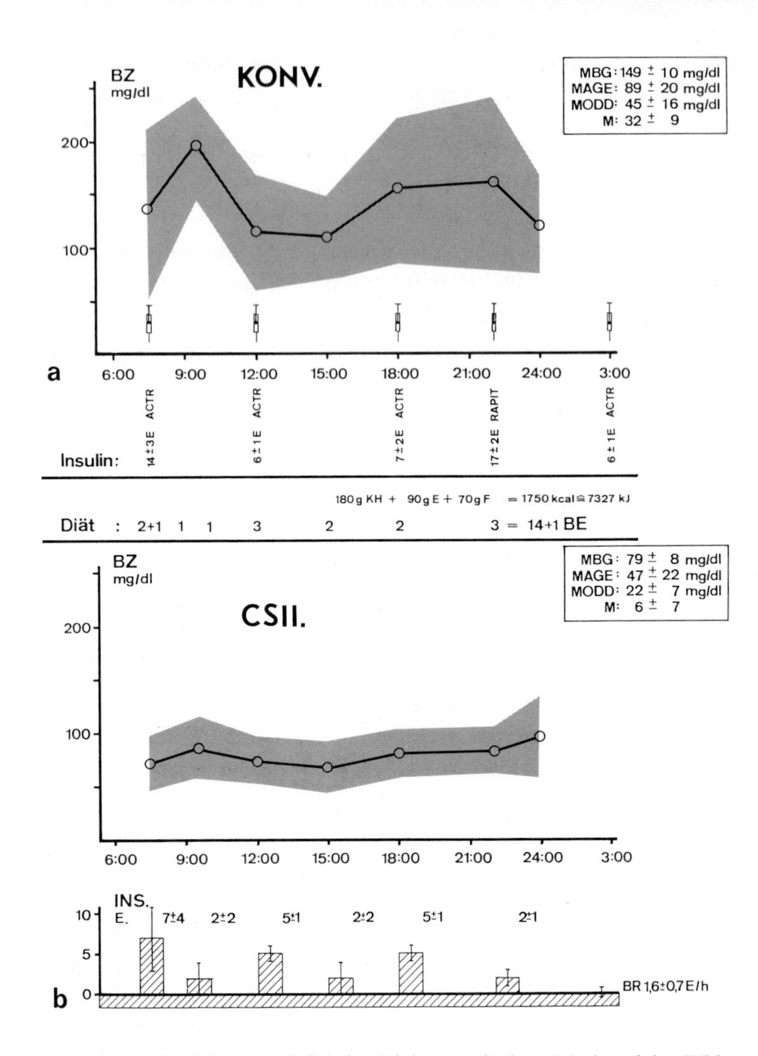

Abb. 25 a, b. Pat. T., 33 J., Lehrerin, Diabetes seit dem 7. Lebensjahr, White-Klasse D, Background-Retinopathie, bekannte Schwammniere (normale GFR), Zustand nach intrauterinem Fruchttod in der 35./36. SSW. HbA_1 zu Beginn der Gravidität 10,2%, Insulindosis 26 + 12 IE Insulatard Insulin Nordisk. Nach Übergang auf 5 Insulininjektionen (**a**) v. a. nüchtern und postprandial häufig ungünstige BZ. Mit Insulinpumpe (**b**) bis zum Ende der Schwangerschaft in ambulanter Kontrolle, berufstätig. HbA_1 8,9–5,6%. Mitt-

Orale Antidiabetika

Sulfonylharnstoffe und auch *Biguanide* sind kontraindiziert. Beim Menschen ergab sich zwar für eine Teratogenität bisher kein Anhalt. Zurückhaltung ist jedoch deswegen angebracht, weil ohnehin im weiteren Verlauf mit der schwangerschaftsbedingten passageren Intensivierung des Diabetes und Insulinbedürftigkeit zu rechnen ist. Schließlich können SH, da sie die Plazentarschranke passieren, durch Stimulation der fetalen B-Zellen die neonatale Hypoglykämie verstärken.

13.3 Komplikationen und Risikofaktoren

Komplikationen (s. Tabelle 76). Bei Patientinnen der White-Klassen D, E und F (Tabelle 77), also mit fortgeschrittener Angiopathie und besonders mit Nephropathie, bleibt trotz der Hyperglykämie als Folge einer ungenügenden Plazentardurchblutung und Nährstoffversorgung eine Makrosomie aus. Es kommt sogar zu „small for date babies". Eine *frühzeitige* Klinikeinweisung von der 32.–34. Woche an, eine sorgfältige Überwachung auch der Plazentarfunktion sind notwendig, damit die Entbindung zum geeigneten Termin, und zwar i. allg. durch Sectio, vorgenommen werden kann.
Eine progrediente Nephropathie mit Niereninsuffizienz stellt heute von diabetologischer Seite die einzige Interruptio dar. Die Entscheidung muß so früh wie möglich getroffen werden.
Wegen einer *Retinopathia diabetica* ist dagegen seit Einführung der Photokoagulation ein Schwangerschaftsabbruch nicht mehr angezeigt. Obgleich während der Gravidität retinale Läsionen deutlich

---

◀ lerer BZ 79 ± 8 mg/dl (n = 1070). Spontangeburt in der 40. SSW: Mädchen, 3800 g, 54 cm, Apgar 9/10/10. Gewichtszunahme der Mutter innerhalb der Schwangerschaft 12,1 kg. Insulindosis im Mittel 61 ± 12 IE/Tag (Basalrate 39 ± 16 IE, Abrufdosis 23 ± 8 IE). Maximale Insulindosis vor der Entbindung 108 IE/Tag. Nach der Niederkunft Umstellung auf konventionelle Therapie mit 28 + 10 IE Insulatard Nordisk. (Abkürzungen s. Tabelle 53 und Abb. 22)

Tabelle 76. Gefährdung der diabetischen Mutter und damit auch des Feten

Ursachen	Maßnahmen
– Diabetogene Wirkung der Schwangerschaft mit Zunahme des Insulinbedarfs	Prompte Intensivierung der Therapie
– Zunahme des Insulinbedarfs aus anderen Gründen (Infekte!)	
– Stoffwechselverschlechterung durch diabetogene Pharmaka: β-Mimetika (Fenoterol), kann zu massiver Hyperglykämie, evtl. zur Ketoazidose führen, ähnliche Situationen durch Glukokortikoide (Prophylaxe Atemnotsyndrom), weniger ausgeprägt bei Verwendung bestimmter Diuretika wie Thiazid, Furosemid und anderen	„Engmaschige" BZ-Kontrollen, besonders unter Fenoterol (evtl. im Abstand von 1–2 h), auch bei Glukokortikoiden
– Infektionen, v.a. der Harnwege	Sofortige Therapie, bei Rezidivneigung Dauerbehandlung. Routinemäßig Urinstatus bei Diabetesdekompensation
– Progrediente Niereninsuffizienz	Sorgfältige Überwachung der Nierenfunktion, des Diabetes, evtl. vorzeitige Entbindung durch Sectio

zunehmen oder erstmalig auftreten können, kommt es i. allg. nicht zu einer anhaltenden oder irreversiblen Progredienz. Gegebenenfalls muß rechtzeitig und ausgiebig genug photokoaguliert werden. Um zuverlässige Anhaltspunkte für die Entscheidung zur Koagulation zu erhalten, sind regelmäßige Kontrollen mit sorgfältiger, evtl. photographischer Dokumentation notwendig, und zwar möglichst unmittelbar vor der Schwangerschaft, nach ihrer Feststellung, dann alle 2 Monate, im Falle einer Befundzunahme häufiger, sogar bis zu einem Abstand von 1–2 Wochen.

Zusätzliche *Risikofaktoren,* die eine besonders sorgfältige Überwachung und eine frühzeitige Klinikaufnahme vor der 34.–36. Woche erfordern, sind:

Tabelle 77. White-Klassifikation des Diabetes in der Schwangerschaft

A	Pathologischer GTT, keine Symptome. Normoglykämie allein durch Diät erreichbar. Kein Insulin
B	Diabetesmanifestation im Erwachsenenalter (über 20 Jahre) *und* kurze Diabetesdauer (weniger als 10 Jahre)
C	Niedrigeres Manifestationsalter (1–19 Jahre) *oder* relativ lange Diabetesdauer (10–19 Jahre)
D	Manifestation im Alter unter 10 Jahren *oder* sehr lange Diabetesdauer (20 Jahre und mehr) *oder* klinische Symptome einer minimalen Gefäßerkrankung (z. B. Background-Retinopathie)
E	Verkalkung der Beckengefäße (röntgenologische Diagnose)
F	Nierenerkrankung (diabetische Nephropathie)
R	Proliferative Retinopathie
RF	Sowohl Nephropathie als auch proliferative Retinopathie
G	Multiple Komplikationen in der Schwangerschaft
H	Koronare Herzkrankheit
T	Schwangerschaft nach Nierentransplantation

internistisch:
- Lebensalter über 30 Jahre,
- Diabetesdauer über 10 Jahre,
- vorausgegangene ungenügende Diabeteseinstellung, d.h. BZ nicht im Normoglykämiebereich,
- Nephropathie, Niereninsuffizienz, Pyelonephritis,
- andere schwere Begleiterkrankungen;

geburtshilflich:
- Hydramnion,
- EPH-Gestose,
- abnormes Kardiotokogramm.

Pedersen u. Mølsted-Pedersen sehen die Schwangerschaft durch die PBSP („prognostically bad signs during pregnancy") in besonderer Weise gefährdet.

1. Klinische Pyelonephritis
   - Harnwegsinfekt (positive Kultur) mit Temperatur über 39 °C.
2. Präkoma oder schwere Azidose.
3. Durch Schwangerschaft induzierte Hypertension.
4. Ungenügende Kooperation: Schwangere Diabetikerinnen, die erst anläßlich der Geburt zur Aufnahme kommen oder Frauen, die psychopathisch oder von geringer Intelligenz sind, die sich in schwierigen sozialen Verhältnissen befinden und die erst später als 60 Tage vor dem Termin zur Behandlung erscheinen.

Als Warnsymptom, das einer sofortigen Klärung bedarf, ist ein plötzlicher Rückgang des Insulinbedarfs im letzten Trimenon aufzufassen, da unter diesen Umständen dringender Verdacht auf intrauterinen Fruchttod besteht.

13.4 Geburtshifliche Kontrollen

Ultraschalluntersuchung. Sogleich nach der Diagnose der Schwangerschaft, jedoch nicht vor der 6. Woche, wird die erste Kontrolle vorgenommen. Weitere Untersuchungen erfolgen in der 16.–20. Woche und von der 28. Woche an in 2wöchentlichem Abstand.

Kardiotokographie (CTG). Kontrolliert wird ab der 32. Woche, zunächst bei jeder ambulanten Untersuchung, jedoch nicht seltener als einmal wöchentlich. Täglich, in bestimmten Risikosituationen sogar mehrfach, wird das CTG während der stationären Behandlung kontrolliert.

Bisher wurden zur Diagnostik der Plazentarfunktion HPL („human placentar lactogen") im Urin, Östriol sowohl im Harn als auch im Serum untersucht, ferner der L:S-(Lecithin-Sphingomyelin-) Quotient sowie von einigen Autoren Insulin und C-Peptid in der Amnionflüssigkeit. Ein solches Monitoring hat sich jedoch inzwischen als nicht zuverlässig genug erwiesen. Lediglich die Östriolbestimmung gilt noch als wichtiger Hinweis zumindest auf die Notwendigkeit engmaschiger CTG-Kontrollen.

Eine α-Fetoproteinbestimmung ist zur Erfassung von Mißbildungen in der 16. Schwangerschaftswoche notwendig.
Der Termin für die Entbindung richtet sich nach den vorliegenden Komplikationen und der Plazentarfunktion. Bei optimaler Diabeteseinstellung, die durch entsprechende BZ- und HZ-Befunde belegbar sein muß, und bei unkompliziertem Verlauf der Schwangerschaft wird bis zum Termin bzw. bis zur 38./39. Woche abgewartet. Die Entbindung erfolgt vorzugsweise auf vaginalem Wege. Verschiedene Risikofaktoren erfordern eine besonders intensive Überwachung, frühzeitige Klinikaufnahme und u. U. vorzeitige Entbindung und stellen eine breitere Indikation für die Sectio caesarea dar.

13.5 Geburt und Postpartalphase

Spontangeburt. Als erstes wird eine Infusion mit 5%iger Glukoselösung angelegt. Liegt der BZ über 140 mg/dl, werden geringe Insulindosen zugesetzt, bei niedrigeren Werten wird unter BZ-Kontrollen in Abständen von etwa 3 h abgewartet. Zuviel Insulin kann während der Geburt wegen der mit den Wehen verbundenen intensiven Muskeltätigkeit und auch nach der Geburt wegen der oft hohen Insulinempfindlichkeit zu Hypoglykämien führen.

Einleitung der Geburt. Es empfiehlt sich ein ähnliches Vorgehen. Eine Alternative stellt die Infusion von 10%iger Glukoselösung mit einem geringen Zusatz von Normalinsulin, und zwar etwa 10–12 IE/500 ml dar.

Sectio caesarea. Am Tage vorher Therapie wie bisher.
Am Entbindungstag:
7–8 Uhr: BZ-Kontrolle (Schnelltest oder Laborbestimmung, deren Wert innerhalb von 30 min vorliegen muß), Prämedikation;
ca. 8.30 Uhr: Glukoseinfusion 5%ig (etwa 150 g/24 h), anschließend Sectio;
nach der Operation erneute BZ-Kontrolle, falls notwendig Normalinsulininjektion oder Zusatz zur Infusion;
weitere BZ-Kontrollen gegen Mittag und nachmittags;
18–19 Uhr: entsprechend der bisherigen Stoffwechsellage Injektion von ½ bis ⅓ der bisherigen Abenddosis, meist aber Fortführung der Glukoseinfusion mit Normalinsulin.

Bei Patientinnen, die mit Insulininfusionsgeräten behandelt werden, erfolgt die Geburt unter Weiterführung der Pumpentherapie. Gelegentlich wurde sogar, besonders in schwierigen Situationen, zur Überbrückung der peripartalen Phase der Biostator eingesetzt (s. 6.6).

Postpartalphase. Unter Umständen fällt der Insulinbedarf für 1–4 Tage auf etwa 10–15 IE, selten noch weiter ab. Dieser drastische Rückgang kommt besonders in Anbetracht des hohen Insulinbedarfs in der 2. Schwangerschaftshälfte für den Unerfahrenen überraschend und kann bei Nichtbeachtung und zu hoher Insulindosis zu schweren Hypoglykämien führen. Die Ursache ist noch ungeklärt.

Einige Tage später entspricht der Insulinbedarf wieder dem Prägraviditätsniveau.

Neugeborenes. Die Gefährdung erfordert bereits zur Zeit der Geburt die Anwesenheit eines Pädiaters oder eines perinatologisch versierten Kollegen und danach die Verlegung in die Kinderklinik oder eine entsprechend versorgte Station. Besondere Gefahren drohen durch:

- Hypoglykämie unter 30 mg/dl bei reifen Neugeborenen, unter 20 mg/dl bei Frühgeburten – je niedriger der mütterliche BZ-Wert, um so ausgeprägter die neonatale Hypoglykämie,
- Hyaline-Membran-Syndrom (HMS) – heute wesentlich seltener als früher,
- Hypokalzämie, gehäuft bei Kindern diabetischer Mütter – bei Auftreten typischer Symptome Kalzium i.v. geben,
- Hyperbilirubinämie – ggf. Phototherapie.

13.6 Diabetesfrühstadien und Gestationsdiabetes

Frühstadien. Bei Vorliegen eines *potentiellen Diabetes* oder einer *pathologischen Glukosetoleranz* wird außer dem üblichen HZ-Test alle 2–3 Monate ein oraler Glukosetoleranztest (100 g Glukose oder Dextro-oGT) durchgeführt. Findet sich ein pathologischer Wert, ist ein BZ-Profil einschließlich des Wertes 1 h postprandial notwendig. Frauen mit pathologischer Glukosetoleranz werden diätetisch behandelt, solange das Tagesprofil, möglichst an 2 aufeinanderfolgenden Tagen, normoglykämisch ist. Daß ein pathologisches Testergebnis allein bei im übrigen normalem BZ eine Insulinbehandlung erfordert, konnte bisher nicht bewiesen werden.

Die frühere Annahme aufgrund retrospektiver Untersuchungen, daß die perinatale Mortalität bei potentiellem Diabetes oder pathologischer Glukosetoleranz erhöht ist, wurde durch neuere prospektive Studien widerlegt.

Gestationsdiabetes. Definitionsgemäß handelt es sich um eine Glukosetoleranzstörung oder einen manifesten Diabetes, der lediglich

während der Schwangerschaft besteht. Vorher und nachher ist die Glukosetoleranz normal. Die Diagnose „Gestationsdiabetes" kann daher erst aufgrund eines normalen Toleranztests etwa 6 Wochen nach der Schwangerschaft gesichert werden.
Was den *Schwangerschaftsverlauf* anlangt, so ist bei diesen Frühformen des Diabetes mit einer eindeutig erhöhten perinatalen Mortalität nicht zu rechnen. Der normale Entbindungstermin sollte abgewartet werden unter sorgfältiger Kontrolle von BZ und Schwangerschaftsverlauf. Nur bei geburtshilflichen Komplikationen muß die Gravidität frühzeitiger beendet werden.

Abschließend ist festzuhalten, daß die Schwangerschaft für den Föten zwar ein erhebliches Risiko darstellt, daß es aber andererseits möglich ist, durch sachgemäße und intensive Behandlung die erhöhte perinatale Mortalität weitgehend oder völlig zu beseitigen und eine normale Entwicklung des Föten zu gewährleisten. Die Patientin muß daher von einem in der Diabetologie versierten Kollegen und einem mit den spezifischen Problemen vertrauten Gynäkologen betreut werden. Voraussetzung ist eine nahtlose Zusammenarbeit während der gesamten Dauer der Schwangerschaft. Zweckmäßigerweise erfolgt darüber hinaus die Betreuung bis zur Entbindung durch ein Spezialzentrum, damit alle heute zur Verfügung stehenden therapeutischen Möglichkeiten ausgenutzt werden können.

Literatur (zu 13)

Carstensen LL, Frost-Larsen K, Fugleberg S, Nerup J (1982) Does pregnancy influence the prognosis of uncomplicated insulin-dependent diabetes mellitus? Diabetes Care 5: 1–5

Daweke H, Hüter KA, Sachsse B, Gleiss J et al. (1970) Diabetes und Schwangerschaft. Dtsch Med Wochenschr 95: 1747–1755

Deutsche Diabetes-Gesellschaft (1982): Die ärztliche Führung der graviden Diabetikerin. Dtsch. Ärztebl 79, Heft 40: 1–3

Gödel E, Amendt P, Amendt U, Albrecht G, Jutzi E, Bruns W (1975) Diabetes und Schwangerschaft. Karger, Basel. (Fortschritte der Geburtshilfe und Gynäkologie 54, S 33–56)

Horký Z (1965) Der Insulinverbrauch bei diabetischen Frauen während der Schwangerschaft und bei der Geburt. Zentralbl Gynaekol 87: 672–678

Jovanovic L, Peterson CP (1982) Optimal insulin delivery for the pregnant diabetic patients. Diabetes Care 5: 24

Lev-Ran A, Goldman A (1977): Brittle diabetes in pregnancy. Diabetes 26: 916–930

Mintz DH, Skyler JS, Chez RA (1978) Diabetes mellitus and pregnancy. Diabetes Care 1: 49–63

Niederau CM, Potthoff S, Gries FA, Reinauer H (1980) Zum Aussagewert von glykosidierten Hämoglobinen bei Diabetes mellitus und bei Gravidität. Lab Med 4: 9–14

Pedersen J, Mølsted-Pedersen L (1965) Prognosis of the outcome of pregnancies in diabetics. Acta Endocrin 50: 70–78

Potthoff S (1981) Diabetes und Schwangerschaft – internistisch-geburtshilfliche Kooperation. Therapiewoche 31: 8265–8273

White P (1978) Classification of obstetric diabetes. Am J Obstet Gynec 130: 228–230

Zusammenfassende Darstellungen

Heisig N (1975) Diabetes und Schwangerschaft. Thieme, Stuttgart

Irsigler K, Regal H, Brändle J (Hrsg) (1978) Diabetesprobleme in der Schwangerschaft. 1. Lainzer Diabetes-Symposium, 10./11. März 1978. Urban & Schwarzenberg, München Wien Baltimore

Pedersen J (1977) The pregnant diabetic and her newborn, 2nd edn. Munksgaard, Kopenhagen

Plotz EJ, Bellmann O, Leyndecker G (1981) Endokrine Erkrankungen und Schwangerschaft. In: Käser O, Friedberg V (Hrsg) Gynäkologie und Geburtshilfe, II/2: Schwangerschaft und Geburt. Thieme, Stuttgart New York; 8.83–8.111

14 Eugenische Ratschläge und Antikonzeption

14.1 Eugenische Beratung

Angesichts der genetischen Heterogenität müssen die eugenischen Ratschläge entsprechend dem unterschiedlichen Erbgang beider Diabetestypen differenziert werden. Verständlicherweise suchen i. allg. Typ-I-Diabetiker eine Beratung bereits vor der Heirat. Bei Typ-II-Patienten entwickelt sich der Diabetes meistens erst dann, wenn Nachkommenschaft bereits vorhanden ist.

Vor der genetischen Beratung sollte man versuchen, sich über die folgenden Fragen Klarheit zu verschaffen:

- Welcher Diabetestyp liegt bei den Eltern vor?
- Wie ausgeprägt ist die familiäre Diabetesbelastung: nur eine elterliche Linie oder beide, oder sogar konjugaler Diabetes, Erkrankungen der Geschwister?
- Liegen von seiten des Diabetes, v. a. bei Erkrankung der Frau, Komplikationen vor, die die spätere Betreuung der Kinder erschweren?

Der Diabetestyp des betreffenden Elternteils bestimmt sowohl die Wahrscheinlichkeit der Diabeteserkrankung in der Nachkommenschaft wie auch den zu erwartenden Diabetestyp. Vorkommen eines Typ-I-Diabetes in einer Typ-II-Familie und umgekehrt sind offensichtlich zufällig.

Typ-I-Diabetes. Entgegen früheren Vermutungen ist die Wahrscheinlichkeit einer Diabeteserkrankung bei Kindern von Typ-I-Diabetikern ausgesprochen niedrig. Sie liegt um 2%, wenn ein Elternteil, bei 3–4%, wenn beide Eltern zuckerkrank sind, bei 5–10%

für Geschwister eines bereits diabetischen Kindes. Dies bestätigen auch die Untersuchungen von Simpson (1968), der 3709 Familien mit insgesamt 10553 Kindern untersuchte mit einem Durchschnittsalter von 33 Jahren. Es handelt sich daher offenbar bei ihnen in erster Linie um einen juvenilen (Typ-I-)Diabetes. Wenn nur ein Elternteil Diabetiker war, lag die Diabeteshäufigkeit bei den Kindern bei 0,99%, bei Diabeteserkrankung beider Eltern (konjugaler Diabetes) ergab sich die nicht wesentlich höhere Frequenz von 2,98%.
Die heute zur Verfügung stehenden Daten erlauben eine Prognose für das Kind jedoch nur bis zum 20. oder höchstens bis zum 25. Lebensjahr. Mit zunehmendem Alter verliert das Problem ohnehin an Bedeutung, da der Typ-I-Diabetes seltener wird.
Durch die Bestimmung der HLA Antigene läßt sich das Diabetesrisiko unter den Verwandten 1. Grades eines Typ-I-Diabetikers, besonders für die Geschwister, in einem früher nicht für möglich gehaltenen Ausmaß näher präzisieren.
Besteht unter den Geschwistern HLA-Identität, d.h. Übereinstimmung hinsichtlich der beiden Haplotypen, so muß zumindest im nördlichen Europa mit einem Diabetesrisiko von 30% bis zum 30. Lebensjahr gerechnet werden. Wesentlich geringer ist die Wahrscheinlichkeit bei Identität hinsichtlich nur eines Haplotyps, jedoch immer noch 25–30× so hoch wie in der Normalpopulation. Beim Fehlen jeglicher Identität entspricht das Risiko den in nicht-diabetischen Familien. Eine weitere Präzisierung innerhalb einer Familie mit Typ-I-Diabetes ermöglicht die zusätzliche Bestimmung der komplementbindenden Inselzellantikörper. So geht ein positiver Befund mit einem 11%igen Diabetesrisiko einher (Gorsuch et al. 1982).

Typ-II-Diabetes. Die Wahrscheinlichkeit einer Erkrankung in der Nachkommenschaft ist zwar häufig, der Diabetes jedoch wegen der geringeren Intensität und des späteren Manifestationsalters weniger gravierend. Für die Kinder eines diabetischen Elternteils muß mit einer Erkrankungswahrscheinlichkeit von 30–50%, für die Geschwister von 20–40% gerechnet werden. Konkrete Zahlen liegen jedoch nicht vor. Falls beide Eltern zuckerkrank sind, ergibt sich bei einer Hochrechnung bis zum 80. Lebensjahr eine Wahrscheinlichkeit bis zu 80%.

Der MODY-Typ zeigt eine ausgeprägte genetische Penetranz. Die bisherigen Beobachtungen sprechen für einen autosomal-dominanten Erbgang, wahrscheinlich aber mit mehreren heterogenen Varianten. Immerhin beträgt das Diabetesrisiko für die Nachkommenschaft etwa 50%. So hatten in 26 Familien von Patienten mit MODY-Diabetes 85% der Eltern einen Diabetes, 46% der Großeltern und 53% der Geschwister (Tattersall u. Fajans 1975).

Diese Umstände, nämlich die relativ hohe Wahrscheinlichkeit einer – jedoch gutartigen – diabetischen Stoffwechselstörung in der Nachkommenschaft sind bei der Beratung zu berücksichtigen. Eine normoglykämische Einstellung ist offensichtlich ohne größere Schwierigkeiten zu erreichen. Wenn auch keine umfangreichen Langzeitbeobachtungen vorliegen, so ist mit einer ge-

Tabelle 78. Wichtige Gesichtspunkte für die Beratung von diabetischen Schwangeren

Kind	
Aborthäufigkeit	Wahrscheinlich nicht erhöht
Perinatale Mortalität	Bei sachgemäßer Behandlung < 5%, bei Normoglykämie wahrscheinlich < 2%
Mißbildungen insgesamt	5–7%
schwer	2–3%, bei Normoglykämie < 1%?
Spätere kindliche Entwicklung	Bisher keine Störungen nachweisbar
Diabeteserwartung bis zum 12. Lebensjahr:	
ein Elternteil Typ I	2–3%
ein Geschwisterteil Typ I	3–4%
Mutter	
Diabetesprogredienz Typ I	Nur passager erhöhter Insulinbedarf
Typ II	Wahrscheinlich ebenfalls keine permanente Verschlechterung
Ungünstiger Einfluß auf Retinopathie	Passagere Verschlechterung möglich, i. allg. post partum Status quo ante
Nephropathie	Falls ausgeprägt mit eingeschränkter Nierenfunktion Gefährdung der Mutter (evtl. zusätzlich EPH-Gestose) und des Föten
Schwere Angiopathie, Nephropathie bzw. Neuropathie	spätere Fürsorge für das Kind nicht immer gewährleistet

ringeren Gefährdung durch Mikroangiopathie und Neuropathie im Vergleich zum Typ-I-Diabetes und längerer Lebenserwartung zu rechnen.

Die eugenische Beratung ist jedoch unvollständig, wenn nur die genetischen Gesichtspunkte und nicht der Gesundheitszustand, v.a. der Mutter, berücksichtigt wird. Sie kann, besonders wenn eine diabetische Nephropathie vorliegt, durch die Schwangerschaft erheblich gefährdet werden. Außerdem wird bei Frauen mit schwerer Angiopathie und damit ungünstiger Prognose die spätere Fürsorge und Erziehung des Kindes in Frage gestellt. Die für die Beratung wichtigen Fragen und Antworten sind in Tabelle 78 zusammengefaßt.

Literatur (zu 14.1)

Creutzfeldt W, Köbberling J, Neel V (eds) (1976) The genetics of diabetes mellitus. Springer, Berlin Heidelberg New York

Gorsuch AN, Spencer KM, Lister J, Wolf E, Bottazzo GF, Cudworth AG (1982) Can Future Typ I Diabetes Be Predicted? A study in Families of Affected Children. Diabetes 31: 862–866

Köbberling J (1976) Genetic heterogeneities within idiopathic diabetes. In: Creutzfeldt W, Köbberling J, Neel V (eds) The genetics of diabetes mellitus. Springer, Berlin Heidelberg New York

Köbberling J, Brüggeboes (1980) Prevalence of Diabetes among Children of Insulin-dependent Diabetic Mothers. Diabetologia 18: 459–462

Sauer H, Bigalke C (1978) Genetische Aspekte des Diabetes mellitus. Gynäkologie 11:103–109

Simpson NE (1968) Diabetes in the families of diabetics. Can Med Ass J 98:427–432

Tattersall RB, Fajans SS (1975) A difference between the inheritance of classic juvenile-onset and maturity-onset of young people. Diabetes 24:44

Theile U (1978) Genetische Fragen bei Diabetes mellitus. Internist 19: 458–464

14.2 Schwangerschaftsverhütung, weibliche Sexualhormone, Menstruationszyklus

Unabhängig davon, ob eine Kontrazeption in erster Linie von der Patientin gewünscht wird oder ob eine medizinische Indikation besteht, ist sorgfältig zu überlegen, welche Maßnahmen in Betracht kommen. Dabei muß berücksichtigt werden, daß die Sterilisation ein irreversibler Eingriff ist, die hormonale Kontrazeption andererseits mit Risiken von seiten des Gefäßsystems verbunden sein kann. Ungünstig ist i. allg. die Situation der schwangeren Diabetikerin im jugendlichen Alter. Die Gravidität fällt nicht nur in die auch von der Stoffwechsellage her oft schwierige Entwicklungsphase und bringt erhebliche Hindernisse für eine passende und qualifizierte Berufsausbildung mit sich. Besonders in diesem Lebensabschnitt ist es wichtig, ein möglichst sicheres und doch risikoarmes Verfahren zu finden, zumal eine Sterilisation nicht vorgenommen werden kann. Die Beratung der Patientin und die Therapie sollen möglichst nach einem Konsil mit einem diabetologisch versierten Internisten und einem endokrinologisch erfahrenen Gynäkologen erfolgen.
Die *Sterilisation* kommt als radikales und irreversibles Verfahren unter folgenden Umständen in Betracht:

- wenn ausdrücklich von der Patientin bzw. auch dem Ehemann gewünscht,
- wenn andere Maßnahmen nicht akzeptiert werden,
- wenn andere Maßnahmen aus medizinischen Gründen abgelehnt werden müssen, wie bei Unverträglichkeit der Pille oder Vorliegen der unten angeführten Kontraindikationen,
- besonders bei fortgeschrittenen Diabetesstadien (Langzeitdiabetes, Vorhandensein von neurovaskulären Komplikationen, insbesondere Nephropathie),
- wenn nach der Geburt von einem oder mehr Kindern weitere Schwangerschaften nicht mehr gewünscht werden oder, wie auch meist von medizinischer Seite empfohlen, vermieden werden sollen.

Hormonale Kontrazeptiva
Die Indikationsstellung und die Präparateauswahl müssen sorgfältig erfolgen, damit eine unnötige Verschlechterung der Stoffwechsellage und eine Gefährdung durch vaskuläre Komplikationen möglichst verhindert wird.

Nur bei einem geringen Teil der stoffwechselgesunden Frauen wird die Glukosetoleranz infolge einer Herabsetzung der Insulinempfindlichkeit vermindert. Gleichzeitig entwickelt sich kompensatorisch eine geringe Hyperinsulinämie.
Die Wirkung der Östrogene ist wahrscheinlich stärker als die der Gestagenkomponente, obgleich dies im Einzelfall schwer zu quantifizieren ist. Die Frage, ob nur Östrogene oder auch Progesteron die Neigung zu Thrombosierungen in der arteriellen Strombahn und damit die Verschlußkrankheit ungünstig beeinflussen, ist noch nicht endgültig entschieden.
Die Minipille, die lediglich niedrige Gestagendosen enthält, beeinflußt an sich den Stoffwechsel nicht, kann jedoch über eine Follikelpersistenz zu vermehrter endogener Östriolsekretion führen. Störend sind ferner die häufig auftretenden Schleimhautblutungen. Ein Problem sind die Einnahmezeiten, die wegen der Sicherheit minutiös eingehalten werden müssen.
Diese Umstände führen erfahrungsgemäß besonders bei jungen Mädchen häufiger zum Abbruch der Medikation. Insgesamt ist daher die Minipille mit zu großen Unsicherheitsfaktoren belastet.
Vorzuziehen ist auch unter Berücksichtigung der Diabetessituation die sog. Mikropille mit einem Ethinylestradiolgehalt von nur 0,03 mg.

Unter Östrogenen kommt es bei Frauen mit pathologischer Glukosetoleranz bei gleichzeitiger Hyperlipoproteinämie und Adipositas häufiger zu einer Verschlechterung, so daß eine hormonale Antikonzeption unter diesen Umständen vermieden werden sollte. Als therapeutische Konsequenz ergibt sich, daß auch bei manifestem Diabetes unter bestimmten Umständen östrogen- und wahrscheinlich auch gestagenhaltige Präparate wegen des kardiovaskulären Risikos und der Diabetogenität i. allg. nicht verordnet werden sollen:

- Lebensalter über 35–40 Jahre,
- Risikofaktoren wie Hyperlipoproteinämie, Hypertonie, Nikotinabusus,
- arterielle Verschlußkrankheit und fortgeschrittene Mikroangiopathie (Retinopathie und Nephropathie),
- bereits früher eingetretene Stoffwechselverschlechterung durch Kontrazeptiva.

Andererseits muß auch bei Patientinnen mit fortgeschrittener Angiopathie eine wirksame Antikonzeption gewährleistet sein, da eine Gravidität ein erhebliches Risiko darstellen würde. Die Entscheidung über die Methode, insbesondere auch über die Wahl des Präparats soll, wie auch in anderen unklaren Situationen (schwer einstellbarer Diabetes, bereits eingetretene Stoffwechselverschlechterung durch

die Pille), von diabetologisch und endokrinologisch erfahrenen Ärzten getroffen werden.
Von der *Spirale* als Alternative soll wegen der Gefährdung durch entzündliche Komplikationen abgesehen werden, solange der Diabetes schlecht eingestellt ist und aus diesem Grunde mit vaginaler Candidose oder pathologischer Bakterienbesiedlung gerechnet werden muß, die eine Endometritis begünstigen können.

Hormontherapie im Klimakterium. Selbstverständlich gelten auch im Klimakterium für die Anwendung von östrogen- oder gestagenhaltigen Präparaten die bereits erwähnten Vorsichtsmaßregeln und die Forderung, die Medikation zwischen dem Diabetestherapeuten und dem Frauenarzt abzustimmen. Trotz der zweifellos bei Diabetikern in diesem Lebensalter vorliegenden Risiken kann bei schweren Ausfallerscheinungen besonders bei Osteoporose, nicht auf eine Substitution verzichtet werden.

Zyklusbedingte Änderungen der Stoffwechsellage infolge geringerer Insulinempfindlichkeit zeigen sich bei etwa 20% der Frauen in der prämenstruellen Phase etwa 4–10 Tage vor Einsetzen der Regel. Oft geht der Insulinbedarf bereits am ersten Tag der Menstruation oder bereits einen Tag vorher zurück, so daß bei unveränderter Insulindosis häufiger Hypoglykämien auftreten. Diese Aufeinanderfolge von prämenstrueller Stoffwechselverschlechterung und Hypoglykämieneigung während der ersten Menstruationstage ist keineswegs obligat. Unter Umständen kommt es auch nur zu prämenstruellem BZ-Anstieg ohne anschließende Hypoglykämietendenz oder umgekehrt. Die Mehrzahl der Diabetikerinnen zeigt jedoch keine derartigen Veränderungen der Stoffwechsellage, die im übrigen bisher nur bei Insulinpatientinnen beobachtet werden.
Zur Bestätigung des Verdachts auf eine Beeinflussung der Diabeteseinstellung genügen einzelne BZ- und HZ-Tests oder auch anamnestische Angaben nicht. Während einer stationären Behandlung ist eine Klärung nur selten möglich, da der Aufenthalt zu kurz ist. Die Beobachtung muß sich auf mindestens 2 oder besser mehr Zyklen erstrecken, damit die Stoffwechselbefunde verwertbar sind. Nach Klärung der Situation wird die Insulindosis, am besten aufgrund der Selbstkontrollprotokolle, angepaßt. Besonders bei unregelmäßigem Zyklus ist es zweckmäßig, einen Menstruationskalender zu führen oder ggf. die Basaltemperatur zu messen, da sich auf diese Weise Anhaltspunkte für den richtigen Zeitpunkt der Änderung der In-

sulindosis ergeben. Meistens werden 4–8 IE zusätzlich benötigt. Die Patientinnen müssen besonders darauf aufmerksam gemacht werden, die Dosis ggf. mit dem Menstruationsbeginn rechtzeitig zurückzunehmen.

Es ist nicht zu verantworten, eine Verschlechterung des Diabetes während der prämenstruellen Phasen ohne Anpassung der Insulindosis über Jahre zu tolerieren. Immerhin umfassen diese Perioden innerhalb jedes Menstruationszyklus 4–7 Tage und etwa 20% der Gesamtzeit während der produktiven Phase der Diabetikerin. Außerdem wurde während der prämenstruellen Zeit eine Häufung von Ketoazidosen oder Ketosen festgestellt.

Literatur (zu 14.2)

Frerichs H (1971) Veränderungen des Kohlenhydratstoffwechsels durch contraceptive Steroide bei der Frau. In: H Kewitz (Hrsg) Nebenwirkungen contraceptiver Steroide. Westkreuz, Berlin, S 75–92

Hausmann L, Kaffarnik H (1975) Einfluß von Ovulationshemmern auf den Glukosestoffwechsel. Dtsch Med Wochenschr 100:1703–1709

Hautecouverture M, Slama G, Assan R, Tchobroutsky G (1974) Sex related diurnal variation in venous blood glucose and plasma insulin levels. Effects of estrogen in men. Diabetologia 10.D725–730

Hinckers HJ (1973) Die Glukosetoleranz während des Zyklus bei genetisch belasteten und unbelasteten Frauen. Geburtshilfe Frauenheilkd 33:184–187

Rose GA (1981) Orale Kontrazeptiva und kardiovasculäre Erkrankungen. Welche Zusammenhänge sind gesichert? Dtsch Aerztebl 24: 1197–1200

Stadel BV (1981) Oral contraceptives and cardiovascular disease. Part I and II. N Engl J Med 305: 12–618, 672–677

Steel JM, Duncan LJP (1980) Contrazeption for the insulin-dependent diabetic woman: The view from one clinic. Diabetes Care 3: 557–560

Taubert HD, Kuhl H (1981) Kontrazeption mit Hormonen. Ein Leitfaden für die Praxis. Thieme, Stuttgart New York

15 Diabetes im Alter

Es wurde absichtlich nicht die Überschrift „Altersdiabetes“ gewählt. Diabeteserkrankungen in diesem Lebensabschnitt lassen sich aus verschiedenen Gründen unter dieser Bezeichnung nicht subsumieren. Sie suggeriert fälschlicherweise eine durchweg leichte Form der Stoffwechselstörung.

Therapeutische Probleme zeigen sich sowohl bei Patienten, die im Alter mit einem neu entdeckten Diabetes und den sich daraus ergebenden Notwendigkeiten konfrontiert werden, wie auch bei anderen, deren Diabetes sich bereits im mittleren Lebensalter manifestiert hat und die mit den besonderen Anforderungen mehr oder weniger vertraut sind.

Diabetessituation bei Manifestation bzw. Diagnose im Alter
- Diättherapie reicht aus,
- Zusätzlich sind SH erforderlich,
- Biguanide sind kontraindiziert,
- Frühzeitig sogleich nach Diagnose oder bereits in den ersten Monaten zeigt sich Insulinbedürftigkeit.

Diabetesmanifestation vor Erreichen des Alters
- Der Diabetes besteht seit etwa 5–10 Jahren und ist noch mit Diät oder zusätzlich mit Tabletten zu beherrschen.
- Seit Jahren besteht Insulinbedürftigkeit nach anfänglicher Diät- oder Tablettenbehandlung (Tablettensekundärversagen bei Typ-II-Diabetes).
- Der Patient ist seit dem mittleren oder jüngeren Erwachsenenalter insulinbedürftig, u. U. (jedoch selten) mit Stoffwechsellabilität. Bei einigen dieser Patienten handelt es sich wahrscheinlich um Typ-I-Diabetiker.

Die Diabetesdiagnose wird im Alter nur dann gestellt, wenn eindeutige Befunde vorliegen (s. 1.5).Glukosetoleranztests erweisen sich meist als überflüssig. Ein einzelner erhöhter NBZ über 130 mg/dl muß kontrolliert werden. Postprandialwerte (1–2 h) sollten über

180 mg/dl liegen, ehe die Diagnose Diabetes gestellt wird. Harnzuckertests können wegen des häufigeren Vorkommens einer hohen Nierenschwelle für Glukose negativ sein.
Allgemeinsituation und Stoffwechselbefunde sind besonders im Alter sorgfältig abzuschätzen. Einerseits muß trotz häufig uncharakteristischer Symptomatik eine ausreichende Behandlung gewährleistet sein. Andererseits sollen jedoch unnötige restriktive Maßnahmen, Beunruhigung und Belästigung für den Patienten vermieden werden.

Häufige Ursachen für eine Stoffwechselverschlechterung
- Diätfehler,
- insuffiziente Tabletteneinnahme oder Insulininjektion,
- stumme oder uncharakteristische Infektionen (Harnweginfekte),
- symptomarmer Myokardinfarkt,
- Herzinsuffizienz,
- diabetogene Pharmaka, besonders Diuretika.

Beachte: Die Dekompensation des Diabetes kann plötzlich oder im Laufe mehrerer Tage ein erhebliches Ausmaß erreichen und bevorzugt im Alter zum hyperosmolaren Koma führen. Diese Komaform wird wegen der uncharakteristischen Symptomatik und des lange erhaltenen Bewußtseins oft zu spät diagnostiziert.

Hypoglykämieursachen
- Ungenügende Nahrungszufuhr,
- unkorrekte SH- oder Insulinmedikation (Vergeßlichkeit, Unsicherheit, Visusverfall),
- hohe Dosierungsempfehlung für Insulin oder SH, besonders für potente Präparate,
- eingeschränkte Nierenfunktion bei SH-Therapie,
- Interaktion mit anderen Pharmaka (s. Kap. 9.2),
- auch im Alter kann vermehrte Muskeltätigkeit ein wichtiger Hypoglykämiefaktor sein.

Therapeutische Richtlinien. Alle Patienten mit neu entdecktem Diabetes sollen außer bei ausgeprägter Stoffwechseldekompensation und Komplikationen, beispielsweise Infekten, zunächst für eine mehr oder weniger lange Zeit ausschließlich mit Diät behandelt werden (s. Kap. 4). Der Energiegehalt der Kost ist im Alter relativ niedrig.

Häufig liegt er bei 1200–1600 kcal mit einem KH-Gehalt von etwa 100–150 g. Schlanken und aktiven älteren Diabetikern wird eine liberalere und reichlichere Diät verschrieben.
Eine schematische Verordnung kann dazu führen, daß die Kalorienzufuhr höher ist als vor der Diabetesdiagnose, nicht selten als Folge neu eingeführter Zwischenmahlzeiten. Auf sie kann bei alleiniger Diättherapie und befriedigender Einstellung besonders dann verzichtet werden, wenn der Patient an 3 tägliche Mahlzeiten gewöhnt ist. Oft ist im übrigen wegen des geringeren Energiebedarfs bereits unter einer 1500-kcal-Kost mit „Energiegleichgewicht" zu rechnen. Eine orientierende Ernährungsanamnese (wenige Fragen genügen) ergibt, daß die Nahrungsaufnahme bereits seit längerer Zeit gering gewesen ist.
Mit zunehmendem Alter werden die Aussichten für eine nennenswerte Gewichtabnahme geringer. Drastische Diäten wie Nulldiät oder 300–500 kcal sind kontraindiziert. Sie führen nicht selten zu schlechterem Befinden und werden vom Patienten nicht akzeptiert. Besonders bei Übergewicht sollte die Diätverordnung auf die bisherige Ernährung Rücksicht nehmen.

Regeln für die Anwendung blutzuckersenkender Substanzen

- Vermeidung unnötiger Tabletten- oder Insulintherapie bei nur geringer Dekompensation,
- Sulfonylharnstoffe anfangs niedrig dosieren, allmähliche Dosissteigerung, potente SH im Alter zunächst nicht, allenfalls in Maximaldosis (s. Kap. 15),
- keine Biguanide.
- Mit zunehmendem Alter wird die Wahrscheinlichkeit eines Tablettensekundärversagens nicht wesentlich geringer, so daß sich entsprechende Hoffnungen vieler Patienten nicht erfüllen.
- Insulintherapie bei normal- oder untergewichtigen Personen zunächst in niedriger Dosis von 10–15, höchstens 20 IE. Sofern keine besonderen Umstände vorliegen wie erhebliche Dekompensation oder gravierende Begleiterkrankungen, langsame Dosissteigerung.
- Trotz Adipositas und korrekter Diät sind auch ältere Diabetiker häufiger insulinbedürftig.
- Zu Schwierigkeiten kann die Insulinbehandlung adipöser Diabetiker führen, wenn eine BZ-Senkung wegen der Insulinempfindlichkeit nur mit höheren Dosen zu erreichen ist. Hier muß ein Kompromiß bezüglich der Diabeteseinstellung und der Insulindosis gefunden werden, besonders

dann, wenn der Patient nicht in der Lage oder willens ist, eine Reduktionskost einzuhalten.
- Bemerkenswerterweise zeigen auch schlanke Patienten gelegentlich ein ungenügendes Ansprechen auf Insulin und sind nur mit höheren Dosen, z.B. 50–60 IE, akzeptabel einzustellen.
- Rechtzeitig und mehrfach muß auf die besondere Hypoglykämiegefährdung hingewiesen werden. Die Gespräche sind jedoch so zu führen, daß der Patient nicht unsicher und ängstlich wird (s. Kap. 8).
- Da der Entschluß zur Insulinbehandlung oft auch dem Arzt schwerfällt, ist eine insuffiziente Tablettentherapie relativ häufig. Trotz ungenügender Einstellung und nur mäßiger Dekompensation stehen meist uncharakteristische Symptome wie Schwäche und Abgeschlagenheit im Vordergrund, die oft als „Altersbeschwerden" gedeutet werden. Ohne die gelegentlich mit der Insulintherapie verbundenen Schwierigkeiten zu bagatellisieren, ist festzustellen, daß die Unannehmlichkeiten oft überschätzt, die offensichtlichen Vorteile jedoch erst realisiert werden, wenn die Umstellung, oft nach langer Zeit einer Dekompensation, vorgenommen worden ist. Die Besserung des Allgemeinbefindens ist meist eindrucksvoll.

Eine längere Zeit bestehende Diabetesdekompensation kann auch im Alter zur Entwicklung einer Neuropathie führen. Ferner werden Harnwegsinfekte bei Frauen sowie die Komplikation der arteriellen Verschlußkrankheit, besonders im Bereich der unteren Extremitäten begünstigt.

Trotz zufriedenstellender BZ-Werte unter Tablettenbehandlung ist eine Insulintherapie im Alter angezeigt bei:
- anderweitig nicht erklärbarer Beeinträchtigung des Allgemeinbefindens,
- progredienter Retinopathie, besonders Backgroundretinopathie,
- Neuropathie,
- Gangrän, Nekrose, schlecht heilenden Ulzera.

Altersbedingte Behinderungen und Veränderungen der Persönlichkeit können die Behandlung erheblich erschweren und zu gravierenden Unsicherheitsfaktoren werden. Der Arzt muß sich Zeit nehmen, um die daraus resultierenden Ursachen aufzudecken, die zu schlechterer Diabeteseinstellung oder auch zu Hypoglykämien führen können.

Insbesondere muß mit Indolenz, Vergeßlichkeit, Mißverständnissen hinsichtlich der ärztlichen Anweisungen, manueller Unbeholfenheit, Appetitminderung bis zur Inappetenz gerechnet werden. Die Auswirkungen einer Visuseinschränkung infolge Retinopathie, Katarakt oder Makuladegeneration betreffen in erster Linie die Insulinapplikationen und die Fußpflege. Die wichtigsten Folgen dieser Behinderung sind:

- verspätete oder unzureichende Nahrungsaufnahme,
- fehlerhafte Insulindosierung und -injektion,
- Vergessen der Insulininjektion oder Tabletteneinnahme,
- unkorrekte Einnahme der oralen Antidiabetika oder auch anderer Pharmaka, evtl. Überdosierung bei Diätfehlern,
- Unterlassen oder Fehler bei der Durchführung der Fußpflege.

Andererseits fallen viele alte Patienten durch Pedanterie, Starrheit und Ängstlichkeit auf und sind auf belanglose Aspekte des Diabetes fixiert. Sie können Angehörige einem gelinden Terror unterwerfen, wenn der Diabetes sich, wie gelegentlich auch in jüngeren Jahren, zum eigentlichen Lebensinhalt entwickelt.

16 Beeinflussung der Stoffwechsellage durch physische, psychische und soziale Faktoren

16.1 Körperliche Aktivität

Muskeltätigkeit gilt als eines der wichtigsten Therapeutika beim Diabetes mellitus. Trotz der günstigen Auswirkungen müssen mögliche Gefahren und Nachteile bedacht werden, wie eine dementsprechende Gegenüberstellung in Tabelle 79 (modifiziert nach Berger et al. 1978) zeigt.

Tabelle 79. Potentielle Vorteile und Gefahren der Muskelarbeit für Diabetiker

Vorteile	Nachteile
Senkung hyperglykämischer BZ-Werte	Hyperglykämisch-ketotische Stoffwechselentgleisungen – nur bei ausgeprägtem Insulinmangel
Steigerung der peripheren Insulinempfindlichkeit, dadurch Senkung des Insulinbedarfs	Hypoglykämien Erhebliche BZ-Schwankungen, v.a. bei labilem Diabetes mellitus
Senkung der Serumtriglyzeride	
Anstieg des HDL-Cholesterins	
Günstige Auswirkung auf das kardiovaskuläre und pulmonale System	Kardiogene Zwischenfälle, „Fußprobleme“
Besseres Leistungsvermögen und Befinden, Selbstvertrauen, Gewichtsreduktion bei regelmäßiger Muskeltätigkeit	

Die während der Muskeltätigkeit sich abspielenden Vorgänge sind komplexer Natur. Neben der Anpassung des kardiovaskulären Systems kommt es zu hormonaler und metabolischer Adaptation mit dem Ziel, genügend Energie bereitzustellen.

Beeinflussung der Stoffwechsellage

Als Energiequelle stehen Glukose, deren Utilisation bei längerer körperlicher Tätigkeit bis um das 50fache ansteigen kann, und freie Fettsäuren zur Verfügung. Trotz der erhöhten Utilisation muß die Glukosehomöostease besonders wegen der Abhängigkeit der Hirnfunktion von einer ausreichenden

Tabelle 80. Stoffwechselprozesse bei körperlicher Betätigung

	Hormonale Veränderungen	Stoffwechselprozesse	Blutzucker
Nichtdiabetiker	↓ Insulinsekretion niedriges Plasmainsulin ↑ Insulinempfindlichkeit ↑ Katecholamine, Glukagon Kortisol (Wachstumshormon)	Vermehrte Glukoseutilisation Vermehrte Glukoseproduktion durch: ↑ Glukogenolyse ↑ Glukoneogenese	Homöostase
Kompensierter, mit Insulin behandelter Diabetes	↑ Mobilisation von injiziertem Insulin, eher höheres Plasmainsulin ↑ Insulinempfindlichkeit ↑ Katecholamine, Glukagon, Kortisol (Wachstumshormon)	Vermehrte Glukoseutilisation Unzureichende Glukoseproduktion aus: ↓ Glykogenolyse ↓ Glukoneogenese	Abfall bis Hypoglykämie
Dekompensierter (ketotischer) Diabetes	Insulinmangel ↑ Katecholamine Glukagon, Kortisol (Wachstumshormon)	Verminderte Glukoseutilisation Glukoseüberproduktion aus: ↑ Glykogenolyse ↑ Glukoneogenese ↑ Lipolyse ↑ Ketogenese	Weiterer Anstieg, evtl. Ketose

Blutglukosekonzentration aufrechterhalten werden. Der vermehrte Glukoseverbrauch erfordert v.a. bei Nahrungskarenz eine erhöhte endogene Glukoseproduktion. Sie wird ermöglicht durch gesteigerte Glukoneogenese als Folge einer vermehrten Inkretion von Glukagon, Katecholaminen und Kortisol (s. Tabelle 80). Die Zuckerneubildung in der Leber wird beim Gesunden dadurch erleichtert, daß das Plasmainsulin unter intensiverer Muskeltätigkeit abfällt.
Anders ist die Situation bei Diabetikern unter Insulin- u. U. auch unter SH-Therapie. Der BZ-Abfall bis zur Hypoglykämie ist darauf zurückzuführen, daß mehr Glukose utilisiert, aber zu wenig in der Leber neu gebildet wird. Die Ursache ist im Verhalten des Plasmainsulins zu suchen, das nicht wie bei Stoffwechselgesunden adaptiv reduziert werden kann, da es ausschließlich oder überwiegend exogener Herkunft ist und seine Konzentration in erster Linie durch die Absorption am Insulininjektionsort bestimmt wird. Die körperliche Tätigkeit kann sogar, falls die Muskulatur im Bereich des Injektionsareals besonders betätigt wird, zu verstärkter Mobilisation und erhöhter Plasmainsulinkonzentration führen.

Da die antikatabolen Hemmeffekte durch Insulin aufrechterhalten bleiben, können Glukogenolyse und Glukoneogenese nicht in ausreichendem Maß gesteigert werden. Die vermehrte Glukoseutilisation begünstigt unter diesen Umständen, sofern keine KH exogen zugeführt werden, den BZ-Abfall bis zur Hypoglykämie.
Hinzu kommt bei längerer Muskeltätigkeit eine verstärkte Rezeptorbindung und damit eine höhere Insulinempfindlichkeit. Körperliche Betätigung führt darüber hinaus besonders bei adipösen Typ-II-Diabetikern zur Gewichtsabnahme, die ihrerseits die Stoffwechselsituation und den Insulinbedarf durch Reduzierung des Fettgewebes günstig beeinflußt.
Bei dekompensiertem Diabetes hingegen, besonders bei NBZ-Werten über 350–400 mg/dl, entwickelt sich als Folge des endogenen oder auch exogenen Insulindefizits und des Überwiegens der katabolen Prozesse eine Stoffwechselverschlechterung, die bis zur Ketose führen kann. In derartigen Situationen muß daher von körperlicher Betätigung abgeraten werden, bis der Diabetes wieder kompensiert ist.
Der BZ-senkende Effekt der Muskeltätigkeit, der u. U. schwere Hypoglykämien verursacht, wird daher in erster Linie bei Insulinpatienten beobachtet. Auch unter SH-Therapie wurden Hypoglykämien registriert, nicht dagegen unter Biguanidmedikation.
Bei Insulintherapie ist die wichtigste „Komplikation" der Muskeltä-

tigkeit die Hypoglykämie. Dementsprechend ist die Muskeltätigkeit eine der bedeutendsten Ursachen für die Hypoglykämie. Hinzu kommt, daß bei unregelmäßig anfallender körperlicher Aktivität, d.h. Wechsel zwischen Bewegung und Immobilisierung, mit z.T. erheblichen Änderungen des Insulinbedarfs und BZ-Schwankungen gerechnet werden muß. Wenn sie nicht durch entsprechende Anpassung der Diät und/oder der KH-Zufuhr kompensiert werden, wird die Diabeteseinstellung durch Hypoglykämieneigung einerseits und hyperglykämische Phasen andererseits erschwert (Tabelle 79).
Bei SH-Patienten ergeben sich dagegen keine besonderen Probleme außer der Notwendigkeit prophylaktischer Maßnahmen (Extra-KH, ggf. bei länger anhaltender Muskeltätigkeit Reduzierung der SH-Dosis).
Neben der Beeinflussung des Blutzuckers hat die Muskeltätigkeit weitere, und zwar die gleichen *Stoffwechsel- und Kreislaufeffekte* wie bei Nichtdiabetikern. Vorteilhafte Wirkungen auf das kardiovaskuläre System, die Adipositas, den begleitenden Hyperinsulinismus sowie die Serumtriglyzeride wurden bisher nachgewiesen.
Eindeutig ist besonders bei Adipösen die Senkung der glukosestimulierten Insulinsekretion, die wahrscheinlich auch für Typ-II-Diabetiker mit reaktiver Hyperinsulinämie zutrifft.
Der Abfall der Triglyzeride hält etwa 5–6 Tage an und kann bei länger dauernder Muskeltätigkeit ein beträchtlichea Ausmaß erreichen. Unbeeinflußt bleibt das LDL-Cholesterin, während das HDL-Cholesterin zunimmt.
In Anbetracht der kardiovaskulären Gefährdung des Diabetikers sind bei der Aufstellung von Trainingsprogrammen Vorsichtsmaßnahmen erforderlich, damit keine Zwischenfälle auftreten:
Langzeitdiabetiker, Patienten mit Symptomen einer ausgeprägten Mikroangiopathie, Neuropathie oder koronaren Herzkrankheit bedürfen vorher einer eingehenden Untersuchung. Dazu gehören Ratschläge über Art und Dauer der körperlichen Belastung und auch über scheinbar banale Dinge wie Notwendigkeit der Inspektion der Füße durch den Patienten und die Verwendung geeigneten Schuhwerks.
Die neuropathische oder durchblutungsgestörte untere Extremität ist besonders durch mechanische Irritation beim Lauftraining, längerem Spazierengehen usw. mit der Folge von Blasenbildungen,

oberflächlichen Hautdefekten oder Nekrosen sowie infektiösen Komplikationen gefährdet.
Zur Orientierung über die Kreislaufsituation gehören die Berücksichtigung der durch eine autonome Neuropathie bedingten Regulationsstörungen mit Fixierung der Herzfrequenz und ggf. Orthostaseneigung, ferner die Folgen der koronaren Herzkrankheit unter besonderer Berücksichtigung schmerzloser Ischämien und schließlich die geringere Belastbarkeit des linken Ventrikels wegen diabetischer Kardiopathie. Während körperlicher Belastung auftretende Hypertonien sollen erfaßt und entsprechend behandelt werden.
Eine diabetische Retinopathie erfordert, wenn eine erhebliche Blutungsneigung besteht, i. allg. keine Immobilisierung, sollte aber Anlaß sein, von intensiverer körperlicher Belastung abzuraten, und zwar in erster Linie wegen des damit evtl. verbundenen Blutdruckanstiegs. Die kinetische Belastung ist dagegen gering einzuschätzen, besonders wenn sie mit den raschen Bulbusbewegungen beim Blick aus dem fahrenden Auto oder der Eisenbahn oder auch beim Lesen verglichen wird.

Praktische Konsequenzen

Bei Insulinpatienten steht die Hypoglykämie*prophylaxe* im Vordergrund. Eine nicht vorhersehbare körperliche Betätigung erfordert vorbeugende KH-Zufuhr, z. B. von 10–25 g (etwa 1–2 BE). Eine mäßige Hyperglykämie ist kein sicherer Schutz vor Hypoglykämie. So werden viele Patienten trotz hohen BZ-Werts nüchtern und nach dem 1. Frühstück gegen Mittag hypoglykämisch.
Im Falle vorhersehbarer, besonders längerdauernder und intensiver Aktivitäten (Sport, Wochenende) werden am besten die vorangehende Insulindosis um 15–25% vermindert und außerdem extra KH eingenommen.
Eine insgesamt veränderte Situation, wie im Urlaub, während der Schulferien oder auch anläßlich eines Berufswechsels, erfordert oft eine von der Intensität der Muskeltätigkeit abhängige Reduktion der Insulindosis bis zu 30%. Der Übergang z. B. zwischen Bürotätigkeit und einem „Aktivurlaub" sollte nicht plötzlich, sondern wegen besserer Anpassungsmöglichkeit während einiger Tage erfolgen.
Kurze, intensive Muskeltätigkeit senkt den BZ stärker als länger dauernde, jedoch weniger intensive Betätigung. Auffälligerweise

bleibt bei vielen trainierten Diabetikern trotz Dauerbelastung, wie Skilanglauf oder Dauerlauf, der zusätzliche KH-Bedarf relativ gering. Eine Reduzierung der Insulindosis ist jedoch in jedem Fall erforderlich. U. U. muß sogar nach intensiver körperlicher Betätigung, z. B. im Lauf des Nachmittags, die Abenddosis etwa um 4–6 IE vermindert werden.

Das Wirkungsprofil des Insulinpräparats ist zu berücksichtigen und soll dem Patienten bekannt sein. Während des Maximums ist die Hypoglykämietendenz ausgeprägter, besonders in der 2. Vormittagshälfte. Bei Diabetikern, die auf eine Mischung von Intermediär- und Normalinsulin eingestellt sind, wird z. B. die morgendliche NI-Dosis reduziert, wenn körperliche Aktivität im Lauf des Vormittags ansteht. Die Anpassungsmaßnahmen werden im übrigen auf ihre Richtigkeit durch die Selbstkontrolle überprüft, die deshalb in besonderen Situationen, wie Urlaub oder Reisen, unentbehrlich ist.

Problematisch kann die Situation bei sehr insulinempfindlichen Diabetikern sein, die trotz extra KH nicht in der Lage sind, mit Sicherheit Hypoglykämien zu vermeiden. Erschwert wird die rechtzeitige Einnahme der KH auch bei Patienten, die nach einer Diabetesdauer von 5–10 Jahren ein Nachlassen oder ein Verschwinden der adrenergen Warnsymptome feststellen (s. Kap. 8). Sie müssen besonders sorgfältig über die prophylaktischen Maßnahmen belehrt werden. Oft ist eine KH-Zufuhr in kürzeren Abständen, etwa jede Stunde, notwendig, um eine Hypoglykämie zu verhindern.

Schwer vorhersehbar ist der BZ-Verlauf bei instabilem Diabetes. Körperbewegung von unterschiedlicher Aktivität und zu verschiedenen Tageszeiten kann zu erheblichen Schwierigkeiten führen. Hinzu kommt, daß der Einfluß der Aktivitäten auf den Blutzucker unterschiedlich ist. Oft bleibt der erwartete BZ-Abfall trotz intensiver Muskeltätigkeit aus, da die BZ-Schwankungen stärker durch die endogene Labilität beeinflußt werden als durch körperliche Betätigung. Dieser Umstand sollte jedoch nicht dazu führen, die körperliche Betätigung einzustellen. Regelmäßigkeit und Vermeidung exzessiver Belastungen sind jedoch notwendig.

Bei nicht wenigen Patienten kommt es wegen der schwer vorhersehbaren Situation durch körperliche Betätigung eher zur Stoffwechselverschlechterung. Bei ihnen ist sorgfältig abzuwägen, ob Muskeltätigkeit überhaupt nützlich ist. Zumindest benötigen sie statt pauschaler individuelle und differenzierte Empfehlungen.

Welche Art körperlicher Bewegung ist besonders geeignet?
Möglichst regelmäßige und „vorhersehbare" Aktivitäten, was bei bestimmten Berufen wie auch im Kindesalter nicht oder nur begrenzt realisierbar ist.
Höchst- und Dauerleistungen (längere Radtouren, Dauerlauf, Skilanglauf) können von gut eingestellten und trainierten Diabetikern ohne Komplikationen absolviert werden, kommen aber nur relativ selten in Betracht.
Geeignet sind Aktivitäten wie Tennis, Tischtennis, Radfahren, Schwimmen, Skilauf, Spaziergänge in flottem Tempo, morgendlicher Fußweg zur Arbeit, Gartenarbeit.
Die körperliche Aktivität soll ohne Schwierigkeiten realisierbar sein und Spaß machen, was viele Patienten bei der Benutzung von Heimtrainern vermissen.
Besonders bei Patienten mit insulinempfindlichem und/oder instabilem Diabetes muß besonderer Wert darauf gelegt werden, daß die körperliche Aktivität einigermaßen dosierbar ist.

Literatur (zu 16.1)

Berger M, Berchthold P, Gries FA, Zimmermann H (1978a) Die Bedeutung von Muskelarbeit und -training für die Therapie des Diabetes mellitus. Dtsch Med Wochenschr 103: 439–443

Berger M, Halban PA, Müller WA, Zimmermann H (1978b) Mobilization of subcutaneously injected tritiated insulin in rats: Effects of muscular exercise. Diabetologie 15: 133

Bürger M, Kramer H (1928) Über die durch Muskelarbeit hervorgerufene Steigerung der Insulinwirkung auf den Blutzuckergehalt beim normalen und gestörten Glukosestoffwechsel und ihre praktische und theoretische Bedeutung. Klin Wochenschr 7: 745

Errebo-Knudsen EO (1948) Diabetes mellitus and exercise. Rep Steno Mem Hosp 3

Koivisto VA, Felig P (1978) Effects of leg exercises on insulin absorption in diabetic patients. N Engl J Med 99: 79–83

Marble A, Smith RM (1936) Exercise in diabetes mellitus. Arch Intern Med 58: 577–588
Pedersen O, Beck-Nielsen H, Heding L (1980) Increased insulin receptors after exercise in patients with insulin-dependent diabetes mellitus. N Engl J Med 302: 886–892
Sauer H (1977) Muskeltätigkeit als therapeutisch-prophylaktisches Prinzip beim Diabetes mellitus. In: Jahnke K, Mehnert H, Reis HD (Hrsg) Muskelstoffwechsel, körperliche Leistungsfähigkeit und Diabetes mellitus. Schattauer, Stuttgart, S 237
Sherwin RS, Koivisto V (1981) Keeping in step: Does exercise benefit the diabetic? Diabetologie 20: 84–86
Soman VR, Koivisto VA, Deibert D, Felig P, DeFronzo RA (1979) Increased insulin sensitivity and insulin binding to monocytes after physical training. N Engl J Med 30: 1200–1204
Weicker H, Wirth A, Spiel M (1976) Einfluß motorischer Aktivierung auf Stoffwechselregulation und körperliche Leistungsfähigkeit bei Diabetes mellitus. Inn Med 3: 23–430

16.2 Operative Eingriffe

Nach Root (1966) müssen sich etwa 50% aller Diabetiker im Laufe ihres Lebens einem operativen Eingriff unterziehen. Die Gefährdung ist zwar heute im Vergleich zu früher wesentlich geringer. Ursache sind nicht nur die Einführung der Antibiotika und bessere Anästhesieverfahren, sondern auch eine gründliche Voruntersuchung und Bemühungen um eine sorgfältige Stoffwechselüberwachung vor, während und nach der Operation.

Da die meisten Eingriffe erst in der 2. Lebenshälfte erfolgen, ist es nicht verwunderlich, daß 51% der postoperativen Todesfälle an Myokardinfarkt verstarben (Wheelock u. Marble, 1971). An 2. Stelle standen nicht beherrschbare Infekte mit 21%. Zusätzlich sind Diabetiker durch weitere Gefäßkomplikationen und durch eine eingeschränkte Nierenfunktion stärker gefährdet. Prekär kann die Situation bei unerkanntem Diabetes werden, wenn die routinemäßige präoperative BZ-Bestimmung versäumt wurde. Insgesamt wurde in den 60er Jahren noch über Mortalitätsraten zwischen 3,6 und 13,2% berichtet (s. Alberti et al. 1982).

Die Stoffwechselsituation ist bereits bei Gesunden durch Überwiegen kataboler Prozesse charakterisiert. Besonders ungünstig ist die Situation bei ungenügender Versorgung mit Insulin: Massive Hyper-

glykämien, bei älteren Diabetikern bis zum hyperosmolaren Koma, Lipolyse, Ketose, Elektrolyt- und Flüssigkeitsverlust sowie Eiweißabbau sind die Folgen und gefährden den Patienten besonders in der postoperativen Phase. Hauptursache sind der Operationsstreß bzw. das Trauma; eine geringere Rolle spielt dagegen die Anästhesie.
Vor Wahloperationen ist der Patient gründlich zu untersuchen und die Stoffwechsellage zu überprüfen. Vor Noteingriffen muß man sich mit einem Minimalprogramm begnügen.

Wahloperationen

Aufnahme in der Klinik. Für die präoperative Durchuntersuchung und Korrektur der Stoffwechsellage werden mindestens 3–4 Tage benötigt:

- Abschätzung etwaiger kardiovaskulärer und neurologischer Risiken.
- Ophthalmologische Kontrolle – nicht zuletzt wegen einer etwa notwendigen antikoagulativen Behandlung.
- Prüfung der Nierenfunktion, v. a. bei älteren und Langzeitdiabetikern.
- Orientierung über die periphere arterielle Verschlußkrankheit, einschließlich neurologischer Untersuchung.
- Ausschluß von Infekten, v. a. der Harnwege und einer Lungentuberkulose.

Präoperative Diabeteseinstellung
- Nüchternblutzucker möglichst unter 120–130 mg/dl, postprandial unter unter 150–200 mg/dl.
- Blutzuckerkontrollen nüchtern, 10–11 Uhr, 12 Uhr, spätnachmittags und 21 Uhr.
- Ausschließlich mit Diät behandelte Patienten werden nur bei höheren BZ-Werten und evtl. vor größeren Eingriffen, besonders wenn mit Komplikationen gerechnet werden muß, auf Insulin eingestellt.
- Sulfonylharnstoffe werden bei befriedigenden BZ-Werten bis zum Abend vor dem Eingriff weiter verabfolgt. Lediglich Präparate mit langer Halbwertszeit, wie das bei uns wenig verwendete Chlorpropamid, werden einen Tag vorher abgesetzt.
- Eine Biguanidmedikation (Metformin) wird etwa 2–3 Tage vorher abgebrochen.
- Ist der tablettenbehandelte Patient ungenügend eingestellt, erfolgt umgehend Insulintherapie.
- Gut eingestellte Insulinpatienten behalten ihr bisheriges Präparat, meist ein Intermediär- oder Mischinsulin, bis zum Tag vor der Operation bei.
- Unter folgenden Umständen wird auf Normalinsulin, entweder 4mal im Laufe von 24 h, oder morgens, mittags und abends Verzögerungsinsulin, umgestellt:

dekompensierter Diabetes,
unbefriedigende Einstellung unter dem bisherigen Regime,
vorher höhere Dosis eines Langzeitinsulins (s. Tabelle 37) wegen der Möglichkeit der protrahierten Wirkung der Vortagsinjektion noch in den Operationstag hinein.

Vorgehen am Operationstag

- Möglichst frühzeitiger Beginn des Eingriffs, nicht am Wochenende, bereits der Freitag ist u. U. im Hinblick auf die Notwendigkeit häufiger BZ-Kontrollen und des erhöhten Risikos problematisch.
- Normalinsulin per infusionem, entweder isoliert durch Perfusor in Kombination mit einer 5- oder 10%igen Glukoselösung, oder in Sonderfällen mittels eines Insulininfusionsgeräts.
- Die Dosis ist schwer vorhersehbar und liegt oft, falls kein Noteingriff vorliegt, im gleichen Bereich wie präoperativ. Falls ein unerwarteter BZ-Anstieg oder -Abfall eintritt, läßt sich diesem durch eine Änderung der Insulindosis leicht entgegensteuern. Pro Tag werden mindestens 150 g Glukose als 5- oder 10%ige Lösung infundiert. Eine 10%ige Lösung erfordert häufig eine höhere Insulindosis, die im übrigen entscheidend durch die Gesamtkalorienzufuhr am Operationstag und in der Zeit danach beeinflußt wird.
- Als Alternative zur NI-Infusion bietet sich ein häufig praktiziertes Regime mit Fortführung der bisherigen Intermediärinsulintherapie, jedoch in geringerer Dosis, an. ⅔ bis ¾ der präoperativen Morgendosis werden am Operationstag verabfolgt, etwa die Hälfte zu Beginn des Eingriffs bei gleichzeitiger Infusion einer 10%igen Glukoselösung. Im Falle einer stärkeren Hyperglykämie wird zusätzlich Normalinsulin injiziert. Dieses Verfahren hat sich vielfältig bewährt, wird jedoch neuerdings zugunsten der ausschließlichen NI-Applikation seltener angewandt.
- Hyperglykämien bis etwa 200 mg/dl und für kurze Zeit auch darüber sollen während eines Eingriffs postoperativ toleriert werden und bieten einen gewissen Schutz vor Hypoglykämien, besonders wenn keine ununterbrochene Überwachung gewährleistet ist. Erleichtert wird die Erkennung eines unerwünschten BZ-Abfalls durch die heute zur Verfügung stehenden Teststreifen und Reflektometer.

Noteingriffe

Soweit es die Umstände zulassen, soll vor einem Noteingriff versucht werden, folgende Orientierungsdaten zu gewinnen:

- Angaben über die bisherige Therapie, die Einstellungsqualität und die Diabetesdauer sowie das Vorliegen von Komplikationen, evtl. von den Angehörigen oder z. T. aufgrund der Diabeteskontrollkarte. Wann war die letzte Insulininjektion, die letzte Nahrungsaufnahme, bestand Erbrechen?
- Klinische Untersuchung, spezielle Beachtung des Hautturgors (Dehydra-

tation?), Inspektion der Füße und Palpation der Pulse, Elektrokardiogramm, wenn noch möglich, Fundusbeurteilung.

- Bestimmung von Blutzucker und Harnzucker, zunächst evtl. mittels Schnelltest. Ein einzelner BZ-Wert reicht besonders bei Insulinpatienten für eine Orientierung nicht aus. Auch bei tablettenbehandelten Diabetikern können, besonders nach Nahrungskarenz, Werte von 150–160 mg/dl nicht als zuverlässiger Indikator für eine befriedigende Stoffwechselsituation gelten. Weitere Kontrollen erforderlich.
- Urinstatus, jedoch kein unnötiges Katheterisieren.
- Kreatinin und/oder Harnstoff im Serum.
- Kalium, Natrium, pH, obligat bei dekompensiertem Diabetes, Ketonkörper im Plasma als Schnelltest (Ketostix).
- Bestimmung des Hämatokrits bzw. der Erythrozytenzahl.
- Blutkultur, insbesondere bei Verdacht oder Nachweis von Infektionen und Fieber.

Diese Vorkontrollen sind erforderlich, da sich oft die Gefährdung eines Diabetikers lediglich aufgrund des Blutzuckers nicht ausreichend beurteilen läßt. Auch ein erhöhter BZ allein kann zu gewissen Fehlbeurteilungen führen. So ist eine Hyperglykämie von 300 mg/dl gravierend, wenn sie zusammen mit einer Ketose festgestellt wird, weniger dagegen, wenn es sich um einen kurzdauernden BZ-Anstieg, etwa bei Stoffwechsellabilität, handelt, der zu keinem nennenswerten Flüssigkeits- und Elektrolytverlust führt und sich durch niedrige Normalinsulindosen beseitigen läßt.

Zur Vermeidung einer Hypoglykämie ist es vorteilhaft, das zeitliche Intervall zwischen dem Notfallereignis und der vorangegangenen letzten Insulininjektion zu kennen (Diabetikerausweis, Auskunft von Angehörigen). Liegt der Behandlungsbeginn z. B. um die Mittagszeit, so befindet sich der Patient häufig in der Phase der maximalen Insulinwirkung und wird, da die übliche Nahrungsaufnahme fortfällt, hypoglykämisch, wenn nicht rechtzeitig Glukose infundiert wird.

Keine Schwierigkeiten ergeben sich i. allg. bei nicht dekompensiertem Diabetes bzw. niedrigem BZ:
Orale Antidiabetika werden abgesetzt und eine 5- bis 10%ige Glukoselösung evtl. mit niedrigen Insulindosen, infundiert.
Handelt es sich um einen Insulinpatienten, wird sogleich auf Normalinsulin umgestellt, bei niedrigem BZ evtl. zunächst nur Glukose infundiert.
Bei dekompensiertem Diabetes kommen folgende Maßnahmen in Betracht:

Ein hyperglykämisches Koma wird nach den üblichen Richtlinien behandelt und ist als solches eine Notfallsituation. Das Zusammentreffen mit der Indikation zu einem dringlichen chirurgischen Eingriff ist glücklicherweise selten. Keinesfalls dürfen die Symptome einer Pseudoperitonitis infolge Ketoazidose fehlgedeutet werden und zu einem operativen Eingriff Anlaß geben, der sich durch hohe Mortalität auszeichnen würde (siehe 10). Eine präoperative BZ- oder wenigstens HZ-Kontrolle kann für einen solchen Patienten lebensrettend sein.
Liegen ausgeprägte Hyperglykämien, jedoch keine schwere Ketose, Ketoazidose oder hyperosmolares Koma vor, wird eine 5%ige Glukoselösung mit Normalinsulinzusatz injiziert, die entsprechend den weiteren BZ-Kontrollen zunächst in engerem Abstand von 1–2 h gesteuert wird.

Anästhesie

Die Narkosetechnik entspricht dem Vorgehen bei Nichtdiabetikern. Für die Wahl des Anästhetikums sind die Art des Eingriffs und die Erfahrung des Anästhesisten maßgebend. Im Alter muß die Prämedikation wegen der Gefahr der Atemzentrumsdepression und der zerebralen Insuffizienz vorsichtig gehandhabt werden. Bei Operationen im Bereich der unteren Extremitäten und auch von Leistenhernien hat sich die spinale Leitungsanästhesie bewährt, da sie die Stoffwechsellage und die zerebralen Funktionen kaum beeinflußt.

Postoperative Phase

Der Diabetiker benötigt eine besonders sorgfältige Überwachung der Stoffwechselparameter und der kardiovaskulären Funktionen. Eine Dekompensation, ein Flüssigkeits- und Elektrolytdefizit und infektiöse Prozesse müssen frühzeitig erkannt und behandelt werden. So verläuft z. B. die Entwicklung zum ausgebildeten hyperosmolaren Koma oft innerhalb von 1–3 Tagen. Das vaskuläre Risiko beschränkt sich nicht auf den Myokardinfarkt als häufigste postoperative kardiale Komplikation oder auf das Linksherzversagen, sondern wird auch durch die schlechten Durchblutungsverhältnisse, besonders in den unteren Extremitäten, mitbestimmt.
Die Situation während und nach dem Eingriff hängt wesentlich da-

von ab, ob es sich um eine Wahloperation oder einen Noteingriff mit ungünstiger metabolischer Ausgangslage gehandelt hat. Die folgenden Gesichtspunkte sind daher bei Diabetikern zu beachten, v.a. bei Patienten, die sich in schlechtem Allgemeinzustand befinden und präoperativ nicht ausreichend untersucht und behandelt werden konnten:
Ungenügende Insulinversorgung führt zu kataboler Stoffwechsellage und verursacht, besonders nach größeren Eingriffen, eine Hyperglykämie, Glukosurie, Elektrolytverlust, verstärkten Eiweißabbau mit negativer Stickstoffbilanz.

Alberti et al. (1982) empfehlen im Hinblick auf die zu erwartenden Kaliumverluste routinemäßig eine Kaliumzufuhr von 10 mval/500 ml 10%iger Glukoselösung, die gleichzeitig Insulin enthält.

Hypoglykämien andererseits können wahrscheinlich Arrhythmien und myokardiale Ischämien auslösen. Eine rechtzeitige Erkennung wird manchmal dadurch versäumt, daß sie zunächst als Kreislaufzwischenfälle fehlgedeutet werden.
Mit einer Einschränkung der Herzleistung ist wegen des häufigen Vorkommens einer koronaren Herzkrankheit und/oder einer Kardiomyopathie v.a. bei Langzeitdiabetikern und älteren Patienten zu rechnen.
Wesentlich häufiger als bei Stoffwechselgesunden tritt postoperativ, besonders nach größeren Eingriffen, ein Myokardinfarkt auf.
Vaskuläre und kardiale Funktionsstörungen infolge einer Neuropathie manifestieren sich als Orthostaseneigung und selten sogar als bedrohlicher plötzlicher Atem- und Kreislaufstillstand, besonders während der Anästhesie, aber auch postoperativ infolge von Bronchopneumonien (Page 1978). Die Schädigung der sympathischen wie der parasympathischen Fasern bis zur weitgehenden Denervierung verschlechtert die Anpassungsmöglichkeiten an kritische postoperative Situationen, wie Kreislaufbelastungen verschiedener Art, Blutdruckschwankungen, bereits bestehende kardiale Minderleistung, Änderung der Blutviskosität und Infektionen.
Durch Angiopathie und Neuropathie (s. 11.7) ist die untere Extremität gefährdet. Mit Verzögerungen der Wundheilung ist zu rechnen, besonders bei gleichzeitiger Diabetesdekompensation. Traumatisierungen wie Verletzung, Kontusionen, Inzisionen und andere mecha-

nische Irritationen und deren Folgen müssen daher besonders sorgfältig registriert und behandelt werden.

Vorsicht ist ferner aus den gleichen Gründen bei einer Hochlagerung, Gipsverbänden, Hitzeanwendung, hautreizenden Salben sowie anderweitigen chemischen Reizen geboten.

Retinale Blutungen werden i. allg. nur bei ausgeprägter Retinopathie und als Folge einer Antikoagulation oder Fibrinolyse zu erwarten sein, nicht dagegen bei nur gering bis mäßig ausgeprägter Backgroundretinopathie. Eine Retinopathie stellt daher meist keine Kontraindikation gegenüber einer vital indizierten Antikoagulation oder Fibrinolyse dar, sollte aber Anlaß sein, auf einer vorherigen ophthalmologischen Kontrolle zu bestehen.

Abschließend werden die Umstände zusammengefaßt, die während und nach größeren Eingriffen zu einer rasch einsetzenden Dekompensation des Diabetes oder andererseits zu Hypoglykämien führen können. Ist eine kritische operative Situation vorhersehbar oder liegt sie bereits vor, kommt, soweit vorhanden, der Einsatz eines Insulininfusionsgeräts oder eines Biostators in Betracht (s. 6.6).

Blutzuckeranstieg durch:

- Operationsstreß,
- Dehydratation und Elektrolytstörungen,
- Eingriffe am offenen Herzen,
- Hypothermie (besonders hoher Insulinbedarf),
- größere Hirnoperationen,
- hochdosierte diabetogene Pharmaka (s. Kap. 9.1),
- Infektionen,
- postoperativer Myokardinfarkt,
- chronische Lebererkrankungen, besonders mit akutem Schub.

Weniger diabetogen:

- Anästhesie,
- Immobilisierung.

Zu einem Rückgang des Insulinbedarfs führen dagegen:

- Geringe Kalorienzufuhr,
- glykogenarme Leber,
- Beseitigung eines Infektherdes durch operative Entfernung, Abszeßspaltung, Antibiotika usw.,
- Beseitigung einer Notfallsituation und der damit verbundenen Streßfaktoren.

Kleinere Eingriffe

Auch kleinere Eingriffe, wie z. B. Kataraktoperationen, Zahnextraktionen, Probeexzisionen und andere diagnostische Maßnahmen sollen nicht bei dekompensiertem Diabetes vorgenommen werden. Tablettenpatienten lassen das Präparat vor dem Eingriff fort und nehmen erst nach der ersten Nahrungsaufnahme wieder die übliche Dosis. Bei insulinbehandelten Diabetikern sind solange keine besonderen Vorkehrungen notwendig, wie die Stoffwechsellage günstig ist und der Patient nicht zu lange nüchtern bleiben muß. Im allgemeinen ergeben sich nach der Verwendung von Kurznarkotika keine besonderen Schwierigkeiten, da bald nach dem Aufwachen wieder eine Nahrungsaufnahme möglich ist.

Diabetiker mit stabilem Stoffwechsel und befriedigender Einstellung können die Injektion des Verzögerungspräparats oft noch bis etwa in die Mitte des Vormittags hinziehen. Wenn die HZ- und BZ-Selbstkontrolle zu diesem Zeitpunkt günstige Werte ergibt, empfiehlt es sich, nur etwa 75–80% der üblichen Morgendosis zu injizieren und die KH-Zufuhr vor dem Mittagessen auf das 2. Frühstück zu beschränken. Bei 2maliger Insulininjektion wird die Abenddosis im Falle einer Glukosurie am späten Nachmittag unverändert beibehalten, bei zuckerfreiem Harn in Abhängigkeit von der Tagesdosis um etwa 10% reduziert. Patienten mit starker Insulinabhängigkeit und Ketoseneigung, wie besonders Kinder und Jugendliche, mit labilem Stoffwechsel oder hohem Insulinbedarf können nicht bis zum Mittag ohne Insulin oder KH-Zufuhr bleiben, so daß eine Glukoseinfusion und gleichzeitig Normalinsulin oder stattdessen eine reduzierte Morgendosis an Verzögerungsinsulin notwendig sind.

Literatur (zu 16.2)

Alberti KGMM, Gill GV, Elliott MJ (1982) Insulin delivery during surgery in the diabetic patient. Diabetes Care 5, Suppl 1: 65–77

Gill GV, Sherif IH, Alberti KGMM (1981) Management of diabetes during open heart surgery. Brit J Surg 68: 171–172

Mehnert H (1970) Diabeteseinstellung vor und nach Operationen. Dtsch Med Wochenschr 95: 2351–2352

Page MMcB, Watkins PJ (1978) Cardiorespiratory arrest with diabetic autonomic neuropathy. Lancet I:14–16
Petrides P, Napp-Mellinghoff S (1977) Diabetes und Streß-Situationen (Operationen, Infektionen, sonstige Streß-Situationen). In: Oberdisse K (Hrsg) Diabetes mellitus. Springer, Berlin Heidelberg New York (Handb d Inneren Medizin, Bd 7/2 B. S 1093–1141)
Root HF (1966) Pre-operative care of diabetic patient. Postgrad Med 40: 439–444
Shuman CR, Podolsky S (1980) Surgery in the diabetic patient. In: Podolsky S (ed) Clinical Diabetes: Modern Management. Appleton-Century-Crofts, New York, pp 509–535
Wheelock FC jr, Marble A (1971) Surgery and diabetes. In: Marble A, White P, Bradley RF, Krall LP (eds) Joslin's diabetes mellitus, 11th edn. Lea & Febiger, Philadelphia, pp 599–620
Zukschwerdt L, Sauer H (1971) Diabetes und Chirurgie. In: Zukschwerdt L, Kraus H (Hrsg) Chirurgische Operationslehre. Urban & Schwarzenberg, München, S 2–52

16.3 Infektionen

Das Wachstum von Mikroorganismen und auch von Pilzen wird durch die erhöhte Glukosekonzentration in der Gewebsflüssigkeit und auch im Harn begünstigt. Außerdem ist die Phagozytosetätigkeit der Granulozyten und der Monozyten geschädigt. Diese Störung ist auf den Insulinmangel zurückzuführen und läßt sich durch Insulinzufuhr beheben. Hinzu kommen bei erheblicher Stoffwechseldekompensation weitere ungünstige Umstände, wie Hyperosmolarität und Dehydratation. Für einen durch den Diabetes verursachten Defekt des Immunsystems gibt es keine eindeutigen Beweise.

Lokale Faktoren sind für die Anfälligkeit bestimmter Haut- und Schleimhautareale verantwortlich, so im Bereich der unteren Extremitäten eine verminderte Hautdurchblutung, Störung der Hauttrophik und des transkapillären Flüssigkeits- und Stoffaustauschs (s. Kap. 11.7). Tabelle 81 orientiert über die infektbegünstigenden Faktoren und die Folgen einer Infektion in besonders anfälligen Organbereichen.
Infektionen auch banaler Natur können ihrerseits beim Diabetiker zu Stoffwechselverschlechterungen führen und gelten als eine der häufigsten Ursachen für die Ketoazidose. Die Infektsuche und die frühzeitige energische und konsequente, evtl. Langzeitbehandlung

Tabelle 81. Infektionen bei Diabetikern

Organsysteme	Begünstigende Faktoren	Folgen
Mund und Zähne	Besonders bei jüngeren, schlecht eingestellten insulinbedürftigen Diabetikern	Zahnlockerung, entzündliche Prozesse
Harnwege	– Zuckerhaltiger Harn, – gasbildende Erreger, – Candidabesiedlung, – Neuropathie mit Entleerungsstörungen	Chronische (Zysto-) Pyelonephritis, Papillennekrose, „Nierenkarbunkel"
Haut (allgemein)	Schlecht eingestellter Diabetes, mangelhafte Körperhygiene	Furunkel, Karbunkel, Pyodermie, Mykosen. Auch durch Gasbrand und Tetanus sind Diabetiker stärker gefährdet
Haut (Fußbereich)	Arterielle Verschlußkrankheit, Neuropathie, selten Arthropathie, Mikroangiopathie, Fußdeformitäten, Hyperkeratosen, Druck, Verletzungen, Blasenbildung, ungeeignetes Schuhwerk	Nekrose, Gangrän, Osteomyelitis, Abszedierung, Phlegmone
Genitalbereich	Diabetesdekompensation, glukosehaltiger Harn, Candidabesiedlung	Candidavulvitis und -vaginitis, Balanitis
Diverse bakterielle Infektionen, Virusinfekte	Dekompensierter Diabetes	

sind daher beim Diabetiker vordringlich. Vorbeugend sind routinemäßig zum Ausschluß einer Infektion indiziert:

- Röntgenthoraxkontrolle im Abstand von 2 Jahren bei jüngeren Diabetikern,
- bei Kindern und Jugendlichen Tuberkulintests,
- v.a. bei älteren Frauen während der Schwangerschaft, bei Blasenentleerungsstörungen häufige Kontrollen des Urinstatus,
- regelmäßige Inspektion der Füße u.a. wegen Pilzbefalls (siehe 11.7) – Blutkultur beim diabetischen Koma.

Angesichts der ungünstigen Situation beim Diabetiker und der Neigung zu Rezidiven im Bereich der Haut, des Genitales, der Harnwege und der Füße fällt der Erregeridentifikation eine besondere Bedeutung zu. Ferner ist bei der Dosierung bestimmter Antibiotika und Chemotherapeutika die häufiger eingeschränkte Nierenfunktion zu berücksichtigen.

Jede Verschlechterung des Stoffwechsels, die sich nicht anderweitig erklären läßt, ist auf eine nicht erkannte Infektion verdächtig. Da der BZ oft rasch und stark ansteigt und viele Patienten zur Ketose neigen, muß sogleich gehandelt werden. Wegen der geringeren Insulinempfindlichkeit und wegen des Überwiegens der katabolen Stoffwechselprozesse, besonders bei schweren Infekten, nimmt der Insulinbedarf zu, und zwar u. U. bis auf das Doppelte und mehr.

Eine rechtzeitige Erhöhung des Insulinbedarfs entsprechend den Befunden der Selbstkontrolle oder des Praxislabors steht im Vordergrund. Meist wird intermittierend Normalinsulin injiziert, etwa entsprechend dem Schema in Tabelle 37. Nur selten bleibt der Insulinbedarf unverändert, v.a. bei gastrointestinalen Infektionen mit Brechdurchfall, was durch negative Harntests und niedrigen BZ angezeigt wird. Auf keinen Fall darf, obwohl die Nahrungsaufnahme schwierig oder unmöglich ist, Insulin abgesetzt werden. Wenn sogar leichte Speisen oder zuckerhaltiger Tee erbrochen werden, ist eine Infusionsbehandlung notwendig. Nicht selten müssen Tablettenpatienten während einer Infektion mit Insulin behandelt werden. Das Biguanidpräparat Metformin ist in jedem Fall bei Auftreten eines Infekts abzusetzen (s. Kap. 5).

Literatur (zu 16.3)

Bagdade JD, Stewart M, Walters E (1978) Impaired granulocyte adherence. A reversible defect in host defense in patients with poorly controlled diabetes. Diabetes 27: 677–681

Ludwig H, Eibl M, Schernthaner G, Erd W, Mayr WR (1976) Humoral immunodeficiency to bacterial antigens in patients with juvenile onset diabetes mellitus. Diabetologia 12:259–262

Niethammer D, Heinze E, Teller W, Kleihauer E (1975) Impairment of granulocyte function in juvenile diabetes. Klin Wochenschr 53:1057–1060

Younger D, Hadley WB (1971) Infection and diabetes. In: Marble A, White P, Bradley RF, Krall LP (eds) Joslin's diabetes mellitus, Leo & Febiger Philadelphia, pp 621–626

16.4 Emotionale Faktoren

Der Einfluß *emotionaler Faktoren* auf die Manifestation und die Einstellung des Diabetes hat seit jeher besondere Aufmerksamkeit gefunden. Weniger zahlreich waren die Versuche, in umgekehrter Richtung vorzugehen und die Auswirkungen des Diabetes, besonders bei Typ-II-Patienten, auf die psychische und Persönlichkeitsentwicklung zu analysieren. Vier Fragen und die sich daraus eventuell ergebenden therapeutischen Konsequenzen standen bisher im Mittelpunkt der Diskussionen (s. Hauser und Pollets, 1979):

- Ist „psychischer Streß“ für die Ätiologie und Manifestation des Diabetes von Bedeutung?
- Wie ist der Einfluß auf die Stoffwechsellage zu bewerten?
- Wie wirkt sich das therapeutische, insbesondere das Insulinregime auf die psychische Verfassung und das Verhalten des Patienten seiner Umwelt gegenüber aus?
- Gibt es eine spezifische diabetische Persönlichkeitsstruktur?

Psychische Belastung als pathogenetischer Faktor. Aufgrund kritischer Durchsicht der bisherigen Mitteilungen und unter Berücksichtigung der heutigen Kenntnisse über die Diabetespathogenese ergeben sich keine Hinweise darauf, daß psychischer Streß auch als Teilfaktor eine Rolle spielt, und zwar ebenso wenig für die Manifestation wie für die Progredienz des Diabetes. Gegenteilige Behauptungen wurden aus Studien abgeleitet, die mit erheblichen methodischen Mängeln behaftet sind.
Die Patienten selbst neigen auch heute noch dazu, die Diabeteserkrankung mit einer besonderen seelischen Belastung in Zusammenhang zu bringen. Sie folgen damit einem verständlichen Kausalbedürfnis, um so mehr, als ihnen auch der Arzt nicht befriedigend erklären kann, warum der Diabetes gerade bei ihnen und zu dem betreffenden Zeitpunkt aufgetreten ist.

Psychogene Einflüsse auf die Diabeteseinstellung. Seit langem haben vielfache klinische Erfahrungen gezeigt, daß bestimmte Emotionen wie Angst, Trauer, anhaltende Erregung zu passagerer Stoffwechselverschlechterung führen *können.* Häufiger sind offensichtlich Patienten mit insulinabhängigem und instabilem Diabetes, also vornehmlich jüngere Personen, betroffen. Derartige psychogene Stoffwechseleffekte sind jedoch keineswegs obligat, ohne daß sich die individuell unterschiedliche Reaktionsweise bisher erklären läßt.

Im Extremfall kann sich sogar eine Ketoazidose entwickeln. Fraglich ist jedoch im Einzelfall, ob der „Psychostreß" allein verantwortlich zu machen ist. Emotionsgeladene Situationen können außerdem vermehrte Nahrungsaufnahme, Verzehr von Süßigkeiten, körperliche Inaktivität und schließlich Auslassen einer Insulininjektion zur Folge haben. Oder es wird zusätzlich injiziert mit dem „Erfolg" einer Hypoglykämie und der Notwendigkeit einer Extra-KH-Zufuhr, i. allg. in Form von Süßigkeiten. Zweifellos können diese Umstände für die Stoffwechselverschlechterung von entscheidender Bedeutung oder sogar alleinverantwortlich sein. Welche Rolle sie im Einzelfall spielen, muß durch verständnisvolles und geduldiges Zuhören und Gespräche herausgefunden werden – anstatt Pauschaläußerungen und Vermutungen des Patienten über die Psychogenese seiner Situation zu akzeptieren.

Emotionale „Situation anderer Färbung" können den Insulinbedarf senken. Einige Diabetiker berichten über Hypoglykämieneigung während freudiger Erregung, Entspannung, andererseits aber auch intensiver geistiger Anspannung, wie die beiden folgenden Kasuistiken zeigen.

Ein 18jähriger Patient mit einem seit 5 Jahren bestehenden insulinbedürftigen Diabetes berichtet, daß er besonders zu Hypoglykämien neigt, wenn in der Schule Klausurarbeiten geschrieben werden. Er ist zu der Überzeugung gekommen, daß die notwendige intensive geistige Anspannung zum BZ-Abfall führt. Trotz vorbeugender zusätzlicher KH-Zufuhr kam es zu eindeutigen Hypoglykämien, obgleich an derartigen Vormittagen keine Gelegenheit zu der üblichen körperlichen Aktivität gegeben war. Erst in letzter Zeit ist es dem Patienten gelungen, durch besonders frühzeitige und ausgiebige Extra-KH den prekären Zeitraum zu überbrücken. Es wird ihm, v. a. im Hinblick auf das bevorstehende Abitur, empfohlen, in Zukunft die vorhergehende Insulindosis prophylaktisch zu reduzieren.

Bei einem 35jährigen insulinbedürftigen Diabetiker traten während der Vor-

bereitungszeit für die Diplomprüfungen wie auch bereits in früheren Jahren anläßlich des Vordiploms während der 6–8stündigen geistigen Arbeit ausgeprägte Hypoglykämien auf, so daß die Insulindosis von morgens 40 auf 32–34 IE reduziert wurde bei gleichbleibender Abenddosis. Die KH-Zufuhr mußte an derartigen Tagen von 215 auf 265 g (von 18 auf 22 BE) erhöht werden. Trotzdem bestand Aglukosurie bei 6- bis 7maliger täglicher Glukotestkontrolle.
Nach Übergang auf übliche Büro- und Labortätigkeit stiegen BZ und damit Insulinbedarf innerhalb von 3 Tagen wieder an.
Der gleiche Patient berichtete, daß auch freudige Aufregung zu Hypoglykämien führe wie anläßlich eines Geburtstages, an dem sich eine 3 h anhaltende Vormittagshypoglykämie trotz Extra-KH entwickelte. Später Intensivierung der Hypoglykämie und Taxifahrt zum Hausarzt, der Glukose injizierte. Blutzucker angeblich 15 mg/dl. Andererseits traten nach Ärger und Erregung Glukosurien bis über 2% auf, die Anlaß zu einer Erhöhung der Insulindosis waren.

Wie kommt die Beeinflussung des Stoffwechsels durch Emotionen zustande? Bisher gibt es nur für den BZ-Anstieg Erklärungsmöglichkeiten. Die Hyperglykämie und Glukosurie sind zumindestens zum Teil Folge einer vermehrten Sekretion der insulinantagonistischen Hormone, Katecholamine, Kortisol und auch Glukagon. Unbekannt ist jedoch, welche individuellen Voraussetzungen sowohl von der Persönlichkeit wie auch von der Stoffwechsellage her gegeben sein müssen, damit es zur Hyperglykämie oder in anderen Situationen und bei anderen Patienten zur Hypoglykämie kommt.

Auswirkungen des therapeutischen Regimes und Frage der „diabetischen Persönlichkeit". Mehrere psychologische Studien unter Verwendung von zum Teil umfangreichen Testbatterien wurden an verschiedenen Gruppen von Diabetikern, v.a. Jugendlichen, die z.T. schlecht eingestellt waren, an Teilnehmern aus Ferienlagern sowie an Patienten von Spezialkliniken und -ambulanzen durchgeführt. Wahrscheinlich handelt es sich bei diesen Probanden nicht um ein auslesefreies Krankengut, das ohne weiteres Rückschlüsse auf die allgemeine Diabetespopulation zuläßt. Es wurde vermutet, daß bei diesen Diabetikern häufiger mit speziellen Stoffwechsel-, familiären und anderen psychosozialen Problemen gerechnet werden muß.
Welche Ergebnisse lassen sich unter Berücksichtigung dieser Vorbehalte aus den bisherigen Studien ableiten? Mehrfach wurde eine Neigung zu depressiven Stimmungen und Störungen des Selbstwert-

gefühls beschrieben. Tests bei jugendlichen Patientinnen zeigten Störungen des Schlafs, des Appetits, der Libido und der Ermüdbarkeit. Die entsprechenden Scores zeigten jedoch nur eine relativ geringe Korrelation zur Tiefe der Depressionen. Andere Gruppen von schlecht eingestellten jüngeren Diabetikern ließen keine eindeutigen Unterschiede gegenüber Stoffwechselgesunden erkennen. Erwachsene zeigten ein ähnliches Verhalten wie andere Patienten mit chronischen Krankheiten. In einer gründlichen Studie, die auch die Eltern einbezog, fanden Simonds et al. (1977) bei Jugendlichen mit unterschiedlicher Qualität der Stoffwechselführung im Vergleich zu Nichtdiabetikern gleicher Altersklasse einen unauffälligen psychischen Status. Bei gut eingestellten Patienten mit disziplinierter Lebensführung einschließlich regelmäßiger Selbstkontrolle war die Situation sogar eher noch günstiger als bei Stoffwechselgesunden im Gegensatz zu Patienten mit schlechter Einstellung, die Selbstwertprobleme und Unsicherheit erkennen ließen.

Insgesamt ergaben sich jedoch keine größeren Unterschiede zur Allgemeinpopulation, was gravierende Reaktionen bei einzelnen Patienten nicht ausschließt. Vermutlich waren die meisten psychologischen Probleme bereits vorher in geringerem Ausmaß oder latent vorhanden und wurden erst durch die Diabeteserkrankung virulent. Prekär ist v.a. das jugendliche Alter, insbesondere wenn der Diabetes sich während dieser Lebensphase manifestiert. Die bereits im Kindesalter Erkrankten werden bei Eintritt in das Erwachsenenalter mit anfallenden Problemen häufig besser fertig.

Die bisherigen Befunde sprechen dafür, daß psychologische Schwierigkeiten und bestimmte Reaktionsweisen nicht mit einer spezifischen diabetischen Persönlichkeitsstruktur im Zusammenhang stehen, sondern Folge der Konfrontation mit den unvermeidlichen, lebenslänglichen Reglementierungen sind, mit dem Gefühl der Abhängigkeit von der Spritze, dem Wissen um die Gefährdung durch Hypoglykämien und spätere Komplikationen. Mangel an Selbstvertrauen, Minderwertigkeitsgefühle, Furcht und depressive Stimmungen können sich bei einigen Patienten in derartigen Lebenssituationen entwickeln.

In diesem Zusammenhang soll nicht auf die außergewöhnliche Situation eingegangen werden, die als Folge von Visusverlust, fortgeschrittener Nephropathie und anderen neurovaskulären Komplikationen entsteht und die wegen der Kombination von mehreren Organstörungen gravierender ist als bei Stoffwechselgesunden. Auch die daraus resultierenden Reaktionen entspringen keiner abnormen Persönlichkeit, sondern sind in gleicher Weise bei anderen Menschen zu erwarten, die sich mit einer derartigen Situation auseinandersetzen müssen.

In zukünftigen Studien sollten daher unter pragmatischen Aspekten die Auswirkungen der Tyrannei der Stoffwechselführung („tyranny of metabolic manipulation") auf Menschen unterschiedlicher Mentalität und unter Berücksichtigung ihrer Lebensverhältnisse untersucht werden. Auf diese Weise würde man nach Dunn u. Turtle (1981) nützliche Erkenntnisse für die Diabetikerbetreuung im weitesten Sinne finden können.
Trotz Aufgeschlossenheit gegenüber den genannten psychischen Problemen darf nicht vergessen werden, daß die meisten jugendlichen Diabetiker die Stoffwechselführung als „normalen" und nicht zu leugnenden Bestandteil ihres Lebens anzusehen lernen. Von seltenen Ausnahmen abgesehen können Selbstkontrolle und gewisse Reglementierungen, evtl. auch mehrfache tägliche Insulininjektionen *keineswegs* als neurotisierendes Element der Diabetestherapie angesehen werden. Sie sind in Verbindung mit verständnisvoller, aber konsequenter Betreuung für die meisten Patienten ein wichtiges Therapeutikum, damit sie aus ihrer passiven Haltung als Patient in die aktive Rolle des „Mittherapeuten" hineinwachsen und an Selbstsicherheit gewinnen.
Ebensowenig wie Lebens- und Diabetesprobleme bagatellisiert oder verdrängt werden dürfen, sollte man andererseits etwa auftretende Schwierigkeiten überbewerten, verallgemeinern und dem Patienten in einer Art Erwartenshaltung aufgrund von einzelnen Erfahrungen oder ausgewähltem Schrifttum gegenübertreten. Dazu gehört auch eine gewisse Zurückhaltung hinsichtlich Fragen und Auskünften für den Patienten, damit bei ihm nicht der Eindruck erweckt wird, als wären Probleme im psychosozialen Bereich ein für den Diabetes obligates Phänomen.

Therapeutische Schlußfolgerungen. Die in Tabelle 82 aufgeführten Schwierigkeiten, wie sie besonders bei Typ-I-Diabetes und Stoffwechselinstabilität auftreten, bedürfen besonderer Beachtung, weil sie die Lebenssituation des Patienten zusätzlich erschweren. Eine be-

Tabelle 82. Auswirkungen der Diabeteserkrankung bei jugendlichen Patienten (nach Laron, 1975)

Familie	*Jugendlicher*	*Schule*
Sorgen, Befürchtungen, „Overprotection" Änderung der Ernährungsgewohnheiten, fixierte Mahlzeiten	Muß akzeptieren, daß er „anders" ist, geregelte Essenszeiten, Harnzuckertest, Insulininjektion, Anpassung der Dosis und der KH-Zufuhr, Regulierung der körperlichen Aktivität Morgens: früher aufstehen, (auch am Wochenende) Urintests, Injektionen, Frühstück, kein Fortlassen einer Mahlzeit, und trotzdem rechtzeitig in der Schule sein etc., etc., etc.	Sport, körperliche Aktivität überhaupt, Klassenfahrten, Ausflüge, gestörte Beziehung zur Umwelt
	↓	
	Der jugendliche Diabetes	
	Ungewißheit über die Zukunft Ungeeignet für bestimmte Berufe Ablehnung bei der Arbeitssuche Untauglich für den Wehrdienst Heirat Schwangerschaft bei Diabetikerinnen Später drohende Komplikationen	

friedigende Einstellung des Diabetes läßt sich bei vielen Patienten ohne ein gewisses Maß an emotionaler Stabilität nicht erreichen. Anderweitig unerklärbare BZ-Schwankungen müssen Anlaß sein, mit dem Patienten über seine Beziehungen zu Familie, Umwelt, Berufsbedingungen und seine psychische Situation zu sprechen. Fehlt der Kontakt mit den sog. Bezugspersonen wie den Eltern, dem Arzt oder dem Lehrer, fühlt der Patient sich unverstanden und mit seinen

Problemen alleingelassen. Frustrationen, fehlende Mitarbeit, Vernachlässigung der Stoffwechselführung, Negativhaltung bis zur Aggression können daraus resultieren. Der Arzt seinerseits hat den Eindruck, einen gleichgültigen oder unwilligen Patienten vor sich zu haben und beschränkt – bis zu einem gewissen Grade selbst frustriert – seine Aktivitäten auf das unbedingt Notwendige, wie Routine-BZ-Bestimmungen und Rezepturen (s. Kap. 17).

Wenn bisher die v.a. bei Jugendlichen und Insulinpatienten auftretenden Schwierigkeiten betont wurden, so sollen die Probleme bei übergewichtigen, meist älteren Diabetikern nicht unerwähnt bleiben, die jedoch im wesentlichen denen der nicht diabetischen Adipösen entsprechen. Es gibt, obgleich eine solche Vermutung naheliegend ist, keinen sicheren Anhalt, daß der Diabetes eine zusätzliche Motivation zum Abnehmen darstellt, selbst wenn bereits vaskuläre Komplikationen vorliegen.

Literatur (zu 16.4)

Anderson BJ, Miller JP, Auslander WF, Santiago JV (1981) Family characteristics of diabetic adolescents: Relationship to metabolic control. Diabetes Care 4: 586–594

Creutzfeldt W (1966) Die Zuckerkrankheit als Lebensschicksal für den Kranken und Aufgabe für die klinische und theoretische Medizin. Med Klin 61: 565–572

Dunn SM, Turtle JR (1981) The myth of the diabetic personality. Diabetes Care 4: 640–646

Hauser ST, Pollets D (1979) Psychological aspects of diabetes mellitus: A critical review. Diabetes Care 2: 227–232

Meuter F, Thomas W, Gries FA, Lohmann R, Petrides O, Voges B (1982): Persönlichkeitspsychologische Untersuchungen an Patienten mit Diabetes mellitus. Diagnostik 15: 912–918

Paeslack V (1959) Über soziologische Aspekte des Diabetes mellitus. Aerztl Wochenschr 14: 856–864

Simonds JF (1977) Psychiatric status of diabetic youth matched with a control group. Diabetes 26: 921–925

Slawson PF, Flynn WR, Koller EJ (1963) Psychological factors associated with the onset of diabetes mellitus. JAMA 185: 96–100

Tattersall RB, Lowe J (1981) Diabetes in adolescence. Diabetologia 20: 517–523

Wilkinson DG (1981) Psychiatric aspects of diabetes mellitus. Br J Psychiatry 138: 1–9

17 Instruktion des Patienten

Im Unterricht, in der Diskussion und im Einzelgespräch wird der Patient mit den Besonderheiten der Stoffwechselstörung, den Behandlungsmethoden, den Komplikationen und der Möglichkeit zur Vorbeugung vertraut gemacht. Oft müssen darüber hinaus bestimmte Techniken, die Insulindosierung und -injektion, HZ- und BZ-Selbstkontrolle und evtl. sogar der Umgang mit Insulininfusionsgeräten erlernt werden. Die Unterweisung ist eine Voraussetzung dafür, daß der Diabetiker Selbständigkeit erlangt und bestimmte Entscheidungen in eigener Verantwortung treffen kann. Der Patient soll demzufolge kein passiver Empfänger ärztlicher Anordnungen sein. Es genügt daher nicht, daß er nur unterrichtet wird, es muß die Motivation geweckt werden, das Gelernte im Alltag anzuwenden. Die auf diese Weise gewonnene Selbständigkeit beseitigt Verunsicherung und stärkt das Selbstvertrauen.
Instruktion ist somit einer der Grundpfeiler der Diabetestherapie. Da eine chronische, lebenslang bestehende Störung vorliegt, werden Hilfe und Aufklärung nicht nur zu Beginn, sondern auch im weiteren Verlauf der Krankheit immer wieder benötigt. Die Instruktion beinhaltet im wesentlichen folgende Themen:

1. Was ist Diabetes?
2. Harnzucker und Blutzucker
3. Diät, einschließlich Demonstrationen und praktischen Übungen in der Lehrküche
4. Tablettenbehandlung
5. Insulintherapie, Injektionstechnik, Dosisanpassung
6. Hypoglykämie
7. Koma

8. Verhalten in besonderen Situationen (Reise, Urlaub, interkurrente Erkrankungen), Maßnahmen bei dekompensiertem Diabetes
9. Fußpflege, allgemeine Körperpflege
10. Schwangerschaft, Vererbung

17.1 Methoden der Unterweisung

Es stehen personale und apersonale Unterrichtsmethoden zur Verfügung. Als Unterrichtender kann nicht allein der Arzt fungieren. Vielfältige, z. T. selbstkritische Erfahrungen haben gezeigt, daß sich bei nicht wenigen Kollegen nach längerer Zeit gewisse „Ermüdungserscheinungen" einstellen.
Im Krankenhaus fällt ein mehr oder weniger großer Teil der Unterweisung dem sog. Assistenzpersonal, der Schwester, der Diätassistentin oder Ernährungsberaterin und der medizinisch-technischen Assistentin zu. Auch der niedergelassene Arzt sollte sein Personal an der Diabetikerinstruktion beteiligen.

Vorträge. Die immer noch häufig praktizierten Vorträge vor einem größeren Forum, z. T. in Form von Großveranstaltungen, dienen nur in geringem Maße der Wissensvermittlung und können wahrscheinlich auch wenig zur Motivierung beitragen. Die Aufnahmefähigkeit ist bei vielen Teilnehmern nur gering. Mit erheblichen Mißverständnissen muß wegen der meistens fehlenden oder ungeeigneten Möglichkeiten für Diskussion und Fragen gerechnet werden. Nicht wenige Diabetiker benutzen eine solche Veranstaltung zur Selbstdarstellung und tragen Probleme vor, deren Erörterung für die anderen bestenfalls von begrenztem Interesse ist.
Schließlich ist die Zuhörerschaft zu heterogen. Jugendliche Typ-I-Diabetiker sehen sich anderen Anforderungen und Problemen ausgesetzt als etwa ältere Tablettenpatienten (s. Tabelle 83). Der gemeinsame Nenner für beide Gruppen ist praktisch nur der erhöhte Blutzucker. Infolgedessen kommen innerhalb eines größeren Patientenkreises viele Diabetiker zu kurz, andere werden sogar durch die Darstellung bestimmter Therapiemaßnahmen und Komplikationsmöglichkeiten unnötig beunruhigt und regelrecht verunsichert.

Tabelle 83. Schwerpunkte des Diabetikerunterrichts

	Typ-I-Diabetes	Typ-II-Diabetes	Diabetes im Alter, kein Insulin
Diät	+ + KH-Verteilung, Adaptation	+ + Kalorienbeschränkung	+
Orale Antidiabetika	∅	+	+
Insulin	+ +	+	meist ∅
Selbstkontrolle	+ +	+	∅ bis +
Timing	+ +	+	∅
Hypoglykämie, Koma, Notfall, Infekte	+ +	+ +	(+)
Neurovaskuläre Komplikationen	(+)	+	(+)
Fußpflege	+ +	+ +	+ +

Allenfalls spürt der Diabetiker bei einem engagiert Vortragenden dessen Interesse für seine Probleme und wird durch das Zusammensein mit Gleichgesinnten und „Leidensgenossen" ermutigt und angeregt. Ob dadurch mehr als eine nur kurzdauernde Motivation zustande kommt, läßt sich schwer abschätzen und dürfte wahrscheinlich von der Mentalität des Patienten abhängig sein.

Gruppenunterricht. Diese Unterrichtsform ist dagegen, sofern die Teilnehmerzahl 10–20 nicht überschreitet, in vieler Beziehung genauso effektiv wie ein Einzelgespräch oder eine Einzelunterweisung. Der Patient hat die Gelegenheit, auch die Meinung anderer zu höhren und deren Wissenslücken festzustellen. Allerdings gilt auch für den Gruppenunterricht, daß die Zusammensetzung der Teilnehmer nicht zu heterogen sein darf. Die Patienten haben in einem kleineren Kreis offensichtlich weniger Hemmungen, Fragen zu stellen, als während einer größeren Veranstaltung. Eine geschickte Gesprächsleitung, beispielsweise durch eine Diätassistentin, kann eine anregende und nützliche Diskussion in Gang bringen. Sie wird aber dar-

auf achten müssen, daß nicht einzelne Patienten das Gespräch an sich reißen.
Statt Gruppenunterricht wäre deshalb auch die Bezeichnung Gruppendikussion angebracht.

Unterweisung in der Lehrküche. In der Lehrküche, die heute in speziellen Kliniken, an einigen Krankenhäusern und auch an anderen Institutionen eingerichtet sind, wird nicht nur die Zubereitung der Diät erlernt. Der Diabetiker hat außerdem besonders günstige Möglichkeiten, sich praktische Diätkenntnisse anzueignen und wird nach den bisherigen Erfahrungen motiviert, sie auch im Alltag in die Praxis umzusetzen.

Einzelgespräch. Nach wie vor steht, besonders in der ambulanten Praxis, das Einzelgespräch trotz vielfältiger anderweitiger Informationsmöglichkeiten im Mittelpunkt, selbst wenn der Patient die Gelegenheit hat, sich durch apersonale Methoden ein Basiswissen anzueignen. Zu Beginn, d.h. nach Feststellung des Diabetes, müssen v.a. Verständnis für die unmittelbar bevorstehenden therapeutischen Maßnahmen geweckt und die notwendigen Techniken rasch erlernt werden. Danach kann die Thematik auf weitere Besuche verteilt werden. Ältere und auch jüngere neuerkrankte Patienten, die durch die Diabetesdiagnose offensichtlich psychisch schockiert sind, sollen nicht durch ein zu reichliches und gedrängtes Angebot mit Information überfüttert und verschreckt werden.

Apersonale Methoden

Bücher, Merkblätter, Zeitschriften. Die Lektüre dieser für Patienten geschriebenen Materialien muß trotz aller Bemühungen um persönliche Kontakte immer noch als wesentliche Hilfe bezeichnet werden. Für die meisten Diabetiker reichen sie jedoch nicht aus, da die spezielle Diabetessituation und die persönlichen Belange nicht genügend berücksichtigt werden können. Bücher und Zeitschriften vermögen das persönliche Gespräch mit dem Arzt oder einer seiner Mitarbeiterinnen nicht zu ersetzen. Hinzu kommt, daß auch der Arzt seinerseits zuwenig über den Patienten erfährt, so daß manche Möglichkeiten ungenutzt bleiben, die durch eine vertrauensvolle Zusammenarbeit zwischen den beiden Partnern gegeben wären.

Diapositivreihen, Filme. Sie eignen sich besonders für Instruktionen über Fußpflege, Injektionstechnik und Diät. Während oder nach der Vorführung sollen jedoch Möglichkeiten zu Frage und Antwort und zur Diskussion bestehen.

Lernprogramme. In Buch- oder in audiovisueller Form vorliegende Lernprogramme sind in besonderem Maße für den Unterricht geeignet. Sie haben, soweit sie qualifiziert sind, folgende *Vorteile* (s. Etzwiler u. Robb 1972):
- Zeitersparnis, weil die Basisinstruktion apersonal erfolgt, so daß das Personal mehr Zeit für Einzelgespräche hat bzw. haben sollte.
- Das erworbene Wissen wird anscheinend gut behalten.
- Der einzelne kann entsprechend seiner „Lernrate" vorgehen. Eine wiederholte Anwendung ist ohne weiteres möglich.
- Programmiertes Lernen ist für viele Personen etwas Neues und hat damit bereits einen gewissen Motivationswert.

Als *Nachteile* sind zu nennen:
- Individualisierte Programme werden nicht zur Verfügung stehen.
- Gefahr, daß das Lernprogramm zum ausschließlichen Unterrichtsmittel wird.
- Keine persönliche Unterweisung. Trotzdem ist ein qualifiziertes Programm besser als insuffiziente Einzelgespräche oder Unterrichtsstunden.
- Die Zahl und Verfügbarkeit der Programme ist begrenzt.
- Die Anfangskosten für die Programmherstellung sind hoch.

17.2 Diabetikerinstruktion in Klinik und Praxis

Der Nutzen etwa einer einwöchigen intensiven Instruktion während eines stationären Aufenthalts wird oft dadurch beeinträchtigt, daß der Diabetiker nachher wieder sich selbst überlassen bleibt. Dies gilt besonders für neuerkrankte Patienten, während länger erkrankte, die bereits mit dem Diabetes Erfahrungen sammeln konnten, in einer besseren Lage sind. Während eines mehrwöchigen Klinikaufenthalts, beispielsweise bei einem Heilverfahren, ergeben sich dagegen mehr Möglichkeiten, Theorie und Praxis, z. B. im Hinblick auf die körperliche Betätigung frühzeitig zu verbinden. Trotzdem ergibt sich u. E. unter diesen Umständen keine akzeptable Kosten-Nutzen-Relation.

Ein besonderes Problem ist oft der abrupte Übergang aus dem Klinikmilieu in den Alltag. Während dort medizinisches Personal mit Rat und Tat zur Seite stand, findet der Patient sich zu Hause und im

Tabelle 84. Vorgehen bei neuentdecktem insulinbedürftigen Diabetes. (In Anlehnung an Pirart 1971)

Lektion Nr.	Tag	
	0	Diabetesdiagnose (erste Insulininjektion)
1	1	Insulininjektion, Erläuterung der Notwendigkeit, Harntests, Anlegen eines Protokollhefts
2	2	Gefahren des unbehandelten Diabetes, Injektionstraining, erste Hinweise auf Hypoglykämie
3	3	Erste Selbstinjektion, notwendige Mahlzeitenfolge, Führung des Protokollhefts, Ketontest
4	4–5	Weitere Details der Injektionstechnik, Diät, Hypoglykämie
5	7–10	Wann Steigerung, wann Reduzierung der Insulindosis?, Vermeidung von Hypoglykämien
6, 7	~20	Insulinbedürftigkeit, Diabetestypen, Diät, Verhalten bei körperlicher Aktivität, bei interkurrenten Erkrankungen; Ketoazidose
		Warum sorgfältige Diabeteseinstellung (Prävention von Komplikationen usw.), je nach Situation Lektion 6–10
8	~30	Weitere Instruktionen, Ketoazidose, akute Erkrankungen Details über Hypoglykämie für Angehörige (Glukosezufuhr, Glukagoninjektion)
9– usw.	~50–90	Verhalten im Alltag (Beruf, Sport), während Reisen. Gravidität, Konzeption, Heredität. Zukunftsperspektiven, spezielle Probleme, die besonders den einzelnen Patienten betreffen

Beruf auf sich allein gestellt. Eine Koordination der stationären und der ambulanten Behandlung ist daher notwendig. Der Diabetiker sammelt meistens erst unter Alltagsbedingungen die wichtigsten Erfahrungen. In ständigem Kontakt mit seinem Arzt lernt er selbständig zu handeln. Selbstverständlich müssen ihm von ärztlicher Seite gewisse Freiheiten zugestanden werden. Der „Freiheitsgrad" hängt von seinen diabetologischen Kenntnissen (auch denen des behandelnden Arztes), seinen bisherigen Erfahrungen, seinem guten Willen und der Fähigkeit ab, die an sich relativ einfachen Zusammenhänge zu begreifen, aber auch von dem Bemühen und der Aufgeschlossenheit des Arztes und seiner Mitarbeiter.

In der ambulanten Praxis lassen sich die Instruktionen über eine längere Zeit stufenweise aufteilen, etwa entsprechend den gering modifizierten Vorschlägen von Pirart (1971) in Tabelle 84.

Weitere Empfehlungen für die Instruktion in der Ambulanz

Kürzere und wiederholte Instruktionen sind besser als einmalige und länger dauernde. Unterweisungen von mehr als 10–20 min Dauer überfordern v.a. ältere Patienten.

Kurzberatungen lassen sich im übrigen während des Ambulanzbetriebs ohne Schwierigkeiten unterbringen, zumal während der ersten Behandlungsmonate ein häufigerer Besuch ohnehin die Regel ist.

Auch angesichts der psychischen Situation, der sich viele nach der Diabetesdiagnose ausgesetzt sehen, sind fraktionierte Instruktionen häufig geeigneter als „zuviel auf einmal".

Kurze Fragen oder Interviews mit den dazugehörigen Erklärungen sind geeignet, das Wissen zu überprüfen und die bisherigen Kenntnisse zu festigen. Dazu bietet sich eine oft nicht genutzte Gelegenheit, wenn der Patient ohnehin zur BZ-Kontrolle in der Praxis erscheint.

Einer Diätverordnung soll besonders bei unbehandelten Diabetikern eine kurze Ernährungsanamnese vorausgehen.

Im weiteren Verlauf der Behandlung haben sich etwa folgende Fragen bewährt (s. Kurow 1981), um herauszufinden, ob die Diätverordnung passend ist:

- Werden Sie mit der verordneten Diät satt?
- Welche Mahlzeiten sind zu reichlich?
- Welche zu knapp?
- Lassen Sie Mahlzeiten aus?
- Haben Sie heute weniger als sonst gefrühstückt?
- Was tun Sie *nach* einem Diätfehler?

Eine andere zeitsparende und für den Patienten lehrreiche Methode besteht darin, ihn im einzelnen aufschreiben zu lassen, was er in den letzten Tagen zu sich genommen hat.

Als ökonomisch besonders interessante und effektive Variante der ambulanten Betreuung haben sich Telefondienste bewährt. An einem Kinderkrankenhaus in Philadelphia ging nach Einrichtung eines solchen Dienstes die Zahl der stationären Diabetesbehandlungen einschließlich der Notfälle von 75–70 auf 8–10 pro Jahr zurück mit einer jährlichen Kostenersparnis von 70000 $. Der Dienst wurde zunächst von einem Arzt, später zusätzlich von einer Schwester und einer Diätberaterin durchgeführt (entsprechende Literatur s. Hoffman et al. 1978).

In Anbetracht der großen Patientenzahlen, der vielfältigen Lebensprobleme und unter Berücksichtigung der höheren Anforderungen an die Stoffwechselführung kommen auf die ambulante Diabetikerversorgung umfangreiche Aufgaben zu. Die letzten Jahre haben Fortschritte hinsichtlich spezieller Verfahren wie der breiteren Verwendung von Normalinsulin, der Mehrfachinjektion und der Insulininfusionsgeräte gebracht, die jedoch bisher nur relativ wenigen Patienten zugute kamen. Doch der Ausbau dieser Möglichkeiten ist nicht die einzige wichtige therapeutische Aufgabe. Im Vordergrund steht mehr denn je die Notwendigkeit, die Routinetherapie durch stärkere Einbeziehung der Selbstkontrolle, der Adaptation von Insulindosis und Diät sowie der Erweiterung der „Edukation“ zu intensivieren. Eine Realisierung auf breiter Basis hat sich jedoch bisher v.a. wegen Mangels an fachkundigem Personal sowohl im Krankenhaus wie auch in der Praxis als schwieriges und mühsames Unterfangen erwiesen.

In England und in den USA werden in zunehmendem Maße mit Unterstützung der nationalen Diabetesgesellschaften Zentren an Krankenhäusern eingerichtet, in denen spezielle Teams Kurse veranstalten und Beratungen einschließlich Telefondiensten durchführen. Die dadurch gegebenen Möglichkeiten stehen in großem Umfange ambulanten Patienten (in Minnesota in den letzten 5 Jahren 5000) zur Verfügung, zumal der Klinikaufenthalt nicht die gleiche zentrale Bedeutung für die Einstellung insulinbedürftiger Diabetiker hat, wie es bei uns noch der Fall ist. Die Teams sind jedoch nicht nur für das Training der Patienten zuständig, sondern bilden außerdem Assistenzpersonal bzw. sog. Gesundheitshelfer aus. Da diese ihrerseits wieder Patientenschulung betreiben, wird im Sinne eines Multiplikationseffekts eine große Zahl von Diabetikern erfaßt.

Auch in der Bundesrepublik gibt es inzwischen ähnliche Bestrebungen. Durch den Ausschuß Laienarbeit der Deutschen Diabetes-Gesellschaft wurde inzwischen das Berufsbild einer Diabetesberaterin konzipiert, die v.a. die Aufgaben einer Diätassistentin wie auch einer Schwester übernimmt und in erster Linie für die stationäre Betreuung eingesetzt werden soll. Für den Krankenhausbereich ist wahrscheinlich ein Team von mehreren Mitarbeitern, und zwar etwa 2 Ärzten, Diätassistentinnen und 2–3 Schwestern zweckmäßiger als Einzelpersonen. Das gewährleistet eine kontinuierliche Betreuung einer größeren Patientenzahl über eine längere Zeit.

Der Schwester und auch der Diätassistentin soll demnach in Zukunft eine wichtigere Rolle zufallen, zumal zwischen ihr und dem Patienten weniger Barrieren vorhanden sind als im Verhältnis zum Arzt. Der Diabetiker spricht mit ihr über viele Alltags- und Lebensprobleme eher und unbefangener und gesteht Diätfehler und andere Schwierigkeiten ein.
Auch in der Allgemeinpraxis wird das Ziel darin bestehen, den Arzt zu entlasten und wesentliche Aufgaben auf das Assistenzpersonal zu übertragen. Ausreichende Kenntnisse des Lehrpersonals und eine Überprüfung ihres Wissens müssen gewährleistet sein. Ärzte, Diätassistentinnen, Schwestern und Arzthelferinnen wissen oft über die einfachsten Dinge der Diabetologie zu wenig. Diese Mitarbeiter sollen daher in der Klinik während der Einarbeitungszeit an Visiten und Besprechungen teilnehmen und die Situation des Patienten gemeinsam diskutieren. Auch in der Praxis soll die Arzthelferin zumindestens in der ersten Zeit so häufig wie möglich an den Besprechungen des Arztes mit dem Patienten zugegen sein.
Eine wichtige Voraussetzung v.a. für die Unterrichtsteams in Klinik und Ambulanzen ist Einigkeit über die Lernziele und auch über die Methoden der Wissensvermittlung. Wenn es auch weder möglich noch sinnvoll ist, alle Mitarbeiter gleichzuschalten, so darf der Patient andererseits nicht den Eindruck haben, daß verschiedene Meinungen hinsichtlich der Gesamteinstellung zum Diabetesproblem und vieler Detailfragen, auch der technischen Probleme bestehen.
Ohne gründlich ausgebildetes und in der diabetologischen Praxis erfahrenes Assistenzpersonal wird es auch in Zukunft keine ausreichende „Edukation“ geben und damit eine der wesentlichen Voraussetzungen für eine effektive Stoffwechselführung fehlen.

Auf die Zusammenarbeit zwischen Ärzten und insbesondere Diätassistentinnen ist West (1973) näher eingegangen. Er betont, daß Ärzte i.allg. nicht in der Lage sind, eine Diabetesdiät praktikabel und attraktiv zu gestalten. Trotzdem zögern sie, eine versierte Diätassistentin ausreichend zu autorisieren, um einen individuellen Diätplan aufzustellen. Hierher gehören innerhalb eines von ärztlicher Seite gegebenen Rahmens die Festlegung des Kaloriengehalts, der Nährstoffrelation und ggf., soweit die Insulinbehandlung es ermöglicht, die KH-Verteilung. Die Diätassistentin soll möglichst konkrete Vorstellungen haben von dem, was West als die individuellen therapeutischen „strategischen Prioritäten" bezeichnet.

Schließlich ist es für den Klinik- wie auch für den Praxisarzt nützlich, sich darüber klar zu werden, wodurch seine Haltung gegenüber dem Diabetiker und der Diabetologie bestimmt wird:

- seine Kenntnisse der diabetologischen Praxis,
- seine Kenntnisse über und seine Erlebnisse mit dem einzelnen Patienten,
- seine bisherigen Erfahrungen mit Diabetikern und wie er diese verarbeitet hat,
- seine Einstellung zur Diabetestherapie überhaupt:
  optimistische Prägung durch Erfolgserlebnisse und zufriedene Patienten
  oder
  überwiegend pessimistische Haltung im Hinblick auf die Möglichkeiten der Diabeteseinstellung und -prognose, häufig nach vielen vergeblichen Bemühungen, jedoch auch als Folge ungenügender Kenntnis und Engagements.

Ein Circulus vitiosus kann sowohl vom Verhalten des Patienten als auch des Arztes ausgehen. Desinteresse, Gleichgültigkeit oder Ablehnung entmutigen den Arzt und seine Mitarbeiterinnen. Sie fühlen sich frustriert, was wiederum dem Diabetiker nicht verborgen bleibt, ihn zu weiterer Distanzierung veranlaßt und auch eine bescheidene Zusammenarbeit unmöglich macht. Umgekehrt regt ein interessierter und bemühter Patient seinen Arzt im Sinne eines positiven Kreises an. Er hat das Gefühl, daß seine Ratschläge auf fruchtbaren Boden fallen. Die beiderseitige Zufriedenheit schafft die besten Voraussetzungen, um den Patienten ausreichend und nicht nur vorübergehend zu motivieren.

Versuche, die Diabetiker im Hinblick auf ihre Eignung für ein Unterrichtsprogramm etwa nach Vorbildung oder Beruf zu klassifizieren, führen zu unberechtigten Vorurteilen. Langjährige eigene Erfahrungen haben gezeigt, daß körperlich arbeitende Patienten an den verschiedenen Möglichkeiten, die Diät- und Insulintherapie an die Erfordernisse des beruflichen Alltags anzupassen, interessiert sind, v.a. dann, wenn unregelmäßige Essenszeiten, besonders Schichtwechsel und nicht vorhersehbare körperliche Tätigkeit unvermeidbar sind. Ohne richtige Anpassungsmaßnahmen kann der Diabetes in solchen Situationen zu einem existenziellen Problem werden. Auf die zu erwartenden Alltagsschwierigkeiten soll der Patient bereits während eines Klinikaufenthalts vorbereitet und mit ihm bestimmte Lösungen besprochen werden. Dazu gehören u.a. frühzeitige Selbstkontrolle mit Überprüfung der Richtigkeit, Vergleich mit den BZ-Werten aus dem Kliniklabor, Besprechung der Befunde bei der Visite sowie eine Anpassung des Tagesablaufs an das Alltagsmilieu entsprechend den Möglichkeiten des Klinikbetriebs.

Schließlich hat sich gezeigt, daß die Effektivität einer Instruktion nicht von der Höhe des in diesem Zusammenhang so oft zitierten und überschätzten Intelligenzquotienten abhängt. Der gesunde Menschenverstand und eine ausreichende Motivation sind für die Stoffwechselführung die besten Voraussetzungen. Meist genügt es, wenige Fakten zu erlernen, das Verständnis für einfache Zusammenhänge zu gewinnen und daraus für den Alltag und für besondere Situationen die entsprechenden Konsequenzen zu ziehen.

Literatur (zu 17)

Berger M, Jörgens V, Mühlhauser J, Zimmermann H (1983) Die Bedeutung der Diabetikerschulung in der Therapie des Typ-I-Diabetes. Dtsch Med Wochenschr 108: 424–430

Etzwiler DD, Robb JR (1972) Evaluation of programmed education among juvenile diabetics and their families. Diabetes 21: 967–971

Gries FA, Schubert HD, Kohnhorst ML (1977) Diätwissen und Diäteinhaltung. Schweiz Rundsch Med 66: 1508

Hoffman WH, O'Neill P, Khoury C, Bernstein SS (1978) Service and education for the insulin-dependent child. Diabetes Care 1: 285–288

Kurow G (1973) Gruppen-Diätberatungen in Arztpraxen. In: Otto H, Späthe R (Hrsg) Diätetik bei Diabetes mellitus. Huber, Bern Stuttgart Wien, S 180

Kurow G (1981) Ambulante Diabetikerversorgung. In: Robbers H, Sauer H, Willms B (Hrsg) Praktische Diabetologie. Werk-Verlag Dr. Banaschewski, München-Gräfelfing, S. 281–307

Laron Z (1975) Modern problems in paediatrics: Diabetes in juveniles. Medical and rehabilitation aspects. Karger Basel, München, Paris, London, New York, Sydney

Loebert L (1972) Kenntnisse des Diabetikers über seine Krankheit. Dtsch Med Wochenschr 97: 1055–1057

Petzoldt R, Haupt E, Schöffling K (1977) Kosten-Nutzen-Analyse zur Beschäftigung von Diätassistentinnen in der ärztlichen Praxis. Med Klin 72: 1177

Pirart J (1971) Some opinions on the outpatient treatment of diabetes. Acta Diabetol Lat 8: 727

Sauer H (1977) Diabetesinstruktion (ohne Berücksichtigung des kindlichen Diabetes). Schweiz Rundsch Med 66: 1519–1524

Sauer H, Grün R (1980) Aktuelle Aspekte der Diät-Therapie des Diabetes mellitus. Internist (Berlin) 21: 746–752

Schubert HD (1973) Beziehung zwischen Diätwissen und Diäteinhaltung bei erwachsenen Diabetikern. Dissertation, Universität Düsseldorf

Steinberg H, Böninger C (1977, 1979, 1982) Die Diät bei Diabetes: Der Diätplan. Diabetesklinik, Bad Oeynhausen (Lernprogrammserie)

West KM (1973) Diet therapy of diabetes. An analysis of failure. Ann Intern Med 79: 425–434

18 Sozialmedizinische Aspekte

G. Kurow

Der heutige Patient erwartet von seinem Arzt nicht nur eine möglichst optimale Therapie, sondern auch dessen Mithilfe bei der Sicherung seines gegenwärtigen Sozialstatus. Er erkennt bald, daß der Diabetes je nach Schweregrad die Lebensqualität mehr oder weniger beeinträchtigt und später zu Behinderungen führen kann, die das gesellschaftliche Leben einengen. Die Umwelt reagiert gewöhnlich verständnislos, weil beim Diabetiker keine körperlichen Schädigungen erkennbar sind.
Oft löst bereits die Diagnosestellung eine abwertende Beurteilung der Umgebung aus, weil jede unheilbare Krankheit mit Leistungsschwäche und frühzeitiger Invalidität in Verbindung gebracht wird. Selbst die Wertung eines diabetischen Kindes durch seine Eltern kann hierdurch negativ beeinflußt werden. Die Diabetesmanifestation im Erwachsenenalter löst nicht selten ähnliche Reaktionen aus. Die Folgen für den Patienten sind häufig Minderwertigkeitskomplexe, Frustrationen auf vielen Gebieten des täglichen Lebens und mitunter das Abgleiten in eine Außenseiterrolle. Schwache Naturen können darin verharren. Stärkere versuchen mit Erfolg, allmählich eine Anpassung der ihnen auferlegten Lebensbedingungen an den Alltagsrhythmus ihrer Umwelt vorzunehmen. Daß dies mit Intelligenz, Disziplin, Energie und Kooperation mit dem behandelnden Arzt auch langfristig erreichbar ist und die psychophysische Leistungsfähigkeit der eines gleichaltrigen Gesunden nicht nachzustehen braucht, zeigen übereinstimmende Langzeitbeobachtungen aus vielen Ländern. Unter dem Eindruck dieser Beobachtungen hatte Katsch schon vor Jahrzehnten den suggestiven Begriff des „bedingt gesunden" Diabetikers geprägt, der auch heute noch vielen Mutlosen und chronisch depressiven Patienten Auftrieb geben kann.

Die Aufgaben des behandelnden Arztes umfassen innerhalb der langfristigen Diabetesbetreuung auch die Erfüllung vielfältiger sozialmedizinischer Bedürfnisse, auch fürsorgerischer Art, die den Einzelnen überfordern. Aufgrund seiner Kenntnis der sozialen Verhältnisse kann er jedoch eine gewisse Lenkung und Koordination vornehmen und die verschiedenen Möglichkeiten zugunsten seines Patienten einsetzen.

Ehe und Familie

In der Praxis suchen am häufigsten junge Diabetiker Rat, die einen gesunden Partner heiraten wollen. Das Problematische dieser Verbindungen liegt vor allem darin, daß der Gesunde mehr Opfer bringen muß als der Kranke. Viele Gesunde haben Schwierigkeiten, sich auf die diabetische Lebensweise einzustellen. Deshalb ist eine möglichst weitgehende Information über Wesen und Verlauf des Diabetes notwendig. Beginnend mit dem Entschluß, die diabetische Kost mitzugenießen, um keine Divergenzen im täglichen Leben zu provozieren, über das Erlernen der Spritztechnik, der HZ- und BZ-Tests bis zum Erkennen und der richtigen Behandlung unvermeidlicher hypoglykämischer Zwischenfälle kann eine lange Zeitspanne vergehen, die Belastungen für beide Partner mit sich bringt. In der Nachwuchsfrage sollte Übereinstimmung ohne Vorbehalte herrschen. Ein längeres Zusammenleben ist daher vor der geplanten Eheschließung anzuraten.

Erkrankt in einer bereits bestehenden Ehe einer der beiden Eheleute, ergeben sich weitgehend ähnliche Probleme. *Ehen zwischen diabetischen Partnern* bringen eine Reihe von Vorteilen mit sich, die manche krankheitsbedingten Nachteile ausgleichen können:

- Fortfall von Anpassungsschwierigkeiten an Lebensweise und Tagesrhythmus,
- Geläufigkeit in der Beherrschung kritischer Krankheitssituationen;
- krankheitsbedingte Einschränkungen der Lebensführung sind gemeinsam leichter erträglich;
- gegenseitige Hilfen ersparen viele Krankenhausaufenthalte und Arztbesuche;
- Komplikationen und depressive Phasen lassen sich gemeinsam mildern;

- Selbstdisziplin kann gefördert werden;
- gemeinsames Erleben von Verschlechterungen des Zustandes erzeugt Lerneffekte.

Diese Vorteile gewinnen in höherem Lebensalter an Bedeutung. Langjährige gegenseitige Hilfe erspart manchen älteren Ehepaaren eine Heimeinweisung.

Kinderwunsch. Äußern diabetische Paare einen dringenden Kinderwunsch und wird das Kind als Vollendung der Ehe empfunden, sollte prinzipiell nicht davon abgeraten werden. Die eindrucksvollen Erfolge der auf strikte Euglykämie gerichteten Behandlung diabetischer Schwangerer geben hierfür eine gute Begründung ab. Fragen nach den möglichen Risiken für Mutter und Kind können dahingehend beantwortet werden, daß diese inzwischen fast so niedrig wie bei Gesunden geworden sind. Wird ein Kind später diabetisch, ist seine Entwicklung zwar nicht problemlos, kann aber weitgehend derjenigen gesunder Kinder angeglichen werden, wenn die Voraussetzungen hierfür geschaffen werden.

Schule

Im Hinblick auf die Schwierigkeiten einer späteren Berufsfindung sollten sowohl Eltern wie behandelnde Ärzte darauf dringen, daß eine abgeschlossene Schulbildung erfolgt. Sie ist bei Grundschülern die Mindestvoraussetzung für den Erhalt eines Lehrvertrags. Jede weiterführende Schulart sollte bei entsprechenden intellektuellen Voraussetzungen absolviert werden. Vorzeitiger Schulabgang erschwert jede berufliche Ausbildung. Ungelernte Tätigkeiten sind in der Regel keine Dauerarbeitsplätze. Sie werden schlechter bezahlt, sind psychisch oft abstumpfend, vielfach mit körperlich unregelmäßigen Belastungen verknüpft und u. a. von Arbeitslosigkeit bedroht. Die Erfahrung zeigt, daß intelligente Kinder mit den Belastungen der diabetischen Lebensweise leichter fertig werden als schwach begabte. Der Slogan „Dumme Diabetiker sterben früher" gibt leider etwas Wahres wieder.

Schulsport. Sport sollten alle diabetischen Kinder nach ihren körperlichen Möglichkeiten mitzumachen suchen, ausgenommen Hochleistungs- und Ausdauerübungen. Das Üben und Bewußtwerden der eigenen körperlichen Leistungsfähigkeit hilft vielen Heranwachsenden, Minderwertigkeitskomplexe abzubauen.

Lehrerinformation. Die Eltern sollten ermuntert und vom Arzt unterstützt werden, enge Kontakte zu den Klassenlehrern zu pflegen mit dem Ziel, diese auf mögliche Hypoglykämien und entsprechende Gegenmaßnahmen während des Unterrichts aufmerksam zu machen. Besonders sollte darauf hingewiesen werden, daß vorübergehende Schreibschwäche, Merkstörungen, ungewohnt aggressives Verhalten oder plötzlich auftretende Stumpfheit auf Hypoglykämien hindeuten und auch ohne sofortige ärztliche Hilfe durch Traubenzuckergaben zu beheben sind.

Sonderschulen. Der Besuch von Sonderschulen ist nur dann angebracht, wenn zusätzliche zerebrale oder schwere körperliche Behinderungen vorliegen, keinesfalls bei therapiebedingten Verhaltensstörungen.

Internate. Kinder und Jugendliche ohne ausreichende oder gänzlich fehlende elterliche Zuwendung, sozial Gefährdete oder Verwahrloste sind ambulant i. allg. nicht sozialisierbar. Oft droht Alkoholismus oder Drogensucht. Klinikaufenthalte sind erfahrungsgemäß wirkungslos. Für diese Fälle empfiehlt sich die Unterbringung in einem Diabetikerinternat unter fachärztlicher Leitung. Dort widmet man sich mit großem Engagement unter Anwendung heilpädagogisch orientierter Prinzipien diesen schwierigen Fällen[1].

Ferienkinderlager. Während der Sommerferien finden regelmäßig Kinderlager statt, die vom DDB (Deutscher Diabetiker-Bund) vermittelt werden.[2] Die Kinderlager werden ärztlich geleitet und durch Fachpersonal betreut. Für Neuerkrankte kann die Teilnahme zu einem prägenden Erlebnis werden. Die Gemeinsamkeit vermittelt viele Kenntnisse und praktische Erfahrungen, die im häuslichen Alltag

---

[1] Adressen: Hilfswerk für jugendliche Diabetiker, Winkhauser Str. 24, 5880 Lüdenscheid
Diabetiker-Jugendhaus Hinrichssegen, Heimatweg 2, 8206 Bruckmühl

[2] Anmeldungen: Deutscher Diabetiker-Bund, Bahnhofstr. 74/76, 4650 Gelsenkirchen

Erleichterungen bringen und anderswo kaum erlebt werden können. Schließlich zeigt die Erfahrung, daß hierbei Komplexe schnell abgebaut werden können und das Selbstbewußtsein nachhaltig gestärkt wird.

Beruf

Allgemeine Arbeitsfähigkeit. Die Arbeitsfähigkeit diabetischer Personen hängt in erster Linie vom jeweiligen Erkrankungstyp ab.

Diabetiker des Typs II a und b, der auch als „milder Erwachsenendiabetes" bezeichnet wird, können jede Tätigkeit verrichten, zu der sie nach Vorbildung und Leistungsfähigkeit auch als Gesunde geeignet wären, sofern keine spezifischen oder unspezifischen Komplikationen vorliegen. Auch auf längere Sicht kommt es bei diesem Diabetestyp in der Regel zu keiner gravierenden Beeinträchtigung der Arbeitsfähigkeit, wenn eine adäquate Therapie unter regelmäßiger Stoffwechselkontrolle erfolgt und der Patient eine disziplinierte Ernährungsweise einhält.

Insulinabhängige Diabetiker (Typ I) müssen einige Beschränkungen beachten, die zur Verhütung möglicher Hypoglykämiefolgen am Arbeitsplatz dienen sollen. Derartige Einschränkungen betreffen grundsätzlich alle Arbeitnehmer, die an Krankheiten leiden, bei denen zeitweise Bewußtseinsstörungen auftreten können. Die Unfallverhütungsvorschriften der Berufsgenossenschaften untersagen aus Haftungsgründen jede Beschäftigung solcher Personen an gefährdeten Arbeitsplätzen, wo es durch Fehlhandlungen zu Selbst- oder Fremdgefährdung kommen kann. Darunter fallen z. B. Tätigkeiten an Maschinen mit Unfallgefährdung durch rotierende Teile, Pressen, Stanzen, Walzen, Bohrmaschinen, Hochöfen, ferner Überwachungsanlagen an elektrischen Steuerungen, Hochspannungsanlagen und ähnliche Tätigkeiten. Beschränkungen unterliegen auch Arbeiten in Wechselschichten sowie Beschäftigungen mit unregelmäßig auftretenden und wechselnden körperlichen Belastungen. Problematisch ist die Beschäftigung von Krankenschwestern im Nachtdienst und auf Intensivstationen und Stationen mit Schwerkranken. Fehlhandlungen im Zustand einer Hypoglykämie, besonders in den Anfangsstadien, können fatale, u. U. auch strafrechtliche Folgen haben.

Zweifel an der allgemeinen Einsatzfähigkeit können sich durch den Zwang zur Einnahme von Zwischenmahlzeiten außerhalb der Betriebspausen ergeben. Als praktikabler Ausweg empfiehlt es sich, Zwischenmahlzeiten in flüssiger Form zu nehmen, z. B. als Milch oder Fruchtsaft. Hierzu braucht der Arbeitsplatz nicht unbedingt oder nur wenige Minuten verlassen zu werden, so daß dem Diabetiker keine Ausfälle an Arbeitszeit zur Last gelegt werden können. Gewarnt werden muß vor einem Auslassen der Zwischenmahlzeiten oder vor dem Verschweigen des Diabetes, um befürchtete persönliche Nachteile zu vermeiden.

Berufswahl – Berufsklassifizierungen für insulinabhängige Diabetiker. Die Wahl zuträglicher Tätigkeiten und Berufe, die langfristig ausgeübt werden können, bereitet oftmals Schwierigkeiten, besonders in den Altersklassen zwischen dem 20. und 45. Lebensjahr, also nach abgeschlossener Ausbildung oder nach jahrzehntelang ausgeübter Arbeit. Jugendliche wählen bei frühzeitiger ärztlicher Beratung meist passende Berufe. Schematisch ausgesprochene Verbote bewirken oft Resignation oder den Wunsch nach ausgesprochenen gefährlichen Berufen. Daher sind Listen mit geeigneten, möglichen und ungeeigneten Tätigkeiten aufgestellt worden, auch mit Rücksicht darauf, daß Berufsberatungen in den Behörden durch Laien vorgenommen werden. Außerdem wurden Richtlinien für Beamtenberufe ausgearbeitet.
Hervorzuheben ist, daß die besten Voraussetzungen für ein mit Gesunden vergleichbares Arbeitsleben dann gegeben sind, wenn die gewählte Berufstätigkeit annähernd regelmäßig ausgeübt wird, körperliche Belastungen begrenzt werden können und ein häufiger Ortswechsel während der Arbeitszeit unterbleibt.

Geeignete Berufe sind z. B.:
Heil- und Heilhilfsberufe in klinischer und ambulanter Tätigkeit,
kaufmännische und Verwaltungsberufe aller Sparten,
Lehrberufe an Grund- und Oberschulen, Fach- und Hochschulen,
kirchliche Berufe wie Diakon, Pfarrer,
technische Berufe wie Zeichner, Konstrukteur, Architekt, Mechaniker,
Monteur für alle Sparten der Schwachstromtechnik, Fertigungsingenieur,
künstlerische Berufe, Formgestaltung, Designer, Grafiker, Maler,
handwerkliche Berufe mit den Einschränkungen, die sich aus den Folgen hypoglykämischer Zustände ergeben können.

Mögliche Berufe sind z. B.:
Gärtner, Gartenarchitekt,
Maurer im Innenausbau,
Mechaniker für feinmechanische Arbeiten, wie Telefon-, Fernschreiberbau,
Postverteiler,
Fabrikation und Abpackung von Arznei- und Lebensmitteln.

Ungeeignete Berufe sind z. B.:
Berufskraftfahrer mit Personenbeförderung,
Triebwagen-, Schiffs-, Kranführer, Pilot, Lotse,
Starkstrommechaniker und -monteur,
Konditor, Koch, Schankwirt,
Dachdecker, Schornsteinfeger, Gerüstarbeiter.

Die hier aufgestellten Klassifizierungen und Beispiele dürfen keinesfalls als absolut bindend aufgefaßt oder zur Grundlage von Berufsverboten gemacht werden. Dagegen sprechen übereinstimmende Erfahrungen. Es sind zahlreiche insulinabhängige Diabetiker mit labilem Stoffwechselverhalten bekannt, die jahrzehntelang mit Erfolg Berufe ausübten, die i. allg. als ungeeignet gelten. In besonderem Maße gilt dies für Selbständige aller Berufsgruppen. Arbeitszeiten und Arbeitsbelastungen lassen sich in dieser Situation besser mit der diabetischen Lebensweise in Übereinstimmung bringen als es in einem abhängigen Beschäftigungsverhältnis möglich wäre.

Eignungsbeurteilung aus ärztlicher Sicht. Zur Eignungsbeurteilung ist eine möglichst sorgfältige Abwägung der individuellen Leistungsfähigkeit des Berufsbewerbers im Vergleich zu den Arbeitsanforderungen zu treffen. In Zweifelsfällen oder bei fehlenden Erfahrungen sollte der Rat eines erfahrenen Arbeitsmediziners herangezogen werden. Dies ist auch deswegen anzuraten, weil diese in größeren Firmen mit medizinischem Hilfspersonal und Laboreinrichtungen tätig sind und deshalb eher dazu neigen, insulinabhängige Arbeitnehmer als tauglich zu akzeptieren.

Akkordarbeit. Akkordarbeit ist nicht mit Schwerarbeit zu verwechseln, sondern beschreibt Tätigkeiten, die im Gegensatz zum Zeitlohn nach Leistungseinheiten bezahlt werden.
Diabetiker mit oder ohne Insulintherapie können an der Akkordarbeit teilnehmen, sofern keine stark wechselnden körperlichen Belastungen vorkommen und die Anwesenheit von sog. Springern (Re-

servearbeitern) an den Produktionsbändern die Möglichkeit von Kurzpausen zur Einnahme von Mahlzeiten ermöglicht. Leistungsschwächere Patienten können im sog. Gruppenakkord den gleichen Verdienst wie leistungsfähigere Gesunde erzielen (vorausgesetzt die Gruppe zieht das schwächere Glied mit). Diese Tatsachen zeigen, daß eine generelle Ablehnung der Akkordarbeit für Diabetiker unbegründet ist.

Wechselschicht. Die frühere Dreischichtarbeit ist glücklicherweise weitgehend abgeschafft und durch eine Zweischichtarbeit abgelöst worden. Der wöchentliche Wechsel bringt vielen insulinabhängigen Diabetikern durch mitunter stundenlange Verschiebungen der Injektionen die Gefahr einer Dekompensation und/oder stärkerer Stoffwechselschwankungen. Wenn möglich, kann versucht werden, in der gleichen Schichtzeit zu bleiben oder einen 4wöchentlichen Wechsel zu erreichen, oder in den Schichtzeiten den Injektionsrhythmus starr einzuhalten und eine verkürzte Schlafzeit in Kauf zu nehmen.

Betriebsärztliche Betreuung und Beratung. Zwei Probleme der insulinabhängigen Werktätigen lassen sich durch Betriebsärzte lösen: die Einhaltung der vorgeschriebenen Diät und BZ-Bestimmungen während der Arbeitszeit, nötigenfalls mehrmals am Tag.

Diätzubereitung bei der üblichen Kantinenverpflegung ist in Großküchen problematisch, da auf Zugabe KH-haltiger Bindemittel und Süßung mit Kristallzucker nicht immer verzichtet werden kann. Gut geschulte Patienten können unschwer innerhalb der angebotenen Gerichte wählen und den KH-Gehalt abschätzen. Das Bestehen auf separater Zubereitung abgewogener Diätmahlzeiten scheitert meist an personellen, organisatorischen und technischen Schwierigkeiten, auch an den Patienten selbst. Deshalb ist es ratsam, mittags mitgebrachte Kaltverpflegung zu verzehren und die warme Tagesmahlzeit am frühen Abend einzunehmen, wie dies in vielen Familien gebräuchlich ist.

Blutzuckerstichproben während der Arbeitszeit liefern dem behandelnden Arzt zuverlässigere Anhaltspunkte über den Verlauf als gelegentliche Einzelbestimmungen in mehrwöchigen Abständen innerhalb der hausärztlichen Kontrollen. Feinkorrekturen der Insulin- bzw. KH-Dosen können so vorgenommen werden, ohne daß Arbeitsausfälle und lange Wartezeiten beim Arzt entstehen oder Krankenhausaufenthalte mit Einstellungsversuchen notwendig werden. Kollegiale Absprachen über die therapeutischen Konsequenzen der gefundenen Ergebnisse verstehen sich von selbst.

Arbeitsunfähigkeit. Der Krankenstand diabetischer Arbeitnehmer ähnelt nach Statistiken in der Verteilung der Krankmeldungen bis etwa zum 50. Lebensjahr dem der Gesunden. Danach wird ein steiles Ansteigen beobachtet. Ein zahlenmäßig kleiner Teil der diabetischen Erwerbstätigen ruft einen überhöhten Anteil der Gesamtausfallzeiten hervor. Untersucht man stichprobenweise dauernd schlecht eingestellte im Vergleich zu gut eingestellten erwerbstätigen insulinabhängigen Diabetikern, zeigen sich frappante Unterschiede. Nur in der gut eingestellten Gruppe waren ⅓ der Patienten in einem Jahr keinen einzigen Tag krank gemeldet. Alle diese Diabetiker machten täglich 2 Insulininjektionen, kontrollierten täglich mindestens einmal, meist jedoch zweimal ihren Urin und änderten jeweils die KH-Mengen oder ihre Insulindosen entsprechend.
Ältere Untersuchungen über die Arbeitsunfähigkeit von Diabetikern, die mit einem Kontrollkollektiv gleichen Geschlechts, gleichen Altersaufbaus, gleicher Art der Beschäftigung und Dauer der Betriebszugehörigkeit verglichen wurden, ergaben eine um etwa 42% höhere Arbeitsunfähigkeit.

Rehabilitation

Rehabilitation bezweckt nach einer Definition der zuständigen Bundesarbeitsgemeinschaft, „... den Menschen, die körperlich, geistig oder seelisch behindert sind und ihre Behinderung nicht selbst überwinden können..., zu helfen, ihre Fähigkeiten und Kräfte zu entfalten und einen entsprechenden Platz in der Gemeinschaft zu finden. Dazu gehört vor allem die Teilnahme am Arbeitsleben".

Indikation. Der behandelnde Arzt sieht sich hauptsächlich folgenden Schwierigkeiten gegenüber, die Rehabilitationsmaßnahmen erforderlich machen können:

1. Der Patient übt einen Beruf aus, der mit einer Insulintherapie unvereinbar ist.
2. Der Diabetes ist dauernd hochgradig instabil und führt zu häufigen Hypoglykämien.
3. Es sind nach jahre- bis jahrzehntelanger Krankheitsdauer Komplikationen entstanden, die zu Leistungsabfall geführt haben (Retino-, Nephro-, Neuro-, Arthropathie, Hypertonie, Koronarinfarkte, periphere arterielle Verschlußkrankheit).
4. Berufliche Schwierigkeiten sind außer auf Beruf und Diabetesverlauf auch auf das Verhalten des Patienten und seine Einstellung zur Erkrankung zurückzuführen. Eine Anpassung der Lebensweise an die Erkrankung wird verweigert.

Auch übertriebene Furcht vor Gefäßkomplikationen kann zur Aufgabe des Berufs führen, ohne daß eine Indikation erkennbar ist.

Wird aus dem Krankheitsverlauf erkennbar, daß die bisherige Berufsausübung gefährdet ist oder aufgegeben werden muß, kann der behandelnde Arzt Rehabilitationsmaßnahmen „anregen". Die zuständige Krankenkasse wird durch Ausfüllen eines Formulars verpflichtet, das Verfahren einzuleiten und den Kostenträger festzustellen (Mitteilung nach § 368 r RVO an die Krankenkasse). Es kann ver-

Tabelle 85. Innerbetriebliche Umschulung (Beispiele)

Alter	Geschlecht	Diabetesdauer	Therapie	Alter Beruf	Umsetzberuf
38	m.	3 Jahre	Insulin	Reisebüro, Akquisiteur Ausland	Vertriebsleiter Inland
45	m.	1 Jahr	Insulin	Starkstrom, Prüffeldleiter	Fertigungskontrolle, Leiter
41	m.	1 Jahr	Insulin	Hochbau, Sachbearbeiter	Bauabrechner, Innendienst
21	w.	1 Jahr	Insulin	Schichtmontiererin/Band	Verkäuferin, Betriebsverkauf

merkt werden, ob ein Gesamtplan angeregt wird, ob hierzu die Mitwirkung des Arztes notwendig ist oder vom Patienten gefordert wird.

Anwendungsgebiete

Innerbetriebliche Umsetzung/Umschulung. Liegt ein bleibender Leistungsabfall vor, sollte als erste Maßnahme ein Arbeitsplatzwechsel vorgenommen werden, wenn möglich unter Mithilfe eines Werkarztes, der die Arbeitsbedingungen und -anforderungen innerhalb dea Betriebs kennt.
Ist eine Umsetzung nicht möglich, kommt als nächster Schritt die innerbetriebliche Umschulung in Frage (Tabelle 85). Größere Firmen bilden geeignete Mitarbeiter in Anlernberufen selbst aus. Dieses Verfahren läuft ohne behördliche Mitwirkung und daher ohne Wartezeiten an. Es erspart dem Diabetiker finanzielle Einbußen, außerdem bleiben ihm Rechte auf Zusatzrenten, Urlaubsansprüche und eventuelle Beförderungschancen erhalten, die während seiner Betriebszugehörigkeit erworben wurden.

Behördliche Umschulung – Berufsförderungswerke. Kommt es durch den Diabetes zum Verlust des Arbeitsplatzes, weil der ausgeübte Beruf als ungeeignet eingestuft wird, sind die Berufsförderungswerke der Länder einzuschalten. In diesen wird zunächst eine Berufsfindung versucht, die allerdings auf eine Reihe von „zukunftssicheren" Tätigkeiten beschränkt werden muß. Die dann erfolgende Umschulung wird in Internaten absolviert und dauert 15–18 Monate. Eine Anzahl von Betroffenen lehnt jede behördliche Umschulung ab. Als Gründe hierfür werden angegeben: Furcht vor bleibenden finanziellen Lohn- und Gehaltseinbußen, Scheu vor dem umständlichen Verfahren, Angst vor den Lernanforderungen. Nach den behördlichen Erfahrungen gelten Umschulungen für einen neuen Beruf nach Vollendung des 45. Lebensjahrs als weitgehend erfolglos und werden daher meist abgelehnt. Scheitert ein behördliches Rehabilitationsverfahren innerhalb der Umschulungszeit, wird nicht selten die Rückkehr in den alten Beruf gewünscht, nachdem der Patient gelernt hat, die diabetische Lebensweise besser an die Arbeitsbedingungen anzupassen.

Klinisches Heilverfahren. Einweisungen in Diabeteskliniken sind dann angezeigt, wenn als Begründung für Umschulungswünsche lediglich „uneinstellbares Stoffwechselverhalten“ angegeben wird. Dort läßt sich zeit- und kostensparend besser als in anderen Einrichtungen beurteilen, ob der Stoffwechsel rekompensierbar ist oder welche Faktoren dies verhindern. Meist handelt es sich um nicht adäquate Therapie, ungenügende Diabetesschulung des Kranken oder fehlende Kooperation. Ist der Patient einstellbar und genügend motiviert, kann der alte Beruf mit Erfolg wieder aufgenommen werden.

Berentung

Erst nach Scheitern aller Rehabilitationsbemühungen kommt die Einleitung eines Rentenverfahrens in Frage, die seitens der zuständigen Krankenkasse vorgenommen wird. Hat der Patient das 60. Lebensjahr überschritten und ist durch den Diabetes und/oder Komplikationen länger als ein Jahr arbeitslos gewesen, wird er in der Regel ohne eigenes Zutun berentet.

Als Hauptdiagnose scheint der Diabetes ein seltener Rentengrund zu sein; er findet sich nur in 0,94% aller Bescheide, im Kontrollkollektiv als Nebendiagnose sogar etwas häufiger.

Berufs- und Erwerbsunfähigkeit (BU und EU). BU ist anzunehmen, wenn die Erwerbsfähigkeit auf weniger als die Hälfte der eines Gesunden mit ähnlicher Ausbildung und gleichen Kenntnissen und Fähigkeiten herabgesunken ist. EU wird angenommen, wenn eine regelmäßige Erwerbstätigkeit nicht mehr ausgeübt oder nur noch geringfügige Einkünfte erzielt werden können. Die Rechtsprechung der Sozialgerichte hat zu einer starken Zunahme der EU auf Kosten der BU geführt, so daß selbst diabetische Frührentner in den Genuß einer Vollrente kommen.

Schwerbehinderung

Definition: Schwerbehindert sind alle „körperlich, geistig und seelisch Behinderten, deren Erwerbsfähigkeit sich um mindestens 50% vermindert hat“. – Ihnen gleichgestellt sind Behinderte, deren Erwerbsfähigkeit um mindestens 30% vermindert ist, wenn die Behinderung eine Arbeitsplatzvermittlung erschwert oder dadurch ein bestehendes Arbeitsverhältnis gefährdet ist oder beendet wird. Diese „Gleichstellung“ kann nur auf Antrag durch das zuständige Arbeitsamt erfolgen.

Kriterien. Die Beurteilung der Schwerbehinderung erfolgt durch Vergleich der verbliebenen psychophysischen Leistungsfähigkeit mit der gleichaltriger Gesunder und wird als „Minderung der Erwerbsfähigkeit“ (M.d.E.) bezeichnet. Sie wird durch prozentuale Schätzung anhand der *Anhaltspunkte für die ärztliche Gutachtertätigkeit im Versorgungswesen* (Bundesarbeitsministerium, 1977) ermittelt.

10–20 %: Diabetes mellitus, gut ausgleichbar durch Diät oder mit oralen Antidiabetika,
30 %: mit Insulin und Diät ausgleichbar ohne Komplikationen,
40–60 %: mit Insulin schwer einstellbar.

Diese Bewertung benutzt die Therapie als Maßstab. Eine besser begründete Bemessungsgrundlage ist die Einstellbarkeit des Stoffwechsels und das Vorliegen von behindernden Komplikationen. Diese Gesichtspunkte werden neuerdings auch berücksichtigt.

Ziele und Resultate des novellierten Schwerbehindertengesetzes. Im Vordergrund stand der Schutz auch derjenigen Behinderten, denen eine äußere Beschädigung oder Körperbehinderung anzusehen war, vor sozialen Diskriminierungen und materiellen Nachteilen gegenüber Gesunden. Zur Durchsetzbarkeit dieser Ziele wurde gesetzlich die Beschäftigung von Schwerbehinderten in Betrieben mit mehr als 15 Arbeitsplätzen in Höhe von 6% der Belegschaft festgesetzt. Diese Zahl kann bei Behörden durch einfache Verordnung noch erhöht werden. Ferner wurden zahlreiche materielle Vergünstigungen festgelegt, z.B. zusätzlicher bezahlter Urlaub, Steuerfreibeträge, bedingter Kündigungsschutz, vorgezogene Altersrente; ca. 50 Vergünstigungen sind möglich. Ferner erhalten alle diabetischen Kinder bis zum vollendeten 18. Lebensjahr, unabhängig vom Gesundheitszustand und vom elterlichen Einkommen, „Hilflosenpflegegeld“. Hilflosigkeit wird begründet mit „im wesentlichen unvermeidbaren hypoglykämischen Zuständen im Verlauf der Erkrankung“.
Diese materiellen Verlockungen führten zu einem vom Gesetzgeber ungeahnten Andrang auf die Versorgungsämter mit dem Ziel, eine 50%ige M.d.E. als Voraussetzung für die Erlangung der oben genannten Vorteile attestiert zu erhalten. Da inzwischen Schwerbehinderte bei behördlichen Stellenausschreibungen bevorzugt werden, wenn den Mitbewerbern gegenüber gleiche berufliche Qualifikatio-

nen bestehen, beantragen jetzt vermehrt jugendliche Diabetiker dieses Zertifikat. Damit läßt sich zweifellos die unleugbare Diskriminierung insulinabhängiger Diabetiker bessern. Andererseits fördert die Handhabung der M. d. E. Inaktivität und Anspruchsdenken und hält die Patienten davon ab, eigene Anstrengungen zur Verarbeitung ihrer lebenslangen Erkrankung zu unternehmen.

Ein unerwartetes Resultat ist die sprunghaft zunehmende Arbeitslosigkeit von Schwerbehinderten, die nicht in Behörden tätig sind, was eine Umkehrung der Zielsetzung bedeutet. Sie ist als Frage der überproportional hohen materiellen Vergünstigungen der betroffenen Arbeitnehmer anzusehen, der keinerlei Gegenleistung gegenübersteht.

Paradoxerweise wurden durch die Handhabung des Gesetzes jugendliche Bewerber für Beamtenstellungen benachteiligt, die nach den „Richtlinien für die Einstellung von Diabetikern in den öffentlichen Dienst als Beamte" gut eingestellt und komplikationsfrei waren, also gute Risiken für die Arbeitgeber darstellten. Inzwischen sind die deutschen Amtsärzte übereingekommen, diesen und den schwerbehinderten Diabetikern gleiche Anstellungschancen einzuräumen.

Die Deutsche Diabetes-Gesellschaft, Ausschuß Sozialmedizin, hat 1982 folgende Neufassung dieser Richtlinien herausgegeben:

Richtlinien für die Einstellung und Beschäftigung von nicht schwerbehinderten Diabetikern als Beamte

1. Der generelle Ausschluß des Diabetikers von pensionsberechtigten Anstellungen im Staatsdienst und vergleichbaren Institutionen ist aus medizinischen Gründen nicht gerechtfertigt.
2. Für die Einstellung in die genannten Tätigkeiten kommen alle arbeitsfähigen Diabetiker in Betracht, deren Stoffwechselstörung mit Diät allein, mit Diät und oralen Antidiabetika und/oder Insulin auf Dauer gut einstellbar ist. Durch eine gute Stoffwechselkontrolle wird das Risiko für das Auftreten diabetesspezifischer Komplikationen verringert.
3. Diabetische Bewerber um solche Stellen sollten frei von diabetesspezifischen Komplikationen an Augen und Nieren sein. Die Feststellung solcher Befunde hat durch fachärztliche Augenhintergrunduntersuchung (Funduskopie) sowie durch den kompletten Harnstatus und die Bestimmung des Kreatininwertes im Serum zu erfolgen.
4. Diabetiker, die rein diätetisch behandelt werden, können jede Tätigkeit ausüben, zu der sie nach Vorbildung und auch sonst geeignet wären. Insulinbehandelte Diabetiker sollten nach Möglichkeit keine Tätigkeit verrichten, die unregelmäßige Arbeitszeiten erfordern. Sie sollten ferner nicht

zu Tätigkeiten herangezogen werden, die beim Eintritt hypoglykämischer Reaktionen Gefahren für sie selbst oder ihre Umwelt mit sich bringen, z.B. als Fahrer öffentlicher Verkehrsmittel.

5. Diabetische Bewerber müssen ein ärztliches Zeugnis vorweisen, aus dem die Qualität der Stoffwechselführung, der Nachweis regelmäßiger und langfristiger Stoffwechselkontrollen sowie die Bereitschaft zur Kooperation hervorgehen. Zur Beurteilung der Einstellungsqualität werden die unter Punkt 6 genannten Grenzwerte für die Blutzuckerkonzentration zugrunde gelegt. Zusätzlich kann die Bestimmung des glykosylierten Hämoglobins (HbA_1 oder HbA_{1c}) herangezogen werden. Die Eignung des Bewerbers soll in der Regel durch ein fachärztliches Gutachten geklärt werden, das von einem diabetologisch erfahrenen Arzt oder in einer Diabetesklinik erstattet werden sollte (s. Punkt 7).
6. Die Beurteilung der Qualität der Stoffwechselführung soll individuell erfolgen. Ein überwiegend ausgeglichener Stoffwechselzustand sollte dokumentiert sein. Für nicht mit Insulin behandelte Diabetiker ist überwiegend Harnzuckerfreiheit zu fordern, bei insulinbehandelten Diabetikern sollte die Mehrzahl der Harnproben zuckerfrei sein. Zur Beurteilung der Stoffwechsellage sind einzelne Blutzuckerwerte, besonders im Nüchternzustand, ungeeignet. Dasselbe gilt für die Untersuchung einer einzelnen Urinportion. Es ist erforderlich, wenigstens drei Blutzuckerwerte zu geeigneten Zeiten im Tagesverlauf zu messen, die Maximalwerte sollten bei insulinbehandelten Diabetikern 1–2 h nach den Mahlzeiten nicht wesentlich über 220 mg/dl Glukose liegen, bei diät- und tablettenbehandelten Diabetikern nicht über 160 mg/dl.
7. Untersuchungskatalog
   a) Körperliche Gesamtuntersuchung: u.a. Blutdruckmessung, Palpation der Pulse an den typischen Stellen, Inspektion der Füße.
   b) EKG, Röntgenuntersuchung der Lungen.
   c) Laboruntersuchungen: Es werden nur solche Untersuchungen gefordert, die zur Beurteilung des Diabetes oder eventueller diabetesspezifischer Komplikationen notwendig sind. Bei pathologischen Werten ist vor einer Stellungnahme die Bestätigung durch Kontrollen erforderlich. Kreatinin im Serum. Kompletter Harnstatus.
   d) Ophthalmologische Untersuchung: Durch einen Ophthalmologen müssen diabetesspezifische Fundusveränderungen ausgeschlossen werden. Der Befund muß dokumentiert werden, bei sehr geringen Veränderungen sollte eine Nachuntersuchung nach mindestens einem halben Jahr erfolgen.
   e) Der Bewerber sollte regelmäßig *ärztliche Stoffwechselkontrollen* wahrnehmen und *häusliche Stoffwechselselbstkontrollen* durchführen. Zur Beurteilung der Kooperationsbereitschaft dienen u.a. die vom Arzt bescheinigten Untersuchungsbefunde und die vom Bewerber dokumentierten Ergebnisse der regelmäßigen Stoffwechselselbstkontrollen.

Fahrtauglichkeit
Erfährt der Hausarzt, daß sein diabetischer Patient einen Führerschein beantragen will, ist er verpflichtet, diesen über die damit verbundenen Risiken aufzuklären. Die schriftliche Bestätigung wird aus juristischen Gründen empfohlen. Wird bei der Anmeldung zur Fahrprüfung ein Fragebogen ausgefüllt, der je nach Land unterschiedlich formuliert ist, muß die Frage nach chronischen Krankheiten beantwortet werden. Diabetische Führerscheinbewerber werden bei Insulinabhängigkeit durch Verkehrsmediziner untersucht, auch psychologisch, um Hirnschäden zu erfassen, die z. B. nach schweren hypoglykämischen Schocks auftreten können.
Es wird verlangt, daß der Bewerber Unterlagen über eine kontinuierliche Stoffwechselkontrolle beibringt und u.a. folgende Tauglichkeitskriterien erfüllt:

- Funktionstüchtigkeit des ZNS,
- ausreichende Sehleistung, ggf. mit Brille bei vollem Gesichtsfeld,
- durchschnittliche Blendungsempfindlichkeit,
- überwiegend ausgeglichener KH-Stoffwechsel ohne Neigung zu häufigen Hypoglykämien,
- ausreichende Nierenfunktion,
- ausgeglichenes Herz-Kreislauf-Verhalten, diastolischer RR unter 130 mmHg,
- Fehlen erkennbarer zerebraler und kardialer Angiopathien,
- dokumentierte, regelmäßige ärztliche Stoffwechseluntersuchungen.

Einschränkungen der Fahrerlaubnis. Insulinspritzende Diabetiker dürfen in keinem Fall gewerblichen Personentransport ausüben (z. B. Taxi, öffentliche Verkehrsmittel) und keine Kraftfahrzeuge der Klasse II (schwere Lastkraftwagen) fahren.
Zu Beginn einer Insulinbehandlung kann es zu Refraktionsanomalien kommen, die bis zum spontanen Abklingen nach 2–4 Wochen eine eingeschränkte Fahrtüchtigkeit bewirken können. Sowohl bei Stoffwechseldekompensation als auch bei Behandlung mit BZ-senkenden Pharmaka wie Salicylaten, Butazonen, Sulfonamiden sollte wegen der Gefahr provozierter Hypoglykämien das Autofahren bis zur Abheilung unterbleiben.

Vom Motorradfahren abraten. Dringend abzuraten ist von Fahren mit Zweirädern, da bereits geringe Gleichgewichtsstörungen und verlangsamte Reaktionen, wie sie bei beginnenden hypoglykämischen Reaktionen auftreten, schwere Unfälle herbeiführen können.

Ratschläge für insulinspritzende Kraftfahrer

1. Im Fahrzeug aufbewahren: BZ-Streifen, Nadeln, Watte; Trauben- oder Würfelzucker, Rosinen, Kekse in Griffnähe halten.
2. Fahrt nicht antreten, wenn geringste Hypoglykämieanzeichen bemerkt werden, auch nicht bei allgemeinem Unwohlsein.
3. Vor einer Fahrt nie weniger KH essen als sonst. Ungewohnte körperliche Tätigkeiten unterlassen, z. B. Koffertragen!
4. Vor einer Fahrt nie mehr Insulin injizieren als sonst. Nie losfahren, ohne gegessen zu haben.
5. Kein Alkohol- oder Nikotingenuß vor oder während der Fahrt.
6. Bei geringsten Unterzuckerungszeichen während der Fahrt sofort anhalten. Falls möglich, BZ-Streifentest vornehmen. Mehrere Tafeln Dextrose zu sich nehmen. Wirkung abwarten. Ca. ½ Std. Pause vor Weiterfahrt.
7. Lange Strecken nicht allein fahren. Alle 2 h Fahrtunterbrechung, vorgeschriebene KH-Mengen zu sich nehmen.
8. Defensiv fahren. Geschwindigkeitsbegrenzung aus eigenem Entschluß.
9. Nachtfahrten unterlassen.
10. Halbjährliche Überprüfung der Sehleistung.

Unfallschuld („Übernahmeverschulden"). Wird einem Diabetiker nach einem von ihm verschuldeten Verkehrsunfall eine Mißachtung der oben genannten Vorschriften und Ratschläge nachgewiesen, kann er strafrechtliche Folgen erwarten, auch dann, wenn eine Bewußtseinsstörung bestand, die eine Anwendung des § 51,1,2 (Unzurechnungs- oder erhebliche Minderung der Einsichts- und Willensfähigkeit) erlauben würde.
Entzug des Führerscheins kommt in Betracht, wenn trotz mehrfach vorgekommener hypoglykämischer Zwischenfälle keine vorbeugenden Maßnahmen getroffen wurden, z. B. eine Neueinstellung des Stoffwechsels.

Gutachten „Krankheit und Kraftverkehr". Der Beirat für Verkehrsmedizin im zuständigen Ministerium erarbeitete dieses Gutachten,

welches ein Kapitel „Zuckerkrankheit" enthält. Überwiegend handelt es sich um das Problem „Hypoglykämie am Steuer". Aus den Leitsätzen ergibt sich u.a., daß Diabetiker, die zu schweren Stoffwechselentgleisungen mit Hypo- wie Hyperglykämien neigen, zum Führen von Kraftfahrzeugen aller Klassen ungeeignet sind.
Im übrigen sind Diabetiker bedingt geeignet, und es werden folgende Auflagen empfohlen: Regelmäßige ärztliche Untersuchungen, Stoffwechselkontrolle, Prüfung der Sehfunktion, Überprüfung des Allgemeinzustandes. Mitführen eines Diabetikerausweises mit Kontrollkarte, ggf. Vermerk im Führerschein, daß der Betreffende einen Ausweis mit sich zu führen habe.
Kraftfahrzeuge der Klasse 2 oder Fahrzeuge, die der Fahrgastbeförderung dienen, dürfen von Diabetikern nicht geführt werden. Kraftfahrzeuge der Klassen 1, 3, 4 und 5 können sie jedoch führen, wenn sie sich den empfohlenen ärztlichen Behandlungsmaßnahmen gewissenhaft unterziehen. Eine spezielle verkehrsmedizinische Beurteilung erfordern im Zusammenhang mit dem Diabetes die krankheitsbedingten Komplikationen (Retino- und Nephropathie, kardiale und zerebrale Angiopathien und andere können von sich aus die Kraftfahreignung einschränken oder ausschließen).

Belassung der Fahrerlaubnis auch bei schwerem Diabetes. Wenn sich aus der Lebensführung und Grundeinstellung eine entsprechende Verkehrszuverlässigkeit ergibt, kann man selbst bei schweren Diabetesfällen aus verkehrsmedizinischer Sicht die Fahrerlaubnis belassen. Verursacht ein Diabetiker einen Unfall und wird er von seinem Gegner beschuldigt, daß die Ursache krankheitsbedingt sei, können eine belegbare, kontinuierliche Kooperation und ärztliche Kontrollen zu seinen Gunsten bewertet werden.

Öffentliche Fürsorge

Sozialstationen. Zur verbesserten ambulanten Versorgung älterer und hilfsbedürftiger Mitbewohner sind Sozialstationen gegründet worden, vorzugsweise in den bereits bestehenden Niederlassungen der freien Wohlfahrtsverbände, wie z.B. Deutsches Rotes Kreuz, Diakonisches Werk, Caritas-Verband. Die Finanzierung aus öffentlichen Mitteln erlaubte die Vergrößerung des Personalbestands an Gemeindeschwestern, Pflegern und medizinischem Hilfspersonal.

Sehschwachen Diabetikern werden von hier aus Hausbesuche von Schwestern vermittelt, die ihnen Insulin oder andere Mittel injizieren, Verbände wechseln und andere pflegerische Verrichtungen in Kontakt mit den behandelnden Ärzten vornehmen. Hierdurch können erhebliche Mittel für die stationäre Krankenpflege eingespart werden, ohne daß deren Effektivität leidet.
Fertig zubereitete Tagesmenüs können von dort wöchentlich tiefgekühlt in die Wohnungen geliefert werden, falls nötig auch täglich. Die Diätmenus sind mit Angaben der KH-Mengen versehen.

Gesundheitsämter. Neuerdings sind dort Diätassistentinnen angestellt, die Einzel- oder Gruppenberatungen von Diabetikern abhalten, allerdings bisher, ohne den Hausarzt hinzuzuziehen. Ferner sind dort Sozialarbeiter tätig, die älteren Patienten finanzielle Hilfen vermitteln, die ihnen nach der Sozialgeaetzgebung zustehen.

Literatur (zu 18)

Daweke H, Hammes PH (1965) Die berufliche Rehabilitation des Diabetikers. Rehabilitation 4: 104

Gerritzen F (1955) Zuckerkrankheit und Verkehrsunfall. Zentralbl Verkehrs-Med 1/2: 165

Gerritzen F (1956) Zuckerkrankheit und Verkehrsunfall. Zentralbl Verkehrs-Med 1: 165

Gerritzen F (1959) The diabetic and driver's licence. II. Internat Kongreß, Internat. Diab. Federation, Düsseldorf 1958. In: Oberdisse K, Jahnke K (Hrsg) Diabetes mellitus Bd 2. Thieme, Stuttgart

Krankheit und Kraftverkehr: Gutachten des gemeinsamen Beirates für Verkehrsmedizin beim Bundesminister für Verkehr u. beim Bundesminister für Jugend, Familie und Gesundheit (1973) Bonn

Kurow G (1972) Beamter trotz Diabetes. Diabetes-Joural 22: 279

Kurow G (1975) Arbeitsfähigkeit des Diabetikers. Aerztl Praxis 27, No 11: 432

Manke HH (1968) Inaug. Diss. Berlin

Pannhorst R (1963) Der Insulindiabetiker und seine Fahrtauglichkeit im Kraftverkehr. Dtsch Med Wochenschr 14: 772

Pell CA, D'Allonzo (1960) Sickness and injury experience of employed diabetics. Diabetes 9: 303

Petersohn F (1968) Grundlagen der Beurteilung der Fahrtüchtigkeit und Entzug der Fahrerlaubnis aus ärztlicher Sicht. In: Wagner K, Wagner HJ

(Hrsg) Handbuch der Verkehrsmedizin. Springer, Berlin Heidelberg New York
Petrides P (1972) Wiener Med Wochenschr 4: 4
Petzoldt R (1974) In: Diabetologie in Klinik und Praxis. Thieme, Stuttgart
Petersohn F (1979) Der Diabetiker als Kraftfahrer. In: Der Diabetiker im Beruf, 4. Aufl Schriftenreihe des Deutschen Diabetiker-Bundes e. V.
Schmidt B, Leist J (1967) Erfassung, Berufsschicksal und Komplikationsrate werktätiger Diabetiker. Sozialmed Arbeitshyg 2: 209
Wagner HJ (1968) Arztrecht im Rahmen der Verkehrsmedizin. In: Wagner K, Wagner HJ (Hrsg) Handbuch der Verkehrsmedizin. Springer, Berlin Heidelberg New York
Ysander L (1971) Kranke und behinderte Kraftfahrer im Straßenverkehr. Z. Allgemeinmed/Landarzt 47: 1108

19 Prognose und Perspektiven

Der dramatische Panoramawandel im Vergleich zur Vorinsulinära, die sich durch eine exzessive Komamortalität und -letalität besonders für jüngere Patienten auszeichnete, wird deutlich, wenn man sich erinnert, daß die Lebenserwartung für 10jährige Patienten mit neu entdecktem Diabetes vor der Entdeckung des Insulins etwa 1 Jahr betrug.
Nach dem sprunghaften Anstieg der Lebenserwartung besserte sich die Situation in späteren Jahren langsamer. Nachdem Diabetiker mit Hilfe des Insulins länger überlebt hatten, wurde in den 30er Jahren deutlich, daß die Prognose nunmehr in erster Linie durch kardiovaskuläre Komplikationen mit einer Mortalität bis zu 70% bestimmt wurde. Häufigste Ursache ist für jüngere Diabetiker heute die diabetische Nephropathie, für Patienten über 35–40 Jahre dagegen die koronare Herzkrankheit bzw. die diabetische Kardiopathie (Tabelle 86).
Die Mortalität ist bei 25–35 Jahre alten Diabetikern besonders ungünstig, und zwar für Männer um das 7,4fache, für Frauen um das 13,9fache gegenüber der allgemeinen Sterblichkeit erhöht. Die Übersterblichkeit nimmt mit zunehmendem Lebensalter ab und gleicht sich bei über 65- bis 70jährigen Diabetikern weitgehend der der Allgemeinbevölkerung an.

Deckert et al. (1978) fanden, daß von 307 Patienten (offensichtlich mit Typ-I-Diabetes) mit einem Manifestationsalter von unter 31 Jahren und einer Diabetesdauer von 20 bis über 40 Jahren 50% verstorben waren, bevor sie das 50. Lebensjahr erreicht hatten. Eine längere Lebenserwartung und ein geringerer Befall durch vaskuläre Komplikationen waren mit häufigeren Kontrollen, besserer Einstellung sowie niedrigerem Körpergewicht assoziiert, was wahrscheinlich maßgebend für den geringeren Insulinbedarf, eine bessere Einstellbarkeit und niedrigere Blutfettwerte verantwortlich gewesen ist.

Tabelle 86. Bekannte Todesursachen bei Diabetikern unter 50 Jahren (n = 448). (Nach Tunbridge 1981)

	n (%)
Myokardinfarkt	138 (31)
Apoplex	32 (7)
Andere Gefäßkrankheiten	15 (3)
Nephropathie	77 (17)
Ketoazidose	74 (16)
Hypoglykämie *	17 (4)
Neoplasma	33 (7)
Erkrankungen der Atmungsorgane	24 (5)
Chronische neurologische Erkrankungen	14 (3)
Leberkrankheiten	8 (2)
Septikämie	9 (2)
Andere Ursachen	7 (2)
Diabetesdauer	
5% < 20 Jahre	
8% 20–29 Jahre	
19% 30–39 Jahre	
68% 40–50 Jahre	

* Diagnose z. T. nicht gesichert, z. T. Hypoglycaemia factitia

Wahrscheinlich hat sich die Lebenserwartung in den letzten Jahren noch weiter gebessert, möglicherweise aber nur im gleichen Ausmaß wie bei der Allgemeinbevölkerung.
Bereits 1971 berichtete Krall, daß die Mortalität der – allerdings nicht auslesefreien – Klientel der Joslin-Klinik im Zeitraum von 1940–1970 die gleiche Tendenz zeigte wie in der Allgemeinbevölkerung. Eine spezielle günstige Entwicklung unter den Diabetikern war nicht nachzuweisen (Tabelle 87).
Eine der neueren, repräsentativen Untersuchungen der Diabetesmortalität wurde während eines Zeitraums von 2 Jahren, von 1972–1973, im Staat Iowa (USA) von Gurunanjappa et al. (1977) durchgeführt. Es wurden unter insgesamt 59 200 Todesfällen 1 148 Verstorbene (1,9%) registriert, bei denen der Diabetes im Totenschein als erste Todesursache angegeben war, sowie 4 250 Verstorbene (7,1%) mit Diabetes als zusätzlichem Leiden.
Aufgrund dieser Studie ließ sich für Diabetiker eine Lebenserwartung von 65,7 Jahren berechnen. Die höhere Mortalität der Männer (59,7 Jahre gegenüber 69,8 Jahre für Frauen) wird auf kardiovaskuläre Erkrankungen zurückgeführt. Verglichen mit der Allgemeinbevölkerung lag die Lebenserwartung insgesamt 6,9 Jahre niedriger (9,1 Jahre für Männer und 6,7 Jahre für Frauen). Übereinstimmend mit anderen Studien fand sich die höchste relative Mortalität (Sterblichkeit im Vergleich zur Allgemeinpopulation) in der Al-

Tabelle 87. Lebenserwartung unter Diabetikern und der weißen Bevölkerung (Erhebungen von 1947–1951 für die Diabetiker der Joslin-Klinik) (Nach Krall 1971)

Alter [Jahre]	Lebenserwartung [Jahre]	
	Diabetiker	Allgemein-bevölkerung
10	44,3	61,5
15	40,0	56,7
20	36,1	51,9
25	32,8	47,2
30	30,1	42,5
35	27,2	37,9
40	23,7	33,3
45	20,2	28,9
50	16,9	24,7
55	13,8	20,8
60	11,3	17,2
65	9,2	13,9
70	7,2	10,9

tersklasse von 35–45 Jahren, während sich die Sterblichkeit in höherem Alter der der Allgemeinbevölkerung angleicht.
Möglicherweise wird aber die Bedeutung des Diabetes als Haupt- und als Nebentodesursache unterschätzt. Eine Unterschätzung von 5% würde die Lebenserwartung von 65,7 auf 57,5 Jahre, eine Unterschätzung von 10% sogar auf 51,3 Jahre verringern.

Gute Aussichten für die Vermeidung der erhöhten kardiovaskulären Mortalität erhofft man sich, vor allem für jüngere Patienten, von intensiveren Bestrebungen zur Blutzuckernormalisierung durch die Renaissance des Normalinsulins, durch die Einführung von Mehrfachinjektionen und den Einsatz von Insulininfusionsgeräten, in absehbarer Zeit möglicherweise als implantierbare Pumpen. Ein Problem dieser Therapieform bleibt jedoch vorerst noch die Hypoglykämie. Weitere Studien werden notwendig sein, um das Ausmaß dieser Gefährdung besser abzuschätzen und gegebenenfalls zu vermindern und die für ein solches Regime ungeeigneten Patienten zu erfassen.

Weitere Möglichkeiten der Insulinsubstitution anstelle der konventionellen Injektion oder der elektromechanischen Geräte stellt der biologische Ersatz, d.h. die verschiedenen Transplantationsverfahren, dar, die sich jedoch sämtlich im Versuchsstadium befinden. Grundsätzlich bieten sich die folgenden Methoden an:

- Total- oder Segmenttransplantation,
- Transplantation von Inselgewebe in die Leber, die Milz oder das Peritoneum durch homologe und in besonderen Fällen durch autologe Übertragung,
- der bisher nur im Tierexperiment vorgenommene Einbau von Durchflußkammern mit „lebenden Inseln" in einen Nebenfluß des Gefäßsystems.

Eine Pankreastransplantation wurde erstmals 1961 bei einer 28jährigen Diabetikerin durchgeführt, die jedoch 2 Monate später starb. Inzwischen sind vom 16.12.1966 bis 1.12.1981 nach dem Register von Minnesota 186 Transplantationen vorgenommen worden. Der Eingriff erfolgte nur dann, wenn ohnehin eine Nierentransplantation vorgesehen war. Die Transplantation des Pankreas wurde vorher, nachher und in letzter Zeit auch gleichzeitig vorgenommen. Von seiten der Immunsuppression ergaben sich insofern keine zusätzlichen Probleme, als die entsprechenden Maßnahmen bereits während der Nierentransplantation durchgeführt werden mußten und die Niere ohnehin eine stärkere immunogene Potenz als die Bauchspeicheldrüse aufweist.

Die Transplantation des Pankreas ist auch heute noch ein risikoreicher Eingriff, obgleich sich die Situation seit der Segmenttransplantation gebessert hat. Die Operationsmortalität konnte zwar gesenkt werden, die Langzeitergebnisse bleiben jedoch unbefriedigend. So funktionierten von 128 Bauchspeicheldrüsen, die seit 1977 transplantiert wurden, 1982 nur noch 84 (s. Federlin 1981). Schwierigkeiten ergeben sich durch Abstoßungsreaktionen sowie aufgrund der Notwendigkeit, das exokrine Sekret abzuleiten. Vorteilhafter als die offene Drainage in das Peritoneum oder den Ureter hat sich der Gangverschluß mit polymeren, sich rasch verfestigenden Substanzen erwiesen. Die Gangblockade führt jedoch zu einer Fibrosierung des exokrinen Gewebes, bis auf wenige Ausnahmen jedoch nicht des Inselsystems.

Die Gefährdung durch Abstoßungsreaktionen läßt sich möglicherweise verringern, wenn mit der Pankreastransplantation gewartet wird, bis sich die Situation hinsichtlich der Niere stabilisiert hat. Wenn Cyclosporin A als Immunsuppressivum benutzt wird, können Glukokortikoide u.U. fortgelassen oder die Dosis wesentlich reduziert werden.

Obgleich es Patienten gibt, die mehr als 2 Jahre nach der Transplantation kein Insulin benötigen, ist der Eingriff als frühzeitige Präventivmaßnahme mit dem Ziel der BZ-Normalisierung zu risikoreich, zumal es sich bei der diabetischen Mikroangiopathie nicht um eine zwangsläufig auftretende Komplikation handelt. Eine Minderzahl von Patienten bleibt trotz langer Diabetesdauer und offenbar unabhängig von der Einstellung ohne Mikroangiopathie und Neuropathie.

Die Transplantation von Inseln, z.t. isoliert, z.T. in Form von Pankreasfragmenten, wurde nach ausgedehnten Tierversuchen beim Menschen bisher nur in wenigen Fällen durchgeführt. Der Insulinbedarf ging in einigen Fällen deutlich, wenn auch nicht völlig, zurück. Die Schwierigkeiten liegen darin, daß etwa 150000 Inseln benötigt werden und sich sowohl die Frage der Spender wie auch der Immunreaktionen stellt.
Eine autologe Inseltransplantation wurde bisher bei Patienten durchgeführt, die wegen chronischer Pankreatitis mit ausgeprägten Schmerzzuständen pankreatektomiert worden waren. Die aus der exstirpierten Bauchspeicheldrüse gewonnenen Inseln wurden in das Portalsystem infundiert, damit sie sich in der Leber oder auch in der Milz bzw. im Peritoneum ansiedeln. Der Insulinbedarf war geringer, als es tatsächlich der Pankreatektomiesituation entsprach.

Die zukünftigen Bemühungen um eine bessere Prognose werden sich nicht auf die in den bisherigen Kapiteln beschriebenen Maßnahmen zur Verhinderung der Angiopathie und Neuropathie beschränken, sondern sich in besonderem Maße auf die Prävention des Stoffwechsels und des Diabetes selbst richten.
Möglichkeiten für eine wirksame Vorbeugung sah man bisher nur beim Typ-II-Diabetes mit Übergewicht. Durch knappe Ernährung und Gewichtsabnahme versucht man, den Zeitpunkt der Manifestation zu verzögern und im weiteren Verlauf die Intensität der Stoffwechselstörung zu mindern. Ob die Chancen so günstig sind, wie früher vermutet wurde, muß heute bezweifelt werden. Wenn auch das Übergewicht als wichtiger Manifestationsfaktor unumstritten ist, so läßt der „natürliche Verlauf" des Diabetes bei zahlreichen Patienten trotz Normalisierung des Körpergewichts eine Progredienz erkennen. Unabhängig davon wird durch Gewichtsreduktion die Stoffwechselführung erleichtert und die Einstellbarkeit eindeutig gebessert und damit indirekt der Entwicklung der neurovaskulären Komplikationen vorgebeugt. Daß die Situation jedoch, zumindest in Teilaspekten, noch unübersichtlich ist, zeigt die Studie von Panzram et al. (1977) über die Auswirkungen der Früherkennung und frühzei-

tigen Behandlung innerhalb einer geschlossenen Population. Es kam nicht zu der erwarteten Senkung der Mortalität und der Häufigkeit und Schwere der Komplikationen.
Für den Typ-I-Diabetes, dessen Manifestation und Verlauf bisher als schicksalsmäßig angesehen wurden, ergeben sich seit einigen Jahren neue Perspektiven. Die Entwicklung des Krankheitsprozesses bis zum Auftreten der Hyperglykämie verläuft wesentlich langsamer als bisher aufgrund der meist akuten klinischen Manifestation angenommen wurde. Bis zu 3 Jahren vor dem Auftreten der Hyperglykämie sind bereits Inselzellantikörper im Serum als Hinweis auf den in der B-Zelle schwelenden Autoimmunprozeß nachweisbar. Bevor nicht mehr als 80% der B-Zellmasse zugrunde gegangen sind, kommt es nicht zum Blutzuckeranstieg.
Diese meist normoglykämischen Frühstadien können bei der Mehrzahl der Kandidaten durch eine Bestimmung der Inselzellantikörper erfaßt werden. Gefährdete Personen, z. B. innerhalb einer Familie, in der bereits ein Verwandter 1. Grades an Diabetes erkrankt ist, lassen sich durch zusätzliche Bestimmung des HLA-Status identifizieren.
Wie kann dieser Prozeß, der die B-Zelle durch eine humorale und zelluläre Attacke schädigt, zum Stillstand gebracht werden?
Im Vordergrund stehen heute Versuche mit Immunsuppression unter Verwendung von Glukokortikoiden, Azathrioprin, Cyclosporin A sowie Lymphozytenserum und auch die Modulation des Immunsystems durch Inosiplex, Levamisol und Interferon. Die Substanzen sind bereits in zahlreichen tierexperimentellen Studien geprüft worden.

Unter den verschiedenen Diabetes-„Modellen“ sind die Befunde bei der „BB“ Wistarratte besonders aufschlußreich. Bei diesem – nicht übergewichtigen – Stamm entwickelt sich in 50% ein Spontandiabetes mit Ketoseneigung, ausgeprägter Lymphopenie und lymphozytären Inselzellinfiltraten und somit eine dem Typ-I-Diabetes des Menschen ähnliche Konstellation. Die hohe spontane Manifestationsrate konnte durch Thymektomie, in anderen Versuchen durch Antilymphozytzenserum und schließlich auch durch Cyclosporin A erheblich vermindert werden (s. Editorial, 1983).

Trotz dieser Parallelen ist es fraglich, ob sich diese Befunde auf den humanen Diabetes übertragen lassen. Besonders problematisch sind die Nebenwirkungen der immunsuppressiven Therapie und anderer Maßnahmen, zumal es sich um jüngere Patienten handelt. Die bishe-

rigen Studien beschränkten sich daher aus ethischen Gründen auf einzelne Typ-I-Patienten oder kleinere Gruppen, ohne daß sich aus den bis heute vorliegenden Beobachtungen eindeutige Schlußfolgerungen ziehen lassen. Die Zeit ist nach Ansicht der meisten Autoren für systematische Versuche noch nicht reif. Andererseits besteht Klarheit darüber, daß präventive Maßnahmen am wirksamsten sind, wenn sie in dieser Frühphase des Autoimmunprozesses, in dem noch die meisten B-Zellen erhalten sind, durchgeführt werden.
Ein weiteres Problem ist eine mögliche zusätzliche Schädigung der B-Zelle durch die Hyperglykämie. Aufgrund der bisher durchgeführten prospektiven, kontrollierten Studien über den Einfluß einer raschen Normalisierung des Blutzuckers, insbesondere auf die Dauer und die Qualität der postinitialen Remissionsphase, ergeben sich noch keine eindeutigen Beweise, daß die verbliebenen B-Zellen „geschont" werden und damit eine Restsekretion an endogenem Insulin erhalten wird. Andererseits ist nicht zu verkennen, daß in den letzten Jahren unter frühzeitiger und ausgiebiger Insulinbehandlung auffällig lange Remissionszeiten im Vergleich zu früheren Beobachtungen erzielt werden konnten. Es bleibt daher bei der Empfehlung, nach der Diagnose des Diabetes rasch und intensiv zu behandeln.

Literatur (zu 19)

Constam GR (1965) Zur Spätprognose des Diabetes mellitus. Helv Med Acta 32: 287–308

Deckert T, Poulsen JE, Larsen M (1978) Prognosis of diabetics with diabetes onset before the age of thirtyone. Diabetologia 14: 363–377

Dornan TL, Ting A, McPherson CK (1982) Genetic susceptibility to the developement of retinopathy in insulin-dependent diabetics. Diabetes 31: 226–231

Editorial (1983) Prevention of Insulin-dependent Diabetes. Lancet I: 104–105

Elstermann v. Elster FW, Sauer H (1973) Observations chez 225 diabétiques malades depuis plus de trente ans. Médecine Hygiène 31: 1382–1384

Entmacher PS (1975) Long-term prognosis in Diabetes Mellitus. In: Sussman KE, Metz JS (eds) Diabetes mellitus. American Diabetes Association, New York, p 191–196

Entmacher PS, Root HF, Marks HH (1964) Longevity of diabetic patients in recent years. Diabetes 13: 373

Federlin K (1981) Zukunftsaussichten in der Diabetestherapie. In: Verhandlungen der Deutschen Gesellschaft für innere Medizin 87. Bergmann, München, S 34

Freyler H, Nichorlis ST, Arnfelser H, Egerer I (1974) Welche Faktoren beeinflussen die Progredienz der diabetischen Retinopathie? Wien Klin Wochenschr 86: 621–624

Gurunanjappa S, Bale PH, Entmacher PS (1977) Estimated life expectancy of diabetics. Diabetes 26: 434–38

Keiding NR, Root HF, Marble A (1952) Importance of control of diabetes in prevention of microvascular complications. JAMA 150: 964–969

Lawrence RD (1963) Treatment of 90 severe diabetics with soluble insulin for 20–40 years. Effect of diabetic control on complications. Br Med J 11: 1624–25

Marks HH, Krall LP (1971) Onset, course, prognosis, and mortality in diabetes mellitus. In: Marble A, White P, Bradley RF, Krall LP (eds) Joslin's Diabetes mellitus. Lea&Febiger, Philadelphia, pp 209–254

Panzram G, Zabel-Langhennig R (1981) Prognose des Diabetes mellitus bei einer geographisch definierten Bevölkerungsgruppe, Diabetologia 20: 587–591

Panzram G, Ruttmann B (1978) Prognose des Diabetes mellitus nach Frühdiagnose durch Glucosurie-Screening. Ergebnisse einer 10jährigen Verlaufskontrolle. Schweiz Med Wochenschr 108: 221–225

Pense G, Panzram G, Pissarek D, Meinhold J, Müller W, Leder H, Kaselow D, Adolph W (1973) Qualität der Stoffwechselführung und Angiopathie bei 180 Langzeitdiabetikern mit mindestens 20jähriger Krankheitsdauer. Schweiz Med Wochenschr 103: 1125–1129

Petzoldt R (1978) Diabetes mellitus – natürlicher Verlauf. Prospektive und retrospektive Studien über Beginn, Verlauf, Komplikationen und Überlebenszeit. Urban & Schwarzenberg, München Wien Baltimore

Root HF, Mirsky S, Ditzel J (1959) Proliferative retinopathy in diabetes mellitus. Review of 847 cases. JAMA 169: 903–909

Tokuhata GK, Miller W, Digon E, Hartmann T (1975) Diabetes mellitus: An underestimated public health problem. J Chronic Dis 28: 23

Tunbridge WMG (1981) Factors contributing to deaths of diabetics under fifty years of age. Lancet II: 569–572

Zastrow F, Buchholz B, Wittrin G, Lison AE (1981) Entwicklung und Zukunft der Inselzell-Transplantation. MMW 123: 649–652

Tabelle 88: Hinweise auf seltenere Komplikationen und wichtige, mit dem Diabetes assoziierte Erkrankungen, auf die im Text nicht eingegangen wurde

Haut und Schleimhaut (außer bakteriellen und mykotischen Infektionen)		
Paradontopathie	Zahnlockerung bis Zahnverlust	besonders bei schlecht eingestelltem Typ-I-Diabetes
Atrophische Pigmentflecke (im Unterschenkelbereich)	gehäuftes Vorkommen bei Diabetes, Korrelation mit peripherer AVK	keine besonderen therapeutischen Gesichtspunkte
Nekrobiosis lipoidica: sekundär lokale Lipoidose nach Degeneration des kollagenen Gewebes infolge vaskulärer (?) Störungen	Komplikation, jedoch nicht pathognomonisch	Einstellung des Diabetes, lokal Glukokortikoide, i.c. (!) Infiltration der Randpartien. Evtl. Exzision und Transplantation
Bullae diabeticorum (im Fußbereich)	besonders bei ausgeprägter Mikroangiopathie und Neuropathie	Infektionsgefahr, Phlegmone, Gangrän
Bewegungsapparat		
Dupuytrensche Kontraktur	häufiger bei Diabetikern	chirurgische Therapie wie üblich
Periarthritis humeroscapularis	bei Diabetikern häufigeres Vorkommen	Therapie wie üblich
Hyperostotische Spondylose	bei Diabetikern häufigeres Vorkommen	meist keine Beschwerden, keine kausale Therapie
Karpaltunnelsyndrom	begünstigt durch diabetische Neuropathie	evtl. operativer Eingriff, Diabeteseinstellung (s. Kap. 11.4)
stiff hands: Gelenkkontraktur mit Beugestellung, „wachsartige" Haut	diabetestypische Komplikation, besonders bei schlecht eingestelltem Diabetes im Kindesalter, auch bei Erwachsenen nach längerer Diabetesdauer	therapeutisch unbeeinflußbar
Osteopenie, Osteoporose	besonders bei Langzeitdiabetes	keine therapeutischen Konsequenzen
Diabetische Osteoarthropathie	Manifestation im Rahmen einer schweren Neuropathie	s. Kap. 11,7, evtl. orthetische Entlastung

Tabelle 88 (Fortsetzung)

Assoziation von Diabetes Typ Ib (s. Tabelle 4) mit anderen Autoimunkrankheiten (s. Irvine 1980)		
Hypothyreose	assoziiert mit HLA-B_8, gehäuftes Vorkommen von persistierenden Inselzellantikörpern, kombiniert mit ...	mittleres Lebensalter bevorzugt, ♀ > ♂
Hashimoto Thyreoiditis	Schilddrüsen-,	
Morbus Basedow	Thyreoidea-,	
Morbus Addison	Nebennierenrinden-,	
perniziöse Anämie (p.A.)	Magenschleimhautantikörpern	7% D.m. bei p.A., 4 bzw. 5% p.A. bei D.m. (s. Kap. 12)
Lipoatrophischer Diabetes (autosomalrezessiver Erbgang), jedoch insgesamt mindestens 4 verschiedene Syndrome	teilweise oder vollständiges Fehlen des subkutanen und retroperitonealen Fettgewebes. Diabetes mellitus ohne Ketoseneigung, Insulinresistenz (Rezeptordefekt), Hyperlipoproteinämie, Xanthome, Hepatomegalie, erhöhter Grundumsatz bei Euthyreose, generalisierte Lymphadenose	Diagnose bei partieller Lipoatrophie wegen „vollen" Gesichts oft nicht gestellt. Ungünstige Prognose bei frühzeitiger und ausgeprägter Mikro- und Makroangiopathie und Neuropathie sowie anläßlich Nierentransplantation
Wichtige genetische Syndrome (Gesamtübersicht s. Tabelle 89)		
DIDMOAD und verwandte Syndrome autosomal dominant	DI = *D*iabetes *I*nsipidus	relativ selten
	DM = *D*iabetes *M*ellitus (juveniler Typ) OA = primäre *O*ptikus-*A*trophie D = Hochtondefekt (*D*eafness)	häufige Trias innerhalb des DIDMOAD
	häufige Harnwegsanomalien	evtl. mit chronischem Harnwegsinfekt, zunächst oft symptomlos,

Tabelle 88 (Fortsetzung)

		daher routinemäßige Diagnostik, später ggf. plastischer Eingriff notwendig
	Cerebellare Ataxie Nystagmus	
Acanthosis nigricans		
Typ A Defizit an Insulinrezeptoren (Ursache unklar)	Insulinresistenz, u. U. mit pathologischer Glukosetoleranz bis zum manifesten Diabetes.	bevorzugt jüngere ♀, evtl. Virilismus, beschleunigtes Wachstum
Typ B Rezeptoraffinität vermindert (Rezeptorantikörper)	Familiäres Vorkommen	ältere ♀, Autoimmunerkrankung
Typ C Postrezeptordefekt	pathologische Glukosetoleranz	

Literatur zu Tabelle 88

Boos R, Collard F (1973) Das hyperostotische Syndrom bei Diabetes mellitus und Akromegalie. Therapiewoche 49: 4746–4756

Boos R, Rehr I (1969) Hyperostotische Spondylose und Diabetes mellitus. Ankylosierende Spondylitis. Verhandlungen der Deutschen Gesellschaft für Rheumatologie, Band 1, Steinkopff, Darmstadt: 245–251

Dunnigan MG, Cochrane MA, Kelly A, Scott JW (1974) Familial Lipoatrophic Diabetes with Dominant Transmission. Quart. J Med XLIII: 33–48

Galosi A (1982) Vitiligo. Dtsch Med Wochenschr 107: 475

Heath H, Melton LJ, Chu CP (1980) Diabetes Mellitus and Risk of Skeletal fracture. New Engl J Med 303: 567–570

Irvine J (ed) (1980) Immunology of Diabetes. Treviot Scientific Publications, Edinburgh

Keller U, Berger W (1982) Pathogenetische Grundlagen einer neuen Einteilung des Diabetes Mellitus (WHO-Nomenklatur). Schweiz Rundsch Med 71

Kerl H, Kresbach H (1972) Prätibiale atrophische Pigmentflecke. Hautarzt 23: 59–66

Köbberling J, Tattersall R (eds) (1982) The Genetics of Diabetes Mellitus. Serono Symposia Vol. 47. Academic Press, London New York

Ringe JD, Kuhlencordt F, Kühnau J (1976) Mineralgehalt des Skeletts bei Langzeitdiabetikern: Densitometrischer Beitrag zur „Osteopathia diabetica". Dtsch Med Wochenschr 101: 280–282
Rosenbloom AL, Silverstein JH, Lezotte DC, Richardson K, McCallum M (1981) Limited Joint Mobility in Childhood Diabetes Mellitus Indicates Increased Risk for Microvascular Disease. New Engl J Med 305: 191–194
Rüdiger HW, Dreyer M, Kühnau J (1983) Familial Insulin Resistance Diabetes Secondary to an Affinity Defect of the Insulin Receptor. Human Genetics (im Druck)
Sauer H, Chüden H, Gottesbüren H, Schmitz-Valckenberg P, Seitz D (1973) Familiäres Vorkommen von Diabetes mellitus, primärer Opticusatrophie und Innenohrschwerhörigkeit. Dtsch Med Wochenschr 98: 243–255

Tabelle 89. Genetische Syndrome mit diabetischer Stoffwechselstörung (*AD* autosomal dominant, *AR* autosomal rezessiv). (Nach Anderson et al 1979)

Syndrom	Erbgang
Mit Pankreasdegeneration assoziierte Syndrome	
Hereditäre rekurrierende Pankreatitis	AD
Zystische Pankreasfibrose	AR
Polyendokrine Insuffizienz	AR
Hämochromatose	AR
Hereditäre endokrine Störungen mit pathologischer Glukosetoleranz	
Isoliertes Wachstumshormondefizit	AR, AD
Hereditärer panhypopituitarischer Zwergwuchs	Sporadisch, AR, X-linked
Phäochromozytom	AD
Multiple endokrine Adenomatose	AD
Angeborene Stoffwechselstörungen mit Glukoseintoleranz	
Glykogenspeicherkrankheit Typ I	AR
Akute intermittierende Porphyrie	AD
Hyperlipoproteinämie	AD, AR
Syndrome mit nichtketotischem, insulinresistentem, frühzeitig manifestem Diabetes	
Ataxis teleangiectasia	AR
Myotone Dystrophie	AD
Lipoatrophischer Diabetes	AR
Hereditäre neumuskuläre Erkrankungen mit Glukoseintoleranz (bis zur Insulinbedürftigkeit)	
Muskeldystrophie	AD, X-linked
Proximale Myopathie (späte Manifestation)	AR
Huntington-Chorea	AD
Machado-Krankheit	AD
Herrmann-Syndrom	AD
Optikusatrophie mit Diabetes mellitus	AR
Friedreich-Ataxie	AR
Alstrom-Syndrom	AR
Laurence-Moon-Biedl-Syndrom	AR
Pseudo-Refsum-Syndrom	AD
Progeroidsyndrome mit Glukoseintoleranz	
Cockayne-Syndrom	AR
Werner-Syndrom	AR
Syndrome mit sekundärer Glukoseintoleranz nach Fettsucht	
Prader-Willi-Syndrom	AR, sporadisch
Achondroplasie	AD
Verschiedene Syndrome mit Glukoseintoleranz	
Steroidinduziertes Glaukom	Multifaktoriell
Mendenhall-Syndrom	AR
Epiphysendysplasie und kindlicher Diabetes	

Zusammenfassende Darstellungen

Bibergeil H (1978) Diabetes mellitus. VEB G. Fischer, Jena

Fajans SS, Sussman KE (eds) (1971) Diabetes mellitus: Diagnosis and treatment, vol III. American Diabetes Association

Sussman KE, Robert JS (eds) (1975) Diabetes mellitus, Vol IV. American Diabetes Association

Rifkin H, Raskin P (ed) (1981) Diabetes mellitus, vol V. American Diabetes Association

Brownlee M (1981) Diabetes mellitus, vol I–V. Garland, New York

Ellenberg M, Rifkin H (1983) Diabetes mellitus: Theory and practice, 3. ed. Med Exam Publishing Co Inc, Excerpta Medica Comp

Marble A, White P, Bradley RF, Krall LP (1971) Joslin's diabetes mellitus. Lea & Febiger, Philadelphia

Mehnert H, Schöffling K Diabetologie in Klinik und Praxis. Thieme, Stuttgart, 2. Auflage erscheint 1984

Oberdisse K (Hrsg) (1975) Diabetes mellitus. Springer, Berlin Heidelberg New York (Handb. d. inneren Medizin, Bd 7/2 A)

Oberdisse K (Hrsg) (1977) Diabetes mellitus. Springer, Berlin Heidelberg New York (Handb. d. inneren Medizin, Bd 7/2 B)

Petrides P, Weiss L, Löffler G, Wieland OH (1981) Diabetes mellitus, 4. Aufl. Urban & Schwarzenberg, München Berlin Wien

Pfeiffer EF (Hrsg) (1969) Handbuch des Diabetes mellitus, Bd I. Lehmanns, München

Pfeiffer EF (Hrsg) (1971) Handbuch des Diabetes mellitus, Bd II. Lehmanns, München

Podolsky S (1980) Clinical diabetes: Modern management. Appleton-Century-Crofts, New York

Podolsky S, Viswanathan M (1980) Secondary diabetes. The spectrum of the diabetic syndromes. Raven, New York

Robbers H, Sauer H, Willms B (Hrsg) (1981) Werk-Verlag Banaschewski, München-Gräfelfing

Deutschsprachige Broschüren für Diabetiker

Constam GR, Berger W (1981) Leitfaden für Zuckerkranke, 9. Aufl. Schwab, Basel Stuttgart

Hambsch K, Friedler M (1981) Diabetiker-Fibel, 8. Aufl. Hirzel, Leipzig

Mehnert H, Standl E (1982) Ärztlicher Rat für Diabetiker, 3. Aufl. Thieme, Stuttgart

Nassauer L, Fröhlich-Krauel A, Petzoldt R (1982) Das neue Kochbuch für Diabetiker. Gräfe & Unzer, München

Petzoldt R, Schöffling H (1983) Sprechstunde: Diabetes, 2. Aufl. Gräfe & Unzer, München

Sachsse R, Sachsse B (1975) Diabetes im Kindes- und Jugendalter, Kirchheim, Mainz

Travis LB, Hürter P (1982) Einführungskurs für Kinder und Jugendliche mit Diabetes mellitus, 2. Aufl. Gerhards, Frankfurt
Willms B (1981) Was ein Diabetiker alles wissen muß, 3. Aufl. Kirchheim, Mainz

Sachverzeichnis

THERAPIE DES KETOAZIDOTISCHEN COMA DIABETICUM IN DER KLINIK		
Flüssigkeit insgesamt bis 10 % des Körpergewichtes i.v. in den ersten 12 Std.	Zufuhr nach dem ZVD: < 3 cm H_2O: 1—1,5 l/h; 3—8 cm H_2O: 0,5—1 l/h; 8—12 cm H_2O: 0,25—0,5 l/h Bei initialem Na > 155 mmol/l 0,45 % NaCl oder gegebenenfalls »Drittellösung«: 1/3 physiologische NaCl, 1/3 physiologische $NaHCO_3$, 1/3 Wasser. Bei Na < 155 mmol/l 0,9 % NaCl. Beim Kind nach Möglichkeit nur isotone Lösungen verwenden.	Später je nach Situation Fortsetzung mit 0,9 % NaCl
Kalium	Beginn mit 10—20 mmol/h. Bei Werten > 5,5 mmol/l und bei Oligo- bzw. Anurie abwarten. Grobe Orientierung für die Kaliumzufuhr bei ungestörter Nierenfunktion: pro 1E Insulin 1,5 mmol KCl	Bei hypokaliämischen Ausgangswerten und/oder Bikarbonattherapie sind zumeist ca. 200 mmol erforderlich.
Phosphat	10 mmol/h. Bei gleichzeitiger Kaliumzufuhr Verabreichung als KH_2PO_4 (2,7 %)—K_2HPO_4 (7 %)—Lösung (1 ml enthält 0,6 mmol Phosphat-Ionen und 1 mmol K^+). Beginn der Phosphatsubstitution bei Abfall auf 1 mg/dl.	insgesamt 50—100 mmol
Natrium-bikarbonat	Bei pH < 7,1 Zufuhr unerläßlich. Initial 50—100 mmol, jedoch zunächst nicht mehr als 1/3 des errechneten Bikarbonatdefizits innerhalb der ersten 3 Stunden.	
Kurzzeitinsulin = Altinsulin	**Angepaßte Insulininfusion:** Beginn mit 20 E i.v., stündliche Wiederholung der Bolusinjektion bis zum Abfall des Blutzuckers, gleichzeitig 6 E/h als Dauerinfusion. Modifizierung der Insulinzufuhr nach Tabelle „Angepasste Insulininfusion".	
Sonstige Maßnahmen	stets: Intensivmedizinische Versorgung, Seitenlagerung, Decubitusprophylaxe, Warmhalten, Blasenkatheter, Breitbandantibiotikum, engmaschige Laborkontrollen, zentralvenöser Zugang. gegebenenfalls: Schockbekämpfung, O_2-Zufuhr, Digitalisierung, Magensonde, Herapin in niedriger Dosierung.	

ANGEPASSTE INSULININFUSION

Klinische Formen der diabetischen Entgleisung	Initialer Bolus (E Alt-Ins.)	Insulin-Infusionrate zu Beginn (E Alt-Ins./Std.)	Reduktion der Infusionsrate auf 6 bzw.	3 bzw.	1—2 E/Std. bei Blutglucose (mg/dl) von
■ **Regelfälle**	20	6	—	300	250
■ Hoher Insulinbedarf anamnestisch bekannt (> 80 E/Tag) ■ Hochfebrile Infektionen ■ Tiefe Bewußtlosigkeit ■ Schwere Azidose (pH < 7,0)	20 (50)	12	600	300	250
■ Grenzwertige Ketoazidose (Standard Bikarbonat ca. 10 mVal/l) ■ Ketoazidose beim Kind	10	3	—	—	250
■ Nichtazidotisches hyperosmolares Koma;	10	3	—	—	250
■ bei BZ-Werten > 1000 mg/dl	10	6	—	600	250

Der Blutzuckerspiegel von ca. 250 mg/dl soll (evtl. unter 5%iger Glucoseinfusion) zunächst für 24 Stunden beibehalten werden!

THERAPIEKOMPLIKATIONEN

Allgemein:	Schock Thrombophlebitis (Venenkatheter) Aspirationspneumonie (Magensonde) Harnwegsinfekt (Katheter)
durch Insulin:	Hypoglykämie Hypokaliämie Hypomagnesiämie Hypophosphatämie Hirnödem
durch Infusionen:	Herzinsuffizienz Lungenödem Hypernatriämie Hyperkaliämie
durch Alkali:	zerebrale Azidose Hirnödem zerebrale und allgemeine Hypoxie Hypokaliämie Tetanie Thrombose später Alkalose

Berechnung des Anionendefizits

$Na^{+} + K^{+} = Cl^{-} + HCO_3^{-} - 17$

Unterschied normal unter 3 mmol/l

Berechnung des Bikarbonatdefizits

$NaHCO_3$ (mVal) = Basendefizit x kg Körpergewicht x 0,2

Rechnerische Ermittlung der Osmolalität (Normalbereich 275—303 mosm/l)

Serumosmolalität

$$= 2x\ \underset{(Na+K)}{\overset{mVal/l}{}} + \underset{Glucose}{\overset{mVal/l}{}} + \underset{Harnstoff}{\overset{mVal/l}{}}$$

oder

$$= 2x\ (Na+K) + \frac{\overset{mg/dl}{Glucose}}{18} + \frac{\overset{mg/dl}{Harnstoff}}{6}$$

oder

$$= 2x\ (Na+K) + \frac{Glucose}{18} + \frac{Harnstoff\text{-}N}{2{,}8}$$

beachte: Harnstoff = Harnstoff-N x 2,14

---

pH-Berechnung im Blut nach Henderson-Hasselbalch

$$pH = pK_{(Bikarbonat)} + lg \frac{HCO_3^{-}}{H_2CO_3}$$

$$pH = 6{,}1 + lg \frac{mmol\ HCO_3^{-}}{mmol\ H_2CO_3}$$

Mit freundlicher Genehmigung von
Dr. R. Renner,
KH München-Oberföhring und Nordisk

Gastrointestinal Disease
Editor: **C.J.C. Roberts**
1983. Approx. 3 figures, approx. 21 tables.
Approx. 240 pages
(Treatment in Clinical Medicine)
DM 34,–
ISBN 3-540-12531-0

U. Gundert-Remy, O. Schmidlin, H. Schroeder
Einführung in die Klinische Pharmakologie
zum besseren Veständnis der Arzneimitteltherapie
1983. 22 Abbildungen. X, 100 Seiten
DM 22,–
ISBN 3-540-12382-2

P. Hürter
Diabetes bei Kindern und Jugendlichen
Klinik, Therapie, Rehabilitation
Mit einem Beitrag von H. Hürter und einem Geleitwort von Z. Laron
2., vollständig überarbeitete und erweiterte Auflage. 1982. 50 zum Teil farbige Abbildungen, 52 Tabellen. XVI, 325 Seiten
(Kliniktaschenbücher)
DM 29,80
ISBN 3-540-11035-6

Springer-Verlag
Berlin
Heidelberg
New York
Tokyo

Topics in Acute and Chronic Pancreatitis
Editors: **L.A. Scuro, A. Dagradi**
Co-Editors: G.P. Marzoli, P. Pederzoli, G. Cavallini, C. Banterle
1981. 95 figures, 64 tables. XII, 265 pages
DM 60,–
ISBN 3-540-10439-9